通过学习本书可以快速掌握图层、通道、蒙版的表现技法，感受Photoshop为您带来的视觉震撼

中文版 Photoshop CS3

图层通道蒙版高级应用实例精讲

新知互动 /编著

视觉

- 本书由国内资深视觉设计团队编著，精心打造每一个实例效果，赋予您学习时美的视觉享受
- 本书附带1DVD**多媒体视频教学**光盘，包含书中重点实例的影音教学和大量实用素材，确保初中级读者能够轻松上手，快速掌握图层、通道、蒙版的表现技法

科学出版社
www.sciencep.com
北京希望电子出版社
Beijing Hope Electronic Press
www.bhp.com.cn

内 容 简 介

本书是“视觉”系列丛书中的一本，专门讲解 Photoshop 软件的 3 大核心功能。本书分为 4 个部分共 10 章。第 1 部分为图层功能深度解析与应用，内容包括图层概述与基础知识、图层混合模式与图层样式、图层的高级应用与调整图层；第 2 部分为通道功能与高级延展，内容包括通道概述与专色、通道的组合应用、通道抠图与合成；第 3 部分为蒙版功能与合成精粹，内容包括蒙版概述与基础操作、蒙版合成图像技法；第 4 部分为综合应用实例，内容包括影像合成和平面创意设计。

本书特色鲜明，结构清晰，文字通俗易通，适合初、中级读者，也可以作为专门的培训用书。希望各位读者通过阅读本书，成为 Photoshop 软件高手。

本书配套光盘内容为书中部分实例的素材文件、最终效果 PSD 文件以及部分多媒体教学视频。

需要本书或技术支持的读者，请与北京清河 6 号信箱（邮编：100085）发行部联系，电话：010-62978181（总机）、010-82702660，传真：010-82702698，E-mail：tbd@bhp.com.cn。

图书在版编目（CIP）数据

中文版 Photoshop CS3 图层通道蒙版高级应用实例精讲/新知互动编著. —北京：科学出版社，2008
（视觉）
ISBN 978-7-03-022801-7

Ⅰ.中… Ⅱ.新… Ⅲ.图形软件，Photoshop CS3 Ⅳ.TP391.41

中国版本图书馆 CIP 数据核字（2008）第 124086 号

责任编辑：李小楠 /责任校对：高 雅
责任印刷：天 时 /封面设计：ANTONIONI

科学出版社 出版
北京东黄城根北街 16 号
邮政编码：100717
http://www.sciencep.com

北京天时彩色印刷有限公司印刷

科学出版社发行 各地新华书店经销

*

2008 年 10 月第 一 版 开本：787×1092 1/16
2008 年 10 月第一次印刷 印张：26（全彩印刷）
印数：1-5 000 册 字数：577 980

定价：69.00 元（配 1 张 DVD 光盘）

“罪恶城市”电影海报

“香车美女”时尚海报

"欧洲风情"壁画效果

梦幻天空效果

"炫彩人生"视觉海报

"SUPER BOY"海报

MU JUN QING
TONG XIAO YU
definitely wanted
SUPER BOY
HTTP://WWW.XXXXX.COM.CN

SUPER BOY

SUPER BOY
HTTP://WWW.XXXXX.COM.CN

机械鱼

机械梦幻合成

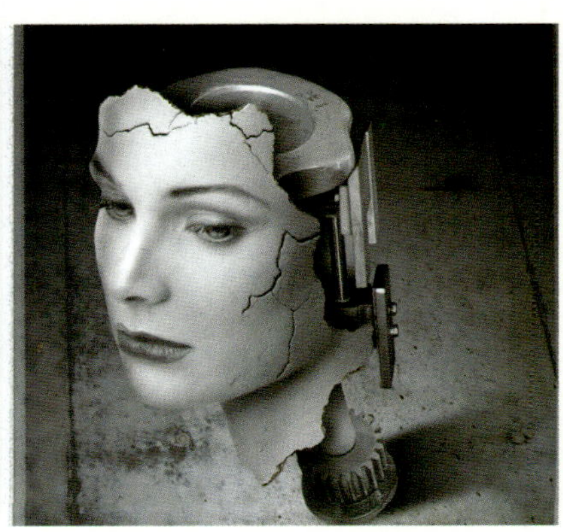

魔幻场景

合成效果

ABSOLUT

ABSOLUT
RASPBERRI
IMPORTED

ABSOLUT
RASPBERRI

ABSOLUT
RASPBERRI

矢量合成效果

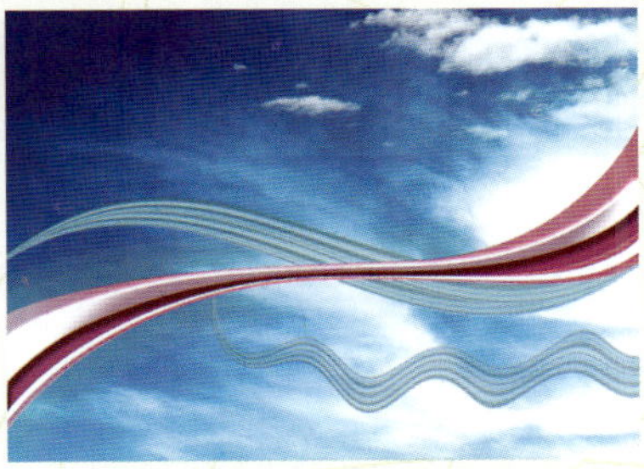

■ “炫屏”手机广告

“音乐狂潮”视觉海报

MUISC ON LINE
PRIVIE EBAOE
On October 31st, dozens of children dressed in costumes knock on their neighbors' doors and yell "Trick or Treat" when the door opens.

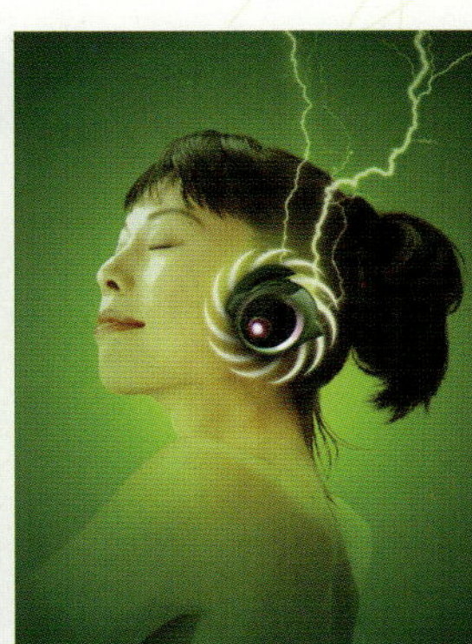

PRIVIE EBAOE

散点人像效果

THE WOMAN'S FACE
When a man loves a woman.Spend
his very last time.Trying to hold on
to what he needs.

“世界风”视觉海报

立体文字效果

前言

Preface

创意设计产业的蓬勃发展，使得人们对视觉艺术的要求越来越高。从事创意工作的广告设计人员、室内设计人员、平面设计人员以及摄影人员除了具备行业基本技能外，还必须不断地提高自己的审美能力，为自己创作作品添砖加瓦，从而打造完美的视觉效果。尤其是平面和广告设计,对于视觉的要求已经跟创意并列到了第一位。为了满足从事视觉创意工作人员和爱好视觉设计的读者升华技术与思维的需要，笔者专门策划了“视觉”系列丛书。

“视觉”系列丛书是以目前两个热门的软件Photoshop CS3和3ds max/VRay为依托，面向志在创作出优秀作品的设计人员和图像处理爱好者而编写的。其中以Photoshop CS3软件为主题的图书共3本，分别为《视觉——中文版Photoshop CS3数码照片处理典型实例精讲》、《视觉——中文版Photoshop CS3视觉特效设计与制作实例精讲》、《视觉——中文版Photoshop CS3图层通道蒙版高级应用实例精讲》；以3ds max/VRay为主题的图书共1本，为《视觉——VRay照片级室内效果图渲染实例精讲》。此系列图书收录了丰富的精彩实例，每个实例制作都有详细的步骤讲解，目的是为了使读者在将软件应用深入掌握的同时，快速提升审美能力和设计创意能力。

本书是“视觉”系列中一本专门讲解Photoshop软件三大核心功能的图书——《视觉——中文版Photoshop CS3图层通道蒙版高级应用实例精讲》，主要介绍图层、通道、蒙版功能的应用技法和使用三大功能进行实例制作的知识。本书分为4个部分共10章，第1部分为图层功能深度解析与应用，内容包括图层概述与基础知识、图层混合模式与图层样式、图层的高级应用与调整图层；第2部分为通道功能与高级延展，内容包括通道概述与专色、通道的组合应用、通道抠图与合成；第3部分为蒙版功能与合成精粹，内容包括蒙版概述与基础操作、蒙版合成图像技法；第4部分为综合应用实例，内容包括影像合成和平面创意设计。

本书特色鲜明，结构清晰，文字通俗易懂。通过对图层、通道、蒙版等知识深入的讲解并结合多个实例制作，将三大功能的高级应用技法一网打尽，全面掌握图层、通道、蒙版等功能的实际应用。书中实例讲解过程中均带有技巧提示，能够帮助读者少走弯路，希望读者通过阅读本书，晋升为Photoshop软件高手。

在学习中不断进步，在进步中不断创新。“视觉”系列图书由新知互动策划并参与编写，我们希望“视觉”系列图书能够成为您进步的加速器。由于时间仓促，作者水平有限，书中疏漏之处在所难免，敬请读者批评和建议，可以通过xzhd2008@163.com和我们联系。

编　者

Contents

目录

稀藏

Contents

目录

Contents
目录

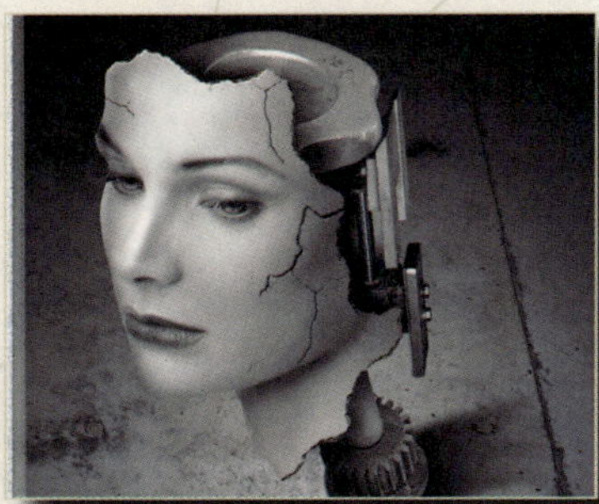

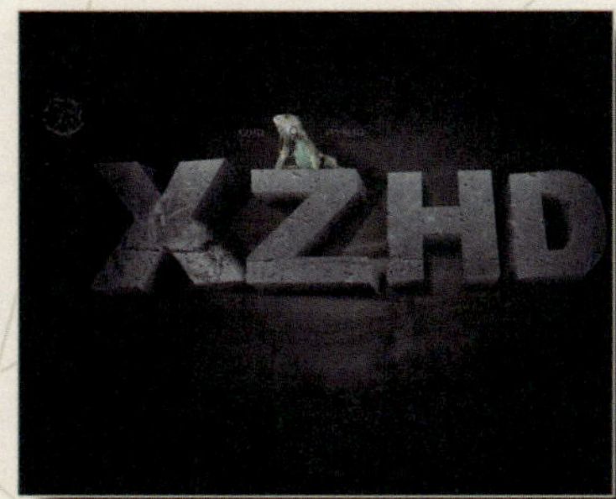
XZHD

第1部分

图层功能深度解析与应用

第1章　图层概述与基础知识

图层是Photoshop在处理图像时使用最多的功能之一。本章先讲解图层的类型，再讲解图层的基本操作。图层的基本操作主要包括新建图层/图层组、复制图层/图层组、删除与隐藏图层、锁定与链接图层、合并图层与修边等。

1.1　图层的类型

在Photoshop中，图层承载几乎所有的编辑操作，它是Photoshop最重要的功能之一。每个图层都保存着不同的图像，透过图层的透明区域可以看到下面的内容。可以对不同图层上的图像进行编辑而不会破坏其他图层上的图像，如图1-1所示。

Photoshop中包含多种类型的图层，每种类型的图层都有其不同的功能和用途，适合创建不同的效果，它们在“图层”调板中的显示状态也各不相同，如图1-2所示。

图1—1

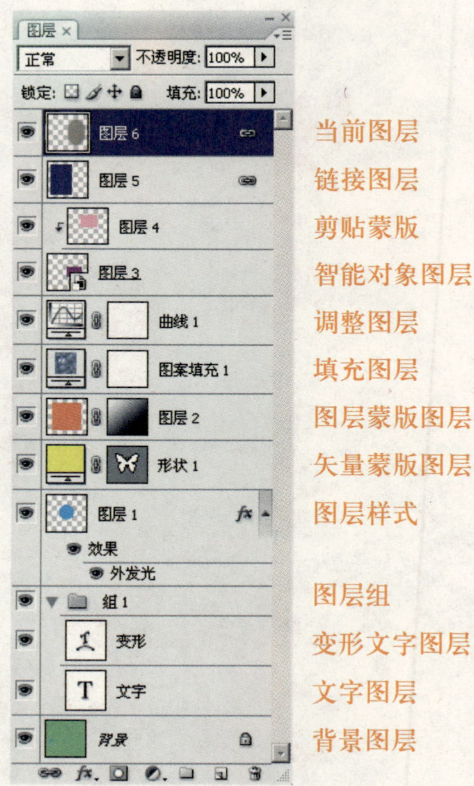

图1—2

当前图层：当前选择的工作图层。

链接图层：有链接图标的图层被称为链接图层，它和当前图层存在链接关系，当前图层进行移动、旋转或变换等操作时，链接图层也会随之改变。如果要单独操作某一图层，就要解除这种链接关系。

剪贴蒙版：在图层上定义一个或几个图层作为蒙版来剪贴图像，蒙版图层和剪贴图像图层必须是连续的，常用于图像合成，在操作和编辑上都十分灵活。

智能对象图层： 在实际操作时将位图或矢量图像数据输入Photoshop文档中后，被输入的数据仍然保持其原有的特性，而且是完全可以进行编辑的；还可以在Photoshop 中通过转换一个或多个图层来创建一个智能对象 。

调整图层： 调整图层可以调整图像的色彩，但不会永久更改像素值。调整图层可随时被修改或删除，删除后即可将图像恢复为原来的状态。

填充图层： 通过填充“纯色”、“渐变”、“图案”来创建特殊效果的图层。

图层蒙版图层： 添加了图层蒙版的图层。通过对图层蒙版的编辑可控制图层中图像的显示范围和显示方式，是进行图像合成的重要方法。

矢量蒙版图层： 带有矢量形状的蒙版图层。由于矢量形状不受分辨率的限制，因此在进行缩放时可保持对象边缘光滑、无锯齿，并且修改也较为容易。矢量蒙版图层常用来创建图形、标志和LOGO等。

图层样式： 图层样式由一个或多个图层效果组成，可以应用在除背景图层外任何图像的图层中，还可以随时进行修改。删除图层样式后不会对图像本身产生影响。

图层组： 当“图层”调板中的图层数量较多时，可通过图层组来组织和管理图层，以便于查找和编辑图层。

变形文字图层： 执行了变形操作的文字图层。Photoshop提供了15种文字变形效果，如“扇形”、“旗帜”、“扭转”等。变形文字图层保持了文字的可编辑性，其缩览图上有一个弧线形的标志。

文字图层： 使用文字工具输入文字时，可以创建文字图层，文字图层在栅格化前可随时进行编辑修改。

背景图层： “图层”调板中最下面的图层即为背景图层，背景图层不能进行移动、修改混合模式、设置不透明度和添加蒙版等操作，但可以双击背景图层将它转换为普通图层。一幅图像中可以没有背景图层，但最多只能有一个背景图层。

1.2 图层的基本操作

1.2.1 新建图层/图层组

在Photoshop中，编辑操作都是基于图层进行的，通过对图层设置混合模式、添加图层蒙版等可以制作出丰富多彩的图像效果，如图1-3所示。现在首先了解一下图层的基本操作。

图1—3

建立新图层有很多种方法，其中有两种最常用的方法，一是单击“图层”调板右上角的三角按钮，在弹出的菜单中选择“新建图层”命令；二是单击“图层”调板底部的“创建新图层”按钮，在调板中就会出现一个名称为“图层 1”的新图层。

执行菜单“图层 | 新建 | 通过拷贝的图层”或“图层 | 新建 | 通过剪切的图层”命令也可以建立新的图层。首先在图像上建立选区，选择“通过拷贝的图层”命令，可以将选区内的图像复制到一个新的图层中，如图1-4所示；选择“通过剪切的图层”命令，则是将选区内的图像剪切后复制到一个新的图层中，效果如图1-5所示。

图1-4

图1-5

1.2.2 复制图层/图层组

在“图层”调板中，选中需要复制的图层，直接拖动到“图层”调板底部的“创建新图层”按钮上，或选择“图层”调板弹出菜单中的“复制图层”命令，或选择“图层 | 复制图层”命令，均可在“图层”调板中增加一个和选中的图层相同的重叠图层，图层的名称后面会加上“副本”字样。可以通过旋转、移动等操作来改变新建图层的方向和位置，也可以使用“移动工具”来复制图层。先按住Alt键，当鼠标变成形状时，在图像中直接拖动要复制的图层也可实现图层复制的操作，如图1-6所示。

图1-6

如果要将选中的图层复制到另一幅图像中，可以通过设置“图层”调板弹出菜单中的“复制图层”对话框中的参数，或直接将选中的图层拖动到另一幅图像中来实现。

单击“图层”调板底部的“创建新组”按钮即可新建一个图层组。当选中多个图层后，按Ctrl+G快捷键可将选择的图层创建在同一个图层组内，如图1-7所示。

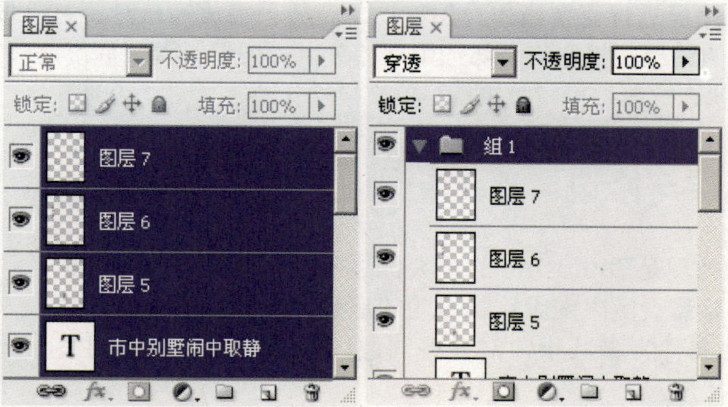

图1-7

1.2.3 删除与隐藏图层

将不需要的图层删除，可以有效地减小文件的大小，但应谨慎操作。

“图层”调板中的“指示图层可视性”图标用来控制哪些图层是可见的，显示该图标的图层为可见图层，不显示该图标的图层为隐藏图层。

通过控制图层的显示与隐藏，可以在编辑图像的过程中更好地观察被其他图层遮盖的图像效果。对于一些需要保留但影响图像效果的图层，可以将其隐藏而不必将其删除。另外，隐藏的图层是不能被打印出来的。

1.2.4 锁定与链接图层

锁定某一个图层或图层组的部分或者全部属性，可以防止图层或图层组遭到破坏。图层被部分锁定时，“锁”显示为空心，表示还可以对图层进行部分属性的编辑；图层完全被锁定时，“锁”显示为实心，表示无法对图层进行任何操作，如图1-8所示。

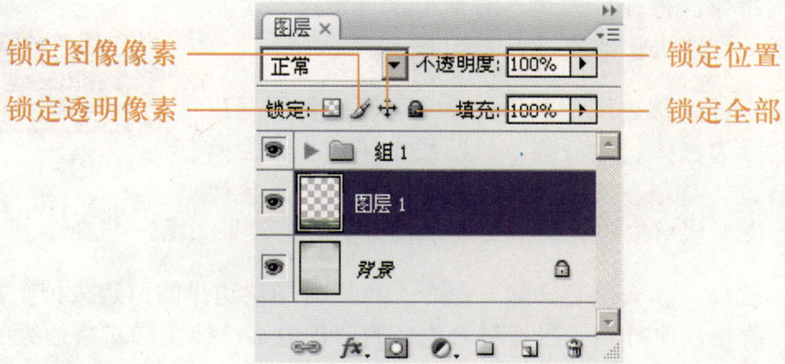

图1-8

锁定透明像素：单击该按钮，图层上原本透明的部分将被保护起来。使用绘图工具进行绘图时，透明区域不允许被填色或编辑，操作只针对有像素的区域。

锁定图像像素：单击该按钮，则当前图层被保护起来，不管是透明区域或是图像区域都不允许填色、描边或者进行色彩编辑，只能对图层进行移动和变换操作。这个功能对背景图层是无效的。

锁定位置：如果某一图层的位置已定，可以选取此图层，然后单击该按钮，则图层的位置被锁住，图层上的图像将不允许被移动或是进行各种变形操作。如果使用了变形编辑工具，则会弹出警告对话框，提示该操作不能进行下去。

锁定全部：单击该按钮，将完全锁定所选中的图层。此时任何绘图操作、编辑工作均不允许在该图层上实施，如移动、绘图、色彩调整以及滤镜的使用等。

需要经常对多个图层进行变换操作（如移动、旋转、缩放等）时，可以按住Ctrl键再单击“图层”调板中需要变换的图层，将它们全部选中后，单击“图层”调板底部的“链接图层”按钮将它们链接，保持链接状态的图层可同时执行菜单变换操作。

1.2.5 合并图层与修边

图像的分层编辑处理是Photoshop的最大优势所在，但是随着图层越来越多，图像文件的容量会随之变大，机器的速度也会受到影响。所以必须想办法尽可能地使文件容量减小，对那些图像内容和位置已确定的图层，可以将它们进行合并。

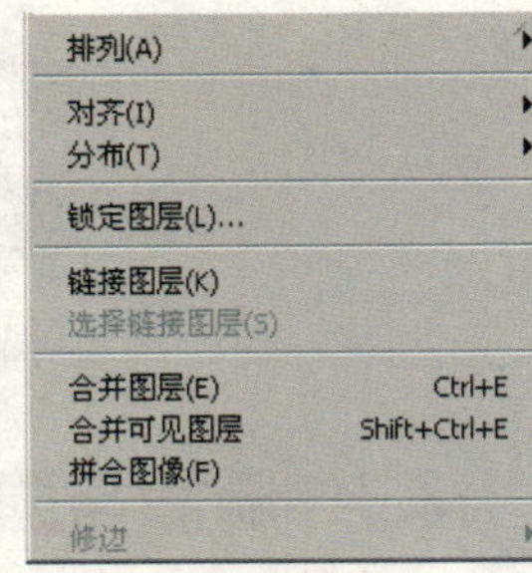

图1-9

在“图层”调板菜单中有几种不同的合并图层的方式，如图1-9所示。

执行菜单“图层 | 合并图层”命令，可以合并当前选择的两个或多个图层，也可以合并当前图层和其下边的一个图层。

执行菜单“图层 | 合并可见图层”命令，可以将所有可见的图层、图层组合并为一个图层，隐藏的图层将被删除。

执行菜单“图层 | 拼合图像”命令，可以将当前文件的所有图层拼合到背景图层中。如果文件中有隐藏图层，则系统会弹出对话框要求用户确认合并操作。拼合图层后，隐藏的图层将被删除。

处理图像时，经常需要使用选取工具选取图像，然后用“拷贝”、“粘贴”命令获得图像。有时候由于选取的范围不精确，会将背景的一部分也一起选入，因而会使粘贴后的图像边缘产生一种突兀的感觉。在这种情况下，可以使用“修边”命令组中的命令将这些不需要的像素清除。

选择“去边”命令时，系统会使用周围的颜色替换图像的颜色。执行菜单“图层 | 修边 | 去边”命令，打开“去边”对话框，“宽度”文本框用于设置去边的宽度，如图1-10所示。

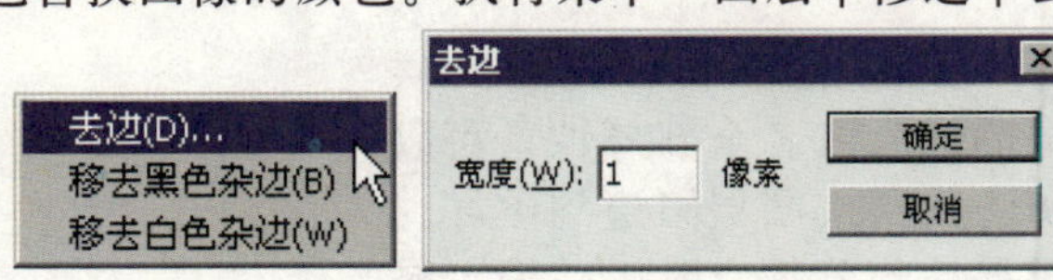

图1-10

选择“移去黑色杂边”命令，可以将图层边缘的黑边去掉。执行菜单“图层 | 修边 | 移去黑色杂边”命令，便可删除图层对象边缘的黑色像素，使图层对象边缘的渐变效果较为平滑，效果如图1-11所示。

选择“移去白色杂边”命令，可以将图层边缘的白边去掉。执行菜单“图层 | 修边 | 移去白色杂边”命令，便可删除图层对象边缘的白色像素，使图层对象边缘的渐变效果较为平滑，效果如图1-12所示。

图1-11

图1-12

第2章　图层混合模式与图层样式

对于图层来说，混合是指运用当前选定的图层与其下面的图层进行像素混合计算，不同的混合模式会产生不同的图层合成效果。图层样式功能的出现，为处理图像和创建图像特效提供了更方便的手段。既可以利用Photoshop中自带的图层样式，也可以自定义图层样式。

2.1　图层混合模式深入分析

混合模式是Photoshop最强大的功能之一，它决定了当前图像中的像素如何与底层图像中的像素相混合。使用混合模式可以轻松地制作出许多特殊效果。由于混合模式用于控制上、下两个图层在叠加时所显示的总体效果，通常在上方图层选择合适的混合模式。混合模式得到的结果与图层的明暗色彩有直接关系，因此进行混合模式的选择时，必须根据图层的自身特点灵活应用。下面深入分析各种混合模式的特点和用途。为了便于理解和应用，将混合模式分为6大类，如图2-1所示。

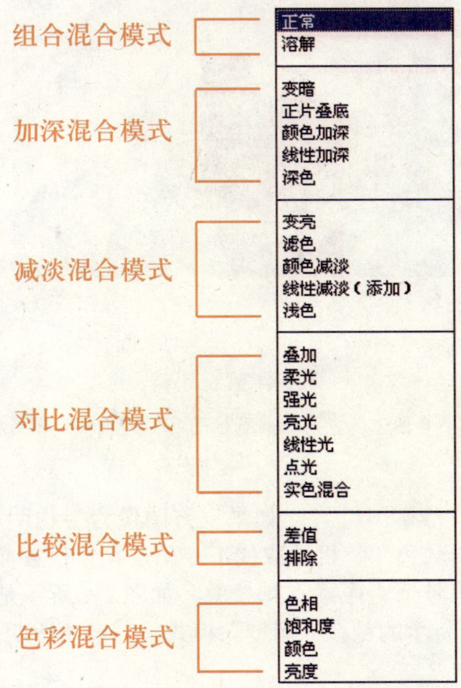

图2—1

2.1.1　组合混合模式

组合混合模式包含“正常”和“溶解”模式。它们需要配合使用“不透明度”设置才能产生一定的混合效果。下面就以图2-2所示的图像为例讲解组合混合模式的特点。

图2-2

"正常"模式： Photoshop默认的模式为"正常"模式。选择此选项后，上方图层完全覆盖下方图层，当色彩是半透明时才会露出底层的颜色，不同的"不透明度"设置会产生不同的效果。如图2-3所示是在"正常"模式下，"不透明度"为100%时的效果；如图2-4所示是在"正常"模式下，"不透明度"为50%时的效果。

图2-3

图2-4

技巧·提示

当图像的色彩模式是位图时，"正常"模式就变成"阈值"模式，画面显示阈值效果。

"溶解"模式： 如果上方图像为半透明，则选择此选项时会根据上一层中每个像素点所在位置的像素颜色，随机地取代下一图层相应位置像素的颜色，从而得到溶解于下一图层的效果。"不透明度"值越低，像素点越分散。如图2-5所示是在"溶解"模式下，"不透明度"为90%时的效果；如图2-6所示的是在"溶解"模式下，"不透明度"为50%时的效果。

图2-5

图2-6

2.1.2 加深混合模式

加深混合模式可将当前图层图像与底层图像进行比较，混合后的图像只保留两个图层中颜色较暗的部分，因此叠加后的整体图像呈暗色调。下面就以图2-7所示的图像为例进行操作，以便大家理解加深混合模式的特点。

图2-7

“变暗”模式：用上方图层中较暗像素代替下方图层中与之相对应的较亮像素，下方图层中的较暗像素代替上方图层中的较亮像素，如图2-8所示。

“正片叠底”模式：该模式的特点是可以使当前图像中的白色完全消失，同时白色以外的其他区域都会使底层图像变暗。无论是图层间的混合还是在图层样式中的混合，“正片叠底”都是最常用的一种混合模式，如图2-9所示。

图2-8

图2-9

“颜色加深”模式：将下层图像依据上层图像的灰度程度变暗后再与上层图像融合，因此上层图像越黑的部分，图像颜色会越深。如果上层是白色，则混合时没有变化，效果如图2-10所示。

“线性加深”模式：“线性加深”模式与“颜色加深”模式的运算方法类似，它会以一种线性的运算方法进行计算，其颜色效果比“颜色加深”模式的效果暗，如图2-11所示。

图2-10

图2-11

“深色”模式：此模式为Photoshop CS3新增功能之一。选择该模式，混合时将当前图层与下方图层之间的明暗色进行比较，较暗一层的像素取代较亮一层的像素，效果如图2-12所示。

图2-12

2.1.3 减淡混合模式

在Photoshop中，每一种加深混合模式都有一种完全相反的减淡混合模式相对应，减淡混合模式的特点是当前图像中的黑色将会消失，任何比黑色亮的区域都可能加亮底层图像。下面以图2-13所示的图像为例进行操作，以便大家理解减淡混合模式的特点。

图2-13

“变亮”模式：此模式与“变暗”模式相反，同样以上层的图像颜色为基准，如果下层颜色比上层颜色亮则颜色保留，比上层颜色暗的颜色将被上层的颜色所取代。图2-14所示为原图像在“正常”模式下的效果，在“变亮”模式下的效果如图2-15所示。

图2-14

图2-15

“滤色”模式：这种模式与“正片叠底”模式相反，合成后会加亮上一层图像的颜色。用这种模式转换后的颜色通常比较浅，具有漂白的效果，如图2-16所示。

“颜色减淡”模式：此模式可加亮底层的图像，同时使颜色变得更加艳丽。由于对暗部区域的改变有限，因而可以保持较好的对比度，效果如图2-17所示。

图2-16

图2-17

“线性减淡”模式：此模式与“颜色减淡”模式相似，但是产生的对比效果更加强烈，如图2-18所示。

“浅色”模式：此模式为Photoshop CS3的新增功能之一，与“深色”模式正好相反，较亮一层的像素取代较暗一层的像素，效果如图2-19所示。

图2-18

图2-19

2.1.4 对比混合模式

对比混合模式综合了加深和减淡两种混合模式的特点。在进行混合时，50%的灰度完全消失，任何亮于50%灰度的区域都可能加亮下面的图像，而暗于50%灰度的区域都可能使底层图像变暗，因此增加了图像的对比度。下面以图2-20所示的图像为例进行操作，以便大家理解对比混合模式的特点。

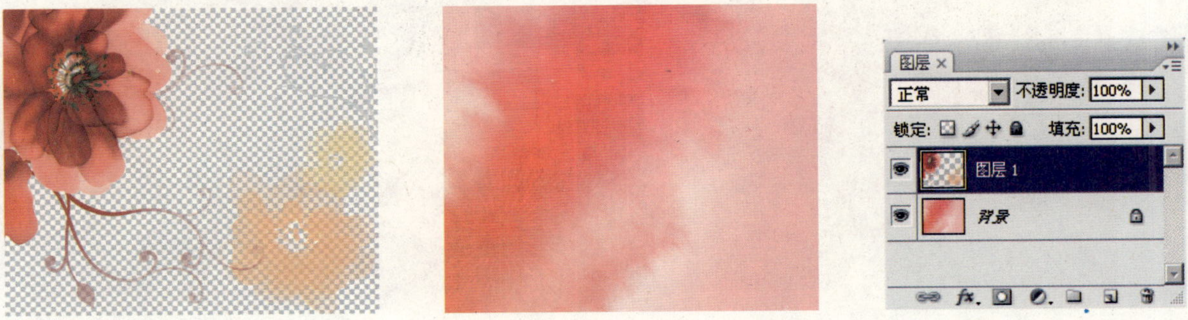

图2-20

“叠加”模式：此模式将上一层颜色与下一层颜色叠加，保留下一层颜色的高光和阴影部分。下一层颜色未被取代，而是和上一层颜色相混合来体现下一层的亮度和暗部。如图2-21所示为原图像在“正常”模式下的效果，在“叠加”模式下的效果如图2-22所示。

图2-21

图2-22

“柔光”模式：此模式可产生比“叠加”模式更为精细的效果，如图2-23所示。

“强光”模式：此模式产生的效果比柔光效果强烈。当上一层颜色是纯白色或黑色时，下层得到的效果是纯白色和黑色，如图2-24所示。

图2-23

图2-24

“亮光”模式：根据上一层颜色的明暗程度增减对比度或加深颜色。如果上一层颜色比50%灰度亮，图像通过降低对比度来加亮图像；反之通过提高对比度来使图像变暗，图像的颜色更加饱和、明快，效果如图2-25所示。

“线性光”模式：此模式可使图像产生更高的对比度效果，从而使更多区域变为黑色或白色，效果如图2-26所示。

图2-25

图2-26

“点光”模式：根据上一层颜色替换颜色，比下层图像亮的像素会被置换，而比下层图像暗的像素不变化，效果如图2−27所示。

“实色混合”模式：此模式可增加颜色的饱和度，使图像产生色调分离的效果，效果如图2−28所示。

图2−27

图2−28

2.1.5 比较混合模式

比较混合模式可比较当前图像与底层图像，然后将相同的区域显示为黑色，不同的区域显示为灰度层次或彩色。下面以图2−29所示的图像为例进行操作，以便大家理解比较混合模式的特点，如图2−30所示为原图像在“正常”模式下的效果。

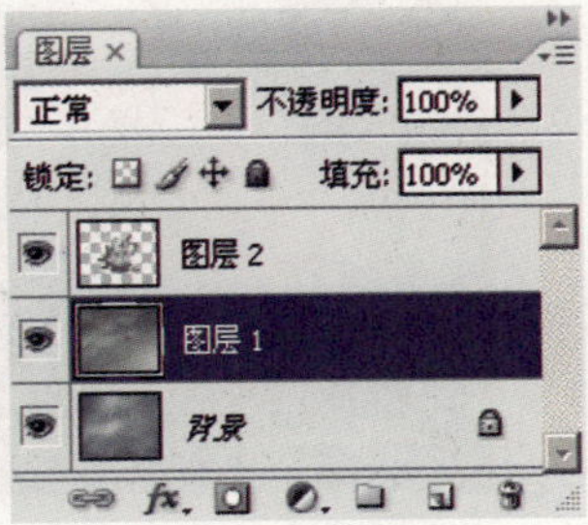

图2−29

“差值”模式：应用此模式后，当前的白色区域会使底层图像产生反相的效果，而黑色区域则会越接近底层图像，效果如图2−31所示。

“排除”模式：此模式比“差值”模式产生的效果更为柔和，效果如图2−32所示。

图2−30

图2−31

图2−32

2.1.6 色彩混合模式

色彩的三要素是色相、饱和度和亮度。使用色彩混合模式合成图像时，Photoshop会将三要素中的一种或两种应用在图像中。下面以图2–33所示的图像为例进行操作，以便大家理解色彩混合模式的特点，如图2–34所示为原图像在“正常”模式下的效果。

图2–33

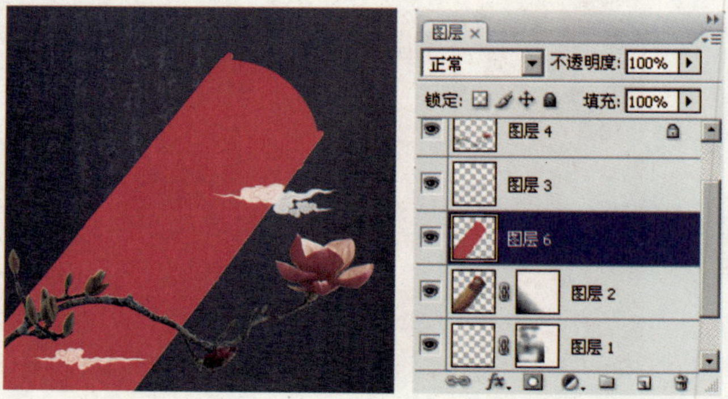

图2–34

“色相”模式：该模式采用下层图像的亮度、饱和度以及上层颜色的色相来作最终的混合效果，混合后的亮度及饱和度与底层图像相同，但色相则由上层的颜色决定，效果如图2–35所示。

“饱和度”模式：该模式可将当前图像的饱和度应用到底层图像中，并保持底层图像的亮度和色相，效果如图2–36所示。

图2–35

图2–36

“颜色”模式：该模式可将当前图像的色相与饱和度应用到底层图像中，并保持底层图像的亮度，效果如图2–37所示。

“亮度”模式：该模式和“颜色”模式相反，将当前图像的亮度应用于底层图像，色相和饱和度由底层颜色决定，效果如图2–38所示。

图2–37

图2–38

2.1.7 “背后”与“清除”模式

绘图和修图工具的绘图模式比图层的混合模式多了“背后”和“清除”两个选项，应用这两个模式将当前使用的绘图和修图工具所绘制的颜色与图像原有底色进行像素混合计算，产生出图像的混合效果。

“背后”模式：应用此模式，绘制出的颜色作为当前图层的背景出现，而不会影响当前图层中原来图像的形状和颜色，即只能在当前图层的透明底色部分绘制颜色，效果如图2–39所示。

图2–39

“清除”模式：此模式只能用于透明底色的图层。其作用是使用绘图工具（如“画笔工具”、“油漆桶工具”等）将此图层的像素清除至透明。其功能有点类似于“橡皮擦工具”，效果如图2–40所示。

图2–40

2.2 正确使用图层混合模式

混合模式是进行图像合成的重要工具，只有掌握了混合模式对当前图像和底层图像产生的影响，才能在设置混合模式时做出正确的选择。

要使底层图像比当前图像更为突出，可选择“叠加”模式；要使当前图像比底层图像更为突出，可选择“强光”模式；要使当前图像与底层图像同样突出，可选择“柔光”模式；要更多地保留底层图像的高光和暗调区域并增加颜色饱和度，可选择“亮光”模式；要更多地产生黑色或白色，可选择“线性光”模式。

2.2.1 调整灰暗的天空

“颜色加深”模式可以调整天空的颜色，同时保留白云的效果。如图2-41所示。要使灰暗的天空颜色变得鲜艳，可以复制“背景”图层，设置“背景 副本”图层的混合模式为“颜色加深”。由于只需对天空做出调整，可添加图层蒙版将树和地面部分遮罩，图像的效果如图2-42所示。

图2-41

图2-42

2.2.2 为头发添加层次

要使黑发更有层次感，可以使用“画笔工具”，通过设置混合模式进行修改。在调整前，选择“色板”调板中的“40%灰”作为前景色，在“画笔工具”选项栏中将“模式”设置为“颜色减淡”，“不透明度”为20%，然后再使用“画笔工具”在头发上拖动即可，效果如图2-43所示。

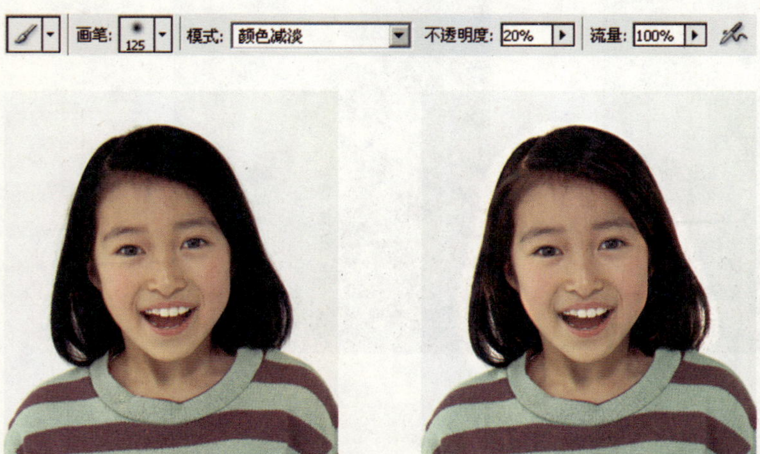

图2-43

2.2.3 修正曝光过度和曝光不足的图像

对于曝光过度的图像，可以使用“正片叠底”模式进行修正，可根据需要调整“不透明度”，用以降低颜色的饱和度，效果如图2-44所示。

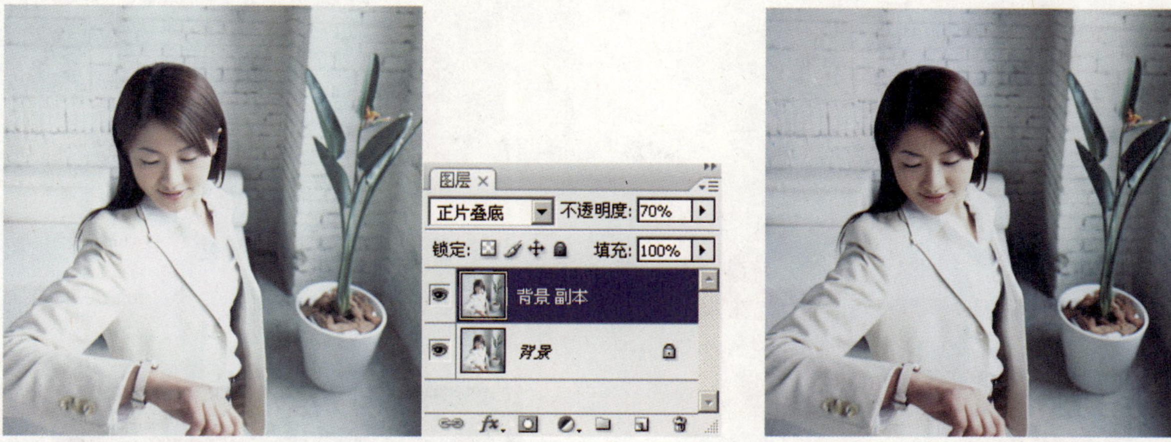

图2-44

对于曝光不足的图像，可以使用“滤色”模式进行修正，如图2-45所示。

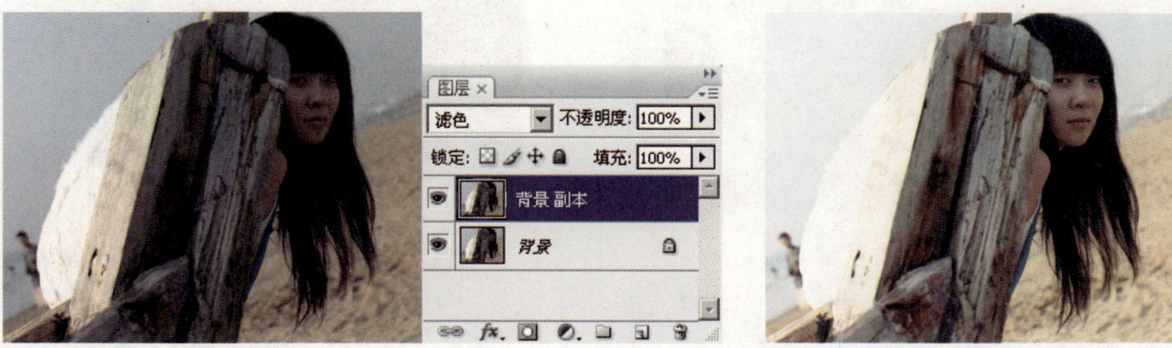

图2-45

2.3 图层混合模式应用实例

混合模式决定图层的重叠方式，使图层以千差万别的方式互相叠加。这种组合基于色相、饱和度和亮度。下面通过两个实例学习图层混合的特性和方式，掌握应用不同的混合模式展示同一画面的不同效果。

2.3.1 红颜

01 按Ctrl+N键执行“新建”命令，打开“新建”对话框，设置完成后单击“确定”按钮，如图2-46所示。

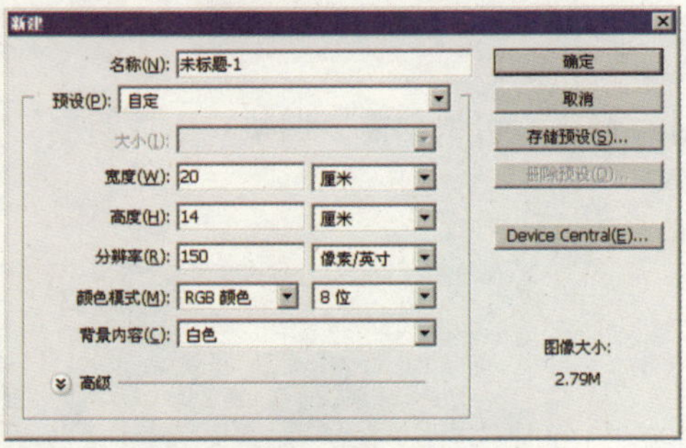

图2-46

02 设置前景色为（R:166、G:144、B:125），背景色为（R:190、G:186、B:174），选择工具箱中的“渐变工具”按钮，按住Shift键从上到下做线性渐变，效果如图2-47所示。

图2-47

03 复制“背景”图层，得到“背景 副本”图层，执行菜单“滤镜 | 杂色 | 添加杂色”命令，设置“添加杂色”对话框中的参数，效果如图2-48所示。

图2-48

04 设置“背景 副本”图层的混合模式为“颜色加深”，效果如图2-49所示。

图2-49

05 设置前景色为黑色，新建“图层1”，填充为黑色，选择“套索工具”，参照图2-50所示绘制选区。

图2-50

06 将选区羽化。执行菜单“选择 | 修改 | 羽化”命令，打开“羽化选区”对话框并进行参数设置，完成后单击“确定”按钮，效果如图2-51所示。

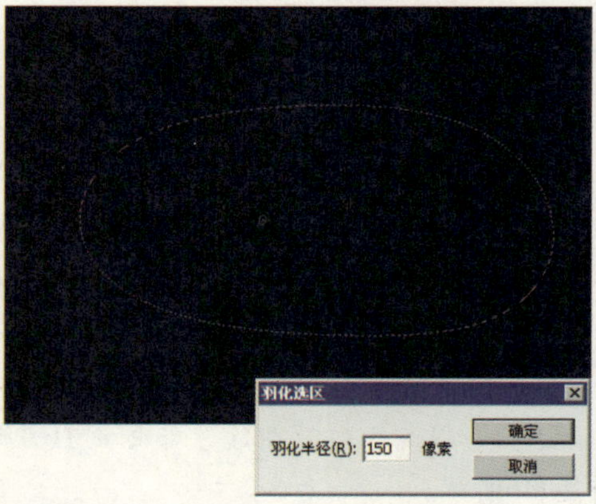

图2-51

07 按Delete键删除选区内容，按Ctrl+D键取消选区，效果如图2–52所示。

图2–52

08 选择“横排文字工具” ，输入“颜”字，调整字体和大小，确认后调整文字在画面中的位置，效果如图2–53所示。

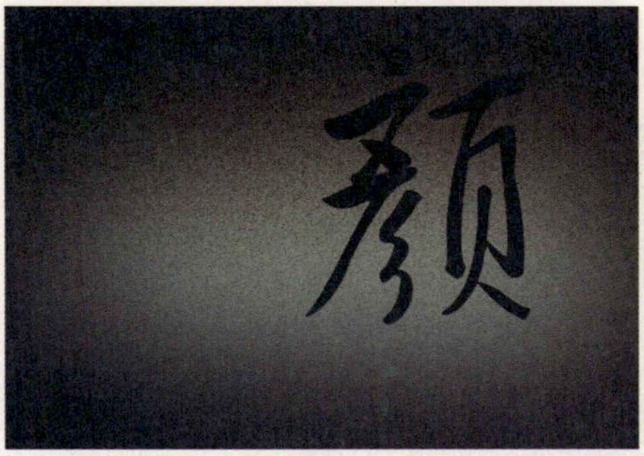

图2–53

09 按住Ctrl键单击文字图层，载入选区，新建“图层3”，执行菜单“编辑 | 描边”命令，打开“描边”对话框，描边颜色为（R:144、G:132、B:36），设置完成后单击“确定”按钮，效果如图2–54所示。

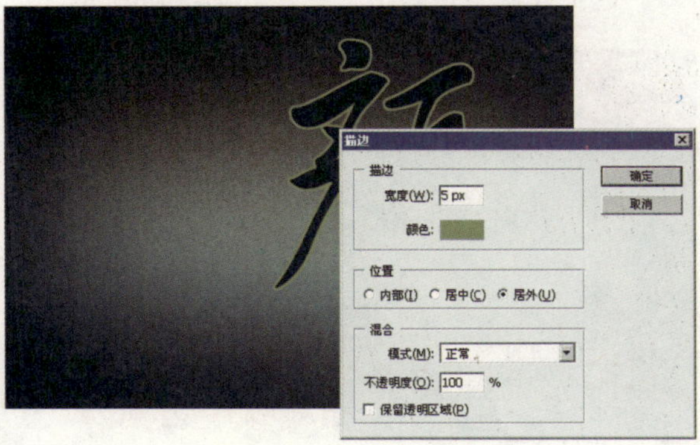

图2–54

10 添加浮雕效果。双击“图层3”，打开“图层样式”对话框，选择“斜面和浮雕”选项，进行参数设置，效果如图2–55所示。

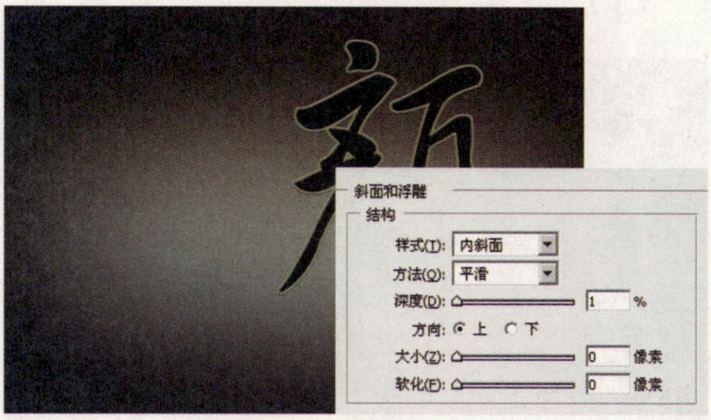

图2–55

11 在“图层样式”对话框中，继续选择“渐变叠加”选项，进行参数设置，设置完成后单击“确定”按钮，效果如图2–56所示。

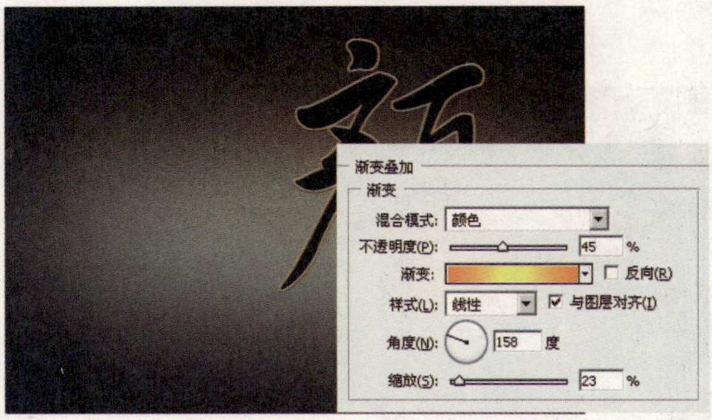

图2–56

12 在文字中添加花纹。按Ctrl+O键打开素材文件，选择“移动工具” ，将其拖动到画面中，与文字进行叠加，将其调整到合适为止，效果如图2–57所示。

图2–57

13 按住Ctrl键单击文字图层，载入选区，然后单击“图层”调板底部的“添加矢量蒙版”按钮，将选区外的花纹用蒙版遮盖，效果如图2-58所示。

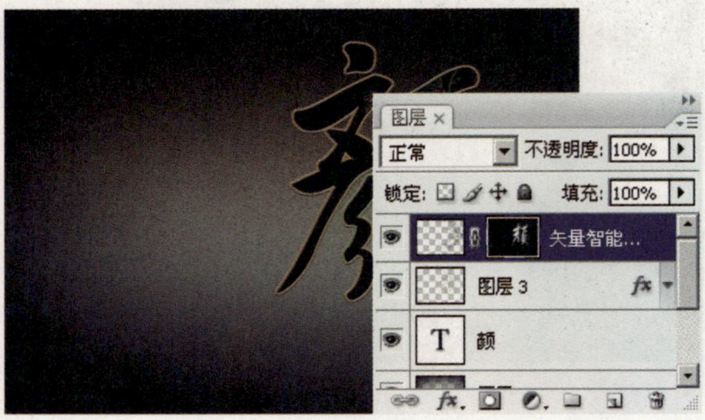

图2-58

14 添加浮雕效果。双击花纹图层，弹出“图层样式”对话框，选择“斜面和浮雕”选项，进行参数设置，单击“确定”按钮，效果如图2-59所示。

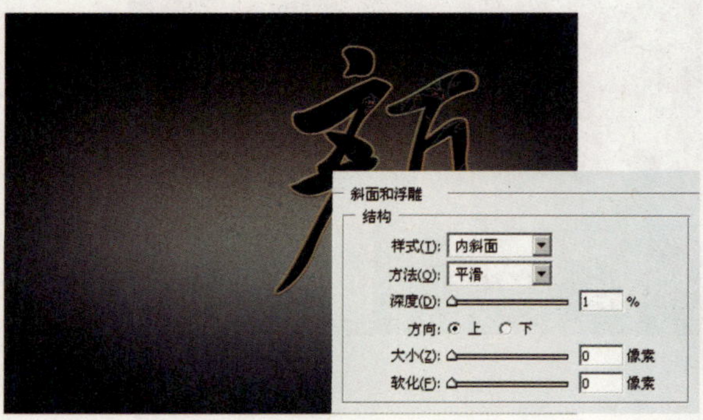

图2-59

15 复制花纹图层，将图层蒙版删除，应用“自由变换”命令调整花纹与文字叠加的位置，效果如图2-60所示。

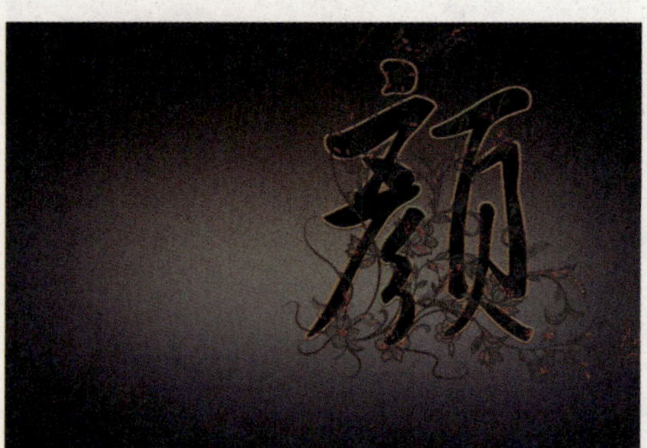

图2-60

16 再次添加蒙版。按住Ctrl键单击文字图层，载入选区，然后单击“图层”调板底部的“添加矢量蒙版”按钮，将选区外的花纹用蒙版遮盖，效果如图2-61所示。

图2-61

17 按住Alt键将原花纹图层的图层样式拖动到该花纹图层上，复制其浮雕效果的图层样式，效果如图2-62所示。

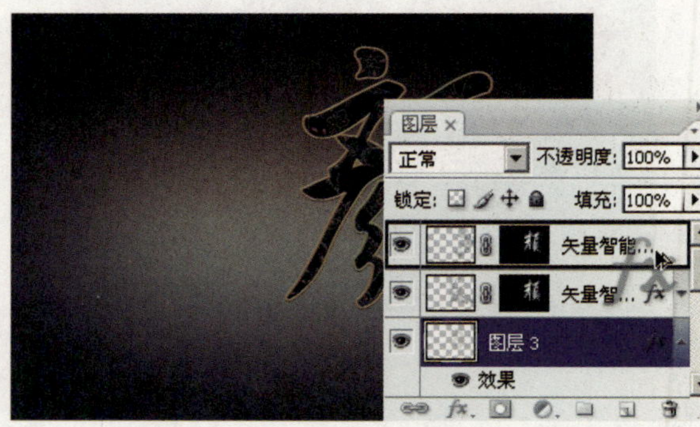

图2-62

18 选择“横排文字工具”，输入“红”字后按Enter键另起一行，按空格键后再输入“颜”字，分别选中并调整文字大小，全部选中并调整行间距，效果如图2-63所示。

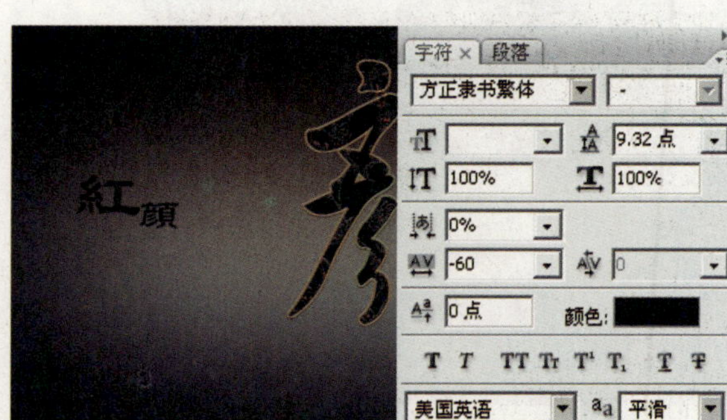

图2-63

19 按住Ctrl键单击该文字图层，载入选区，新建图层，设置前景色为（R：144、G：132、B：36），设置背景色为黑色，选择“渐变工具”按钮，右斜做对称渐变，取消选区，效果如图2-64所示。

图2-64

20 添加图层样式。单击“图层”调板底部的“添加图层样式”按钮，在弹出的菜单中选择“描边”命令，设置“描边”各参数，效果如图2-65所示。

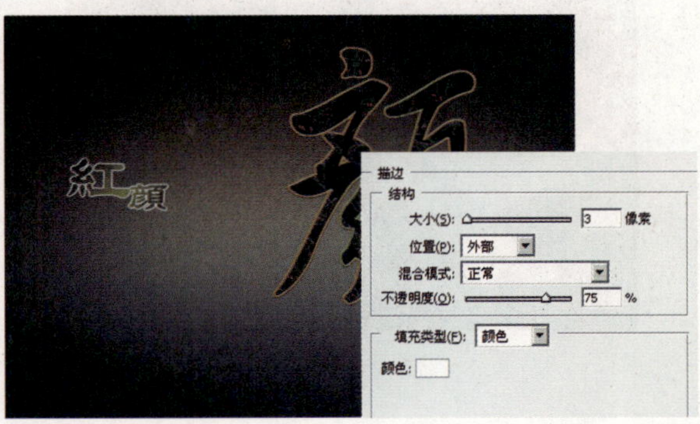

图2-65

21 在“图层样式”对话框中选择“渐变叠加”选项，设置“渐变叠加”各参数，效果如图2-66所示。

图2-66

22 在“图层样式”对话框中选择“图案叠加”选项，设置“图案叠加”各参数，单击“确定”按钮，效果如图2-67所示。

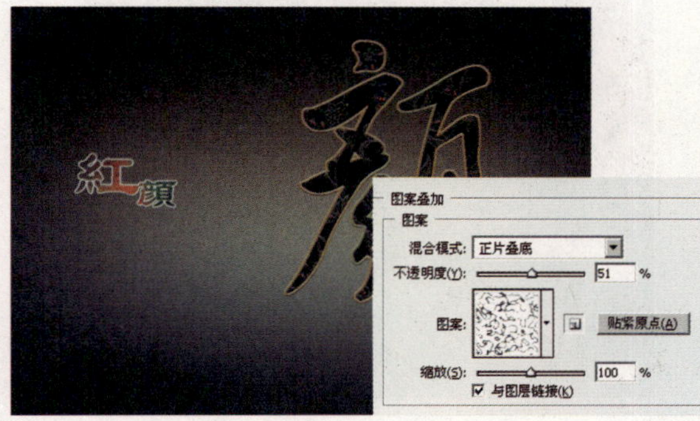

图2-67

23 在画面中添加人物图片，按Ctrl+O键打开素材图片，效果如图2-68所示。

图2-68

24 选择“钢笔工具”，沿着人物边缘绘制路径，按Ctrl+Enter键将路径转换为选区，然后按Ctrl+J键复制选区内容，自动生成“图层1”，隐藏“背景”图层，效果如图2-69所示。

图2-69

25 选择“移动工具”，将人物图片拖动到画面中，调整其大小及在画面中的位置，效果如图2-70所示。

图2-70

26 按住Ctrl键单击人物图层，载入选区，单击“图层”调板底部的“创建新的填充或调整图层”按钮，在弹出的菜单中选择“曲线”命令，设置“曲线”对话框中的参数，单击“确定”按钮，效果如图2-71所示。

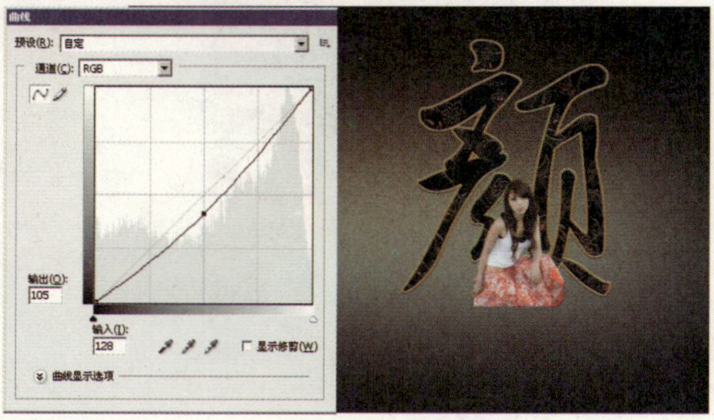

图2-71

27 按住Ctrl键单击人物图层，载入选区，单击“图层”调板底部的“创建新的填充或调整图层”按钮，在弹出的菜单中选择“照片滤镜”命令，设置“照片滤镜”对话框中的参数，单击“确定”按钮，效果如图2-72所示。

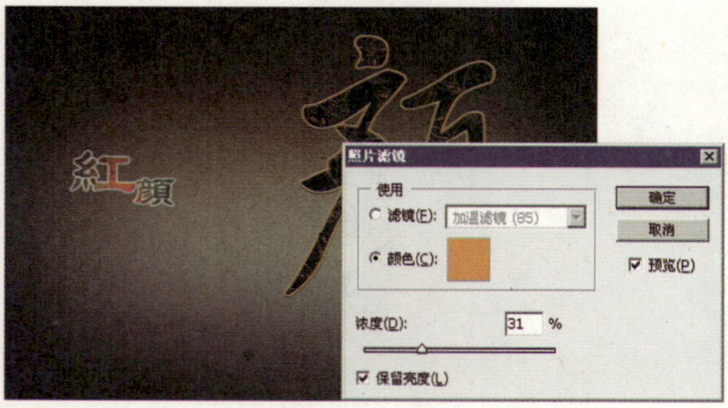

图2-72

28 画面中的人物图像不完整，需要用其他图片遮盖一下，打开花朵图片，用“魔棒工具”选择除花以外的白色部分，如图2-73所示。

图2-73

29 将选区反选，用“移动工具”将花拖动到画面中，调整大小及在画面中的位置，效果如图2-74所示。

图2-74

30 打开其他花朵图片，用同样的方法将花拖动到画面中，逐一调整图片在画面中的位置，尽量把人物不完整的部位遮住。花朵摆放的位置读者可随意设置，效果如图2-75所示。

图2-75

31 将花朵图层全部选中，按Ctrl+E键将图层合并，按住Ctrl键单击花朵图层，载入其选区，单击“图层”调板底部的“创建新的填充或调整图层”按钮，在弹出的菜单中选择“曲线”命令，设置“曲线”对话框中的参数，单击“确定”按钮，效果如图2–76所示。

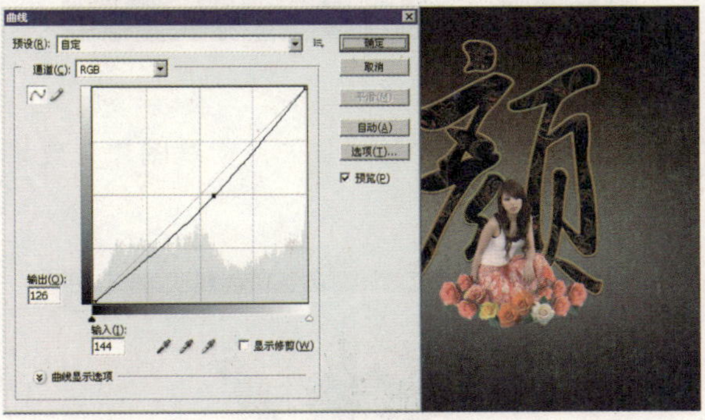

图2–76

32 按住Ctrl键新建图层，设置前景色为黑色，选择“画笔工具”，在其工具选项栏中调整“不透明度”设置，设置笔尖为柔角，参照图2–77所示在花的边缘处进行涂抹。

图2–77

33 复制该图层，将原图层隐藏，执行菜单“滤镜 | 模糊 | 高斯模糊”命令，对复制后的图层进行高斯模糊，效果如图2–78所示。

图2–78

34 显示原图层并将其选中，调整其图层“不透明度”为30%，效果如图2–79所示。

图2–79

35 选中花朵图层，选择“移动工具”，按住Alt+Shift键并垂直向下拖动花朵，复制花朵图层，效果如图2–80所示。

图2–80

36 调整花朵图层的“不透明度”为20%，投影效果如图2–81所示。

图2–81

37 单击“图层”调板底部的“添加图层蒙版”按钮，选择“渐变工具”，默认前、背景色设置，从上到下做线性渐变，效果如图2–82所示。

图2–82

38 再次移入花朵图片，调整大小及在画面中的位置，效果如图2–83所示。

图2–83

39 复制该花朵图层，将复制图层垂直翻转，然后使用“移动工具”将其向下移动，调整该图层的“不透明度”为23%，效果如图2–84所示。

图2–84

40 选择“横排文字工具”，设置前景色为黑色，用输入“红颜”的方法输入字母文字，调整字母文字在画面中的位置，效果如图2–85所示。

图2–85

41 按Ctrl+O键打开一张矢量素材图片，效果如图2–86所示。

图2–86

42 切换到“通道”调板，按住Ctrl键单击CMYK通道，载入画面中白色部分的选区，效果如图2–87所示。

图2–87

43 按Ctrl+Shift+I键将选区反选，选择“移动工具” 将选区内容拖动到画面中，调整其大小及在画面中的位置，效果如图2-88所示。

图2-88

44 设置该图层的混合模式为“正片叠底”，修去图形边缘的白色杂边，效果如图2-89所示。

图2-89

45 打开矢量素材蝴蝶图片，将其拖动到画面中，调整其大小及在画面中的位置，效果如图2-90所示。

图2-90

46 添加图层样式。单击“图层”调板底部的“添加图层样式”按钮 ，在弹出的菜单中选择“投影”选项，设置“投影”各参数，单击“确定”按钮，效果如图2-91所示。

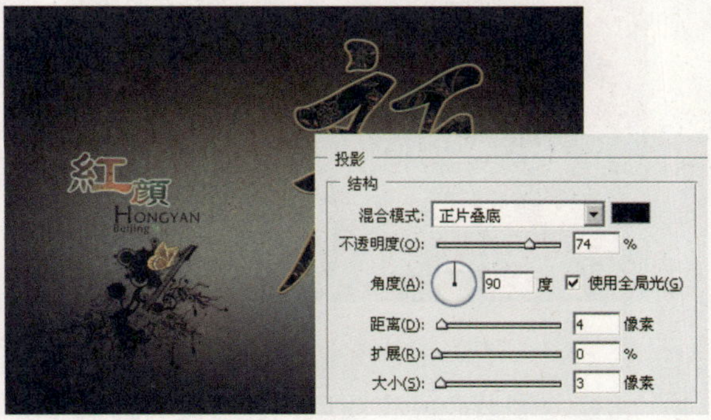

图2-91

47 打开另一矢量素材蝴蝶图片，将其拖动到画面中，调整其大小及在画面中的位置，效果如图2-92所示。

图2-92

48 用鼠标右键单击黄色蝴蝶图层，在弹出的菜单中选择“拷贝图层样式”命令，然后选中蓝色蝴蝶图层，用鼠标右键单击选择“粘贴图层样式”命令，效果如图2-93所示。

图2-93

49 复制蓝色蝴蝶图层，进行旋转后调整其大小及在画面中的位置，效果如图2-94所示。

图2-94

50 再次复制蓝色蝴蝶图层，进行旋转后调整其大小及在画面中的位置，然后调整“投影”图层样式，效果如图2-95所示。

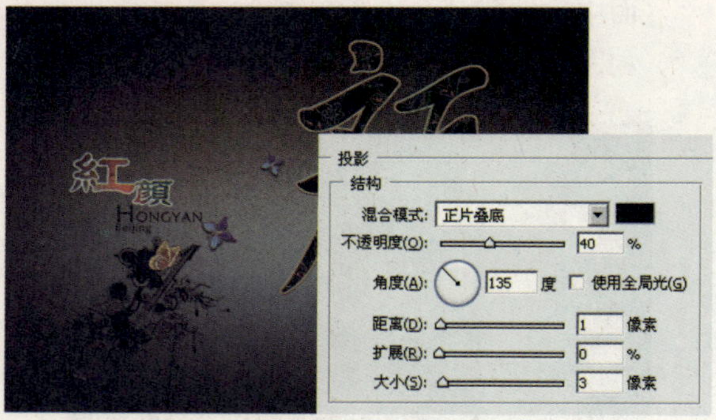

图2-95

51 按Ctrl+O键打开墨迹效果的素材图片，效果如图2-96所示。

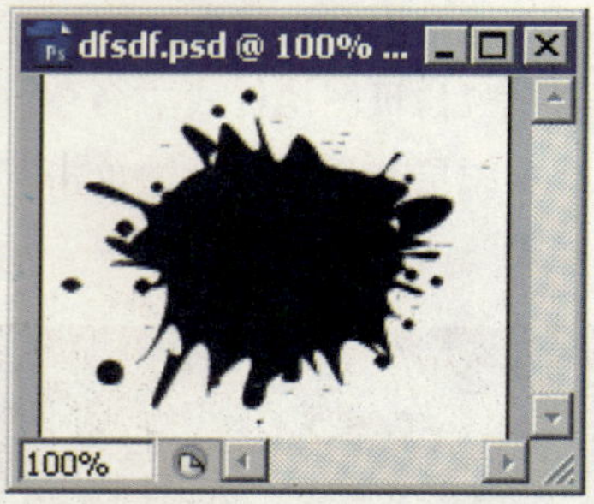

图2-96

52 定义画笔。执行菜单“编辑 | 定义画笔预设”命令，在弹出的“画笔名称”对话框中输入“墨点”，单击“确定”按钮，选择“画笔工具”，在“画笔预设选取器”调板中显示“墨点”笔尖，如图2-97所示。

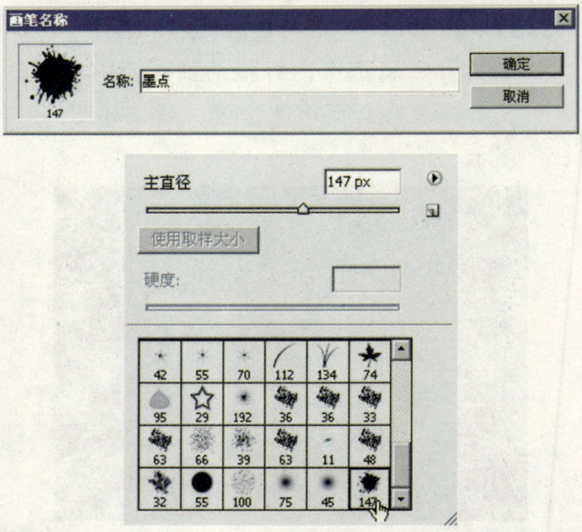

图2-97

53 选中“墨点”笔尖后，设置“画笔”调板中的参数，如图2-98所示。

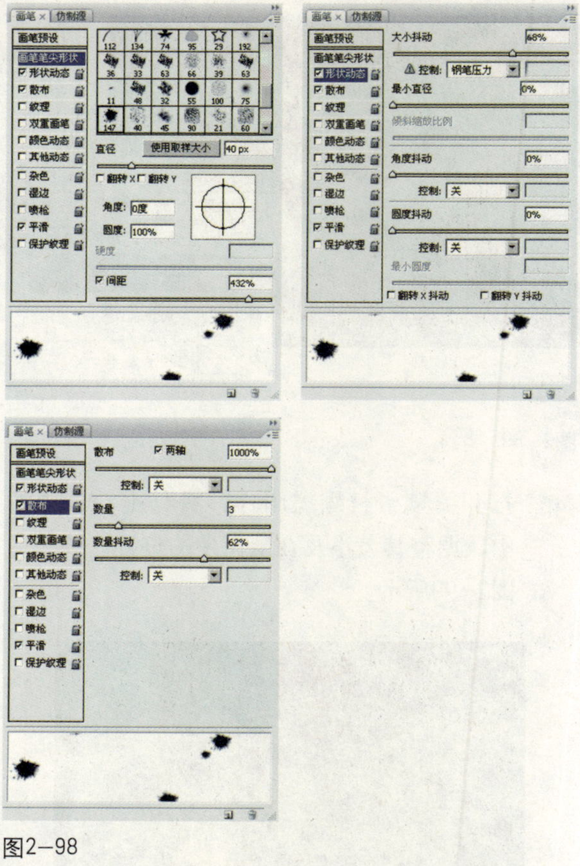

图2-98

54 调整好后，设置前景色为黑色，新建图层，在画面上绘制墨迹，效果如图2-99所示。

图2—99

55 在“颜”字后面制作发光效果。设置前景色为白色，新建图层，设置笔尖为尖角，设置大小为9像素，参照如图2-100所示绘制散射图形（在绘制过程中先绘制起点，然后按住Shift键绘制终点，这样绘制的线条才比较直）。

图2—100

56 选择“矩形选框工具”，将散射图形框选起来，执行菜单“滤镜 | 模糊 | 径向模糊”命令，设置“径向模糊”对话框中的参数，完成后单击“确定”按钮，效果如图2-101所示。

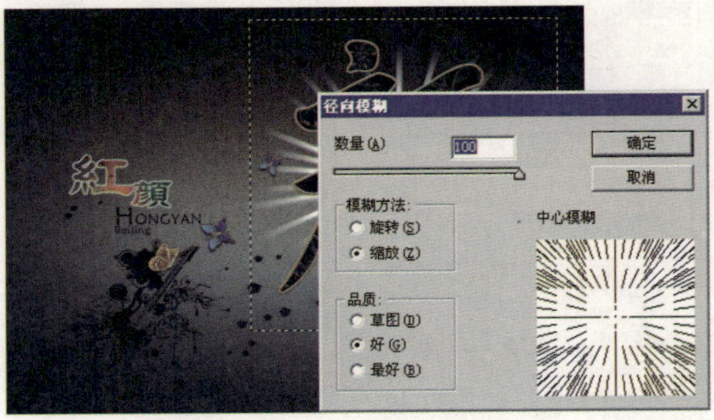

图2—101

57 调整图层的“不透明度”为27%，效果如图2-102所示。

图2—102

58 复制该图层，将复制图层的“不透明度”调整为100%，执行菜单“滤镜 | 模糊 | 高斯模糊”命令，设置“高斯模糊”对话框中的参数，完成后单击“确定”按钮，效果如图2-103所示。

图2—103

59 再次复制原图层，按Ctrl+T键旋转一定角度，按Enter键确认变换操作，将“不透明度”调整为17%，执行“滤镜 | 模糊 | 高斯模糊”命令，设置“高斯模糊”对话框中的参数，完成后单击“确定”按钮，效果如图2-104所示。

图2—104

60 再次复制原图层，按Ctrl+T键旋转一定角度，按Enter键确认变换操作，将“不透明度”调整为14%，效果如图2–105所示。

图2–105

61 继续复制原图层，按Ctrl+T键旋转一定角度，按Enter键确认变换操作，执行菜单“滤镜｜模糊｜高斯模糊”命令，默认“高斯模糊”对话框中的参数设置，单击“确定”按钮，效果如图2–106所示。

图2–106

62 按住Ctrl键逐一单击发光效果图层，将其全部选中，按Ctrl+E键合并图层，然后单击“图层”调板底部的“添加图层蒙版”按钮，选择“画笔工具”，设置笔尖为柔角，大小适当，在其工具选项栏中调整“不透明度”设置，设置前景色为黑色，涂抹画面中发光效果较强的区域，效果如图2–107所示。

63 执行菜单“图像｜调整｜色相/饱和度”命令，在弹出的“色相｜饱和度”对话框中进行设置，完成后单击“确定”按钮，效果如图2–108所示。

图2–107

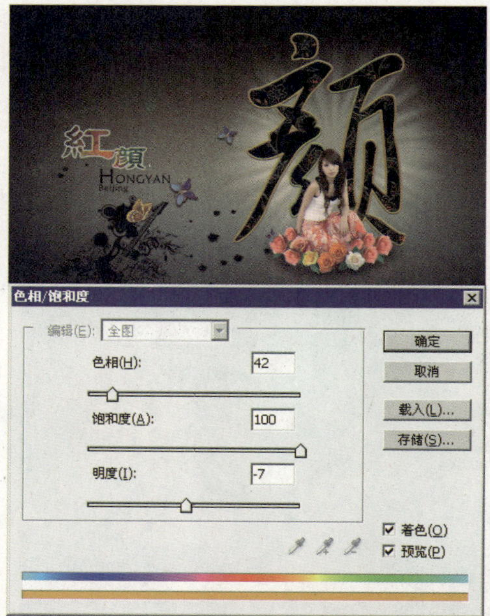

图2–108

64 观察整个画面，墨迹在画面中的衔接效果不很明显，也不丰富。选择“画笔工具”，设置笔尖为尖角，调整“画笔”调板参数，如图2–109所示。

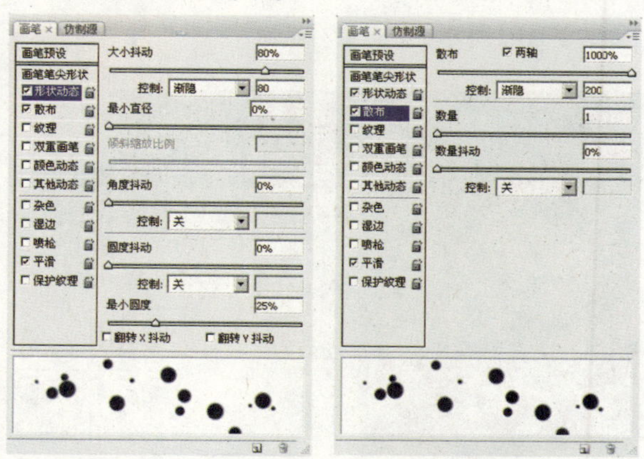

图2–109

65 设置前景色为黑色，新建图层，绘制较小点的墨迹，效果如图2-110所示。

图2-110

2.3.2 星空往事

01 按Ctrl+N键新建文件，在打开的“新建”对话框中进行参数设置，如图2-111所示，设置完成后单击“确定”按钮，创建文件。

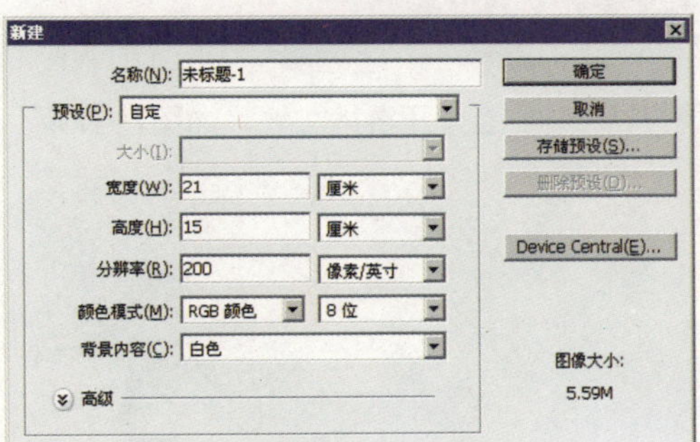

图2-111

02 设置前景色为黑色，按Alt+Delete键填充前景色，如图2-112所示。

图2-112

03 按Ctrl+O键打开素材文件，效果如图2-113所示。

04 选择工具箱中的“移动工具”，将其拖动到画面中，自动生成“图层1”，按Ctrl+T键执行“自由变换”命令，按住Shift+Alt键将其等比例缩小，按Enter键确认变换操作，调整图像在画面中的位置，如图2-114所示。

图2-113

图2-114

05 按住Ctrl键单击“图层”调板底部的“创建新的填充或调整图层”按钮，在弹出的菜单中选择“渐变映射”命令，在“渐变映射”对话框中设置参数，完成后单击“确定”按钮，效果如图2-115所示。

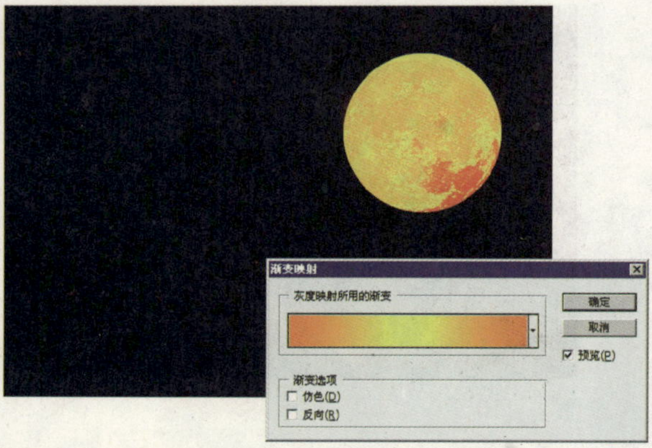

图2－115

06 按住Ctrl键单击“图层1”，载入其选区，执行菜单“选择 | 修改 | 羽化”命令，打开“羽化选区”对话框，完成参数设置后单击“确定”按钮，将选区羽化，效果如图2－116所示。

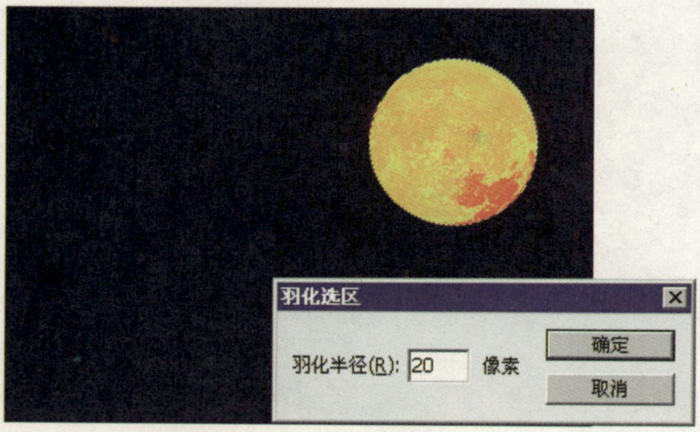

图2－116

07 新建图层，将其调整到“图层1”的下方，设置前景色为（R：255、G：255、B：176），按两次Alt+Delete键填充前景色，按Ctrl+D键取消选区，调整图层的“不透明度”为65%，效果如图2－117所示。

图2－117

08 选中“图层1”，使其成为可编辑状态，单击“图层”调板底部的“添加图层样式”按钮 fx，在弹出的菜单中选择“外发光”命令，在“图层样式”对话框中设置“外发光”参数，颜色设置为（R：241、G：214、B：61），完成后单击“确定”按钮，效果如图2－118所示。

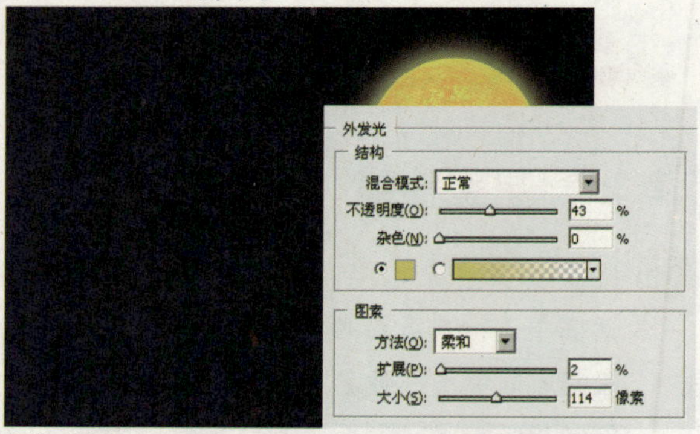

图2－118

09 按Ctrl+O键打开素材文件，如图2－119所示。

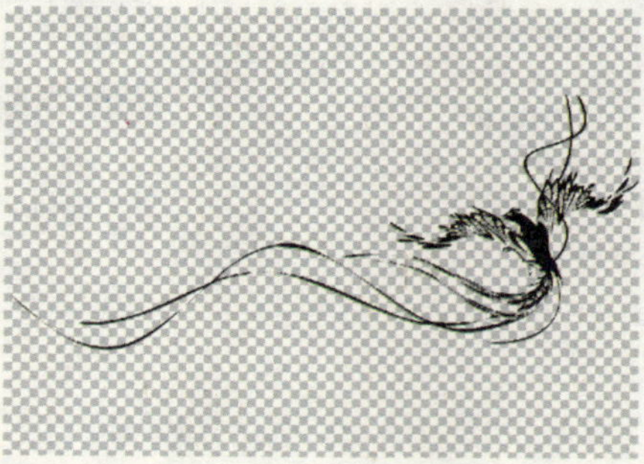

图2－119

10 选择工具箱中的“移动工具”，将素材拖动到画面中，自动生成“图层3”。按Ctrl+T键执行“自由变换”命令，按住Shift+Alt键将其等比例缩小，按Enter键确认变换操作，调整图像在画面中的位置，效果如图2－120所示。

图2－120

11 单击“图层”调板底部的“添加图层样式”按钮 fx.，在弹出的菜单中选择“渐变叠加”命令，设置“渐变叠加”参数，单击渐变色条，打开“渐变编辑器”对话框进行设置，颜色从左到右为（R：253、G：185、B：38）、（R：231、G：22、B：22）和黑色，设置完成后单击“确定”按钮，效果如图2−121所示。

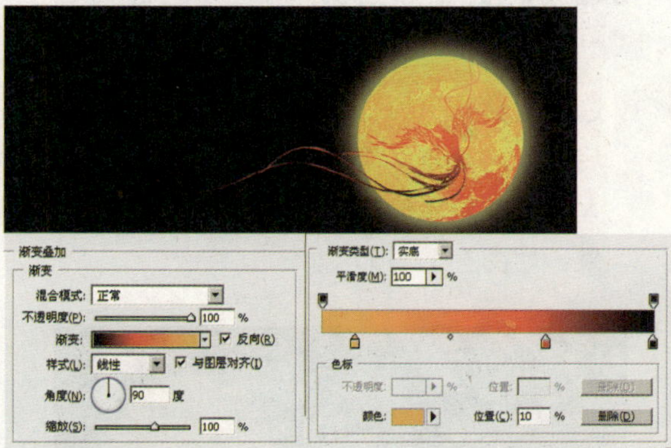

图2−121

12 选择工具箱中的“画笔工具” ，打开“画笔”调板，设置参数如图2−122所示。

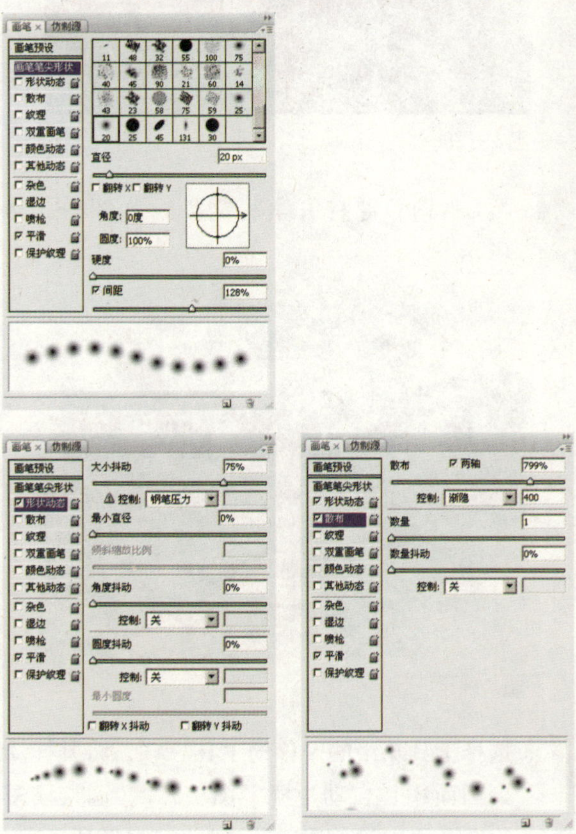

图2−122

13 新建“图层4”，前景色随意设置（这里设置为白色），沿着凤凰的尾巴进行绘制，效果如图2−123所示。

14 单击“图层”调板底部的“添加图层样式”按钮 fx.，在弹出的菜单中选择“渐变叠加”命令，在“图层样式”对话框中设置“渐变叠加”参数，完成后单击“确定”按钮，效果如图2−124所示。

图2−123

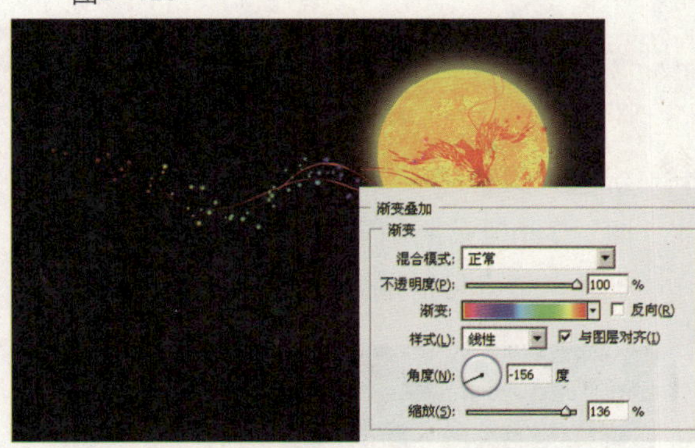

图2−124

15 选择工具箱中的“画笔工具” ，打开“画笔预设选取器”调板，点击右上角的三角按钮，在弹出的菜单中选择“替换画笔”命令，替换画笔后选择“交叉排线”笔尖，打开“画笔”调板，设置参数如图2−125所示。

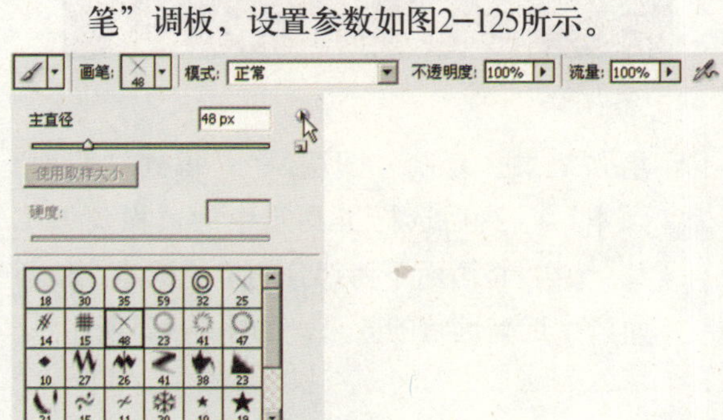

图2−125(a)

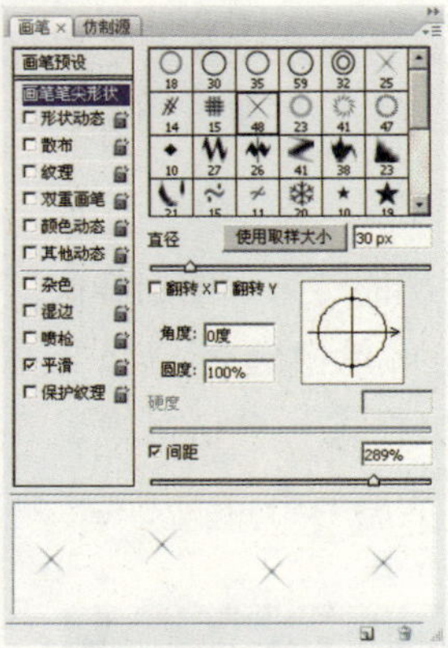

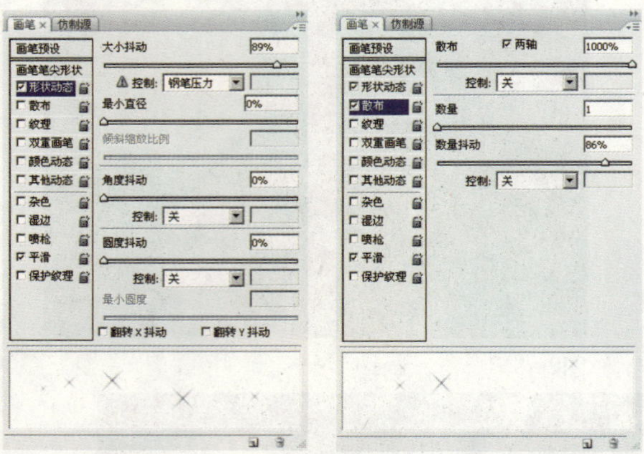

图2-125(b)

16 新建“图层5”，设置前景色为白色，参照图2-126所示绘制星空（绘制的星星具有随机性，读者可根据自己的喜好进行绘制）。

图2-126

17 增强效果。复制“图层5”，得到“图层5副本”，然后选择工具箱中的“橡皮擦工具”，将画面下面部分的星星擦除，使画面产生近亮远暗的效果，如图2-127所示。

图2-127

18 选择工具箱中的“画笔工具”，复位画笔后选择“柔角”笔尖，新建图层，调整笔尖大小，在星星的中心点击一下，增加闪光效果，如图2-128所示。

图2-128

19 按Ctrl+O键打开素材文件，如图2-129所示。

图2-129

20 选择工具箱中的“移动工具”，将其拖动到画面中，自动生成“图层7”。调整该图片在画面中的位置，效果如图2-130所示。

图2－130

21 复制“图层7”，得到“图层7 副本”。设置图层的混合模式为“柔光”，效果如图2－131所示。

图2－131

22 打开素材文件，效果如图2－132所示。

图2－132

23 选择工具箱中的“移动工具”，将其拖动到画面中，自动生成“图层8”。调整该图片在画面中的位置，效果如图2－133所示。

图2－133

24 复制“图层8”，得到“图层8 副本”。设置图层的混合模式为“正片叠底”，效果如图2－134所示。

图2－134

25 打开素材文件，如图2－135所示。

图2－135

26 选择工具箱中的“移动工具”，将其拖动到画面中，自动生成“图层9”。调整该图片在画面中的位置，效果如图2－136所示。

图2–136

27 复制“图层9”，得到“图层9 副本”。设置图层的混合模式为“叠加”，效果如图2–137所示。

图2–137

28 打开素材文件，效果如图2–138所示。

29 选择工具箱中的“移动工具”，将其拖动到画面中，自动生成“图层10”，调整该图片在画面中的位置，效果如图2–139所示。

图2–138

图2–139

30 复制“图层10”，得到“图层10 副本”。设置图层的混合模式为“正片叠底”，效果如图2–140所示。

图2–140

2.4 图层样式深入分析

图层样式功能的出现为处理图像和创建图像特效提供了更方便的手段，既可以利用Photoshop中自带的图层样式，也可以自定义图层样式。图层样式的种类很多，包括投影效果、内阴影效果、外发光效果、内发光效果、斜面及浮雕效果等，熟练掌握后可以利用这些图层样式创建出真实质感的效果。

2.4.1 图层样式应用技巧

1.在预设的基础上修改样式

在应用图层样式时，如果“样式”调板中的某一预设样式仅有部分效果能够满足需要，可以在该预设样式的基础上进行修改，然后将修改后的样式应用到图层中。例如，想要对图2-141所示的“图层1”应用图层样式，可执行菜单“图层 | 图层样式 | 混合选项”命令，在打开的“图层样式”对话框中单击“样式”选项，选择如图2-142所示的样式，为图层应用该样式。

图2-141

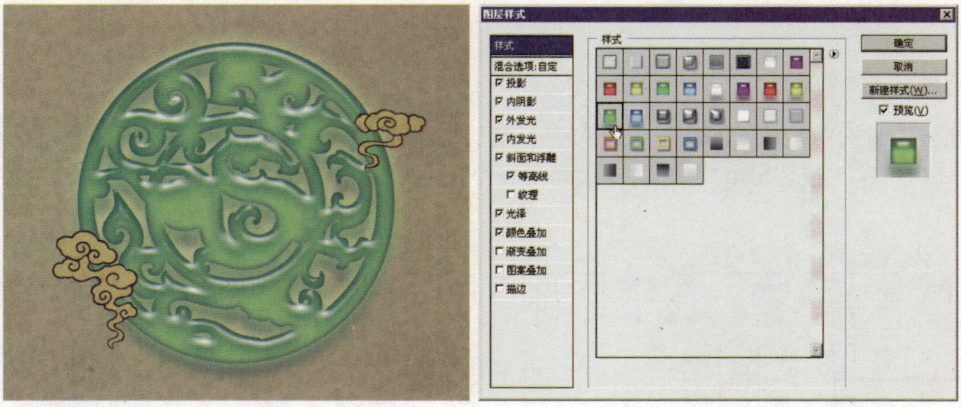

图2-142

应用样式后，可以再修改样式的参数，从而创建符合需要的效果。如图2-143所示为修改“光泽”样式的参数，其图像效果如图2-144所示。

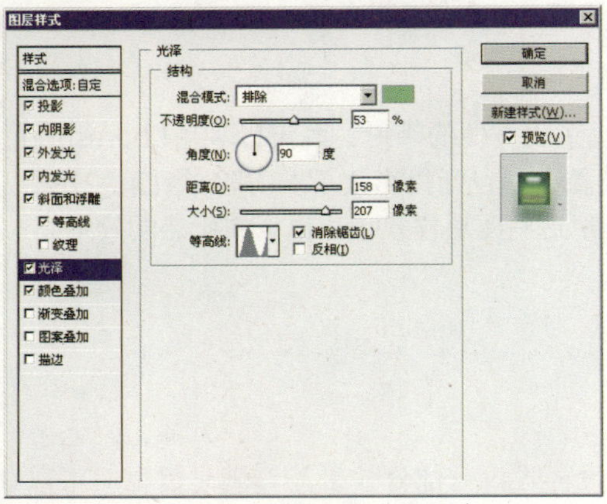

图2-143

图2-144

2.在原有基础上更换新样式

打开“样式”调板，选中添加了样式的图层（这里为“图层1”），然后单击“样式”调板中的其他样式，可自动将图层中原来的样式替换掉，效果如图2-145所示。

图2-145

3.复制与转移样式

在“图层”调板中按住Alt键将样式从一个图层拖动到另一个图层中，可将样式复制到该图层中，如图2-146所示。按住Shift键拖动样式到另一个图层中，可将样式转移到该图层中，如图2-147所示。

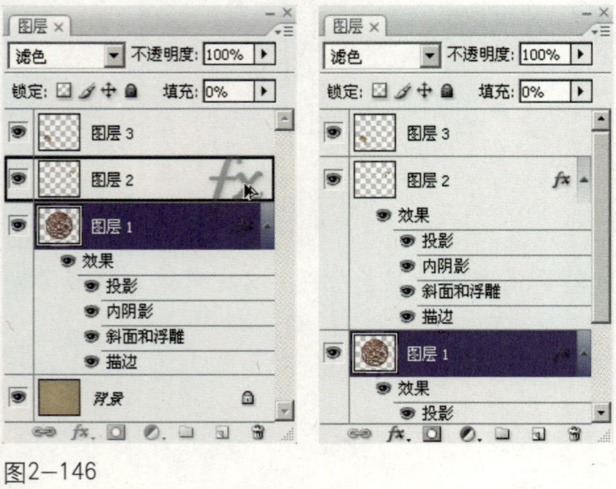

图2-146

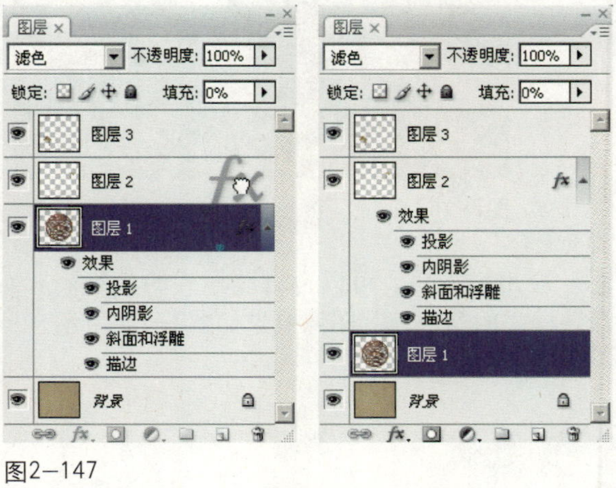

图2-147

4.删除样式中的效果

为图层添加样式后，展开样式列表，拖动某一效果至“删除图层”按钮上可将其删除，与此同时，该样式在图像中产生的效果也会消失，如图2-148和图2-149所示。

图2-148

图2-149

技巧○提示

图层效果和样式不能应用于背景图层、锁定的图层或图层组。

5.灵活地调整效果位置

在设置“投影”、“内阴影”、“纹理”、“光泽”、“渐变叠加”和“图案叠加”效果时，将光标移至图像中，光标会显示为移动工具，单击并拖动鼠标可以任意调整效果的位置。这种调整方法要比调整参数更为直观，也更为灵活。如图2-150所示，使用光标拖动调整“投影”效果的位置，“投影”的参数也随着光标的移动实时更新。

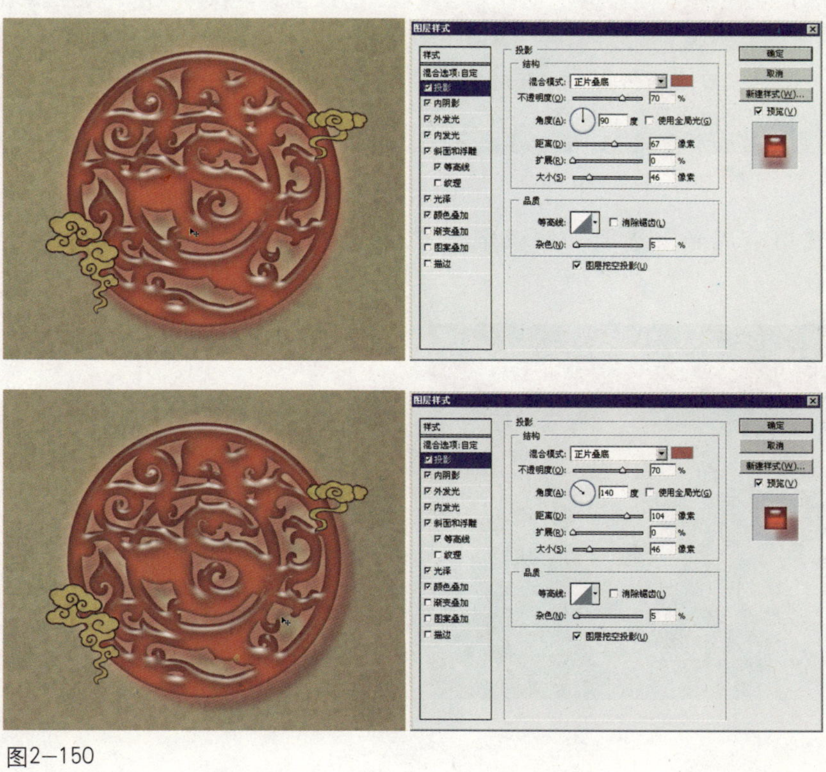

图2-150

在现实生活中，光源的位置和照射角度决定了物体的高光和阴影的位置，当使用图层样式创建特效时，应该对此有充分的认识和把握，这样才能令创建的效果真实可信。

在“投影”对话框中勾选了“使用全局光”选项后，文档中所有图层应用的投影将显示为同一角度，如图2−151所示。

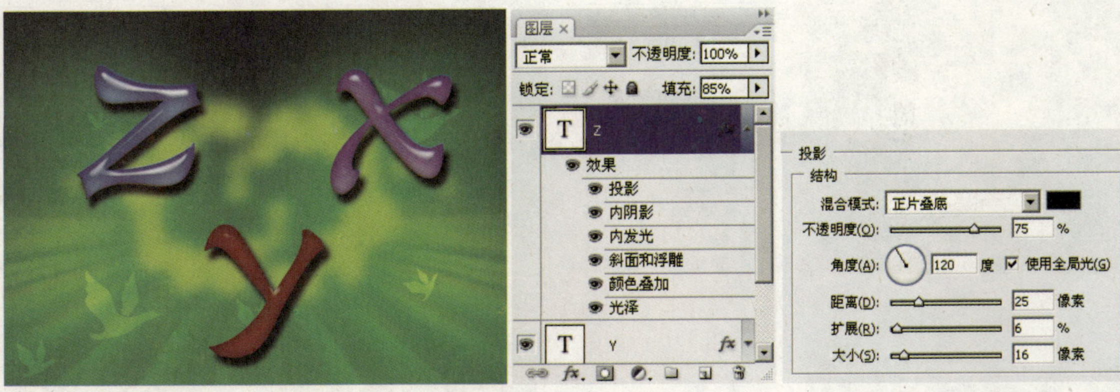

图2−151

勾选“使用全局光”选项，修改字母“Z”的投影效果会改变全局光的角度，如图2−152所示。

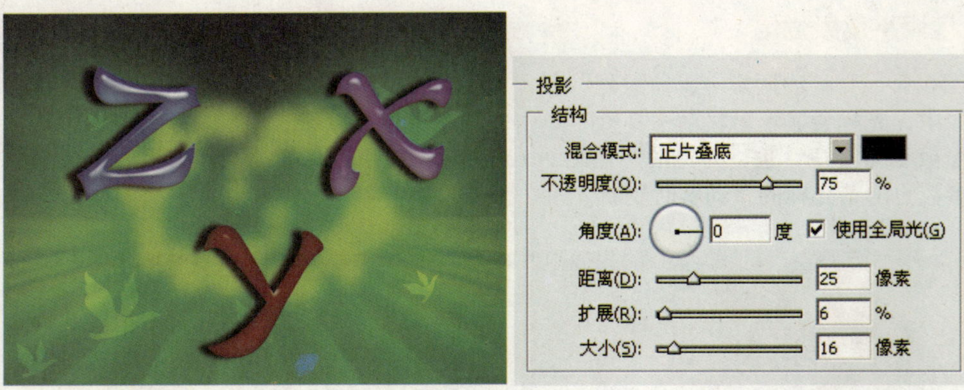

图2−152

不勾选“使用全局光”选项，修改字母“Z”的投影效果不会改变全局光的角度，如图2−153所示。

图2−153

2.4.2 等高线对图层样式的影响

等高线用来控制“投影”、“内发光”、“外发光”、“斜面和浮雕”以及“光泽”效果在指定范围上的形状。下面举例讲解一下不同的等高线对图像产生的不同效果，如图2-154所示。

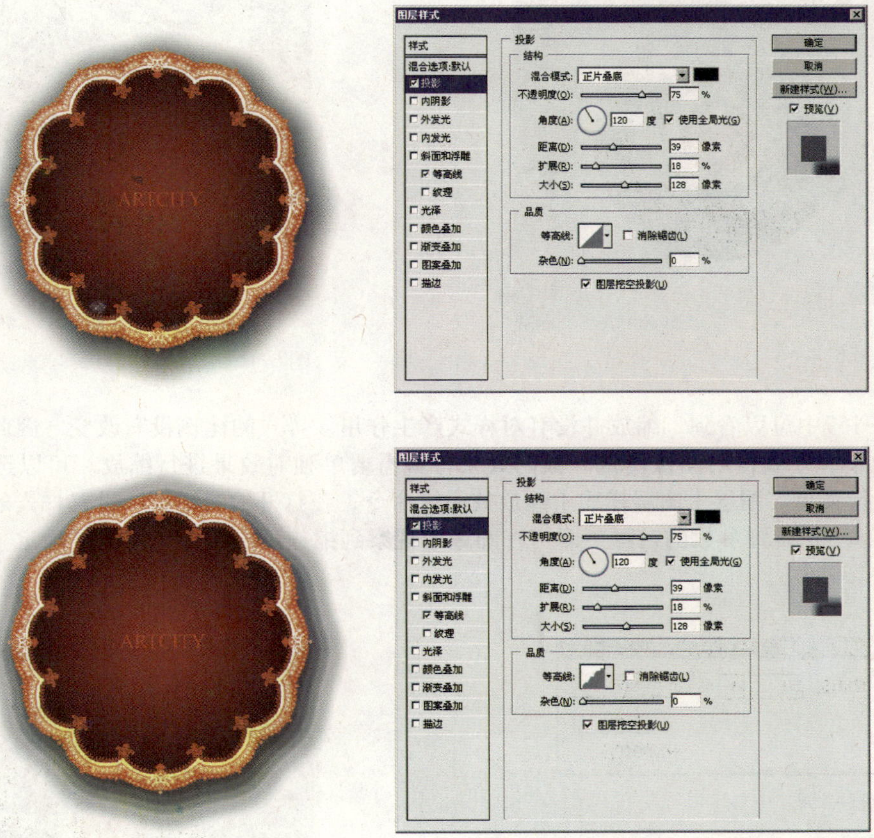

图2-154

设置不同的等高线可以模拟不同的材质，也可使用自定的等高线来创建独特的过渡效果，如图2-155所示，单击等高线缩览图可打开“等高线编辑器”对话框，通过添加、删除和移动控制点控制曲线的形状，即可对等高线的效果做出调整。

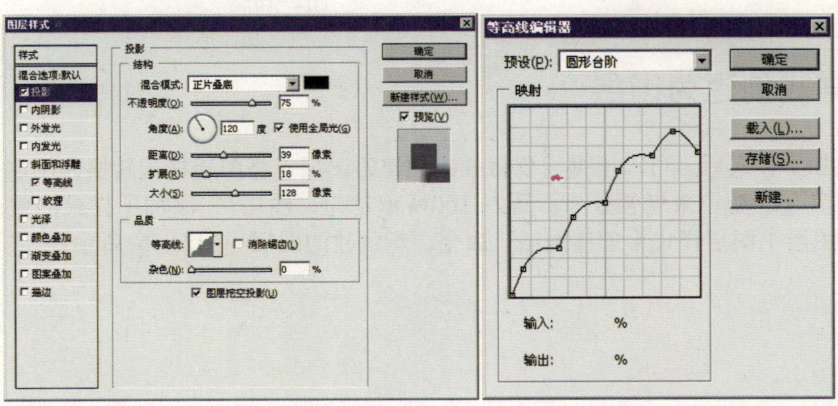

图2-155

在使用图层样式时，有些样式可能已针对目标分辨率和指定大小的特写进行过微调，因此，就有可能产生应用样式的效果与样本的效果不一致的现象。例如，当复制图2−156所示图像中的红色圆心后，再将复制后的图像缩小为50%，图像的效果如图2−157所示。

图2−156

图2−157

从图2−157中可以看到，缩放并没有对样式产生作用，样式的比例没有改变，因此，样式的效果就显得过大了。要获得与图像比例一致的效果，就需要单独对效果进行缩放。可以选择复制后的图层，然后执行菜单“图层｜图层样式｜缩放效果”命令，在打开的对话框中设置样式的缩放比例，如图2−158所示。在设置参数的过程中即可在图像中观察到缩放后的效果，单击“确定”按钮，图像的效果如图2−159所示。

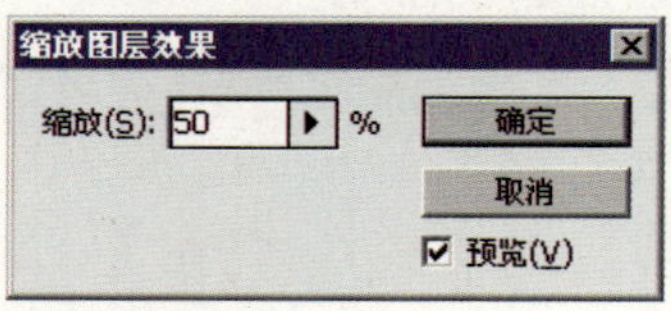

图2−158

图2−159

技巧 提示

通过使用“缩放效果”命令，便可根据需要缩放图层样式中的效果，而不会缩放应用了图层样式的图层对象。

2.4.3 将样式创建为图层

在为图层添加了样式后，可以根据需要将样式创建为图层。将图层样式转换为图层后，可以通过绘图工具、应用命令或滤镜来增强效果。图2−160所示是为“图层1”添加了样式的效果，选择该图层，执行菜单“图层｜图层样式｜创建图层”命令，新创建的图层如图2−161所示。

图2-160

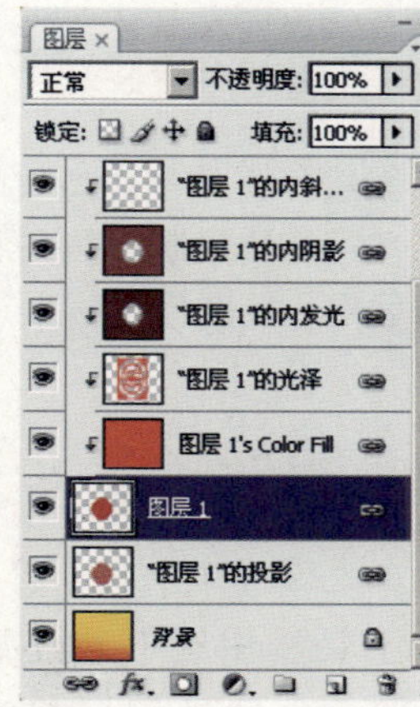

图2-161

可以看到，样式被转换成了单独的图层，在原“图层1”上面创建的新图层被创建为剪贴蒙版。在这些图层中，有些图层根据最终显示效果的需要被设置了混合模式，如图2-162所示。它们的排列顺序也是有一定规则的，修改图层的排列顺序或修改混合模式都有可能影响最终的效果。例如，将“‘图层1’的投影”图层移至上面，投影的作用范围改变了，图像的效果也就发生了变化，如图2-163所示。

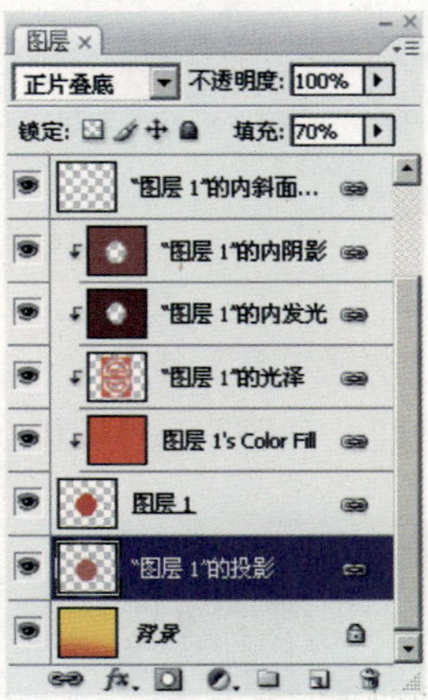

图2-162

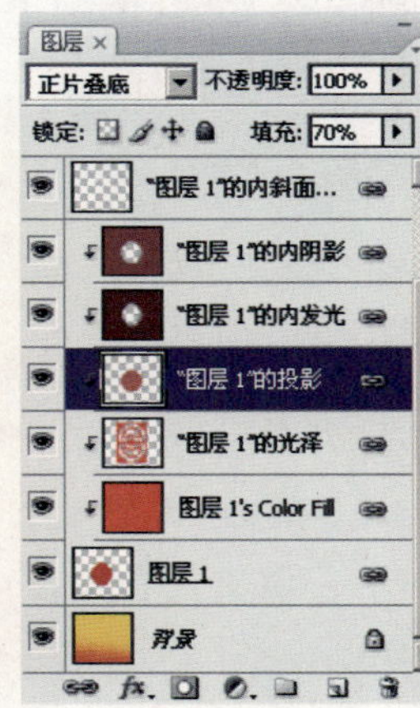

图2-163

再来看一下编辑新建图层会产生什么效果。将“‘图层1’的投影”图层移回原来的位置，选择“‘图层1’的内阴影”图层，执行菜单“滤镜 | 扭曲 | 波浪”命令，设置“波浪”对话框中的参数，单击“确定”按钮，效果如图2-164所示，“图层”调板如图2-165所示。

图2-164

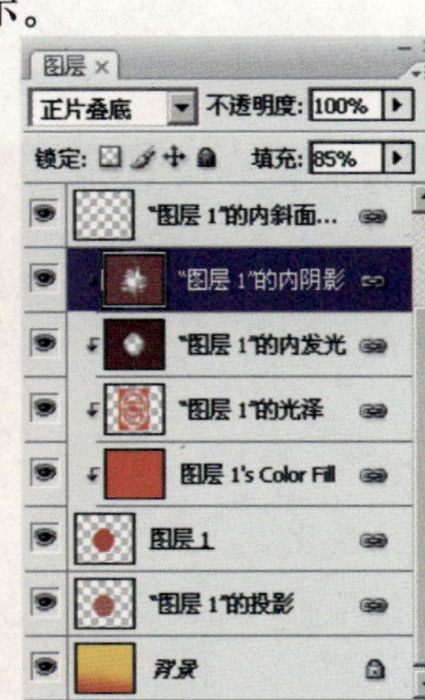

图2-165

2.5 图层样式应用实例

图层样式是创建特效的重要途径之一。下面的例子主要运用路径工具绘制简单的形状路径，结合图层样式的使用制作线条和圆点图形。值得注意的是，添加图层样式时各种混合模式的应用。本例同时还运用一些图像素材，用来制作矢量合成效果。

矢量合成效果

01 执行菜单“文件｜打开”命令，在“打开”对话框中选中素材图片。单击“打开”按钮，得到图片如图2-166所示。

图2-166

02 打开另一透明云彩图片，选择工具箱中的“移动工具”，将其拖动到背景图像中，调整其在画面中的位置，如图2-167所示。

图2-167

03 设置云彩所在图层的混合模式为“滤色”，效果如图2-168所示。

图2-168

04 选择工具箱中的“钢笔工具”，在画面中适当的位置绘制路径，如图2-169所示。

图2-169

05 按Ctrl+Enter键将路径转换为选区，新建图层，设置前景色为（R:203、G:151、B:189），背景色为（R:219、G:100、B:153）。选择工具箱中的“渐变工具”，单击工具选项栏上的“线性渐变”按钮，然后在选区中从左到右制作渐变，取消选区，效果如图2-170所示。

图2-170

06 双击“图层2”，在打开的“图层样式”对话框中选择“外发光”选项，设置其各项参数，如图2-171所示，单击“确定”按钮，效果如图2-172所示。将前景色设置为白色，新建图层，如图2-173所示。

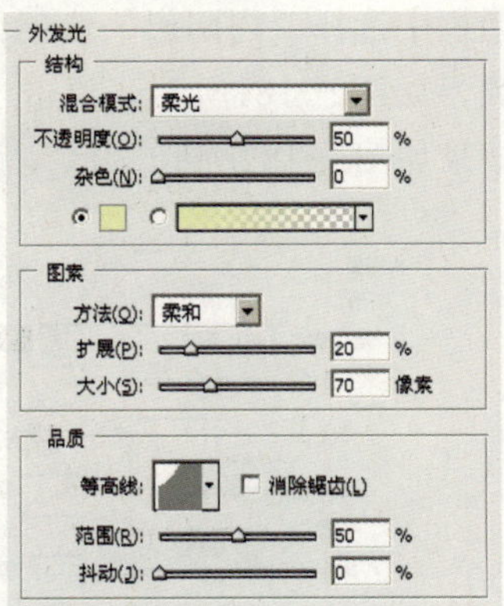

图2-171

图2-172

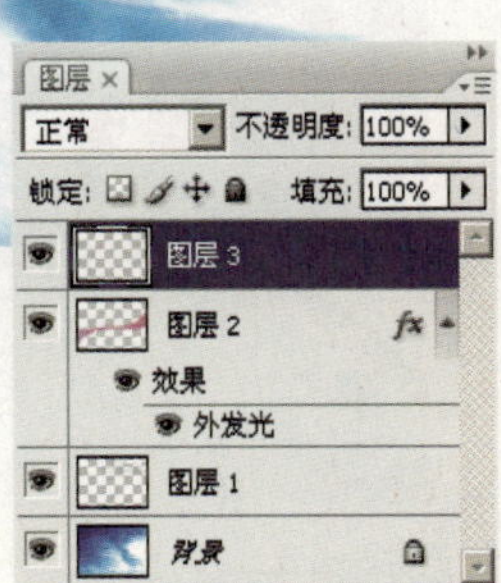

图2-173

07 选择工具箱中的“钢笔工具”，在画面中适当的位置绘制路径，效果如图2-174所示。

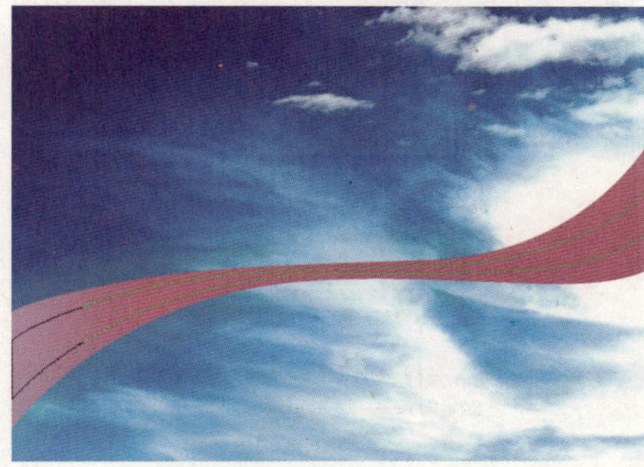

图2-174

08 单击“路径”调板底部的“用前景色填充路径”按钮，对路径进行填充，效果如图2-175所示。

图2-175

09 将路径转换为选区，设置前景色为（R：203、G：151、B：189），选择工具箱中的“画笔工具”，设置笔尖为柔角，在选区内进行适当的描绘，完成后取消选区，效果如图2-176所示。

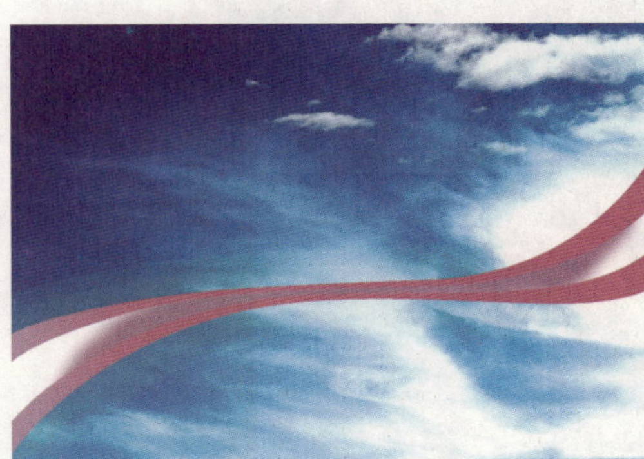

图2-176

10 双击“图层3”，在弹出的“图层样式”对话框中选择“外发光”选项，设置其各项参数，如图2-177所示，单击“确定”按钮，效果如图2-178所示。

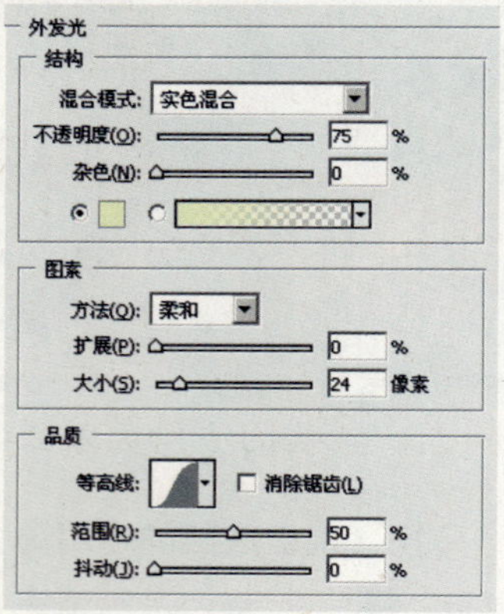

图2-177

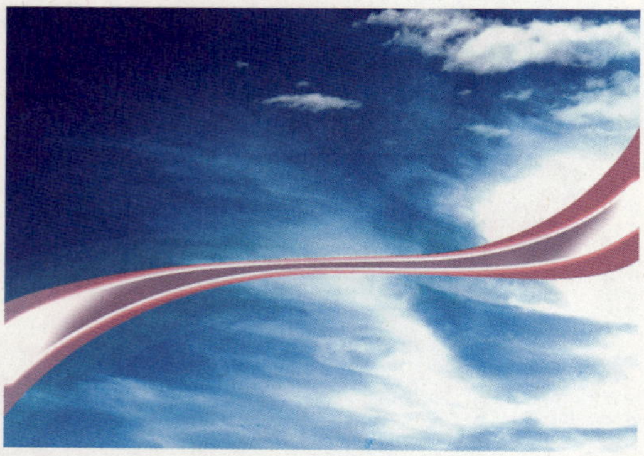

图2-178

11 再次选择工具箱中的“钢笔工具”，在画面适当的位置绘制路径，效果如图2-179所示。

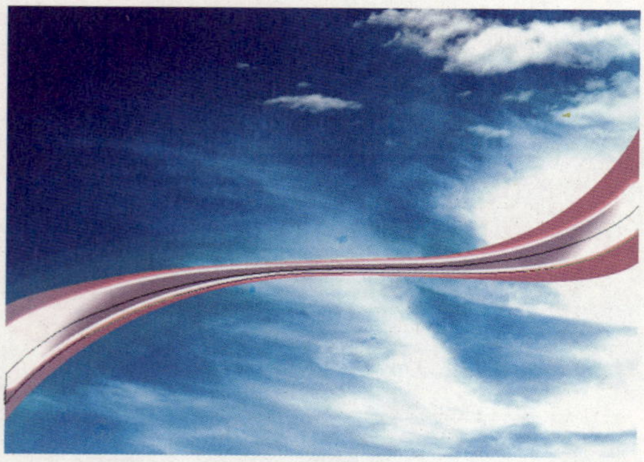

图2-179

12 设置前景色为（R：203、G：151、B：189），新建“图层4”，单击“路径”调板底部的“用前景色填充路径”按钮，对路径进行填充，效果如图2-180所示。

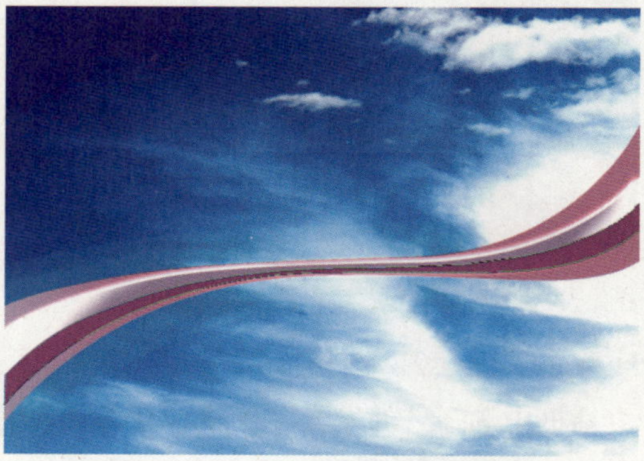

图2-180

13 双击“图层4”，在弹出的“图层样式”对话框中选择“内阴影”选项，设置其各项参数，如图2-181所示，单击“确定”按钮，效果如图2-182所示。

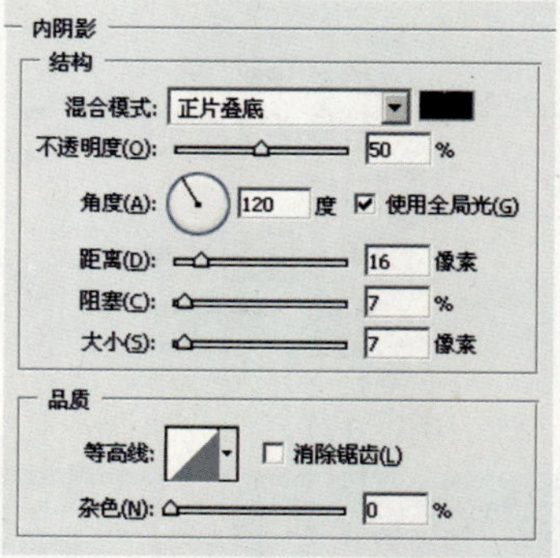

图2-181

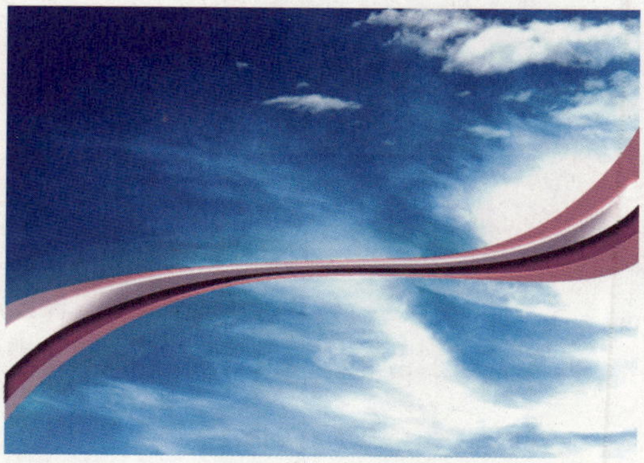

图2-182

14 选择工具箱中的“钢笔工具”，在画面中适当的位置绘制路径，效果如图2-183所示。

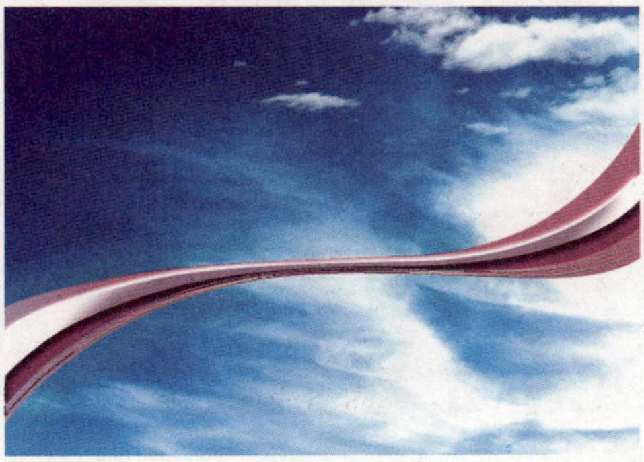

图2-183

15 设置前景色为白色，新建“图层5”。单击“路径”调板底部的“用前景色填充路径”按钮，对路径进行填充，效果如图2-184所示。

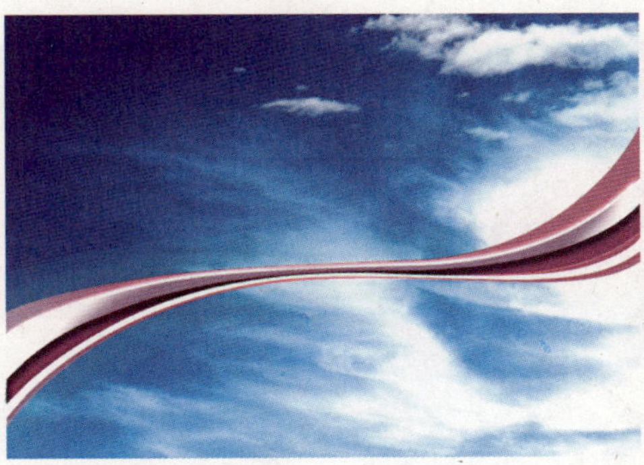

图2-184

16 将“图层5”拖动到“图层4”的下面并双击“图层5”，在弹出的“图层样式”对话框中选择“外发光”选项，设置其各项参数，如图2-185所示，单击“确定”按钮，效果如图2-186所示。

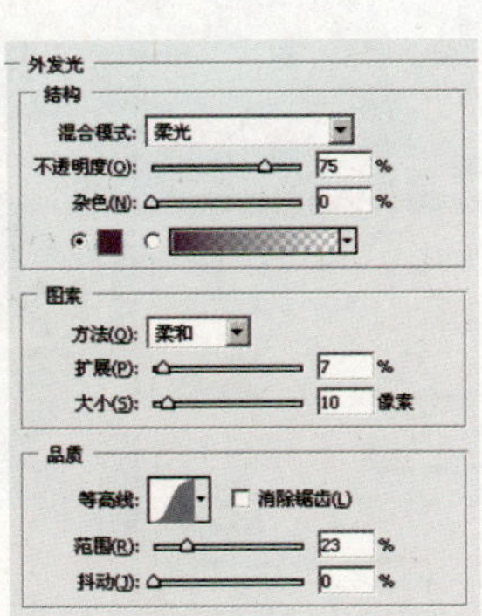

图2-185

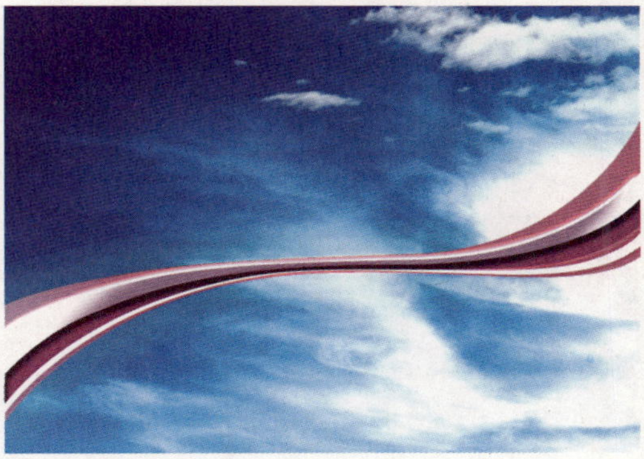

图2-186

17 用同样的方法绘制另一条纹，然后将其调整到上一条纹的下面，效果如图2-187所示。

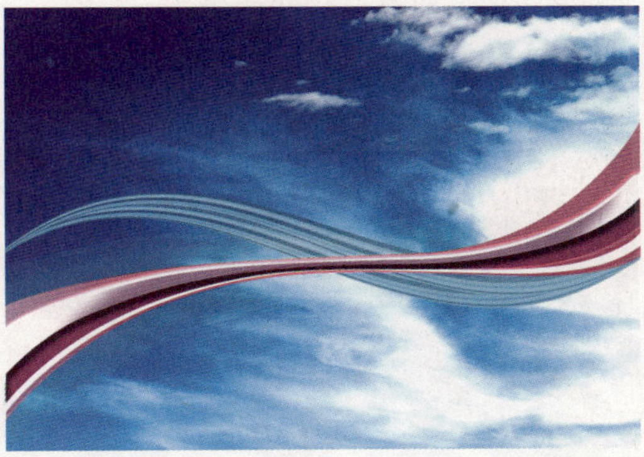

图2-187

18 选择工具箱中的“移动工具”，按住Alt键拖动鼠标复制条纹，执行菜单“滤镜 | 扭曲 | 波浪”命令，打开“波浪”对话框，如图2-188所示，点击“随机化”按钮，单击“确定”按钮，效果如图2-189所示。

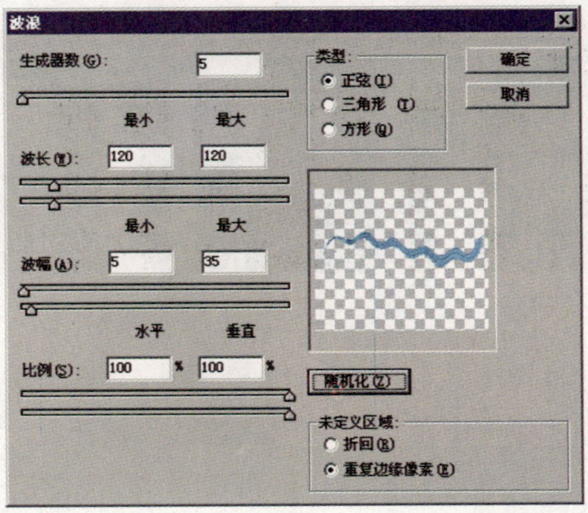

图2-188

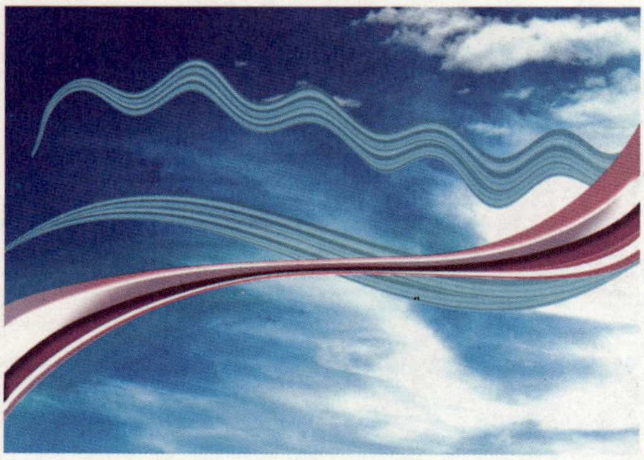

图2-189

19 按Ctrl+T键执行“自由变换”命令，先将其垂直翻转，然后旋转并调整位置，按Enter键确认变换操作，调整其“不透明度”为60%，效果如图2-190所示。

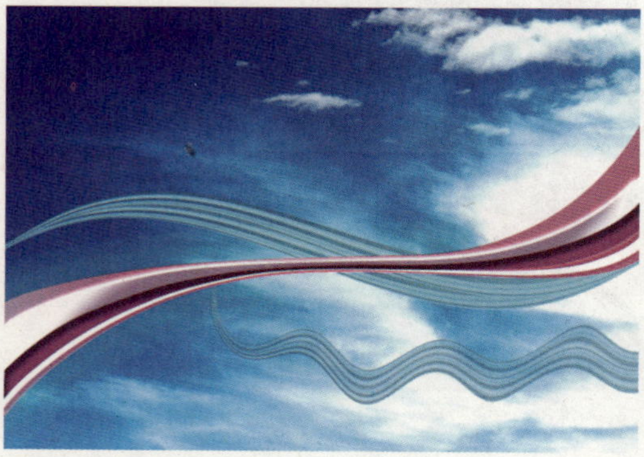

图2-190

20 打开建筑素材图片，如图2-191所示。

图2-191

21 选择工具箱中的“魔棒工具”，在工具选项栏中单击“添加到选区”按钮，在画面中单击云彩部分以将其选中，如图2-192所示。

图2-192

22 按Shift+Ctrl+I键将选区反选。选择工具箱中的“移动工具”，将其拖动到原画面中，然后按Ctrl+T键执行“自由变换”命令，将建筑等比缩小，按Enter键确认变换操作，调整其在画面中的位置，效果如图2-193所示。

图2-193

23 按Ctrl+U键执行“色相/饱和度”命令，在打开的“色相/饱和度”对话框中进行设置，将建筑调整为金色，单击“确定”按钮，效果如图2-194所示。

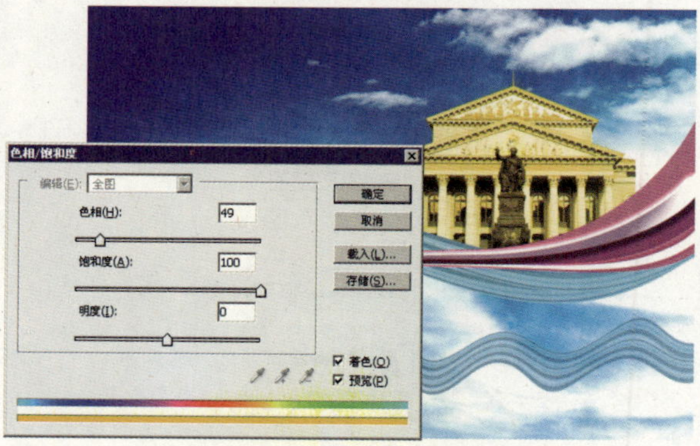

图2-194

24 双击建筑所在图层，在打开的“图层样式”对话框中选择“外发光”选项，设置其各项参数，如图2-195所示，单击“确定”按钮，效果如图2-196所示。

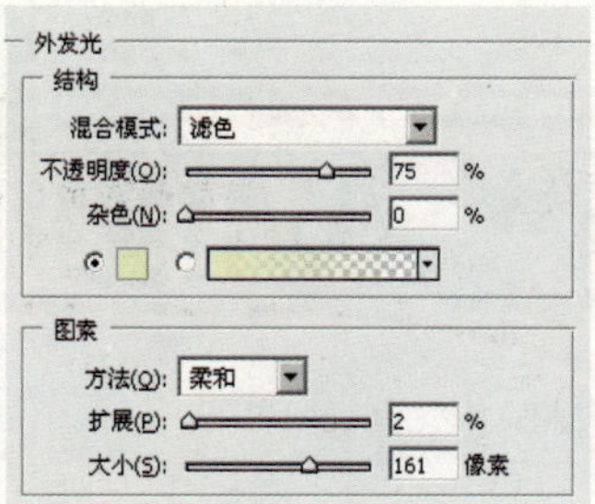

图2-195

图2-196

25 添加图层蒙版，单击“图层”调板底部的“添加矢量蒙版”按钮，选择工具箱中的“画笔工具”，设置前景色为黑色，涂抹建筑的一角以将其覆盖，效果如图2-197所示。

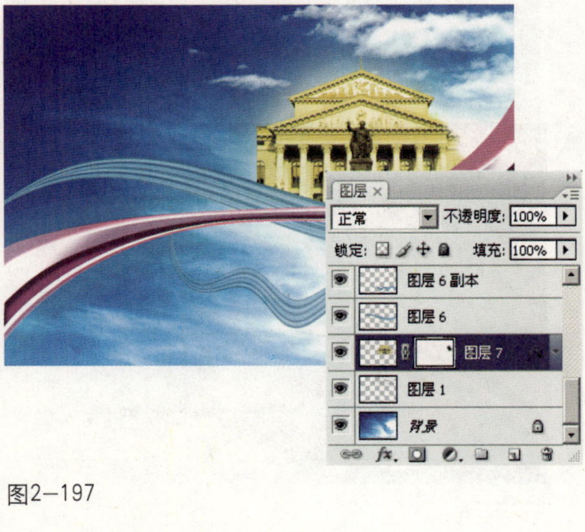

图2-197

26 选择工具箱中的“钢笔工具”，在画面中适当的位置绘制路径。新建图层，设置前景色为淡蓝色。选择“画笔工具”，设置笔尖为尖角，大小为1像素，切换到“路径”调板，单击该调板底部的“用画笔描边路径”按钮，用同样的方法绘制多个线条，然后将其合并，效果如图2-198所示。

图2-198

27 按Ctrl+R键显示标尺，选择“移动工具”，在标尺处拖出参考线，选择工具箱中的“椭圆选框工具”，以参考线交叉点为圆心，按住Shift+Alt键绘制正圆选区，如图2-199所示。

图2-199

28 新建图层，选择工具箱中的“渐变工具”按钮，在其工具选项栏中单击“径向渐变”按钮，再单击渐变色条，在打开的“渐变编辑器”对话框中设置适当颜色，以参考线交叉点为圆心，在选区中绘制渐变，然后取消选区，效果如图2-200所示。

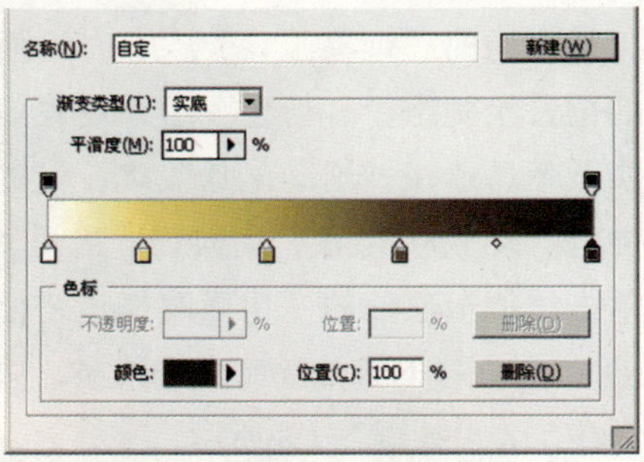

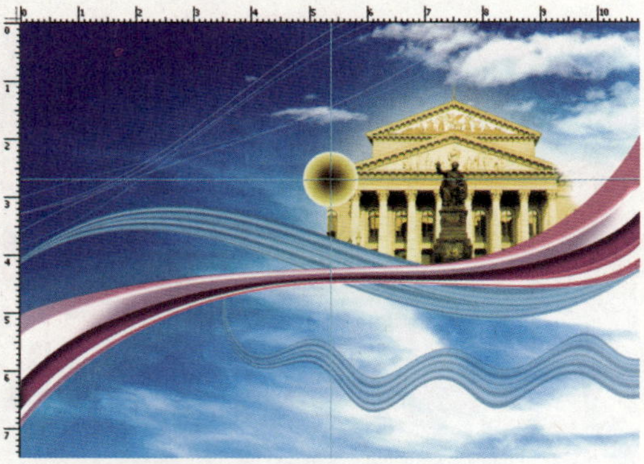

图2-200

29 选择工具箱中的“移动工具”，按住Alt键复制圆点，再按Ctrl+T键将复制的圆点等比缩小，重复操作得到多个圆点，调整其在画面中的位置，效果如图2-201所示。

图2-201

30 再次复制一大圆点，按Ctrl+U键执行“色相/饱和度”命令，在打开的“色相/饱和度”对话框中进行设置，将圆点调整为红色，单击“确定”按钮，将圆点等比例缩小，再调整其在画面中的位置，效果如图2-202所示。

图2-202

31 按住Alt键复制圆点，再按Ctrl+T键将复制的圆点等比例变换，重复操作得到多个圆点，调整其在画面中的位置，效果如图2-203所示。

图2-203

32 打开一张人物矢量素材图片，选择工具箱中的“移动工具”，将其拖动到画面中，调整其大小及在画面中的位置，效果如图2-204所示。

图2-204

33 双击人物所在图层，在打开的“图层样式”对话框中选择“投影”选项，设置其各项参数，如图2-205所示，单击“确定”按钮，效果如图2-206所示。

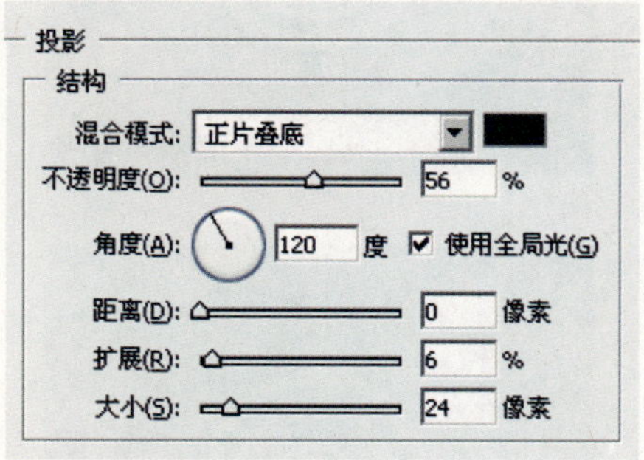

图2-205

图2-206

34 按Ctrl+N键新建文件，随意填充一种颜色作为背景。选择工具箱中的“椭圆选框工具”，按住Shift+Alt键绘制正圆选区，新建图层，填充为白色，效果如图2-207所示。

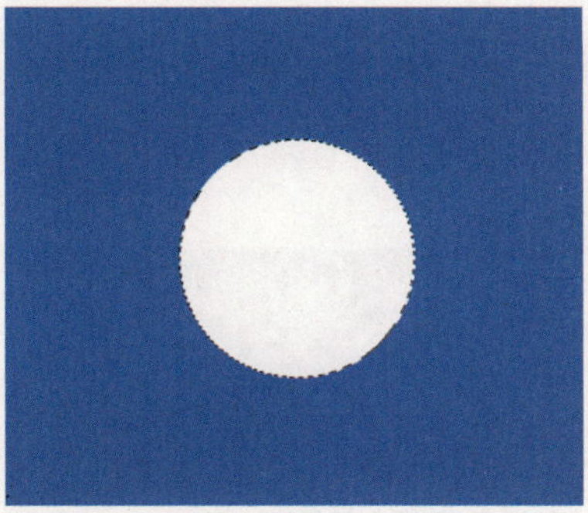

图2-207

35 保留选区，执行菜单“选择 | 变换选区”命令，按住Shift+Alt键等比缩小选区，效果如图2-208所示。

图2-208

36 按Enter键确认变换操作，再按Delete键删除选区内容。重复执行“变换选区”命令，将选区等比缩小，效果如图2-209所示。

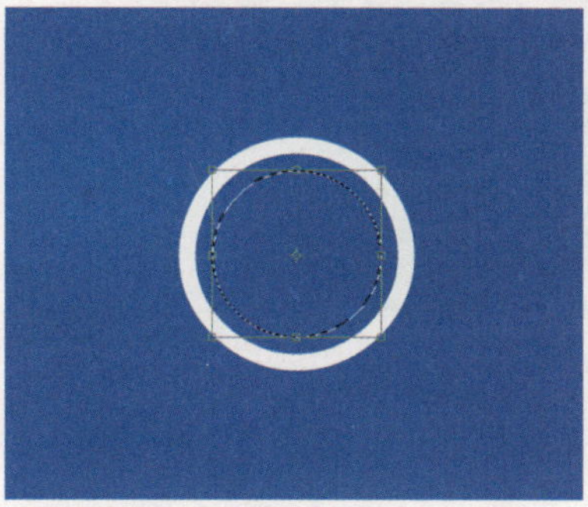

图2-209

37 按Enter键确认变换操作，将选区填充为白色。重复执行“变换选区”命令，将选区等比缩小，效果如图2-210所示。

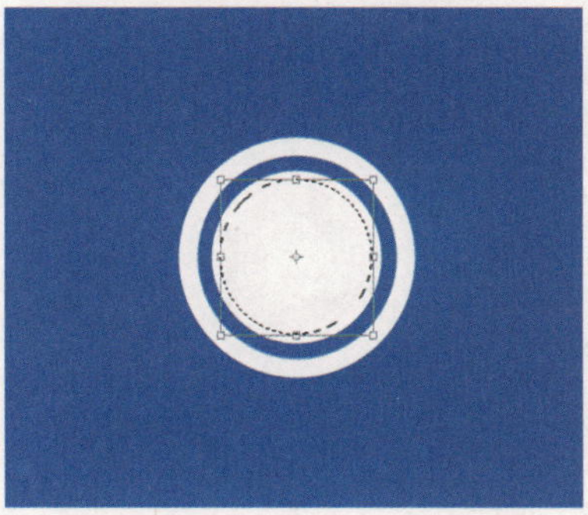

图2-210

38 按Enter键确认变换操作，再按Delete键删除选区内容。重复执行“变换选区”命令，将选区等比缩小，效果如图2-211所示。

39 按Enter键确认变换操作，执行菜单“编辑 | 描边”命令，设置“描边”对话框中的参数，完成后继续执行“变换选区”命令，将选区等比缩小，效果如图2-212所示。

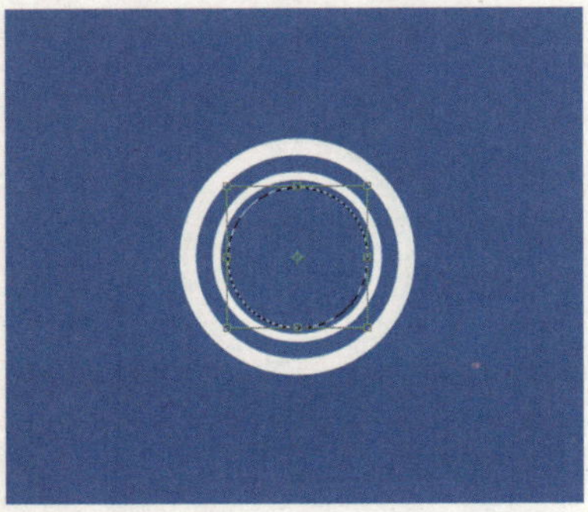

图2-211

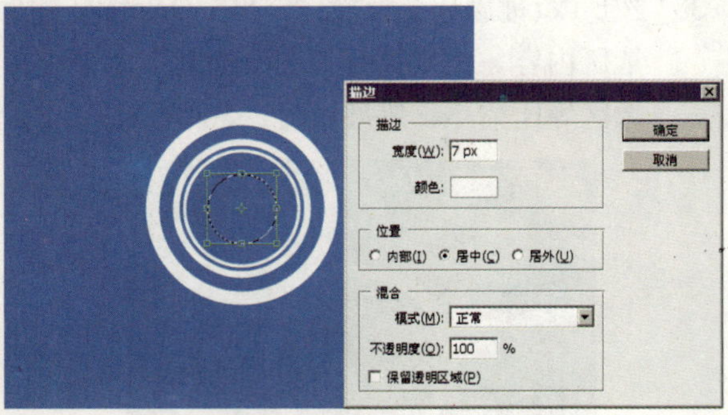

图2-212

40 按Enter键确认变换操作，将选区填充为白色。重复执行“变换选区”命令，将选区等比缩小，效果如图2-213所示。

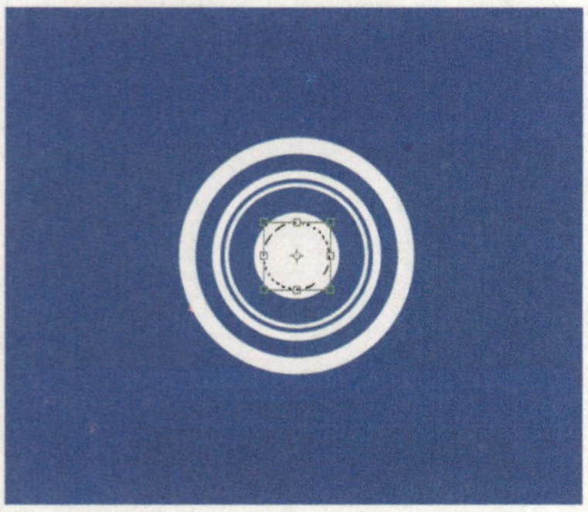

图2-213

41 按Enter键确认变换操作，再按Delete键删除选区内容。重复执行“变换选区”命令，将选区等比缩小，效果如图2-214所示。

42 按Enter键确认变换操作，将选区填充为白色。重复执行“变换选区”命令，将选区等比缩小，效果如图2-215所示。

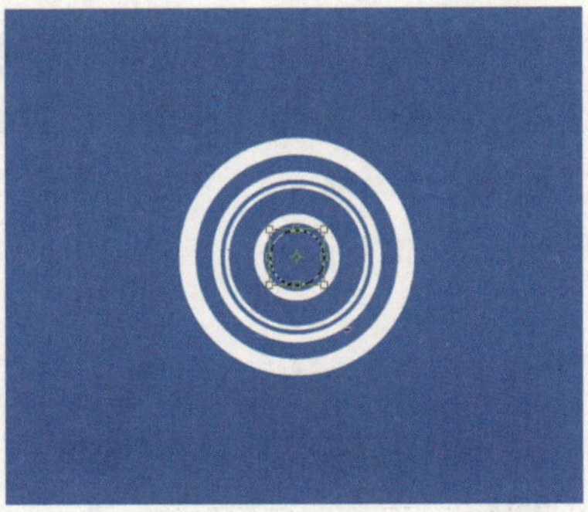

图2-214

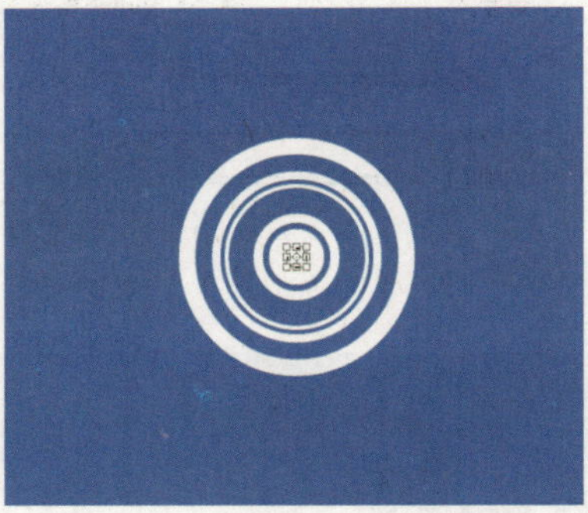

图2-215

43 按Enter键确认变换操作，再按Delete键删除选区内容，取消选区，效果如图2-216所示。

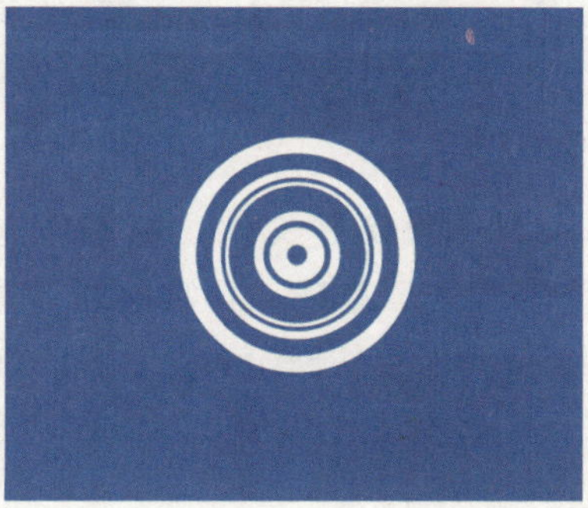

图2-216

44 应用上面同样的方法绘制不同样式和大小的圆环，将其拼合在一起，效果如图2-217所示。

图2-217

45 选择工具箱中的“移动工具”按钮，将绘制好的圆环图形所在图层全部选中，然后将其拖动到原画面中，调整各图层在画面中的位置，然后合并图层，调整合并后图层的“不透明度”为70%，效果如图2-218所示。

图2-218

46 打开文字素材图片，选择工具箱中的“移动工具”，将其拖动到画面中，调整其大小及在画面中的位置，效果如图2-219所示。

图2-219

47 双击文字图层，在打开的“图层样式”对话框中选择“外发光”选项，设置其各项参数，如图2-220所示，单击“确定”按钮，效果如图2-221所示。

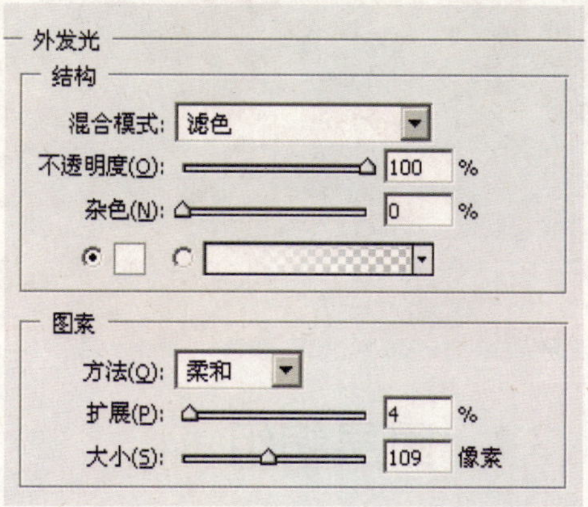

图2-220

图2-221

第3章 图层的高级应用与调整图层

讲解完图层的基础知识后，本章从图层编组、排列图层顺序、图层对齐与分布、图层组、图层复合等多个方面讲解图层的高级应用，然后讲解调整图层的应用。调整图层是一类较为特殊的图层，该图层的特殊之处就在于其本身并不能装载任何图像像素，但它可以包含一个图像调整命令，进而可以使用该命令对图像进行调整。

3.1 图层编组

在Photshop CS3中可以将多个图层编组，如图3–1所示。将图层群组的方法有以下3种。

（1）选中想要编组的图层，执行菜单“图层｜图层编组”命令。

（2）按住Shift键的同时，单击“图层”调板底部的“创建新组”按钮群组图层，编组后的“图层”调板如图3–2所示。

（3）选中想要编组的图层，执行菜单“图层｜新建｜从图层建立组”命令。在打开的对话框中设置参数如图3–3所示，单击“确定”按钮，编组后的“图层”调板如图3–4所示。

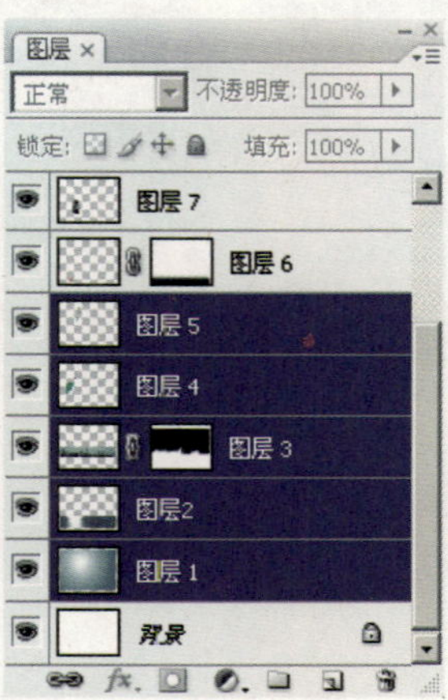

图3–1

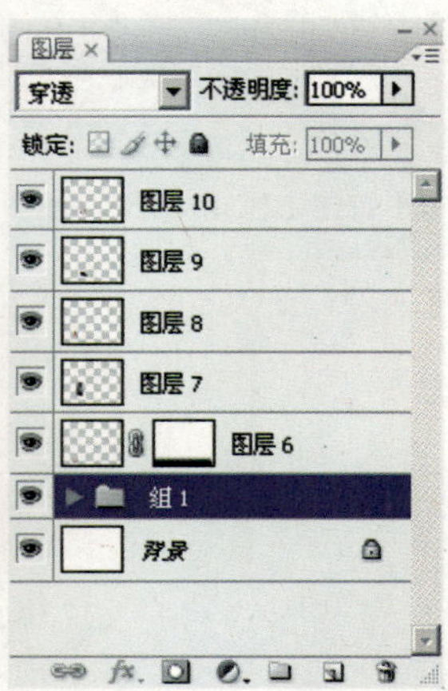

图3–2

图3–3

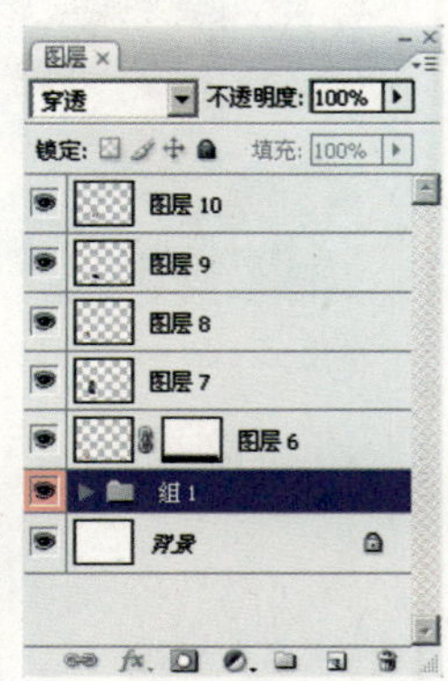

图3–4

3.2 排列图层顺序

在制作过程中，需要调整图层顺序来达到想要的效果。调整图层顺序有两种方法，一是选中图层后按住鼠标直接拖动以调整图层顺序，例如，在图3–5所示的“图层”调板中将“图层2”调整到“图层4”的上面，如图3–6所示；二是选中需要调整的图层按快捷键进行调整，按Ctrl+］键是向上调整图层，按Ctrl+［键是向下调整图层。

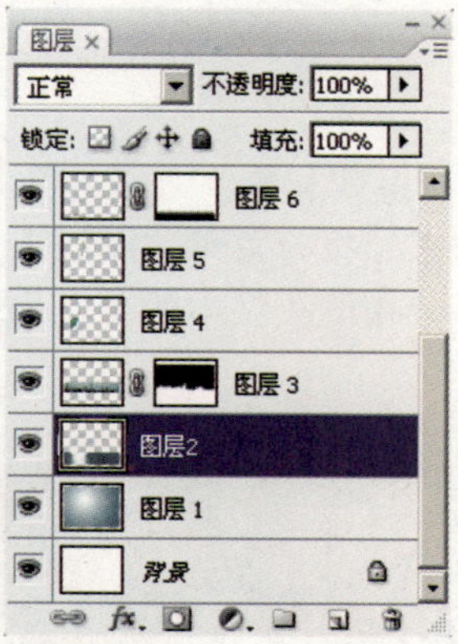

图3-5

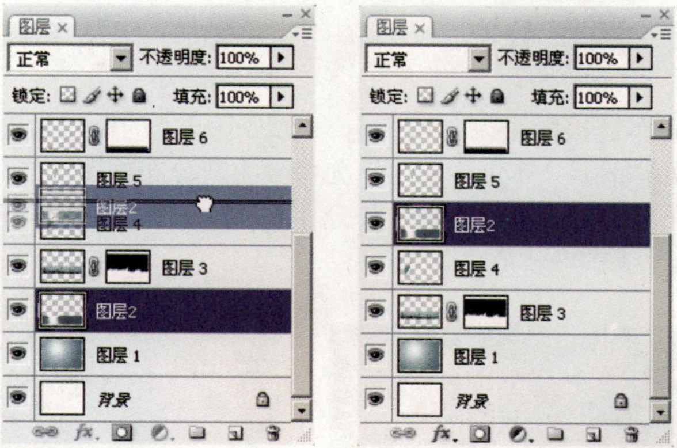

图3-6

3.3 图层对齐与分布

要对齐或分布多个图层的图像时，先将要对齐或分布的图层全部选中或选中后链接起来，执行菜单“图层 | 对齐”命令或执行菜单“图层 | 分布”命令，在弹出的子菜单中选择一种对齐或分布方式，如图3-7所示，不同图层上的图形将会以当前图层对齐或分布。

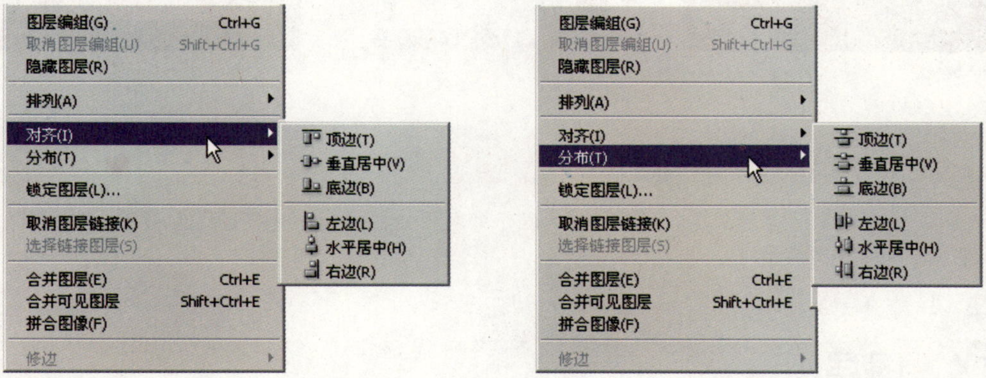

图3-7

3.3.1 图层对齐

要对齐图层，必须要有两个或两个以上的图层。通过对图层进行对齐操作，可以快速使图层向上、向下或居左、居右对齐。如果图像中有选区的话，“对齐”命令变为“将图层与选区对齐”命令，在弹出的子菜单中也可以选择一种对齐方式。如图3-8所示为对齐文字图层后的效果。

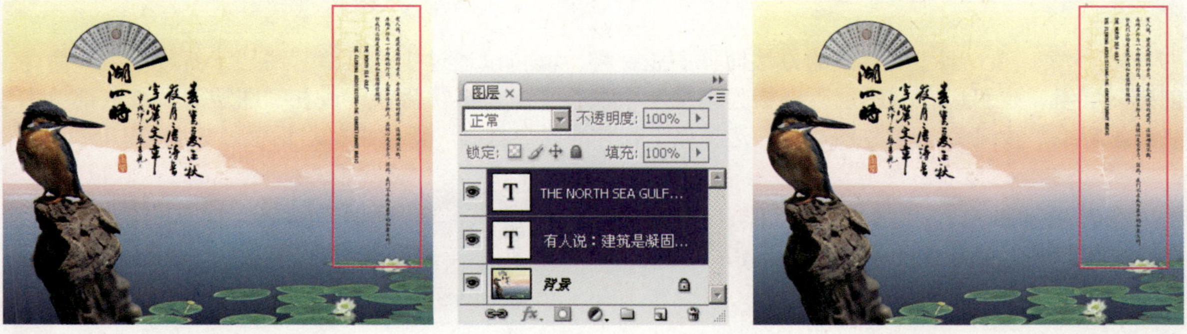

图3-8

3.3.2 图层分布

要分布链接图层，必须要有3个或3个以上的图层被选中或选中后链接起来。“分布”命令可以以均匀间隔重新分布选中图层。先将要重新分布的图层选中或链接起来，执行菜单“图层 | 分布”命令，在弹出的子菜单中选择一种分布方式，则图层上的图形将会以要分布的图像中的首尾为基准进行重新分布，如图3-9所示。

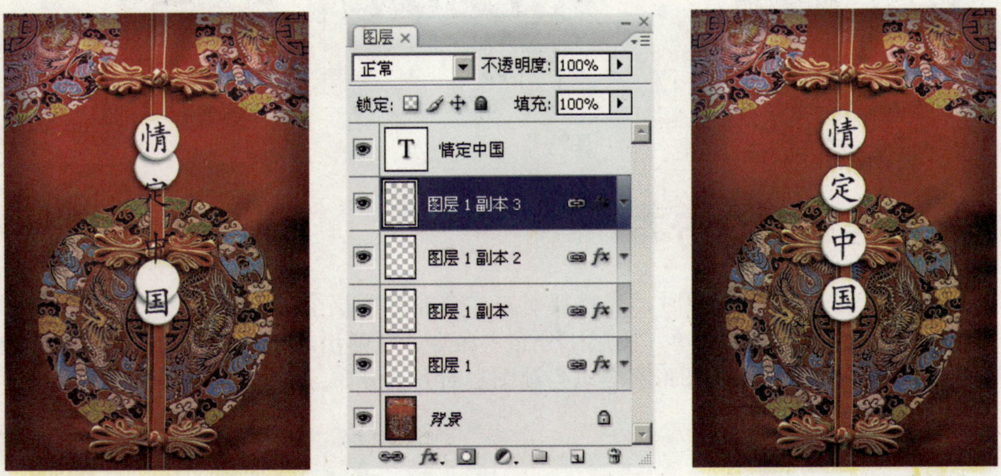

图3-9

技巧 ◎ 提示

选中“移动工具”，在其工具选项栏中显示的对齐链接按钮和分布链接按钮，与“对齐”和“分布”子菜单中的命令功能相同。

3.4 图层组

图层组功能的出现为图层操作提供了很大的方便。它可以帮助组织和管理图层，并且节约很多“图层”调板的空间。既可以根据需要显示图层组中的图层，也可以将其折叠起来。图层组的用法和图层非常类似，同样可以对图层组进行选择、复制、移动和改变图层混合模式、不透明度等操作，并可以很方便地通过拖动的方法将图层移入或移出图层组。

3.4.1 图层组应用技巧

创建图层组：创建图层组的方法同样不止一种，既可以通过执行菜单“图层 | 新建 | 组”命令创建图层组，也可以在“图层”调板弹出菜单中执行“新建组”命令，或在“图层”调板底部单击“创建新组”按钮来创建图层组。选择以上操作后，会打开“新建组”对话框，如图3-10所示。

在此对话框中，可以分别设定图层组的名称、标识颜色、模式和不透明度，单击“确定”按钮，即可创建空白图层组。

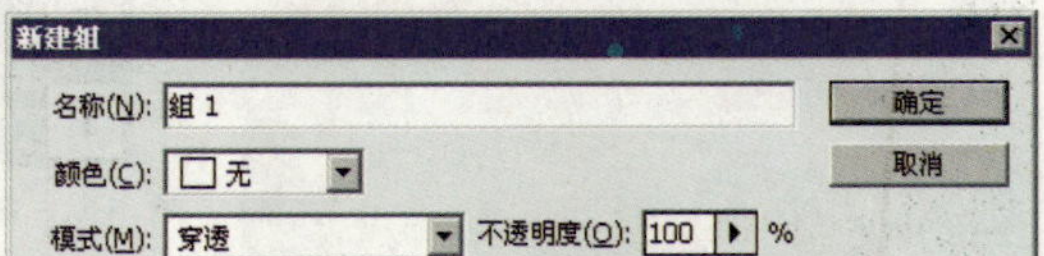

图3-10

嵌套图层组： 在Photoshop中，可以将当前的图层组嵌套在其他图层组内，这种嵌套结构最多可以为5级，如图3-11所示。

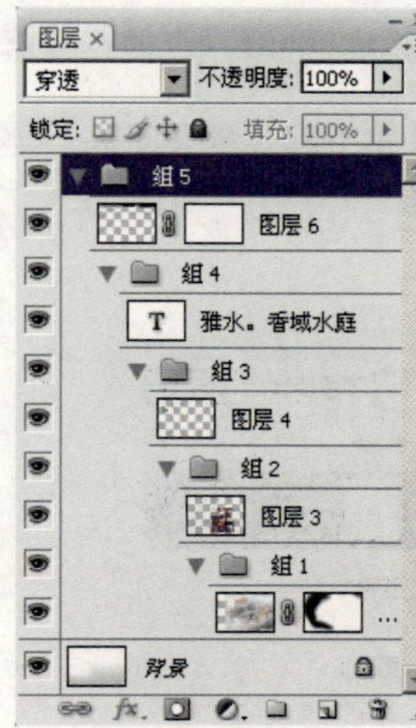

图3-11

变换图层组中的图层： 当在“图层”调板中选择了图层组后，所执行的移动、旋转、缩放等变换操作将作用于该组中的所有图层。

复制图层组： 在图层组被选中的情况下，执行菜单“图层 | 复制组”命令，或在“图层”调板菜单中执行 “复制组”命令，即可将选中的图层组进行复制。最快捷的方法还是直接拖动图层组至调板的“创建新组”按钮上，当图层组图标高光显示时释放鼠标左键，即可复制图层组。

删除图层组： 用鼠标单击要删除的图层组，将其选中，然后执行菜单“图层 | 删除 | 组”命令，或执行调板菜单中的“删除组”命令，也可以直接单击调板中的“删除图层”按钮，弹出提示对话框，按对话框提示操作即可，如图3-12所示。

快速展开/折叠图层组： 单击图层组前的三角形图标，可以展开图层组中的图层以及该组中所有图层的样式列表，再次单击可关闭图层组。

锁定图层组： 锁定图层组与锁定图层相同，最快捷的方法是选中要锁定的图层组，单击“图层”调板中的“锁定全部”按钮，图层组的所有编辑功能都将被锁住。当然还可以通过执行菜单“图层 | 锁定组中的所有图层”命令锁定图层组。在弹出的“锁定组中的所有图层”对话框中可以进行不同属性的设置，如图3-13所示。

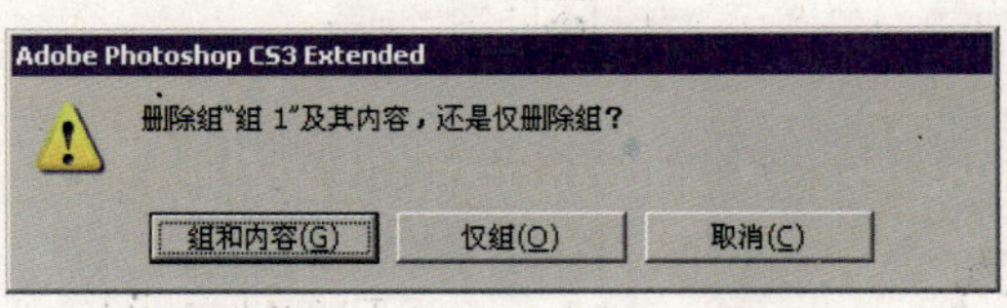

图3-12

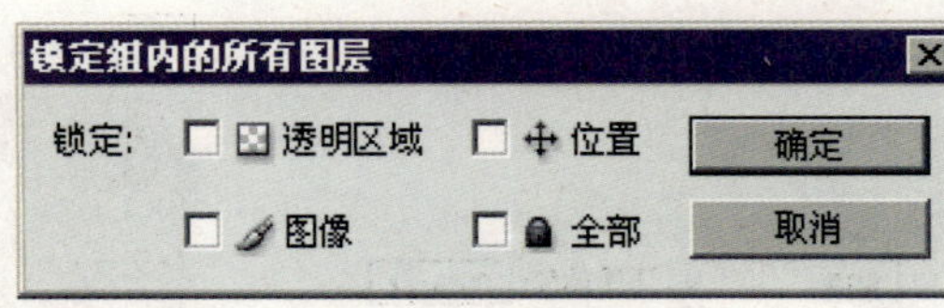

图3-13

3.4.2 蒙版对图层组的影响

为图层组添加蒙版可以控制该组中所有图层显示或隐藏的区域。首先来看一下在图层组上添加图层蒙版的效果。

01 打开素材文件，其效果如图3-14所示。在“图层”调板中可以看到，“图层1”和“图层2”的透明区域显示了背景图像，人物和鸟脱离了画面。下面为图层组添加蒙版，将人物融入到画面中。

图3-14

02 选中图层组，单击“添加图层蒙版”按钮，为图层组添加蒙版，如图3-15所示。

03 选择工具箱中的“渐变工具”，在蒙版上填充线性渐变，图像效果如图3-16所示。

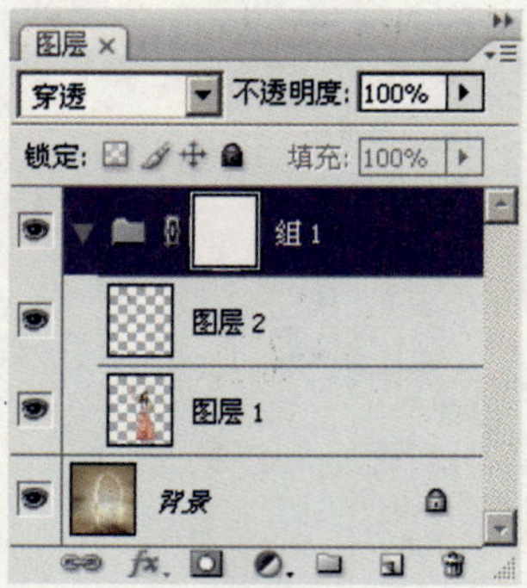

图3-15

图3-16

再来看一下矢量蒙版对图层组的影响。

01 将图层蒙版删除，执行菜单“图层 | 矢量蒙版 | 显示全部”命令，为图层组添加矢量蒙版，如图3-17所示。

02 选择“自定形状工具”，单击其工具选项栏中的“路径”按钮，选择一种形状，在矢量蒙版上创建该形状，图像的效果如图3-18所示。

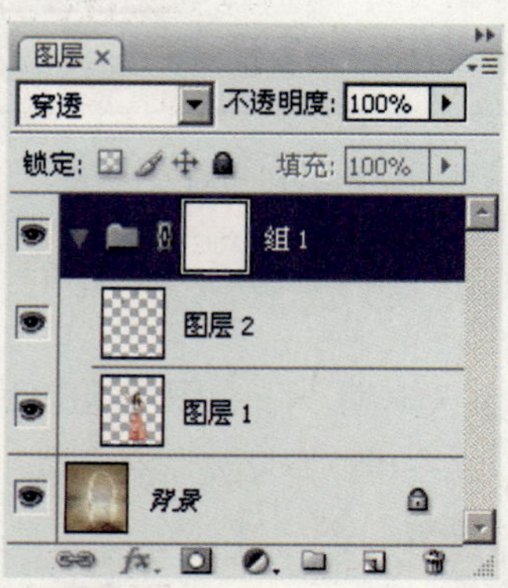

图3-17

图3-18

从图中可以看到，矢量蒙版同样起到了控制整个图层组显示范围的作用，使用系统提供的矢量图形，可以快速创建各种图形效果的蒙版，但矢量蒙版不具备产生半透明遮罩效果的功能。

3.4.3 不透明度对图层组的影响

当选择图层组后，在“图层”调板中可以设置当前图层组的不透明度，这种不透明度设置将影响该组中所有的图层。

如图3-19所示为选择的图层组，它的“不透明度”为100%，将它的“不透明度”设置为50%后，效果如图3-20所示。可以看到，由于降低了该组的不透明度，画面中显示出了该组下面图层中的图像。选择“组1”中的“图层9”，可以看到它们的“不透明度”仍为100%，如图3-21所示。

图3-19

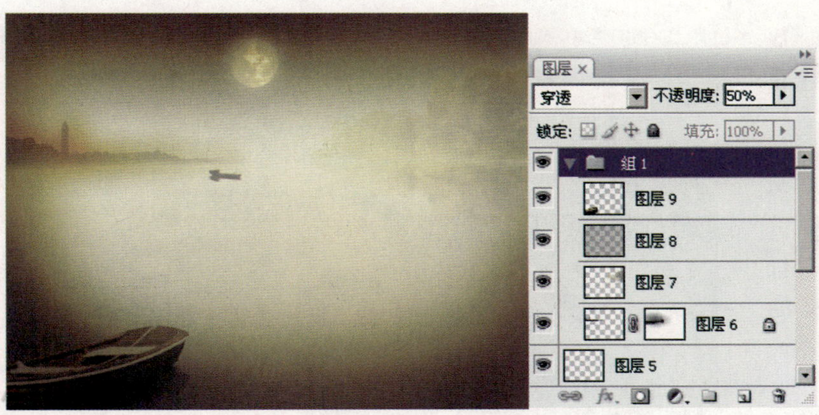

图3-20

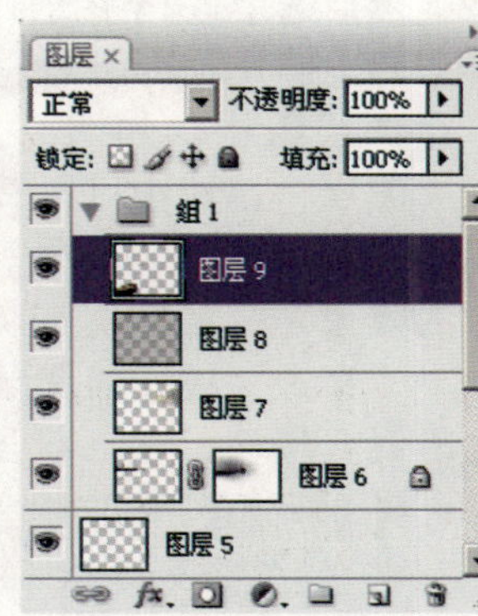

图3-21

在调整了图层组的不透明度后，仍然可以单独调整某一图层的不透明度。选择“图层9”，将其“不透明度”设置为30%，该图层中图像的效果变得更淡了，如图3-22所示。选择图层组，可以看到它的“不透明度”值没有发生变化。由此可知，设置某一图层的不透明度时，仅影响该图层；而设置图层组的不透明度时，则影响该组中的所有图层。

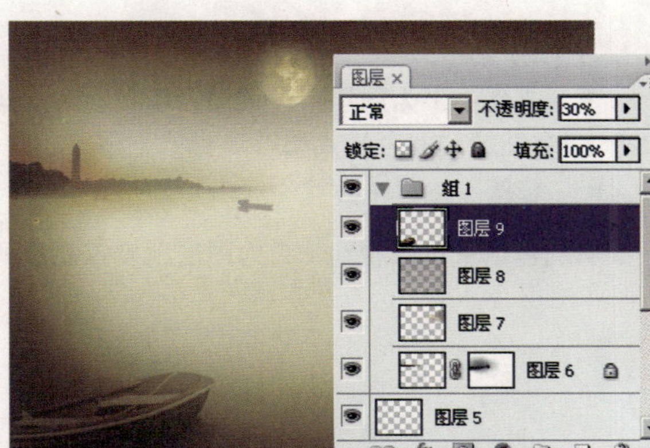

图3-22

3.4.4 混合模式对图层组的影响

1.用图层自身的混合模式混合图像

创建图层组后，它默认的混合模式为“穿透”，这表示图层组没有自己的混合属性，此时图层组中的所有图层将按照各自的混合模式与下面的图层产生混合。

图3–23所示为原始的图像效果，在“图层”调板中将“图层1”～“图层4”的混合模式分别设置为“正片叠底”，图像的效果如图3–24所示。

图3–23

图3–24

然后选中这4个图层，执行“从图层建立组”命令，将它们创建在一个图层组中，如图3–25所示。在“图层”调板中可以看到，图层组的混合模式为“穿透”模式，图像的效果并没有发生变换，由此可知，“穿透”模式的图层组没有自己的混合属性，它也不会对图像的混合效果产生影响。

图3–25

2.用图层组的混合模式混合图像

下面来看一下为图层组设置混合模式会对图像产生什么样的影响。为了便于观察效果，首先将图层组中4个图层的混合模式都设置为“正常”，图像的效果如图3–26所示。然后将图层组的模式设置为“正片叠底”，图像的效果如图3–27所示。

从混合结果可以看到，当为图层组设置混合模式后，所有的图层都以图层组的混合模式与下面的图像产生混合。

图3-26

图3-27

3.5 图层复合

图层复合是对“图层”调板某一状态的快照。图层复合记录了3种类型的图层选项，即可视性（“图层”调板中的某个图层是显示还是隐藏）、文档中的图层位置、图层外观（该图层是否应用了图层样式）。

设计师们经常要创作多个合成作品或页面版式以展示给客户。使用图层组功能，可以在单个Photoshop文件中创建、管理并查看一个版面的多个版本，如图3-28所示。而在以往，这种展示通常需要创建多个合成的图稿。

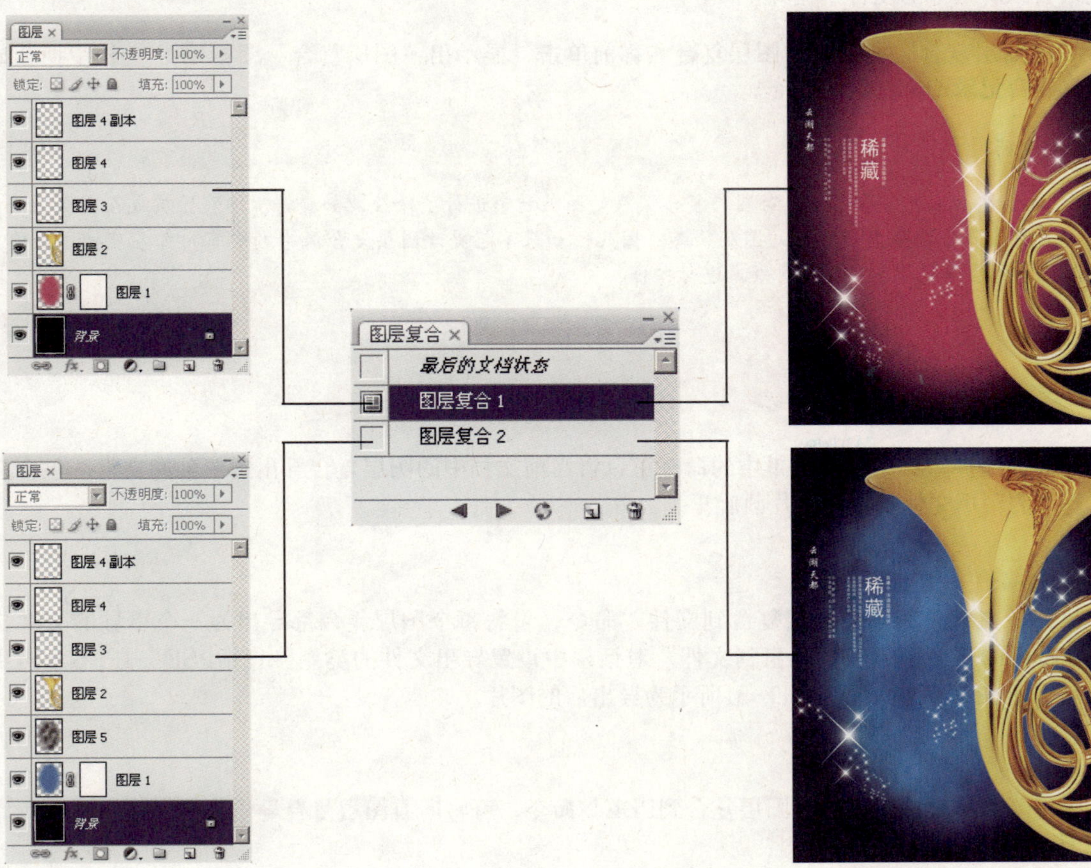

图3-28

3.5.1 创建图层复合

若想创建图层复合，就要使用“图层”调板和“图层复合”调板。单击“图层复合”调板右上角的三角形按钮，在弹出的菜单中执行“新建图层复合”命令，或单击调板底部的“创建新的图层复合”按钮，弹出“新建图层复合”对话框，如图3-29所示。在该对话框中完成设置后，单击“确定”按钮即可。

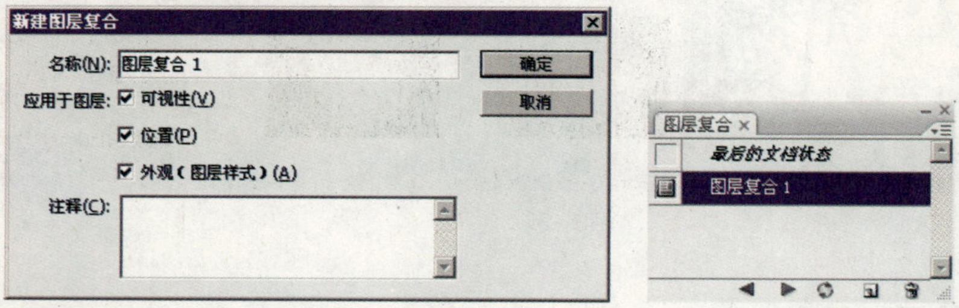

图3-29

3.5.2 应用和查看图层复合

选中一个图层复合，单击鼠标右键，在弹出的快捷菜单中执行“应用图层复合”命令。若想循环查看所有图层复合的视图，就要使用调板底部的“应用选中的上一图层复合”按钮和“应用选中的下一图层复合”按钮。若想循环查看特别选定的复合视图，就要在“图层复合”调板中选择这些复合，然后单击调板底部的“应用选中的下一图层复合”和“应用选中的上一图层复合”按钮，这样就只会在所选择的复合中循环。

在“图层复合”调板中的图层复合名称前单击，显示出“图层复合”图标，文档中便会显示该图层复合记录的文件显示状态。

技巧 ● 提示

在创建图层复合后，如果对图层复合保存的图层状态进行了修改，如旋转、缩放图层或在图层上绘画等，则图层复合都会更新存储的图层状态。因此，如果不想更改图层复合保存的内容，可在变换图层前复制图层，然后隐藏原图层，再对副本进行操作。

3.5.3 导出图层复合

通过“文件 | 脚本”子菜单中的命令可以将当前文档中的图层复合导出到单独的文件、包含多个图层复合的PDF文件或Web照片画廊里。

1.导出图层复合到文件

执行“文件 | 脚本 | 图层复合到文件”命令，可将每个图层复合都导出为一个单独的文件，还可以在打开的“将图层复合导出到文件”对话框中设置导出文件的类型，包括PSD、JPEG、PDF、TIFF等，如图3-30所示，如图3-31所示为导出后的图片。

2.导出图层复合到PDF

执行菜单“文件 | 脚本 | 图层复合到PDF”命令，可将所有图层复合导出为多页PDF文件，如图3-32所示。

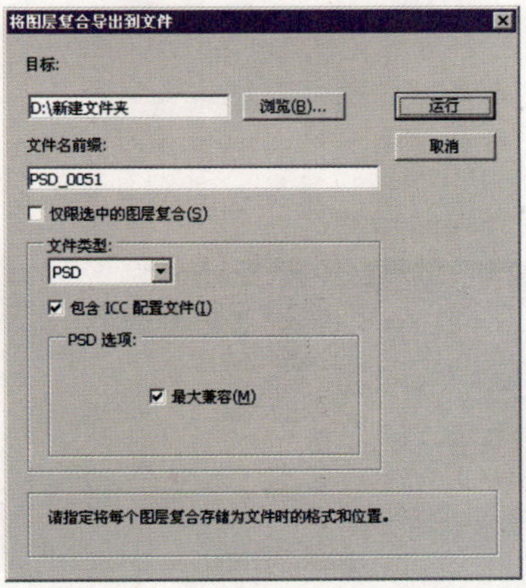

图3-30

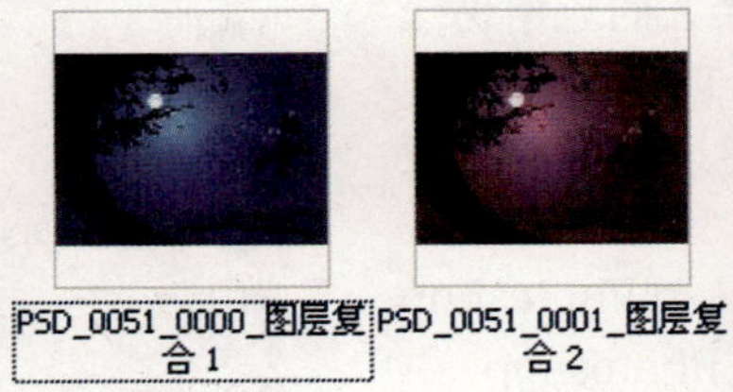

图3-31

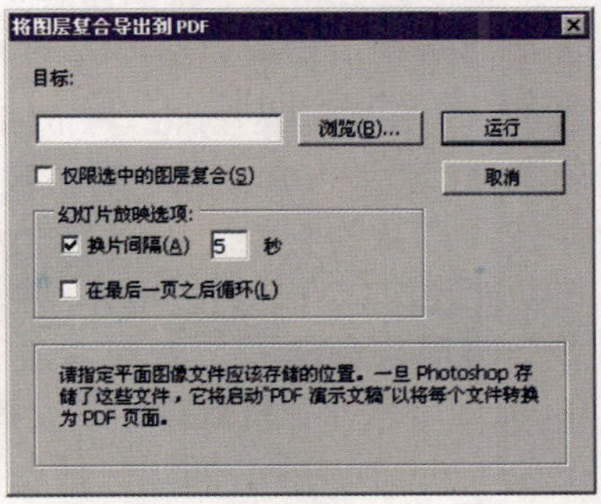

图3-32

3.导出图层复合到WPG

执行菜单“文件 | 自动 | Web照片画廊”命令，可以创建Web照片画廊。下面来看一下如何将图层复合导出为Web照片画廊。

应用上面创建好的图层复合，执行菜单“文件 | 脚本 | 导出图层复合到WPG”命令，在打开的对话框中设置文件保存路径，如图3-33所示。单击“运行”按钮，系统会自动创建Web照片画廊文件，如图3-34所示。

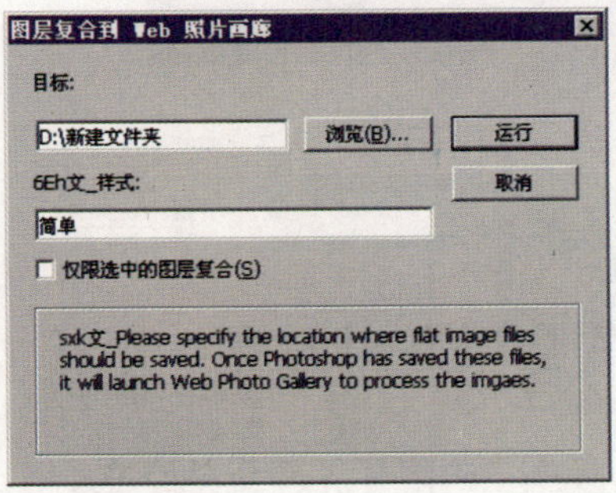

图3-33

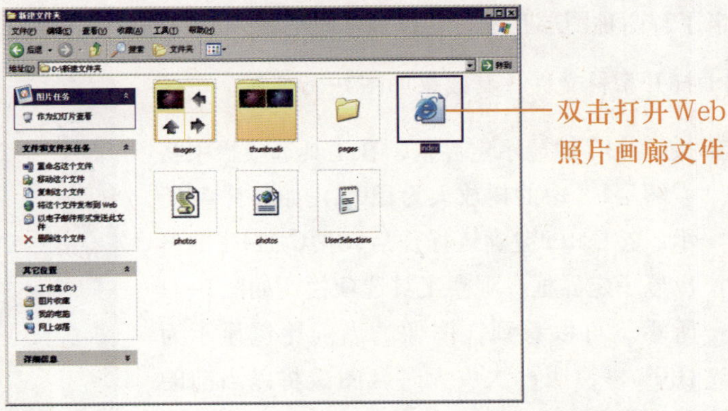

图3-34

创建完成后会打开默认浏览器，如图3-35所示。单击图片缩览图可显示该图片，如图3-36所示，可以进行图片的切换，也可以另外保存，如图3-37所示。

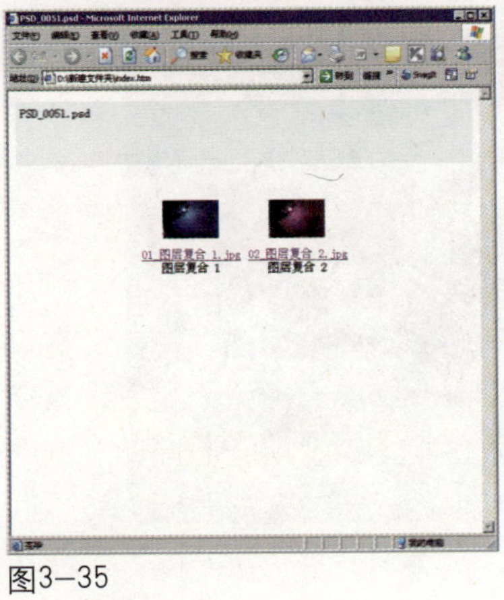

图3-35

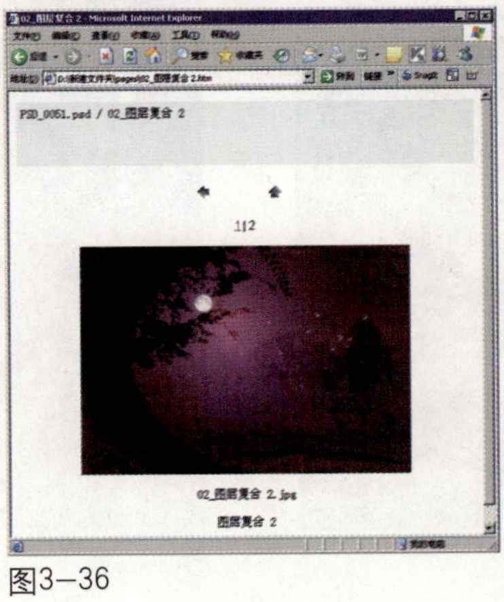

图3-36

图3-37

3.6 智能对象图层

智能对象功能是新增功能之一，它的位置在菜单“图层｜智能对象”子菜单中，如图3-38所示。它在实际操作时，将位图或矢量图像数据输入到Photoshop文档中后，被输入的数据仍然保持其原有的特性，而且完全可以进行编辑。该功能还可以在Photoshop 中通过转换一个或多个图层来创建一个智能对象。另外，可以从Illustrator软件中将数据粘贴或置入到Photoshop中。运用智能对象，可以灵活地在Photoshop 中对图层进行缩放、旋转和扭曲操作，而不必担心会对图层造成损坏。

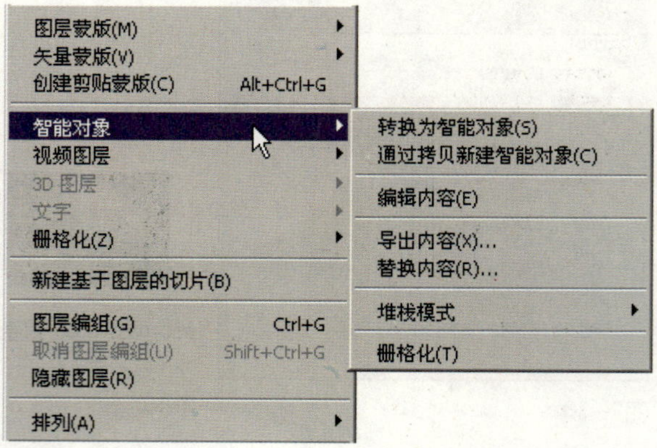

图3-38

3.6.1 执行非破坏性变换

在对非智能对象进行变换操作时，如果分多次缩放图像（也可进行旋转、倾斜等变换操作），则每缩放一次后，再次缩放时图像都会以上一次的缩放结果为基准进行缩放；而智能对象则始终以原始图像的大小为基准计算缩放的比例，对于其他变换操作（如旋转、倾斜等）也是如此。下面就通过实例来了解两种图层在进行变换操作时的区别。

01 打开素材文件，其效果如图3-39所示。

02 按Ctrl+T键显示定界框，在工具选项栏中将“图层1”中的树放大为120%，如图3-40所示。按Enter键确认操作后，按Ctrl+T键再次显示定界框，观察工具选项栏，如图3-41所示。可以看到，图像的当前比例显示为100%，说明再次放大时，图像将以当前的大小为基准产生缩放结果。

图3-39

图3-40

图3-41

再来看一下智能对象在缩放时工具选项栏中记录的参数。

01 执行菜单“文件 | 恢复”命令，将文件恢复为打开时的状态。

02 将树所在的“图层1”创建为智能对象图层，如图3-42所示。按Ctrl+T键显示定界框，将树放大为120%，按Enter键确认操作。再次按Ctrl+T键显示定界框，在工具选项栏中可以看到图像的当前比例仍为120%，如图3-43所示。

图3-42

图3-43

从再次放大时工具选项栏中显示的参数可以了解到，图像仍以原始的大小为基准产生缩放结果，并在工具选项栏中始终记录着图像当前的缩放比例。因此，不管怎样缩放，只要将缩放比例设置为100%，即可将图像恢复为原始大小，而普通的图层则不具备这样的功能。

3.6.2 保留非本地方式处理的数据

在处理Photoshop非本地方式的数据（如Illustrator中的复杂矢量图片）时，Photoshop会自动将文件转换为它可识别的内容。这种转换不会对源数据造成损坏，仍可以用Illustrator编辑原文件，Photoshop也会随之将编辑结果自动更新。

3.6.3 自动更新应用实例

在Photoshop中，可以将变换、图层样式、不透明度、混合模式和变形应用于智能对象。编辑源数据后，Photoshop将基于源数据重新渲染复合数据，即用编辑过的内容更新图层。如果当前智能对象包含多个副本，则编辑一个智能对象图层即可更新该智能对象的多个实例。

1. 自动更新实例

下面通过实例来了解智能对象的自动更新功能。

01 打开素材文件，其效果如图3-44所示。

02 按Ctrl键单击“图层1”和“图层2”，将它们全部选中，如图3-45所示。执行菜单“图层 | 智能对象 | 转换为智能对象”命令，将它们创建为一个智能对象，如图3-46所示。

图3-44

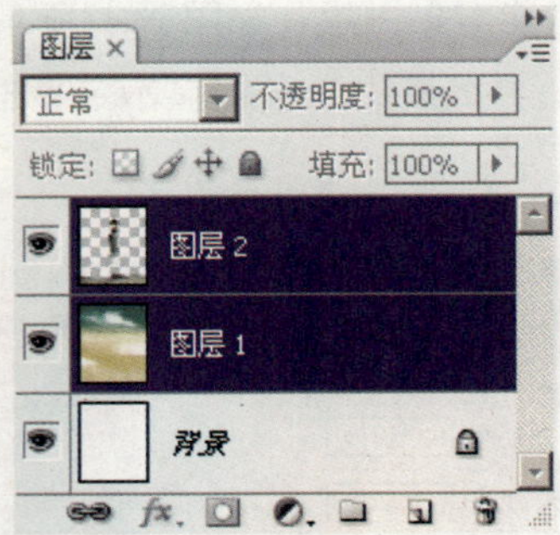

图3-45

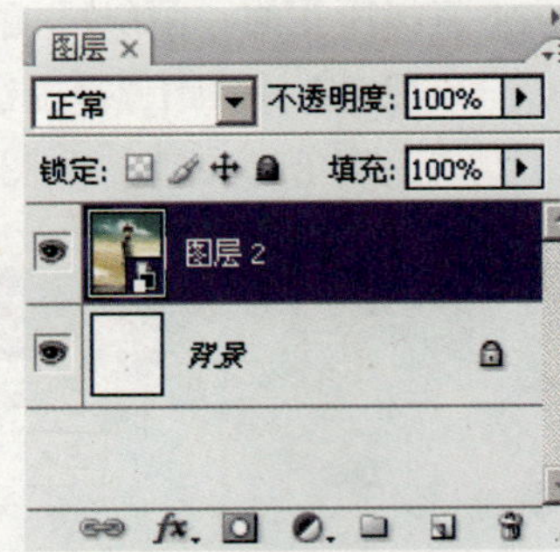

图3-46

03 双击智能对象图层的缩览图，弹出提示对话框，如图3-47所示，单击“确定”按钮，此时弹出一个新文件（即智能对象的源文件），可以看到“图层2”的混合模式为“正常”，如图3-48所示。

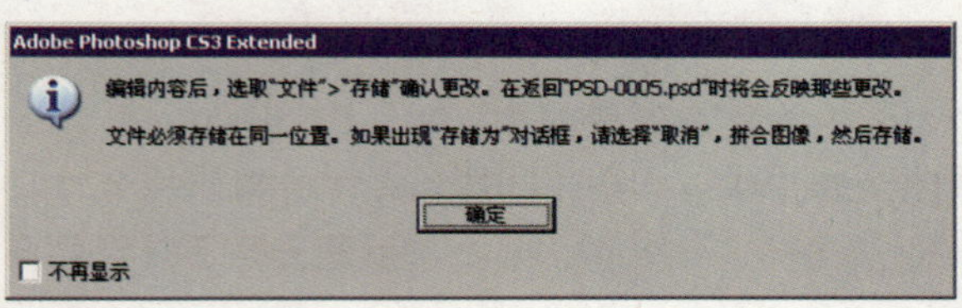

图3-47

图3-48

04 将“图层2”的混合模式设置为“强光”，可以看到图像的效果改变了，如图3-49所示。单击文件上的×按钮关闭该文件，此时会弹出提示对话框，如图3-50所示。

图3-49

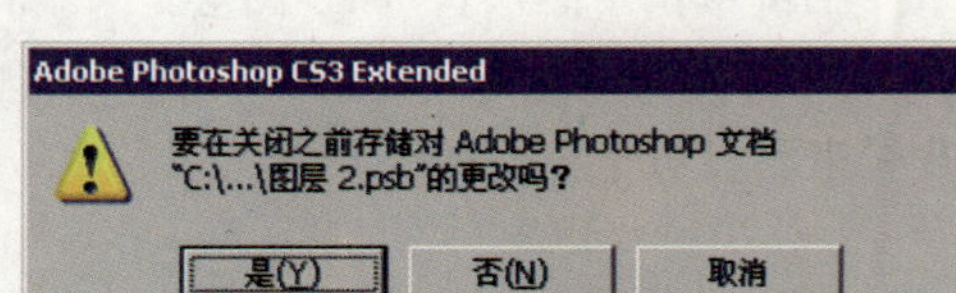

图3-50

05 单击"是"按钮，确认修改操作，返回到当前操作的文件中，如图3–51所示。从图中可以看到，当前的图层虽然仍为"正常"模式，但智能对象自动更新了修改结果，因此，图像的效果也就发生了改变。

图3–51

2.自动更新链接实例

再来了解一下编辑智能对象时智能对象副本的自动更新功能。

01 将智能对象图层拖动到"创建新图层"按钮上复制为多个副本，将复制后的副本图层缩小，然后将其中的图像排列在原图像的下方，如图3–52所示。

02 双击"图层2"，打开智能对象的源文件，修改"图层2"的混合模式为"亮度"，图像效果如图3–53所示。

图3–52

图3–53

03 单击文件上的按钮关闭该文件，在弹出的对话框中，单击"是"按钮确认修改操作，返回到当前操作的文件中，图像效果如图3–54所示。

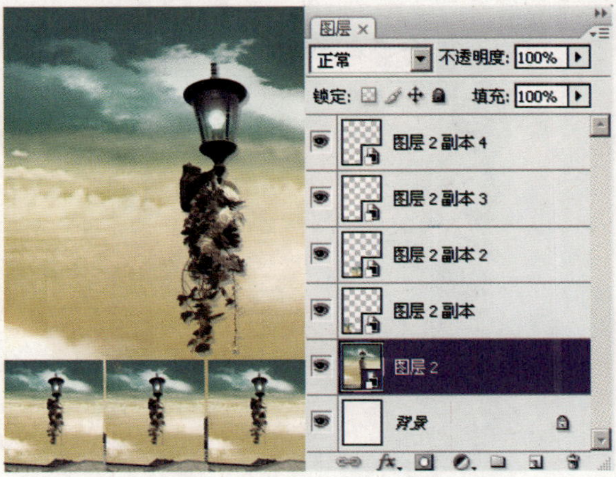

图3–54

技巧 ○ 提示

由于复制的智能对象与源智能对象保持链接，因此修改源智能对象后，副本会更新效果；同样，修改副本，源智能对象也会更新效果。要创建未链接到源智能对象的重复智能对象，可执行菜单“图层｜智能对象｜通过拷贝新建智能对象”命令，此后对副本所做的任何编辑都不会影响源智能对象，反之亦然。

3.6.4 创建智能对象

智能对象可通过不同的方法来创建，除了前面讲解的方法外，还可以执行下列任一操作创建智能对象。

（1）将图片从Adobe Illustrator拷贝并粘贴到Photoshop文档中。

（2）使用“置入”命令将图片导入Photoshop文档中。

技巧 ○ 提示

如果要将Illustrator图片作为智能对象、路径或形状图层进行粘贴，应勾选Illustrator“文件处理和剪贴板”首选项中的“PDF”和“AICB（不支持透明度）”选项，否则，将图片粘贴到Photoshop文档中时，系统会自动将其栅格化。

3.6.5 替换智能对象内容

使用“替换内容”命令，可以同时更新一个或多个智能对象。执行菜单“图层｜智能对象｜替换内容”命令，在弹出的对话框中选择想要使用的文件，然后单击“置入”按钮。新的内容就被置入到含有智能对象的Photoshop主（母）文件中，相连的智能对象也被更新。图3−55所示为当前选择的智能对象图层，图3−56所示为选择的替换文件，图3−57所示为替换结果。从结果中可以看到，选择的替换文件在当前文档中被自动创建为智能对象。

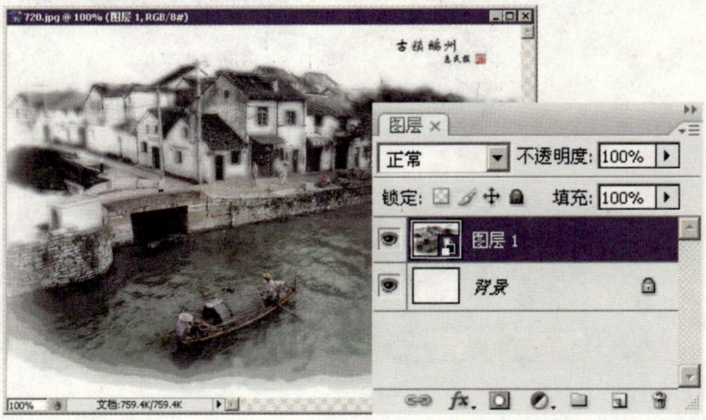

图3−55

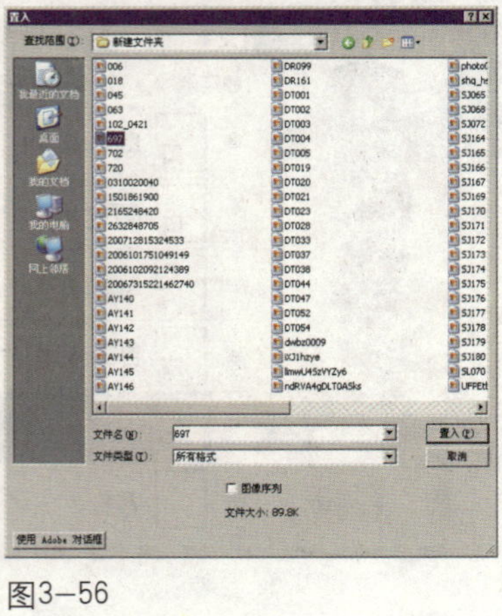

图3−56

图3−57

3.6.6 导出智能对象内容

执行“导出内容”命令，可以将智能对象的内容完完整整地输送到任一驱动器中，或者送到那些拥有访问权的目录中。从“图层”调板中选择智能对象图层，然后执行菜单“图层 | 智能对象 | 导出内容”命令，这时会打开“存储”对话框，定位于希望输出智能对象的位置，然后单击“保存”按钮。智能对象就会以PSB格式（位图数据）或 PDF格式（矢量数据）进行保存。

3.6.7 转换到图层

执行菜单“图层 | 智能对象 | 栅格化”命令，可以将智能对象图层转换成普通图层，如图3-58所示，并以当前的大小规格将其内容栅格化（非矢量），这时“图层”调板中的智能对象缩览图就消失了。如果想要再创建智能对象，则需要重新选择图层并从最初的步骤开始操作。

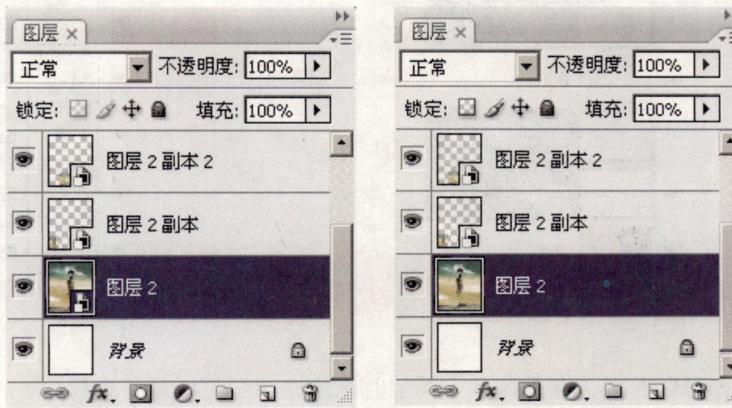

图3-58

3.7 合并图层

在执行合并图层操作时，不同类型的图层以及对图层进行的不同设置，将会影响图层的合并结果。下面对合并图层所涉及的问题进行深入剖析。

3.7.1 盖印合并可见图层中的图像

盖印图层是一种特殊的图层合并方法，它可以将多个图层的内容合并为一个目标图层，同时使其他图层保持完好。当需要得到某些图层的合并效果而又要保持原图层完整的情况下，通过盖印合并图层往往可以达到较好的效果。但是，不能盖印被隐藏的图层。

1.盖印两个图层

在“图层”调板中，可将某一图层中的图像盖印到下面的图层中，而上面图层中的图像保持不变。如图3-59所示为选择的图层，按下Ctrl+Alt+E键执行盖印操作后，图层的状态如图3-60所示。

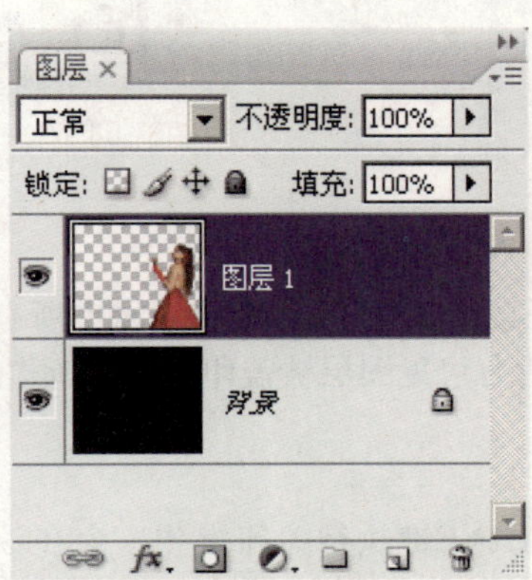

图3-59

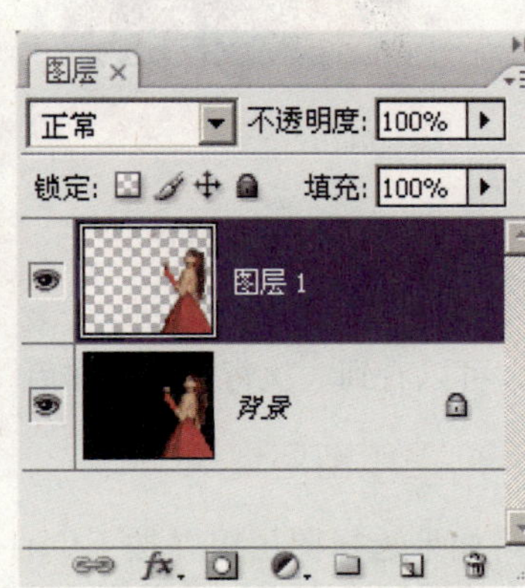

图3-60

2.盖印多个图层

在盖印多个选定的图层时，Photoshop会创建一个包含合并内容的新图层，所有参与盖印的图层的内容保持不变。如图3-61所示为选择的图层，按下Ctrl+Alt+E键执行盖印操作后，自动生成一个新的图层，如图3-62所示。

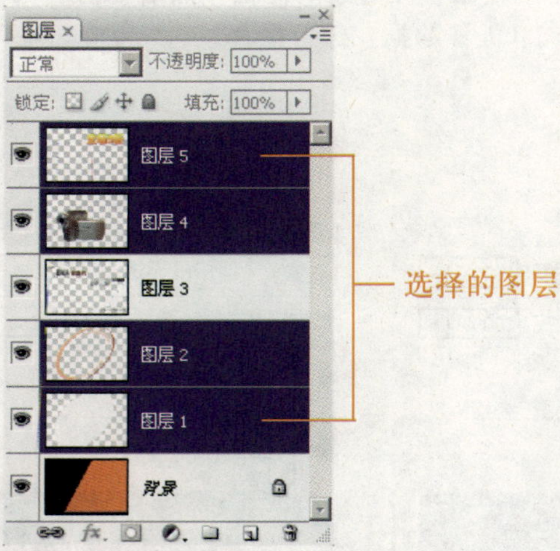

图3-61

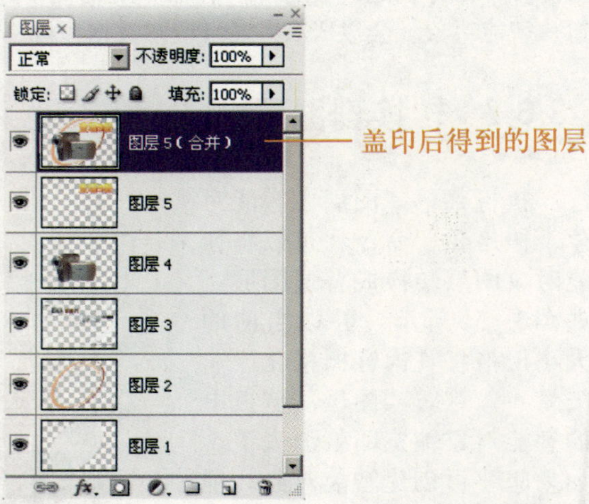

图3-62

可以看到，在盖印多个图层时，这些图层可以是不连续的，并且盖印所产生的图层位于所有参与盖印图层的最上面。但是如果选择的图层中包含背景图层，如图3-63所示，则图像将盖印至背景图层中，如图3-64所示。

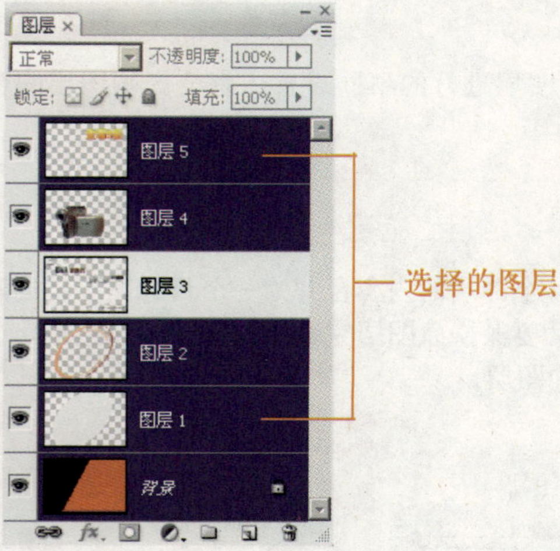

图3-63

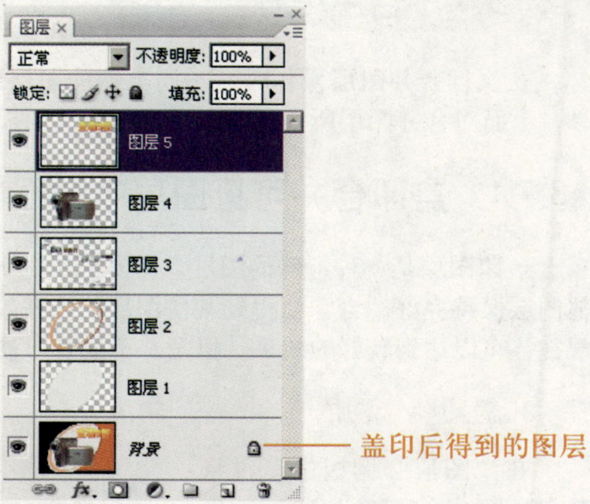

图3-64

3.盖印所有可见图层

选择一个可见的图层后，按下Shift+Ctrl+Alt+E键可盖印所有可见的图层，如图3-65、图3-66所示。可以看到，执行盖印操作后，所有可见图层被盖印至一个新建的图层中，原图层内容保持不变。

4.盖印图层组

如果选择图层组并按下Ctrl+Alt+E键执行盖印操作，会在该图层组的上面创建一个图层，图层组中的图层内容将被盖印到该新建图层中，原图层保持不变，如图3-67、图3-68所示。

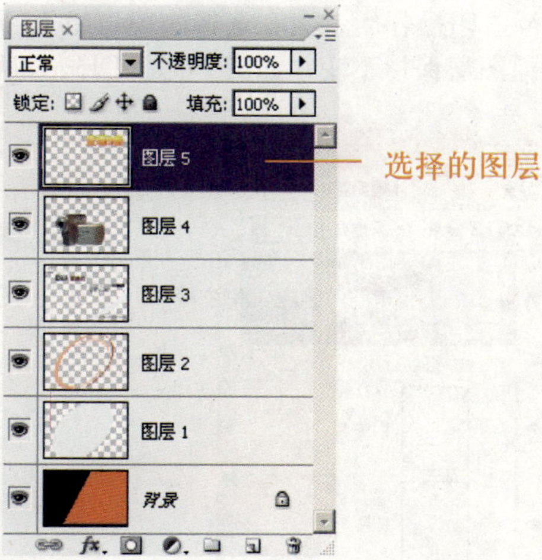

图3-65

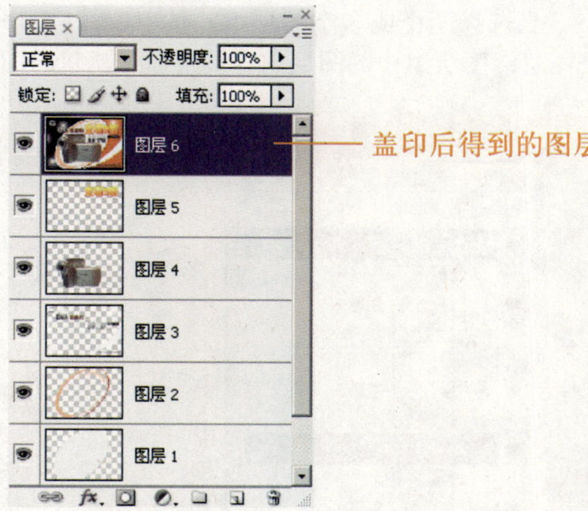

图3-66

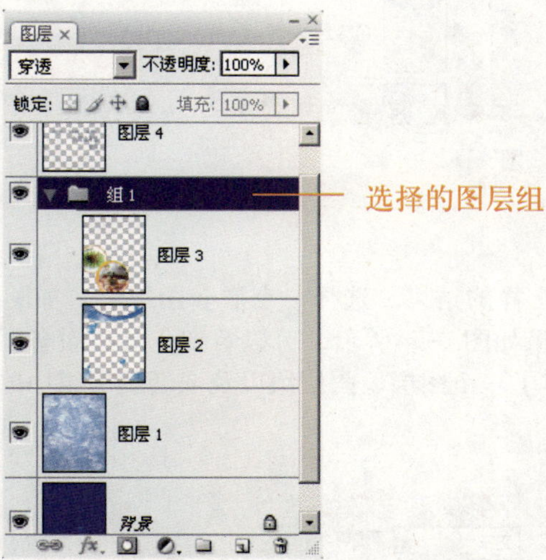

图3-67

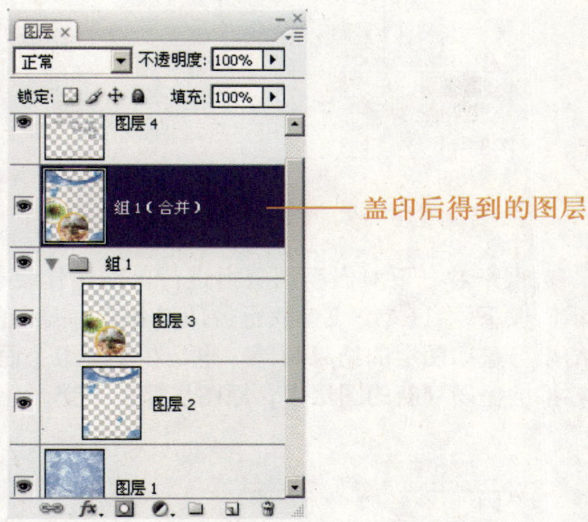

图3-68

如果盖印的图层组中包含隐藏的图层，如图3-69所示，则按下Ctrl+Alt+E键执行盖印操作后，隐藏的图层不会被盖印到新图层中，如图3-70所示。

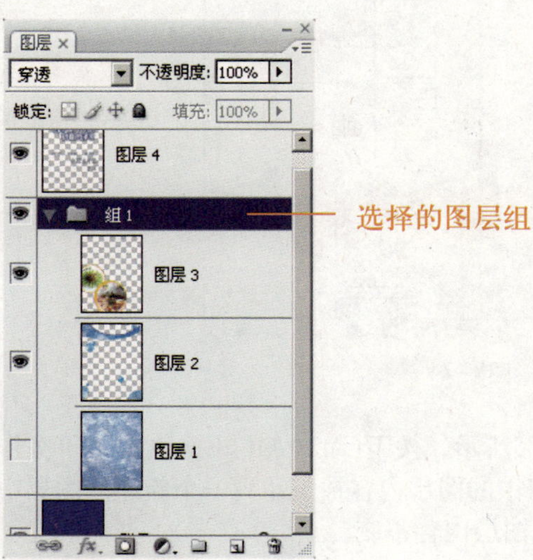

图3-69

图3-70

当选择两个或多个图层组并按下Ctrl+Alt+E键执行盖印操作后，会在选择的图层组上面新建一个图层，图层组中的图层内容被盖印到新建的图层中，原图层保持不变，如图3-71、图3-72所示。

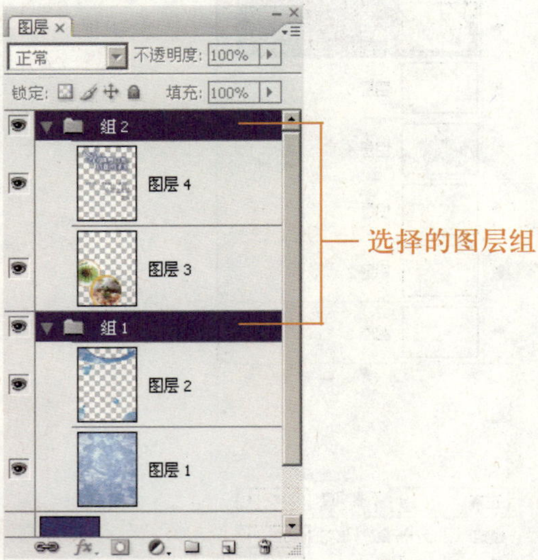

图3-71

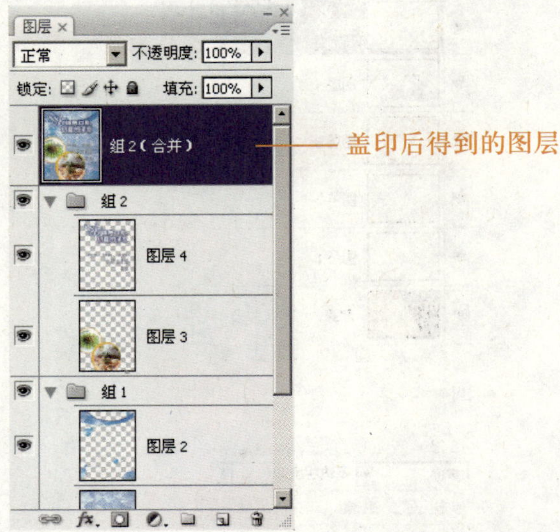

图3-72

5.盖印嵌套图层组

再来看一下对嵌套图层组进行盖印操作会有什么样的结果。选择一个嵌套图层组，如图3-73所示，按下Ctrl+Alt+E键执行盖印操作后，盖印的结果如图3-74所示。可以看到，盖印嵌套图层组的结果与盖印图层的结果相同，也是在图层组上面新建了一个图层，图层组以及嵌套图层组中的图层内容都被盖印到新的图层中，原图层保持不变。

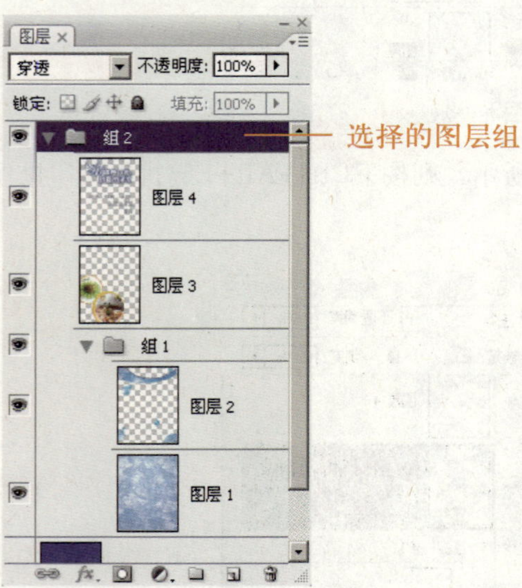

图3-73

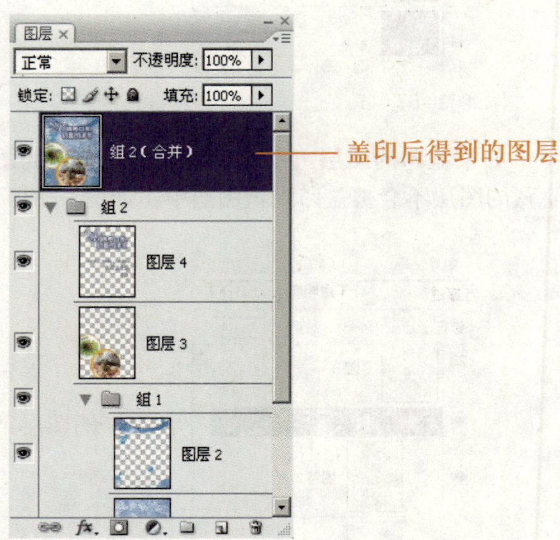

图3-74

选择被嵌套的图层组来执行盖印操作，如图3-75所示，按下Ctrl+Alt+E键执行盖印操作后，盖印的结果如图3-76所示。可以看到，被嵌套的图层组中的图层内容被盖印到一个新建的图层中，该图层位于被嵌套图层组的上面并处于嵌套图层组中，原图层内容不变。

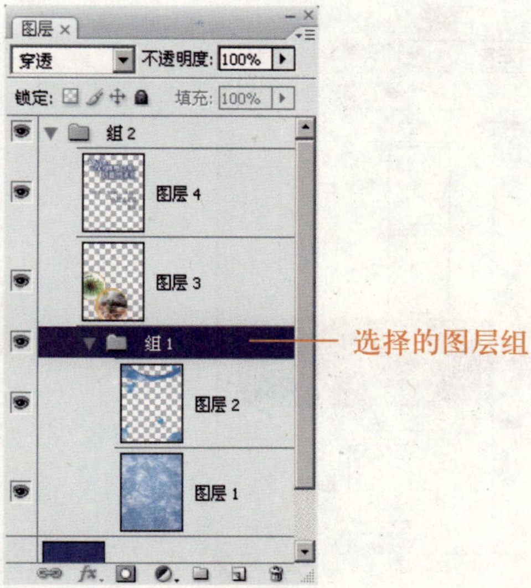

图3-75

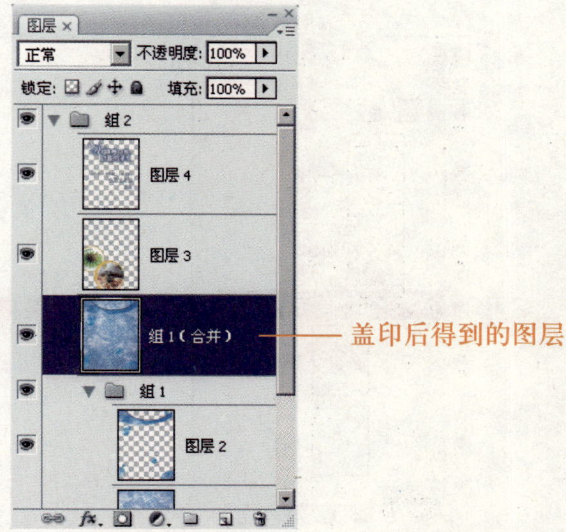

图3-76

看一下盖印所有可见图层会产生什么样的结果。选择图层组，如图3-77所示。按Shift+Ctrl+Alt+E键执行盖印操作，盖印的结果如图3-78所示。从结果可以看到，所有可见的图层（包括背景图层），都被盖印到一个新的图层中，原图层内容不变。

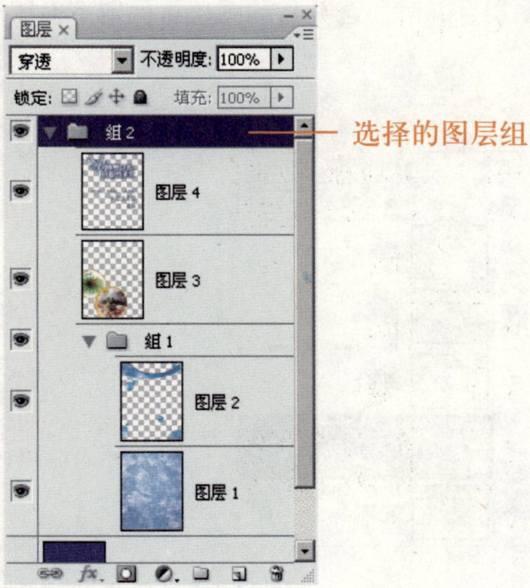

图3-77

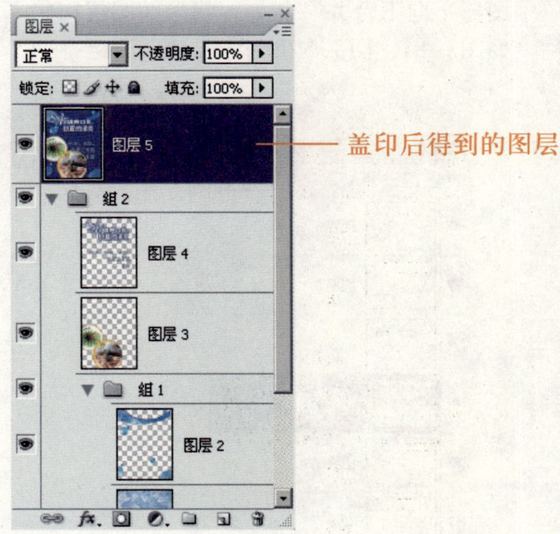

图3-78

如果选择被嵌套的图层组执行盖印所有可见图层的操作，如图3-79所示。按Shift+Ctrl+Alt+E键执行盖印操作，盖印的结果如图3-80所示。从结果中可以看到，所有可见图层中的内容都被盖印到新图层中，盖印得到的新图层位于被嵌套图层组的上面并处于嵌套图层组中，原图层内容保持不变。

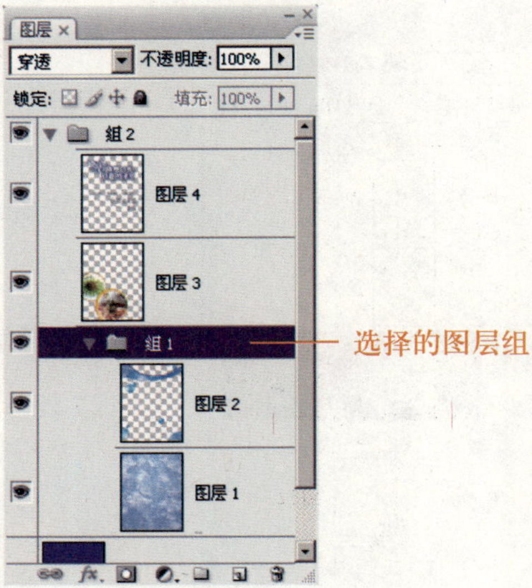

图3—79

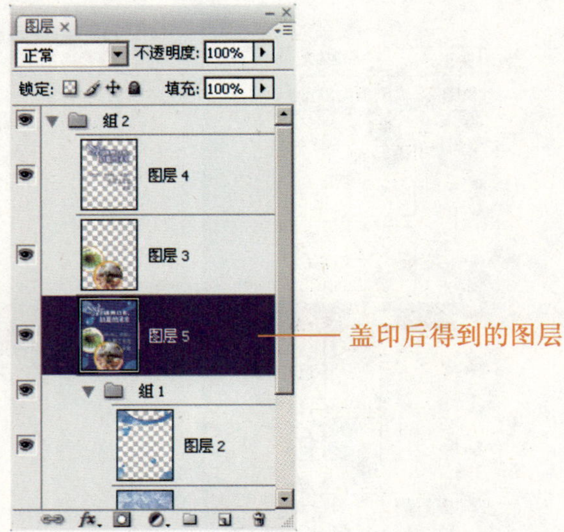

图3—80

3.7.2 图层名称的变化规律

在执行合并图层的操作后，新图层的名称会有所变化，这种变化也是有一定规律可循的。执行菜单“图层 | 向下合并”命令，将当前图层与它下面的图层合并时，合并后的图层将保留下面图层的名称，如图3–81、图3–82所示。

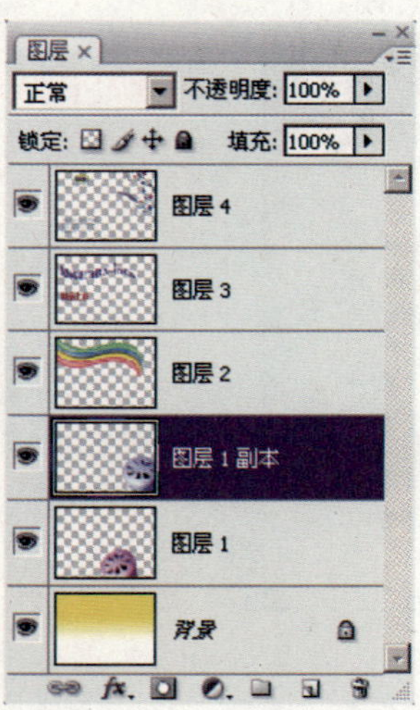

图3—81

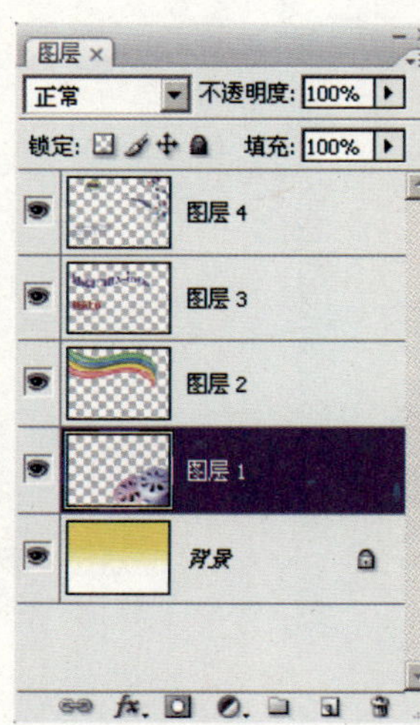

图3—82

选择多个图层，然后执行菜单“图层 | 合并图层”命令，合并后的图层将保留最上面图层的名称，如图3–83、图3–84所示。

选择某一显示的图层，然后执行菜单“图层 | 合并可见图层”命令，合并后的图层将保留选取的图层的名称。如果背景图层为显示状态，则合并后的图层将保留背景图层的名称，如图3–85、图3–86所示。

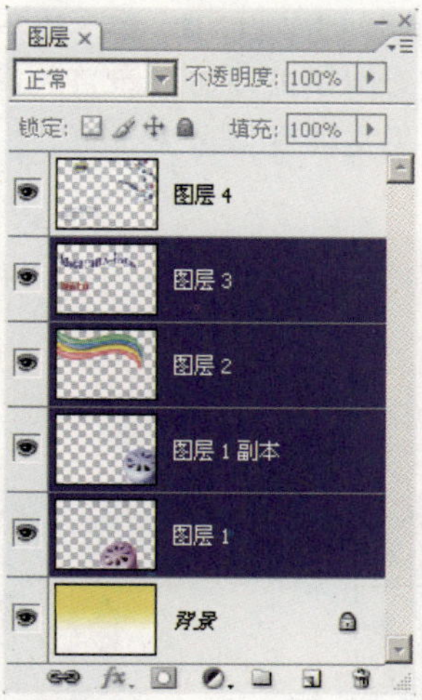

图3—83

图3—84

图3—85

图3—86

执行“图层 | 拼合图像”命令合并图层时，系统会自动将合并后的图层设置为背景图层，并使用背景图层命名。

3.7.3 跟踪文件的大小

当前文件中图层的数量和图像的像素大小决定了文件的大小。如果文件过大，会占用更多的磁盘空间，并且编辑和打印速度可能较慢。可以通过跟踪文件的大小来确保文件不会变得过大。

打开一个文件后，单击图像窗口底部的三角按钮，在打开的菜单中选择“显示 | 文档大小”命令，可显示文档在合并图层前与合并图层后的大小，如图3—87所示。

图3—87

“文档大小”显示中左边的数字显示了图像的打印大小，它近似于将图像拼合并存储后的文件大小；右边的数字显示了包括图层和通道时的文件大小，它会随着图层以及通道数量的增减而变化数值。了解这两个参数的含义后，就可以随时掌握文件的大小。如果文件变得过大，可减少文件中图层的数量或更改图像的像素大小来减小文件。

3.7.4 不透明度对合并的影响

1.图层的不透明度对合并的影响

在合并设置了“不透明度”的图层时，系统会将图层当前的显示状态合并到结果图层中，而结果图层的“不透明度”将恢复为100%。

图3-88所示是当前文件中所有图层的“不透明度”都为100%时图像的效果，图3-89所示是设置“图层1”的“不透明度”为70%、“图层2”的“不透明度”为30%后的图像效果。选择这两个图层，将它们合并后，图像的效果如图3-90所示。

图3-88

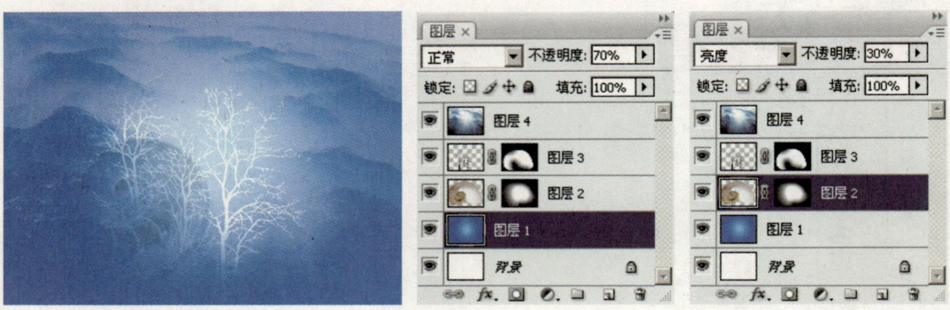

图3-89

图3-90

从合并结果可以看到，合并后的图层的“不透明度”恢复为100%，而图像的显示效果不变。

2.图层组的不透明度对合并的影响

如果设置了图层组的“不透明度”，在将图层与图层组中的图层合并时，合并的结果会因图层位置的不同而有所变化。如果图层位于图层组的上面，则合并后图层组中的图层被合并到上面的图层中，它的不透明度也会因脱离图层组而恢复为100%。如图3-91所示为设置图层组的“不透明度”为70%，图3-92所示为选择的需要合并的图层，图3-93所示为合并的结果。

图3–91

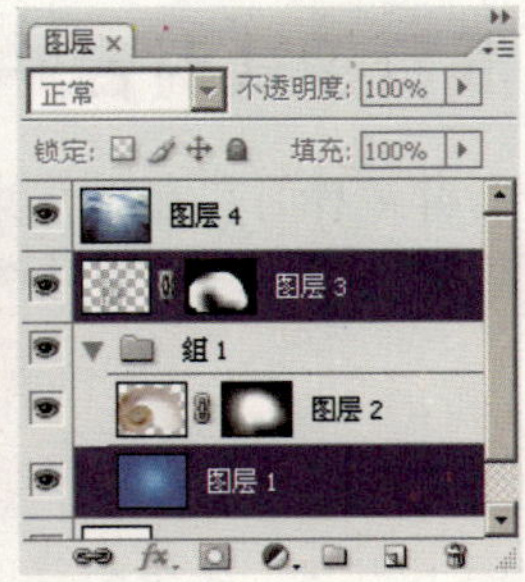

图3–92

图3–93

如果图层位于图层组的下面，则图层被合并到图层组中，该图层也会以图层组的不透明度显示。将图层组的“不透明度”设置为30%后进行观察，图3–94和图3–95所示分别为合并前后的图像效果及调板状态。

图3–94

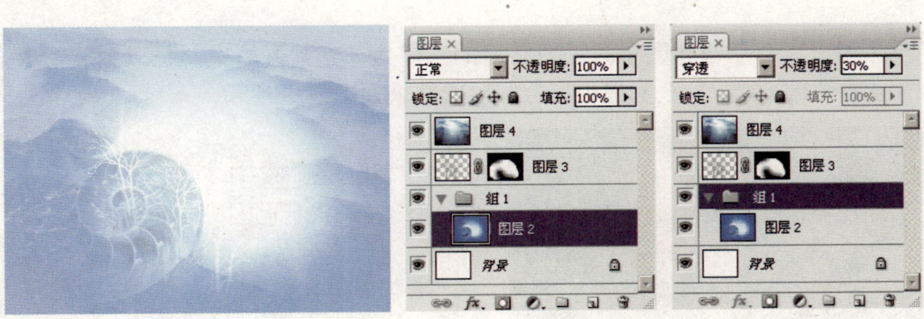

图3–95

3.7.5 混合模式对合并的影响

在执行合并操作时，如果合并的图层中包含设置了混合模式的图层，则混合模式会对合并的结果产生影响，想要得到正确的合并结果，就应该对这种影响有充分的认识。下面来看一下混合模式对合并的影响。

1.合并结果显示为底层图像的模式

执行“向下合并”命令合并图层时，合并后的图层使用下面图层的混合模式，效果如图3–96、图3–97所示。

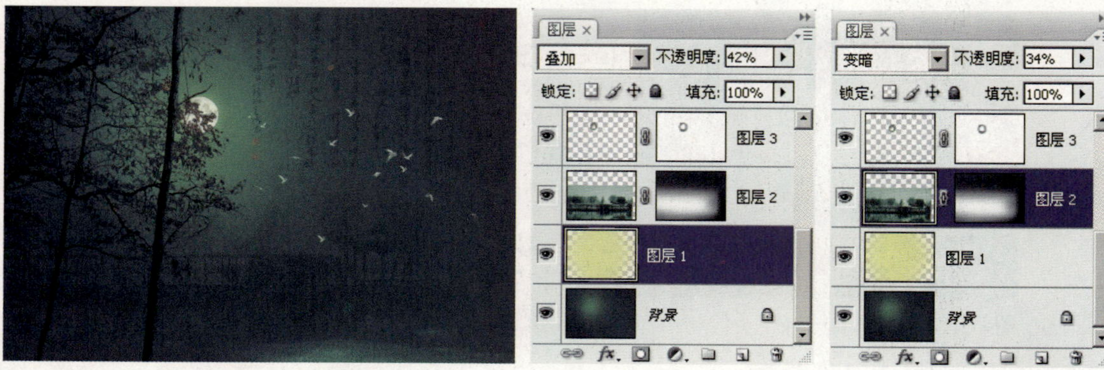

图3–96

图3–97

2.合并结果显示为“正常”模式

执行“合并图层”命令合并图层时，合并后的图层为“正常”模式。仍以图3–96中的图像文件为例，将“图层1”和“图层2”全部选中，合并后的结果如图3–98所示。

图3–98

3. 合并结果无变化

执行“合并可见图层”命令以及“拼合图像”命令合并图层时，系统会将图层的显示状态合并，合并后的图层都为“正常”模式，图像的效果不会发生变化。如图3-99所示为执行“合并可见图层”命令前后的图像效果。

图3-99

3.7.6 图层样式对合并的影响

在合并设置了图层样式的图层时，不同的合并命令产生的合并结果也会有所不同。下面就来具体分析图层样式对合并产生的影响。

1. 合并两个图层

执行“图层 | 向下合并”命令合并两个图层时，系统会首先将样式应用到图层中，然后再将两个图层合并，因此，合并前后的图像效果会发生变化，而合并后的图层是否带有图层样式将取决于下面的图层。如果下面的图层设置了图层样式，则合并后的图层可保留下面图层的样式；如果下面的图层没有设置样式，则合并后的图层也没有图层样式。图3-100、图3-101、图3-102分别显示了不同图层在执行“向下合并”命令前后的效果。

从合并结果可以看到，如果只有上面图层设置了样式，在合并时，系统会将样式应用到图层，然后再与下面的图层合并；如果只有下面的图层设置了样式，系统会在合并后为合并结果添加下面图层的样式；如果上下图层都设置了样式，系统会将样式应用到上面的图层，然后再与下面的图层合并，并为合并结果添加下面图层的样式。

合并图层前

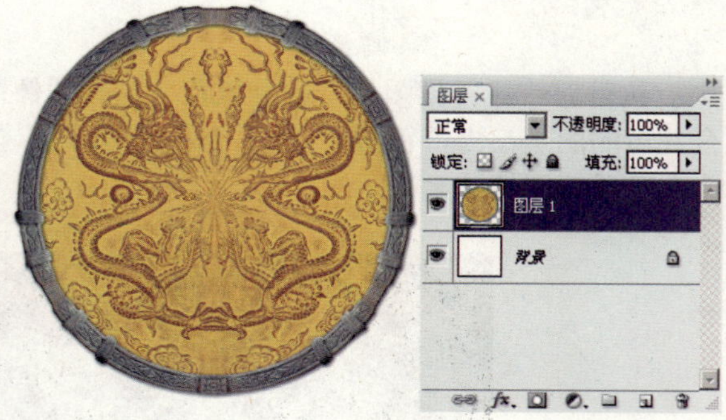

合并图层后

图3-100

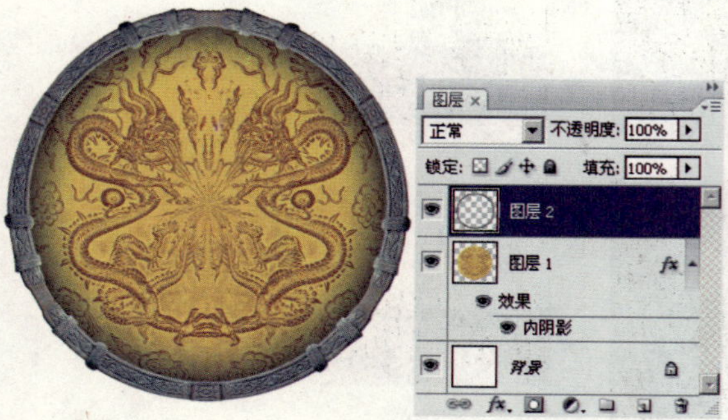

合并图层前

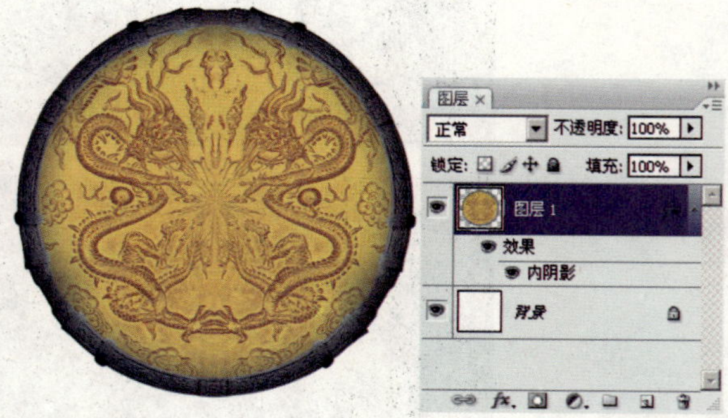

合并图层后

图3-101

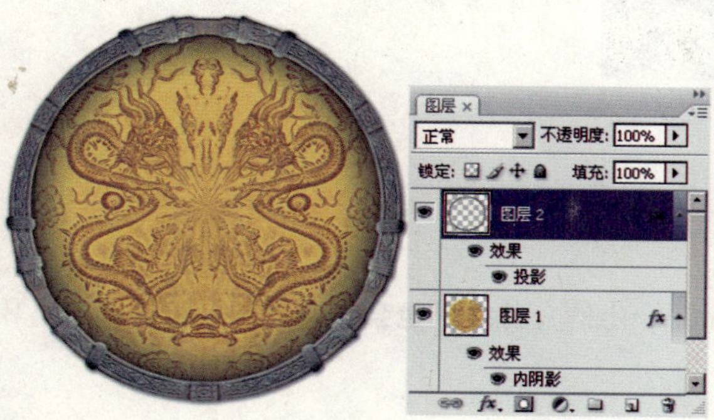

合并图层前

合并图层后

图3-102

2.合并多个图层

执行“图层 | 合并图层”命令合并选择的图层时，系统首先将图层样式应用到图层中，然后再将图层合并，合并后的图层没有图层样式，图像的效果会产生变化，如图3-103所示。

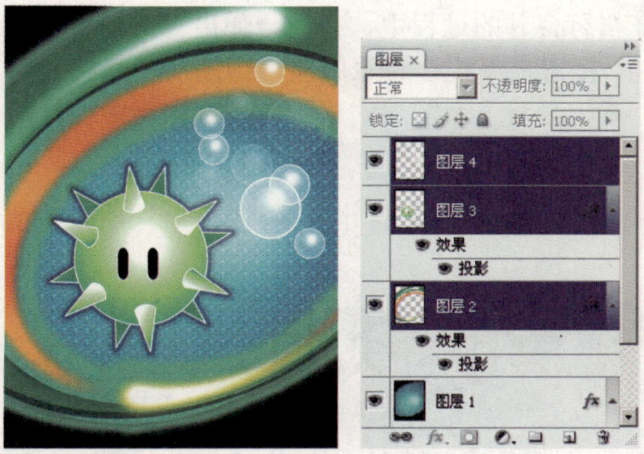

合并图层前

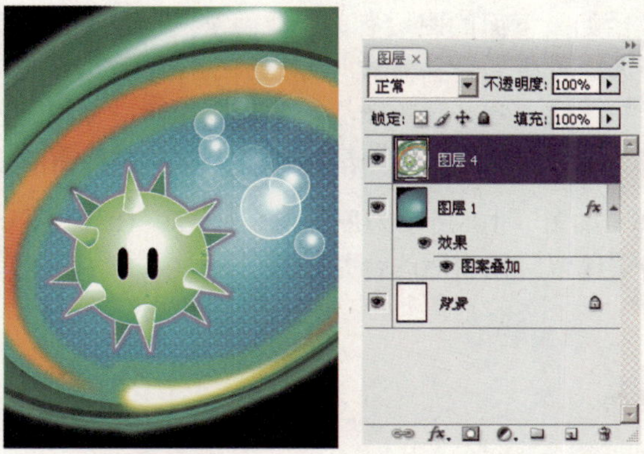

合并图层后

图3–103

3.合并所有可见图层

执行“图层 | 合并可见图层”命令和“图层 | 拼合图像”命令合并图层时，系统将所有图层当前的显示状态拼合，合并后的图层没有图层样式，但图像的效果不会发生变化，如图3–104所示。

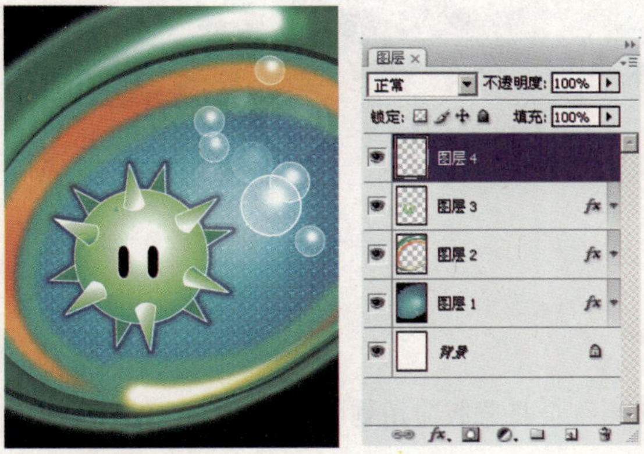

合并图层前

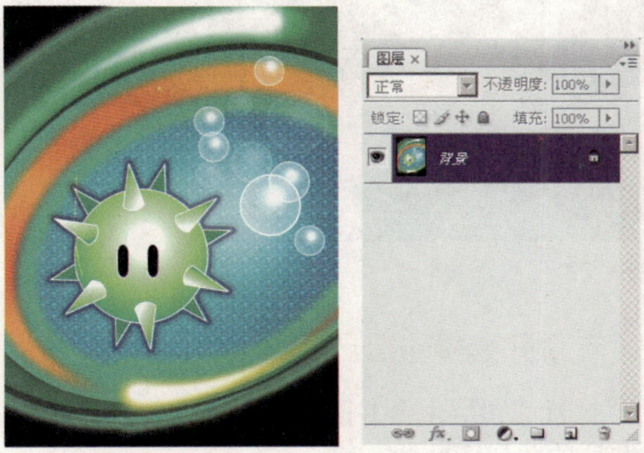

合并图层后

图3–104

3.7.7 蒙版对合并的影响

1.向下合并图层

执行“图层 | 向下合并”命令合并两个图层时，如果仅上面的图层有蒙版，系统会将蒙版应用到图层，然后合并图层，合并后的图层无蒙版，如图3–105、图3–106所示分别为合并图层前后的图像效果及调板状态。

图3–105

图3–106

如果下面的图层有蒙版或两个图层都有蒙版，则在执行合并的过程中，系统会弹出对话框要求用户选择蒙版的合并方式，如图3-107所示。单击“应用”按钮，系统会将蒙版应用到图层中，然后再合并图层，合并后的图层无蒙版；单击“保留”按钮，系统会将上面图层的蒙版应用到图层中，然后合并图层，合并后的图层可保留下面图层的蒙版。

如图3-108所示为原图像，如图3-109所示为单击“应用”按钮后的合并效果，图3-110所示为单击“保留”按钮后的合并效果。

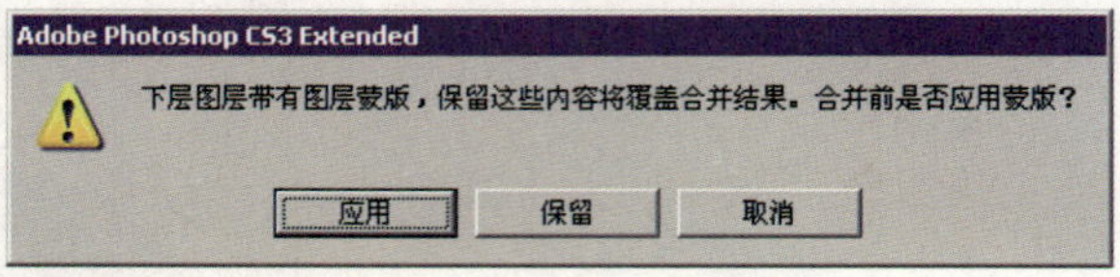

图3—107

图3—108

图3—109

图3—110

2.合并选择的图层

执行“图层 | 合并图层”命令合并选择的图层时，系统会将蒙版应用到图层中，然后合并图层，合并后的图层无蒙版。

3.合并所有可见图层

执行“图层 | 合并可见图层”命令和“图层 | 拼合图像”命令合并图层时，系统会将所有图层当前的显示状态拼合，合并后的图层没有蒙版，图像的效果也不会发生改变。

3.8 图层高级应用实例

掌握了有关图层方面的应用技巧后，对实例的编辑操作会更加得心应手。下面通过两个实例，让读者更加熟练地掌握图层的应用技巧。

在“创意都市空间”这一实例中，首先将照片制作成矢量形式的位图，然后通过选取工具和路径工具绘制各种图形。在制作过程中，图层的不断增多会导致很多不便，可以应用图层组来分辨画面各部分内容，这样操作起来就方便多了。

在“幻想空间”这一实例中，读者应主要掌握图层复合的应用，这一技巧对于设计师来说非常实用，在同一个文件中可以展示多个不同的画面效果。

3.8.1 创意都市空间

01 按Ctrl+N键执行“新建”命令，打开“新建”对话框，设置完成后单击“确定”按钮，如图3–111所示。

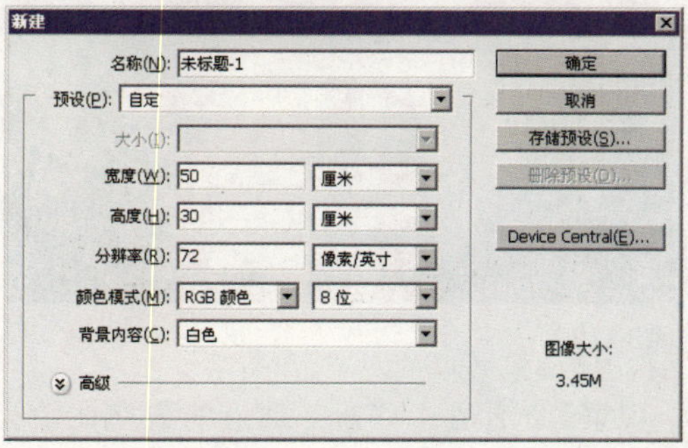

图3–111

02 设置前景色为（R：174、G：176、B：192），背景色为灰白色，选择工具箱中的“渐变工具”，在工具选项栏中单击“线性渐变”按钮，按住Shift键从上到下制作渐变，如图3–112所示。

图3–112

03 为新建文件添加画面效果，按Ctrl+O键打开素材图片，效果如图3–113所示。

图3–113

04 切换到“通道”调板，选中“蓝”通道，“蓝”通道的天空部分比较白，复制“蓝”通道，得到“蓝 副本”通道，如图3–114所示。

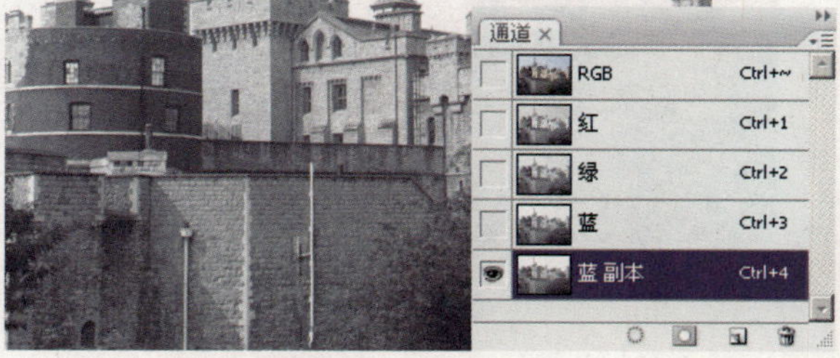

图3–114

05 执行菜单“图像 | 调整 | 色阶”命令，在弹出的“色阶”对话框中进行参数设置，完成后单击“确定”按钮，效果如图3–115所示。

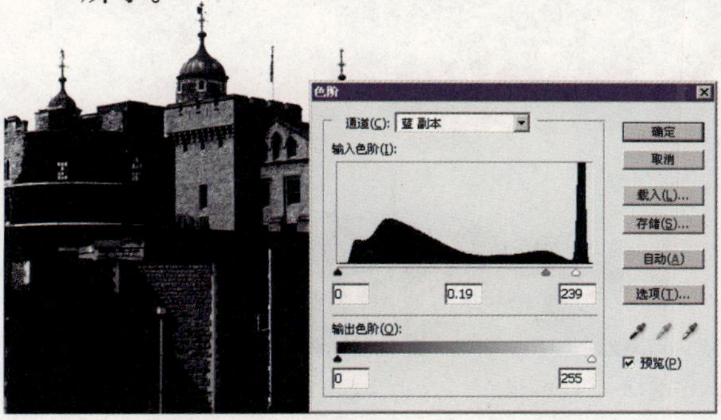

图3–115

06 选择工具箱中的“魔棒工具”，单击画面中的白色部分，如图3–116所示。

图3–116

07 选中“RGB”通道，切换到“图层”调板，将选区反选，按Ctrl+J键复制选区内容，自动生成“图层1”，隐藏“背景”图层，如图3-117所示。

图3-117

08 选择工具箱中的“移动工具”，将城堡图像拖动到画面中，按Ctrl+T键执行“自由变换”命令，将其等比缩小后水平翻转，调整在画面中的位置，效果如图3-118所示。

图3-118

09 按住Ctrl键单击“图层1”，载入选区，新建图层，将“图层1”隐藏，按Alt+Delete键填充前景色，效果如图3-119所示。

图3-119

10 按Ctrl+O键打开素材图片，效果如图3-120所示。

图3-120

11 观察3个通道，“蓝”通道的天空比较亮，选中“蓝”通道并复制得到“蓝 副本”通道，图像效果如图3-121所示。

图3-121

12 执行菜单“图像 | 调整 | 色阶”命令，在弹出的“色阶”对话框中进行参数设置，完成后单击“确定”按钮，效果如图3-122所示。

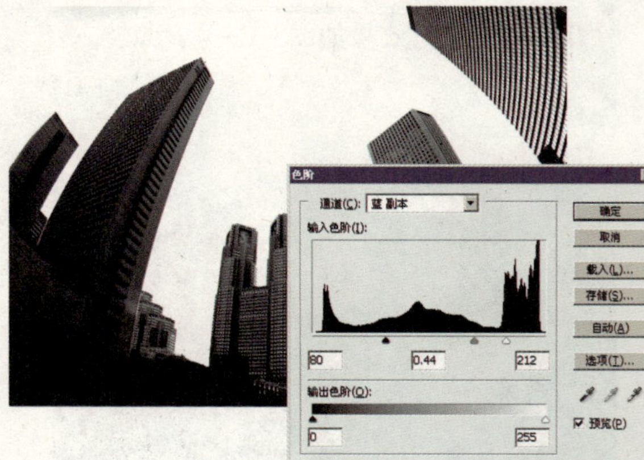

图3-122

13 选择工具箱中的“魔棒工具”，单击画面中的白色部分，得到选区，如图3-123所示。

图3-123

14 选中“RGB”通道，切换到“图层”调板，将选区反选，按Ctrl+J键复制选区内容，自动生成“图层1”，隐藏“背景”图层，如图3-124所示。

图3-124

15 将建筑图像拖动到画面中，自动生成“图层2”，调整图层顺序，如图3-125所示为将其移动到“图层1”的下方后的图像效果。

图3-125

16 按住Ctrl键单击“图层2”以载入选区，选择工具箱中的“套索工具”，在工具选项栏中单击“从选区减去”按钮，将右边建筑的选区减去，如图3-126所示。

图3-126

17 按Ctrl+J键复制选区内容，自动生成“图层3”，隐藏“图层2”，按Ctrl+T键变换图像的大小并调整其位置，效果如图3-127所示。

图3-127

18 用上面同样的方法得到中间的建筑，生成图层为“图层4”，隐藏“图层2”，按Ctrl+T键变换图像的大小并调整其位置，如图3-128所示。

图3-128

19 使用同样的方法得到右边的建筑，生成图层为“图层5”，隐藏“图层2”，按Ctrl+T键变换图像的大小并调整其位置，效果如图3-129所示。

图3-129

20 复制“图层3”，得到“图层3 副本”，按Ctrl+T键执行“自由变换”命令，将图像等比缩小并调整其在画面中的位置，效果如图3-130所示。

图3-130

21 按住Ctrl+Shft键逐个单击画面中的几个建筑图层，然后单击“图层”调板底部的“创建新的填充或调整图层”按钮，在弹出的菜单中选择“色相/饱和度”命令，设置“色相|饱和度”对话框中的参数，效果如图3-131所示，单击“确定”按钮。

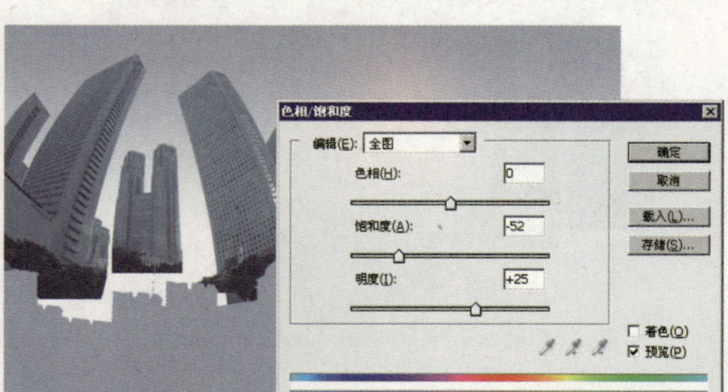

图3-131

22 按住Ctrl键单击调整图层的图层蒙版缩览图”，载入其选区，新建图层，填充前景色，设置图层的混合模式为“色相”，然后按住Shift键单击“图层2”，将建筑图层全部选中，按Ctrl+G键生成“组1”，效果如图3-132所示。

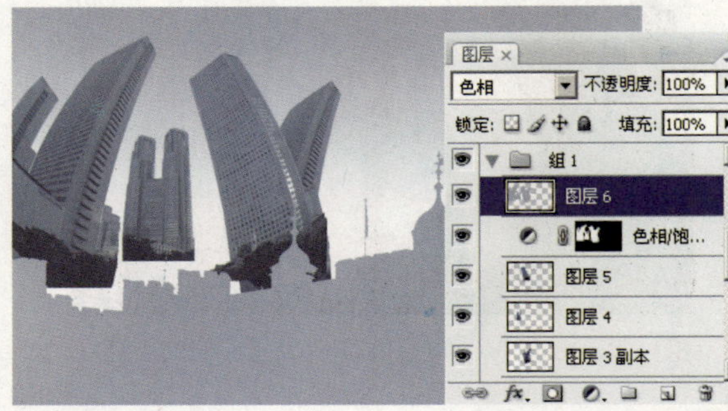

图3-132

23 在“组1”的上面新建图层，选择工具箱中的“椭圆选框工具”，按住Shift+Alt键绘制正圆选区，填充渐变色，调整其在画面中的位置，效果如图3-133所示。

图3-133

24 用同样的方法绘制各种大小的圆，调整其在画面中的位置，然后将圆的图层全部选中，按Ctrl+G键生成“组2”，效果如图3-134所示。

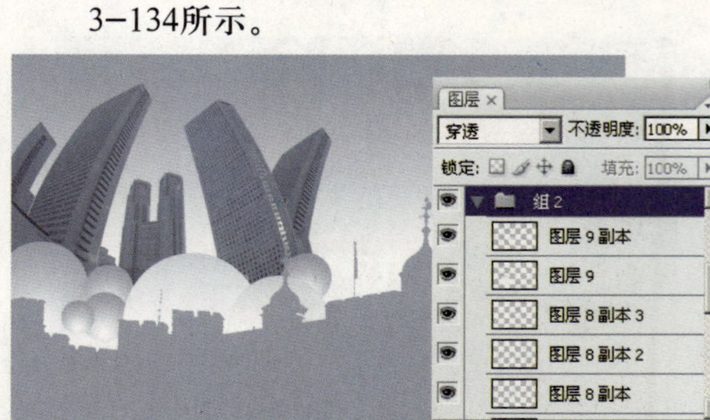

图3-134

25 按住Ctrl+Shft键逐个单击“组2”中的图层，载入其选区，新建图层，选择工具箱中的“渐变工具”，用线性渐变填充选区，效果如图3-135所示。

图3-135

26 按Ctrl+O键打开另一素材图片，效果如图3-136所示，准备将其修饰后放在画面的右边。

图3-136

27 选择工具箱中的“魔棒工具”，在工具选项栏中单击“添加到选区”按钮，单击画面的蓝天，得到的选区并不准确，可以选择工具箱中的“快速选择工具”，调整选区，效果如图3-137所示。

图3-137

28 按Ctrl+J键复制选区内容，自动生成“图层1”，隐藏“背景”图层，效果如图3-138所示。

图3-138

29 选择工具箱中的“移动工具”，将图像拖动到画面中，自动生成“图层10”，调整图层顺序，按Ctrl+T键执行“自由变换”命令，将其等比缩小，并调整其在画面中的位置，如图3-139所示。

图3-139

30 按住Ctrl键单击“图层10”以载入其选区，新建“图层11”，并隐藏“图层10”，选择工具箱中的“渐变工具”，用线性渐变填充，取消选区，效果如图3-140所示。

图3-140

31 选择工具箱中的“椭圆选框工具”◯，新建图层并将其调整到图层的最下方，按住Shift+Alt键绘制正圆选区，填充任意颜色，取消选区后复制多个并变换其大小。按住Ctrl+Shft键单击所有圆所在的图层，载入其选区，如图3-141所示。

图3-141

32 新建图层，选择工具箱中的“渐变工具”，用线性渐变填充，取消选区，然后将圆所在的图层全部选中，按Ctrl+G键生成“组3”，效果如图3-142所示。

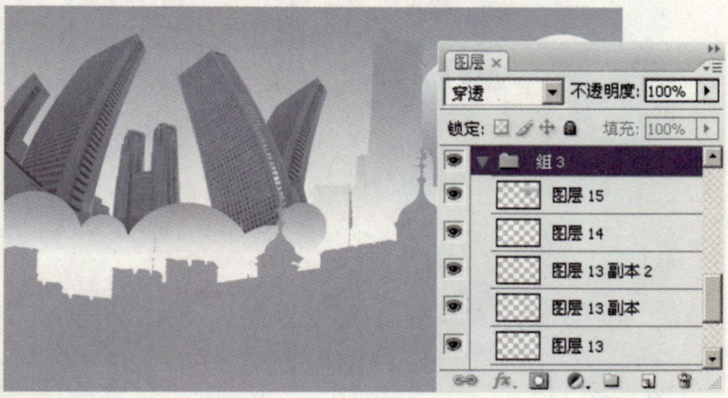

图3-142

33 选择工具箱中的“钢笔工具”，绘制直线路径，每绘制一直线路径就按一次Esc键，接着再绘制另一直线路径，效果如图3-143所示。

图3-143

34 新建图层，选择工具箱中的“画笔工具”，笔尖大小设置为1像素，设置前景色为白色，切换到“路径”调板，单击“用画笔描边路径”按钮，单击“路径”调板的空白处以隐藏路径，效果如图3-144所示。

图3-144

35 再次显示刚刚绘制的路径，选择工具箱中的“画笔工具”，笔尖大小设置为5像素，“画笔”调板的设置如图3-145所示。

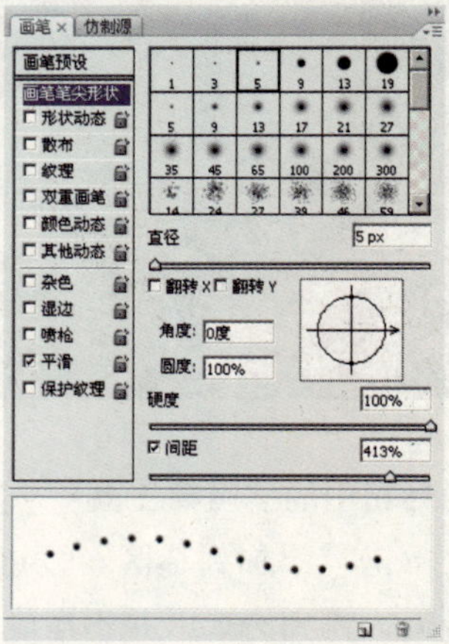

图3-145

36 切换到“路径”调板，单击“用画笔描边路径”按钮，单击“路径”调板的空白处以隐藏路径，效果如图3-146所示。

图3-146

37 选择工具箱中的“钢笔工具”，绘制路径如图3-147所示。

图3-147

38 将路径转换为选区，新建图层，填充白色，调整图层顺序，按Ctrl+D键取消选区，效果如图3-148所示。

图3-148

39 为画面中添加人物图像。按Ctrl+O键打开人物素材图片，如图3-149所示。

图3-149

40 选择工具箱中的“魔棒工具”，在工具选项栏中单击“添加到选区”按钮，“容差”设置为10，单击画面中的人，配合工具箱中的“快速选择工具”修饰选区，效果如图3-150所示。

图3-150

41 新建图层，填充白色，按Ctrl+D键取消选区，效果如图3-151所示。

图3-151

42 选择工具箱中的“移动工具”，将其拖动到画面中，效果如图3-152所示。

图3-152

43 按Ctrl+T键执行“自由变换”命令，按住Shift+Alt键将其等比缩小，然后进行水平翻转，按Enter键确认变换操作，效果如图3-153所示。

图3-153

44 添加另一人物图像，按Ctrl+O键打开人物素材图片，使用同样的方法将人物选中，如图3-154所示。

图3-154

45 新建图层，填充白色。按Ctrl+D键取消选区，效果如图3-155所示。

图3-155

46 按Ctrl+T键执行“自由变换”命令，按住Shift+Alt键将其等比缩小，按Enter键确认变换，效果如图3-156所示。

图3-156

47 选择工具箱中的“钢笔工具”，绘制花形路径，将路径转换为选区，新建图层并填充为白色，取消选区，效果如图3-157所示。

图3-157

48 选择工具箱中的“移动工具”，按住Alt键复制图形并变换大小，将其组合在一起后合并图层，调整图层顺序，效果如图3-158所示。

图3-158

49 复制图形图层，按Ctrl+T键执行“自由变换”命令，将其等比缩小，按Enter键确认变换操作，调整图层顺序，效果如图3-159所示。

图3-159

50 再次复制图形图层，按Ctrl+T键执行“自由变换”命令，将其等比缩小，按Enter键确认变换操作，调整图层顺序，效果如图3-160所示。

图3-160

3.8.2 幻想空间

01 按Ctrl+N键执行“新建”命令，打开“新建”对话框，设置完成后单击“确定”按钮，如图3-161所示。

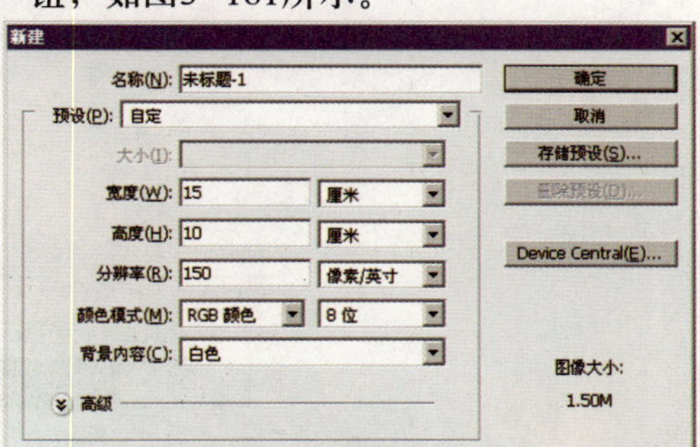

图3-161

02 设置前景色为白色，背景色为（R：106、G：193、B：237），选择工具箱中的“渐变工具”，在工具选项栏中单击“径向渐变”按钮，从中心向外做渐变填充，效果如图3-162所示。

图3-162

03 选择工具箱中的“矩形选框工具”，在画面底部绘制矩形，新建图层，选择工具箱中的“渐变工具”，在工具选项栏中单击“线性渐变”按钮，设置前景色为白色，背景色为（R：91、G：171、B：223），在选区内由上到下做渐变填充，取消选区，效果如图3-163所示。

图3-163

04 选择工具箱中的“钢笔工具”，参照图3-164所示绘制路径。

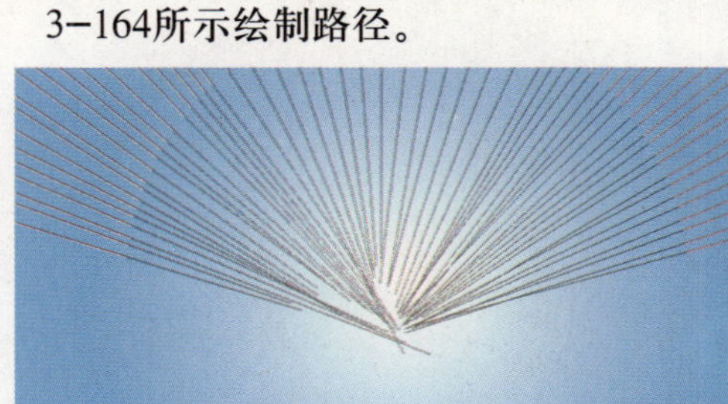

图3-164

05 选择工具箱中的“画笔工具”，笔尖大小设置为2像素，新建图层，设置前景色为白色，切换到“路径”调板，单击“路径”调板底部的“用画笔描边路径”按钮，隐藏路径，效果如图3-165所示。

图3-165

06 单击“图层”调板底部的“添加图层蒙版”按钮，设置前景色为黑色，选择“画笔工具”，在其工具选项栏中调整“不透明度”，设置笔尖为柔角并调整为适当大小，在画面中涂抹多余的线条，如图3-166所示。

图3-166

07 调整图层的“不透明度”为32%，效果如图3-167所示。

图3-167

08 复制该图层，将图层的“不透明度”调整为100%，执行菜单“滤镜 | 模糊 | 高斯模糊”命令，设置“高斯模糊”对话框中的参数，效果如图3-168所示。

图3-168

09 选中图层蒙版缩览图，设置前景色为黑色。选择“画笔工具”，在工具选项栏中调整“不透明度”，设置笔尖为柔角并调整适当大小，在画面中涂抹线条，效果如图3-169所示。

图3-169

10 复制“图层2”，得到“图层2 副本3”，“不透明度”数值不变，效果如图3-170所示。

图3-170

11 选择工具箱中的“椭圆选框工具”，按住Shift+Alt键绘制正圆选区，前景色为（R：106、G：193、B：237），新建图层，填充前景色，效果如图3-171所示。

图3-171

12 执行菜单“选择 | 变换选区”命令，按住Shift+Alt键将选区等比缩小，按Delete键删除选区内容，取消选区，效果如图3-172所示。

图3-172

13 选择工具箱中的“椭圆工具”，按住Shift+Alt键绘制正圆路径，如图3-173所示。

图3-173

14 选择工具箱中的“画笔工具”，参照图3-174所示设置“画笔”调板参数。

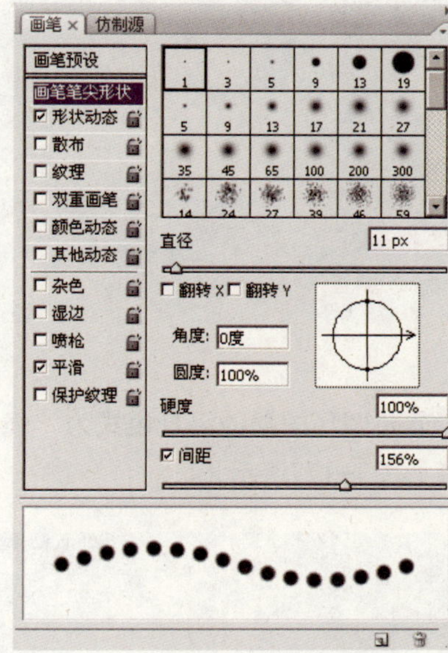

图3-174

15 设置前景色为白色，新建图层，切换到“路径”调板，单击“路径”调板底部的“用画笔描边路径”按钮，隐藏路径，效果如图3-175所示。

图3-175

16 将两个圆环图层全部选中，选择“移动工具”，在工具选项栏中单击“垂直居中对齐”和“水平居中对齐”按钮，效果如图3-176所示。

图3–176

17 设置蓝色圆环图层的混合模式为“强光”，效果如图3–177所示。

图3–177

18 选择工具箱中的“椭圆选框工具”，按住Shift+Alt键绘制正圆选区，设置前景色为白色。新建图层，填充前景色，效果如图3–178所示。

图3–178

19 执行菜单“选择 | 变换选区”命令，按住Shift+Alt键将选区等比缩小，按Enter确认变换操作，新建图层，执行菜单“编辑 | 描边”命令，设置“描边”对话框中的参数，单击“确定”按钮，效果如图3–179所示。

图3–179

20 添加图层样式。双击该图层，在弹出的“图层样式”对话框中选择“斜面和浮雕”选项，设置其参数，单击“确定”按钮，效果如图3–180所示。

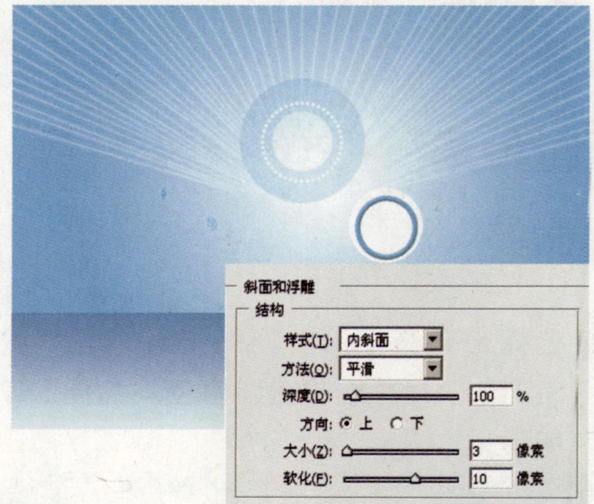

图3–180

21 绘制正圆选区，设置前景色为白色，背景色为（R：106、G：193、B：237）。新建图层，选择“渐变工具”，从内向外做渐变填充，取消选区，调整渐变位置，效果如图3–181所示。

22 使用同样的方法绘制圆环，调整圆环在画面中的位置，效果如图3–181所示。

图3–181

图3–182

23 按住Ctrl键单击该圆环图层，载入其选区。新建图层，设置前景色为白色。选择“画笔工具”，在其工具选项栏中调整“不透明度”，设置笔尖为柔角，调整笔尖大小，在画面中参照图3–183所示进行涂抹。

图3–183

24 取消选区。绘制正圆选区，新建图层，设置前景色为（R：106、G：193、B：237），填充前景色，如图3–184所示。

图3–184

25 新建图层，设置前景色为白色。选择“画笔工具”，在其工具选项栏中调整“不透明度”，设置笔尖为柔角，调整笔尖大小，在画面中参照图3–185所示进行涂抹，取消选区。

图3–185

26 再次绘制正圆选区，新建图层，设置前景色为（R：106、G：193、B：237），填充前景色，变换选区，移动位置，按Delete键删除选区内容，取消选区，效果如图3–186所示。

图3–186

27 用步骤23的方法给圆环添加白色，效果如图3－187所示。

图3－187

28 选择工具箱中的“移动工具”，将两个图层全部选中，按住Alt键向下拖动，复制图层，调整图像在画面中的位置及图层顺序，效果如图3－188所示。

图3－188

29 绘制正圆选区，设置前景色为淡绿色，背景色为（R：106、G：193、B：237）。选择工具箱中的“渐变工具”，在其工具选项栏中单击“径向渐变”按钮，从中心向外做渐变填充，取消选区，效果如图3－189所示。

图3－189

30 绘制正圆选区，新建图层，填充背景色，取消选区，效果如图3－190所示。

图3－190

31 再次绘制正圆选区，新建图层，填充为白色，取消选区，效果如图3－191所示。

图3－191

32 选择工具箱中的“椭圆工具”，参照图3－192绘制正圆路径。

图3－192

33 选择“画笔工具”，载入气泡笔尖，选择笔尖，设置“画笔”调板参数如图3－193所示。

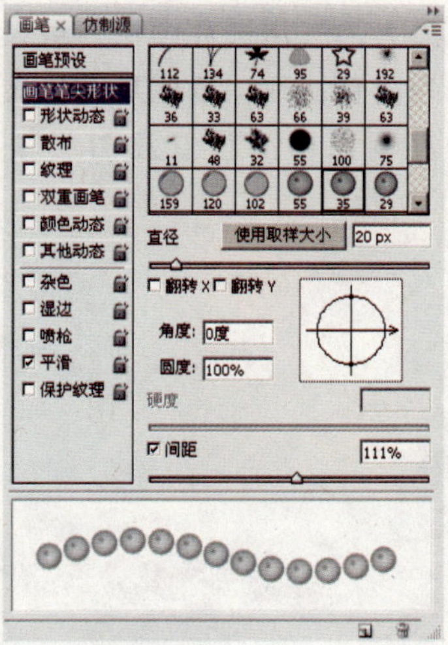

图3-193

34 设置前景色为（R：106、G：193、B：237）。新建图层，切换到“路径”调板，单击“路径”调板底部的“用画笔描边路径”按钮以隐藏路径，效果如图3-194所示。

图3-194

35 气泡的颜色过浅。复制该图层，效果如图3-195所示。

图3-195

36 再次复制该图层，按住Shift+Alt键等比缩小，按Enter键确认变换操作，效果如图3-196所示。

图3-196

37 同样再次复制该图层，按住Shift+Alt键向圆心等比缩小，按Enter键确认变换操作，效果如图3-197所示。

图3-197

38 新建图层，选择“画笔工具”，在圆心处单击画面，在画面中只显示一个气泡，效果如图3-198所示。

图3-198

39 复制该单个气泡图层并加深颜色，效果如图3-199所示。

图3-199

40 选择工具箱中的“移动工具”，将绘制的大圆图层到气泡图层全部选中，居中对齐后链接起来，调整图像在画面中的位置，效果如图3-200所示。

图3-200

41 同样新建图层绘制圆环，调整圆环图层的“不透明度”为17%，效果如图3-201所示。

图3-201

42 复制最大的气泡圆环图层，载入其选区，填充为白色，取消选区后变换大小并调整图像在画面中的位置及图层顺序，如图3-202所示。

图3-202

43 参照图3-203所示，选中气泡所在的图形图层并进行复制，按Ctrl+E键将图层合并并移动图像位置。

图3-203

44 调整图像在画面中的位置及图层顺序，然后载入其选区，单击“图层”调板底部的“创建新的填充或调整图层”按钮，在弹出的菜单中选择“色相/饱和度”命令，设置“色相/饱和度”对话框中的参数，效果如图3-204所示。

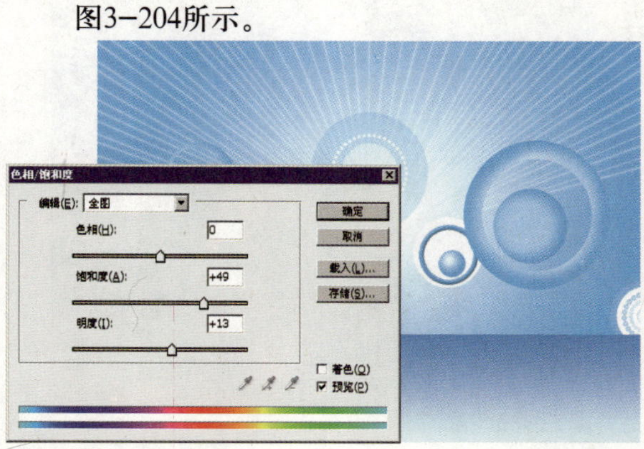

图3-204

45 选择工具箱中的“画笔工具”，设置笔尖为“流星”，大小为20像素，“画笔”调板其他设置如图3-205所示。

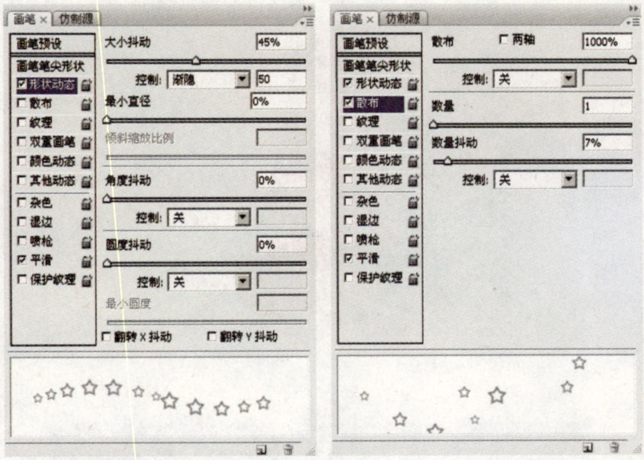

图3-205

46 新建图层，设置前景色为淡绿色，在画面上半部分随意绘制流星，效果如图3-206所示。

图3-206

47 新建图层，设置前景色为白色，选择“画笔工具”，设置笔尖为柔角，在星星中间点击，点击过程中可以变换笔尖大小，效果如图3-207所示。

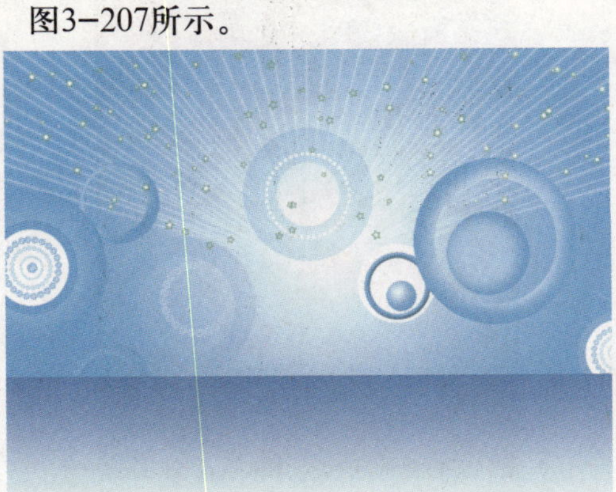

图3-207

48 将绘制的图形图层编辑为“组1”，然后在画面中添加图像，按Ctrl+O键打开素材图片，效果如图3-208所示。

图3-208

49 选择工具箱中的“钢笔工具”，沿着汽车边缘绘制路径，按Ctrl+Enter键将路径转换为选区，按Ctrl+J键复制选区内容，自动生成“图层1”，隐藏“背景”图层，效果如图3-209所示。

图3-209

50 选择工具箱中的“移动工具”，将素材图像拖动到画面中，变换图像大小，调整图像在画面中的位置，效果如图3-210所示。

图3-210

51 添加图层样式。双击该图层，在弹出的“图层样式”对话框中选择“投影”选项，设置其参数，效果如图3-211所示。

图3-211

52 在画面中添加人物图片，按Ctrl+O键打开素材图片，效果如图3-212所示。

图3-212

53 选择工具箱中的“钢笔工具”，沿着人和气球的边缘绘制路径，按Ctrl+Enter键将路径转换为选区，按Ctrl+J键复制选区内容，自动生成“图层1”，隐藏“背景”图层，效果如图3-213所示。

54 选择工具箱中的“移动工具”，将其拖动到画面中，变换图像大小，调整图像在画面中的位置，效果如图3-214所示。

图3-213

图3-214

55 选择工具箱中的“钢笔工具”，沿着人和气球的影子绘制路径，将路径转换为选区，新建图层，设置前景色为黑色，填充选区，调整其“不透明度”为19%，效果如图3-215所示。

图3-215

56 将填充图层拖动到画面中，调整图像在画面中的位置及大小（先自由变换将其等比缩小，向下拖动上面的边框，再做透视变换，当鼠标变为双箭头时向右拖动），效果如图3-216所示，将车和人所在的图层编辑为“组2”。

图3-216

57 选择工具箱中的“横排文字工具”，输入文字，设置字体和大小，效果如图3-217所示。

图3-217

58 按住Ctrl键单击文字图层，载入其选区，新建图层，选择工具箱中的“渐变工具”，设置前景色为（R：91、G：171、B：223），设置背景色为（R：225、G：241、B：252），制作线性渐变，取消选区，效果如图3-218所示。

59 选择工具箱中的“移动工具”，按住Alt键向左上角拖动文字，再按方向键调整图像到合适位置，效果如图3-219所示。

图3-218

图3-219

60 按住Alt键，按向左的方向键一次，再按向上的方向键一次，这样循环多次，直到复制出想要的效果，如图3-220所示。

图3-220

61 给最上边的复制图层添加图层样式。双击该图层，在弹出的“图层样式”对话框中选择“描边”选项，设置其参数，单击“确定”按钮，效果如图3-221所示。

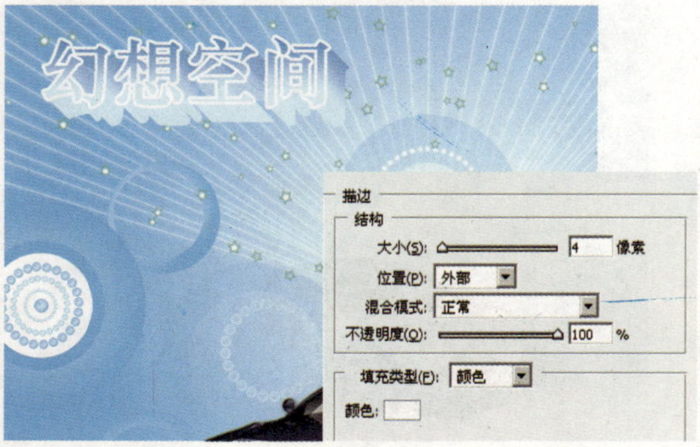

图3－221

62 将复制的文字图层编辑为“组3”，且嵌套在“组2”里，效果如图3－222所示。

图3－222

63 打开“图层复合”调板，单击“创建新的图层复合”按钮，弹出“新建图层复合”对话框，默认设置，单击“确定”按钮，得到“图层复合1”，如图3－223所示。

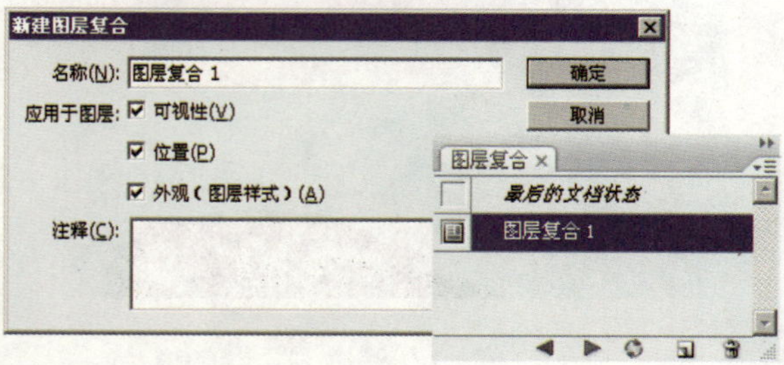

图3－223

64 将“组2”中的其他图层隐藏，只显示“组3”，打开矢量人物素材图片，将其拖动到画面中，调整图像在画面中的大小及位置，效果如图3－224所示。

图3－224

65 双击矢量人物图层，在弹出的“图层样式”对话框中选择“渐变叠加”选项，设置其参数，单击“确定”按钮，效果如图3－225所示。

图3－225

66 复制该图层，按Ctrl+T键执行“自由变换”命令，单击鼠标右键，在弹出的菜单中选择“垂直翻转”命令，按Enter键确认变换操作，调整图像在画面中的位置，在“图层样式”对话框中改变渐变方向，调整图层的“不透明度”为24%，效果如图3－226所示。

图3－226

67 将两个图层全部选中，向上拖动，然后按住Ctrl键单击倒影所在图层以载入选区，效果如图3-227所示。

图3-227

68 选择工具箱中的“矩形选框工具”，在其工具选项栏中单击“与选区交叉”按钮，参照图3-227框选人物选区，得到选区如图3-228所示。

图3-228

69 选择工具箱中的“移动工具”，选中倒影所在图层，向上拖动选区，与正立人像贴近，取消选区。用同样的方法将其他几个倒立人像贴近正立人像，调整完成后将两个图层再次选中，向下移动，恢复到原来的位置，最终效果如图3-229所示。

图3-229

70 打开“图层复合”调板，单击“创建新的图层复合”按钮，弹出“新建图层复合”对话框，默认设置，单击“确定”按钮，得到“图层复合2”，效果如图3-230所示。单击“图层复合1”前面的方框处，画面就会显示有车的图像，单击“图层复合2”前面的方框处，画面就会显示矢量图像，这样可以方便观看两种画面效果。

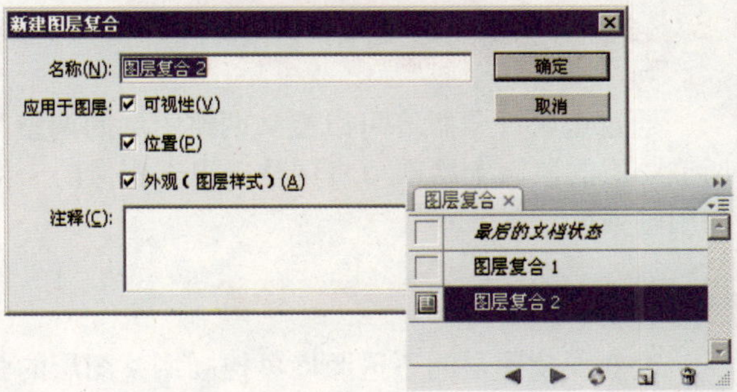

图3-230

3.9 调整图层深入分析

调整图层是一类较为特殊的图层，该图层的特殊之处就在于其本身并不能装载任何图像像素，但它可以包含一个图像调整命令，进而可以使用该命令对图像进行调整。Photoshop提供了12种调整图层，这些调整图层对应于十几种图像调整命令，因此用好调整图层的前提是能够熟练应用这十几种图像调整命令。

单击“图层”调板底部的“创建新的填充或调整图层”按钮，或在“图层|新建调整图层”子菜单中选择命令，即可创建与所选命令对应的调整图层。例如，当前选择一个“亮度/对比度”调整图层命令，就可以创建名为“亮度/对比度1”的调整图层，其他调整图层的创建方法类似。

调整图层的优势

如上所述，调整图层是利用包含在图层中的命令对图像进行调整的，所以调整图层具有以下优点。

1.无破坏性编辑

调整图层可将颜色和色调调整应用于图像，但不会改变图像的原始数据，因此，不会对图像进行真正的修改，也不会对图像造成破坏。调整图层具有较强的灵活性，可随时删除或对调整参数进行修改，也可以显示或隐藏，以便应用效果或预览效果，这些编辑操作都不会对原图像造成损坏。

2.可将调整应用于多个图像

调整图层可以将调整应用于它下面的所有图层，因此，可通过进行单一调整来校正多个图层，而不必分别调整每个图层。通过在“图层”调板中移动调整图层的位置就可以改变它所影响的图层，也可在图像之间复制和粘贴，以便应用相同的颜色和色调进行调整。

3.支持选择性编辑

通过选区、蒙版等可以控制调整图层的调整范围，通过剪贴蒙版可控制调整图层作用的对象。在调整图层的蒙版上绘画可将调整应用于图像的一部分，使用不同的灰度色调在蒙版上绘画，还可以改变调整强度。

4.支持不透明度和混合模式

改变调整图层的不透明度可控制调整图层的强度，修改调整图层的混合模式可创建特殊的图像效果或者改善调整的效果。

5.可减少图像调整过程中的数据损失

当直接使用“曲线”、“色相/饱和度”等命令调整图像时，每次调整都会损失一定的图像数据，通过使用调整图层调整图像，再将调整结果与图层合并，可有效减少因多次调整操作造成的图像数据损失。

技巧 提示

调整图层会增加图像文件的大小，同时也会占用系统的内存。

3.10 调整图层应用技巧

调整图层具有以上多个优点，功能强大，应用广泛，下面就来讲解调整图层的应用技巧。

3.10.1 使用选区限定调整范围

1. 用选区限定调整图层

如果当前的文件中包含选区，在添加调整图层时，选区的范围会自动转换到调整图层的图像蒙版中，调整的效果也被限定为蒙版范围内的图像。下面就使用调整图层的这一特性来改善图像的局部效果。

01 打开素材文件，效果如图3-231所示。按住Ctrl键单击“图层1”以载入选区，效果如图3-232所示。

图3-231

图3-232

02 单击“图层”调板底部的“创建新的填充或调整图层”按钮，在弹出的菜单中选择“色相/饱和度”命令，设置“色相/饱和度”对话框中的参数，如图3-233所示，单击“确定”按钮，图像的效果及“图层”调板如图3-234所示。

从图3-234中可以看到，创建的选区被转换到调整图层的蒙版中，从而产生了一个由图层蒙版限制的调整图层，通过蒙版限定调整图层的作用范围，可实现改善图像局部效果的目的。

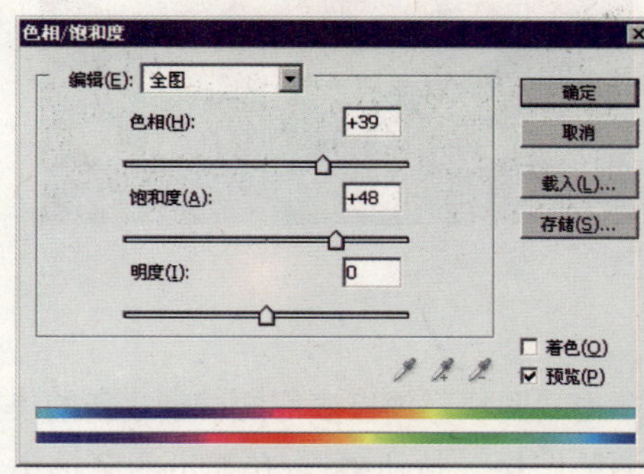

图3-233

图3-234

2. 用选区限定多个图层的调整范围

下面再来看一下如何控制调整图层在多个图层上的调整范围。

01 打开素材文件，效果如图3-235所示。选择“图层3”，按住Ctrl键单击“图层3”以载入其选区，如图3-236所示。

图3-235

图3-236

02 单击“图层”调板底部的“创建新的填充或调整图层”按钮，在弹出的菜单中选择“亮度/对比度”命令，设置“亮度/对比度”对话框中的参数，如图3-237所示，单击“确定”按钮，图像的效果及“图层”调板如图3-238所示。

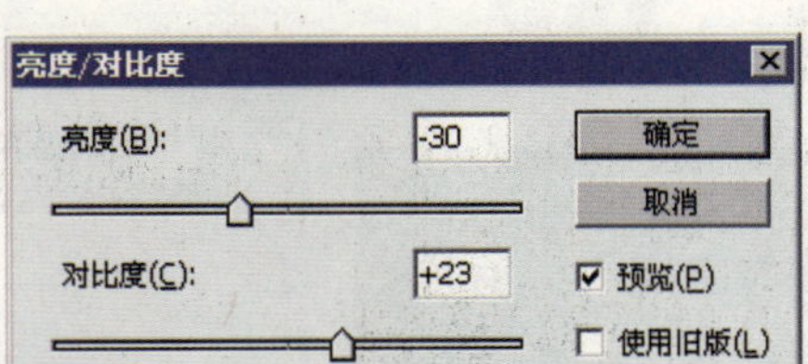

图3-237

图3-238

03 选择“图层2 副本”图层，在其上创建调整图层。按住Ctrl键单击“图层2 副本”的图层缩览图，载入其选区；再按住Ctrl+Alt键单击“图层3”的图层缩览图，载入其选区，效果如图3-239所示。

图3-239

04 单击“图层”调板底部的“创建新的填充或调整图层”按钮，在弹出的菜单中选择“色相/饱和度”命令，设置“色相/饱和度”对话框中的参数，如图3-240所示，单击“确定”按钮，图像的效果及“图层”调板如图3-241所示。

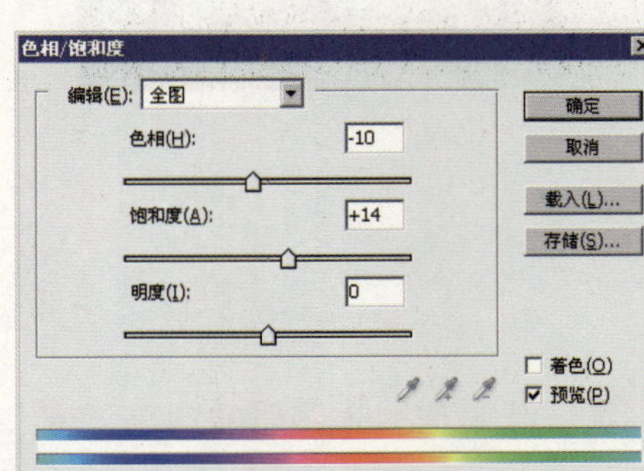

图3-240

图3-241

05 选择“图层2”，在其上创建调整图层。按住Ctrl键单击“图层2”的图层缩览图，载入其选区；再按住Ctrl+Alt键单击“图层3”和“图层2 副本”的图层缩览图，载入其选区，效果如图3-242所示。

图3-242

06 单击“图层”调板底部的“创建新的填充或调整图层”按钮，在弹出的菜单中选择“色相/饱和度”命令，设置“色相/饱和度”对话框中的参数，如图3-243所示，单击“确定”按钮，图像的效果及“图层”调板如图3-244所示。

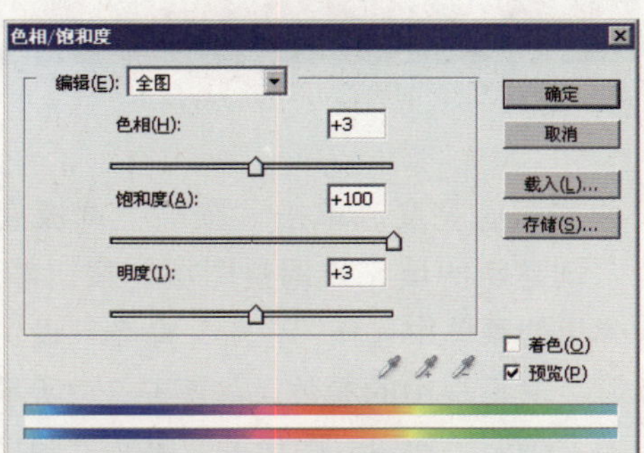

图3-243

图3-244

本例对三个调整图层进行设置，如果不是通过选区限定调整范围的话，这三个调整图层的效果会叠加到整个图层上，停用调整图层的蒙版时便可以看到，如图3-245所示。另外需要注意的是，在移动图层时，应确保调整图层蒙版与被移动的图层同时被选中，否则调整结果会出现偏差，如图3-246所示为单独移动“图层2”时的效果。

图3-245

图3-246

3.10.2 使用路径限定调整范围

如果在创建调整图层前选择了一个闭合式路径，则创建的调整图层的效果被限制在选定的路径区域内，系统会创建一个由矢量蒙版限制的调整图层，下面就通过这一功能来调整画面色调。

01 打开素材文件，效果如图3–247所示。应用路径工具参照图3–248所示绘制路径。

图3–247

图3–248

02 单击“图层”调板底部的“创建新的填充或调整图层”按钮，在弹出的菜单中选择“照片滤镜”命令，设置“照片滤镜”对话框中的参数，如图3–249所示，单击“确定”按钮，图像的效果及“图层”调板如图3–250所示。

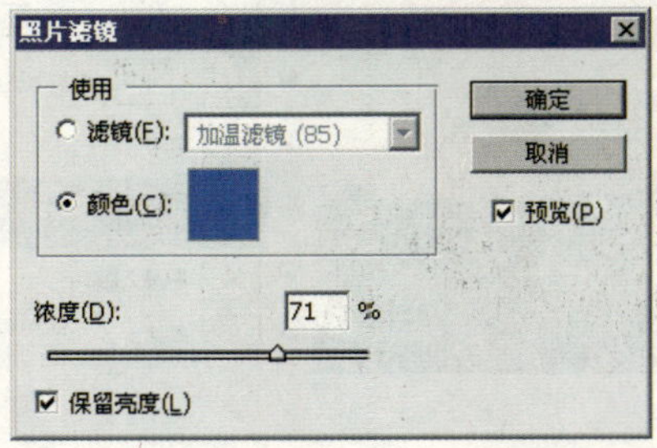

图3–249

图3–250

03 再次应用路径工具，参照图3–251所示绘制路径（或先绘制选区，然后将选区转换为路径）。

图3–251

04 调整画面亮度。单击“图层”调板底部的“创建新的填充或调整图层”按钮，在弹出的菜单中选择“色阶”命令，设置“色阶”对话框中的参数，如图3–252所示，单击“确定”按钮，图像的效果及“图层”调板如图3–253所示。

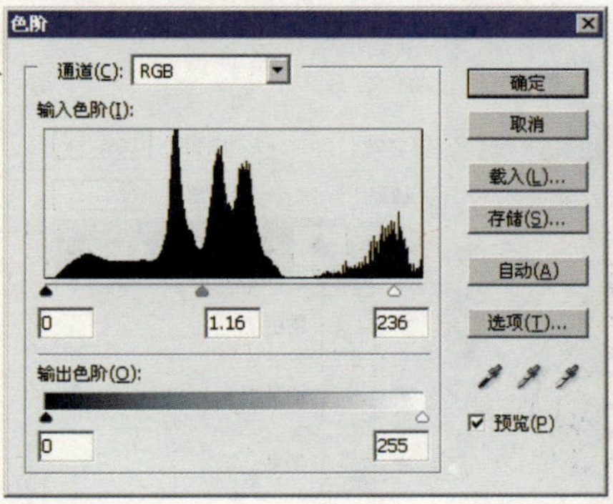

图3-252

图3-253

3.10.3 使用剪贴蒙版限定调整范围

想要调整某一图层上所有不透明区域的像素时，可使用剪贴蒙版将调整作用限定在该图层上。

01 打开素材文件，选中“图层3”，使其成为可编辑图层，如图3-254所示。

图3-254

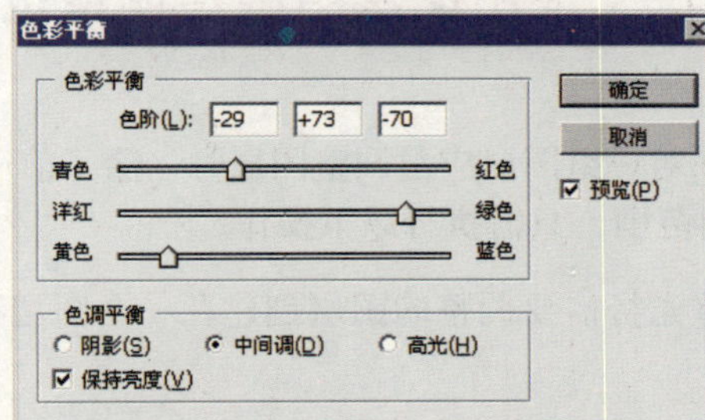

图3-255

图3-256

02 单击“图层”调板底部的“创建新的填充或调整图层”按钮，在弹出的菜单中选择“色彩平衡”命令，设置“色彩平衡”对话框中的参数，如图3-255所示，单击“确定”按钮，图像的效果及“图层”调板如图3-256所示。

03 要将调整限定在“图层3”的不透明区域，可将光标移到“图层3”与调整图层的交界处，按下Alt键，如图3-257所示。单击鼠标创建剪贴蒙版，此时，调整效果只作用于“图层3”，不会对“背景”图层产生影响，如图3-258所示。

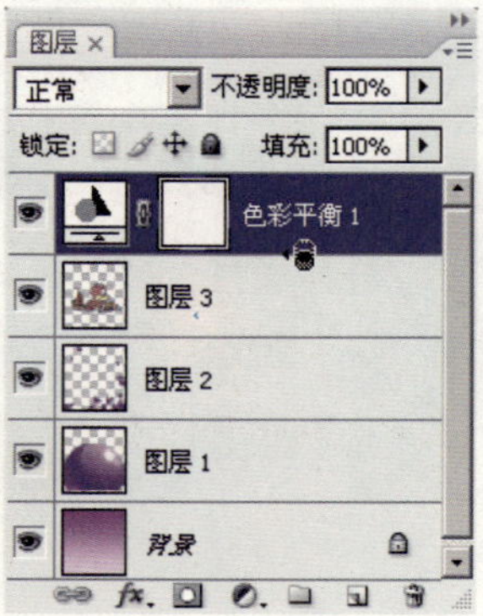

图3—257

图3—258

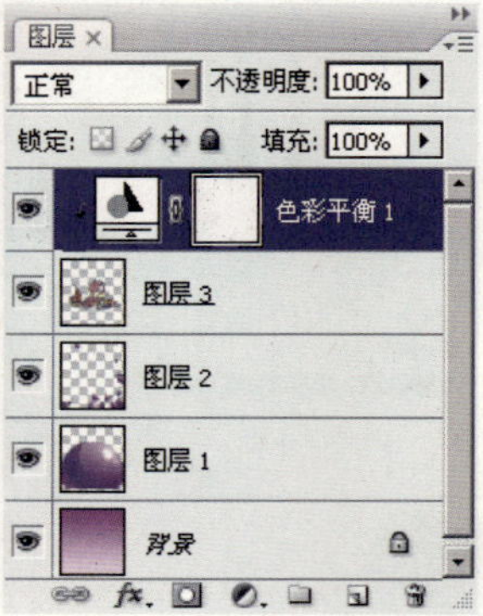

3.10.4 使用图层组限定调整范围

在对一组图层应用调整图层时，除了前面讲的使用剪贴蒙版外，还可以通过图层组控制调整图层的作用范围，只需执行以下操作。

首先将需要调整的图层创建在一个图层组内，如图3—259所示。然后添加调整图层，如图3—260所示。

将图层组的混合模式设置为“正常”，画面效果如图3—261所示。将“图层2”移出“组1”，“图层2”的画面则不受调整图层影响，图像效果如图3—262所示，可见调整图层的范围被限制在图层组内。

图3—259

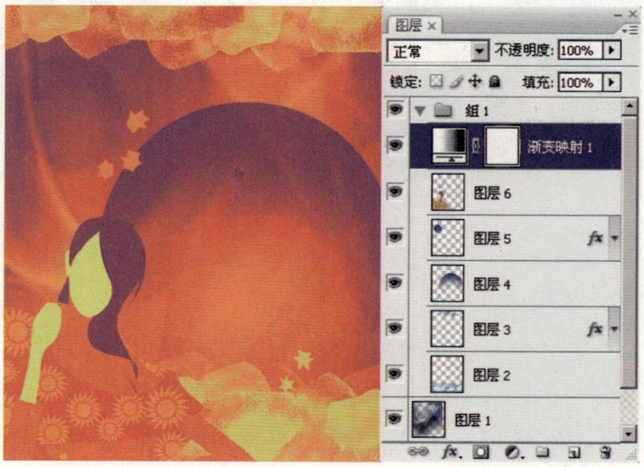

图3—260

图3-261

图3-262

3.10.5 使用不透明度控制调整强度

在添加了调整图层后，可以通过降低它的不透明度来减轻调整效果的强度。原图像如图3-263所示。设置调整图层的“不透明度”为100%时，调整图层的效果最强，如图3-264所示；设置其“不透明度”为50%时，调整的效果减弱为一半，如图3-265所示；设置其“不透明度”为0%后，调整图层不会在图像上产生作用，调整图层下面的图像恢复为调整前的效果，如图3-266所示。

图3-263

图3-264

图3-265

图3-266

3.10.6 使用混合模式改善调整效果

混合模式可以控制图层的混合效果，常被用来合成图像或创建特效，也被用来增强和改善图像效果。调整图层也可以设置混合模式，通过设置混合模式可以改善它的调整效果。

创建双色调图像时通常需要改变图像的模式（首先将图像转换为灰度，然后再转换为双色调），这样做会丢失图像原始的色彩信息。如果要得到双色调图像的效果，但又不希望转换图像的模式，可以使用渐变映射调整图层来完成。如图3-267所示为原图像，如图3-268所示为添加渐变映射调整图层创建的双色调图像效果。

图3-267

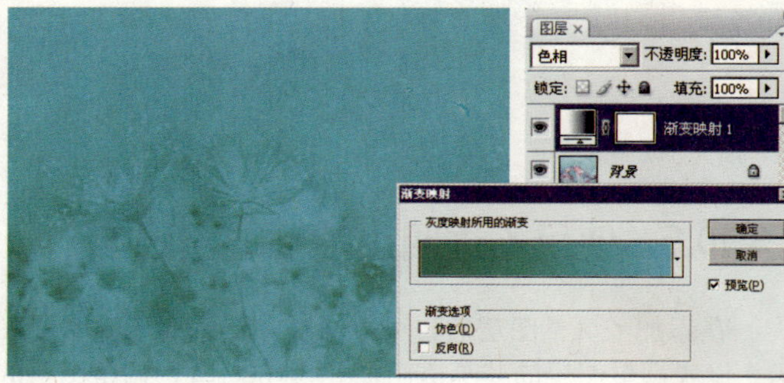

图3-268

从图3-268中可以看到，图像虽然为双色调效果，但画面显得很暗并且没有层次感。下面通过设置混合模式改善调整图层的调整效果。将调整图层的混合模式设置为“色相”模式，图像的效果如图3-269所示。

从图3-269中可以看到，“色相”混合模式改善了调整图层的效果，调整结果中保留了原图像的亮度和饱和度，图像的细节也得到了较好的体现。再来看一下真正的双色调模式的图像效果，如图3-270所示（将“油墨1”和“油墨2”的颜色设置为渐变映射使用的渐变颜色中的两个基本颜色）。

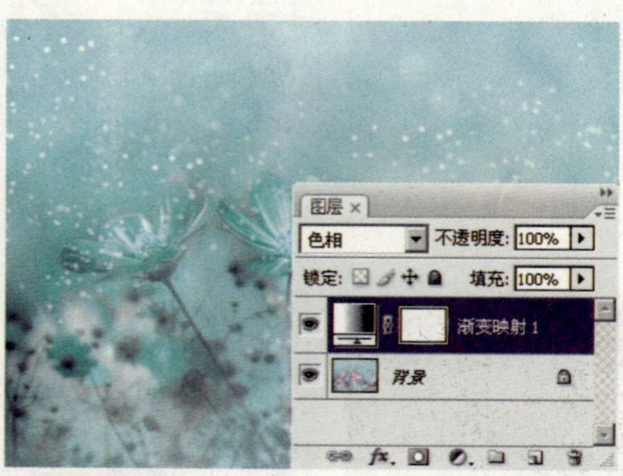

图3-269

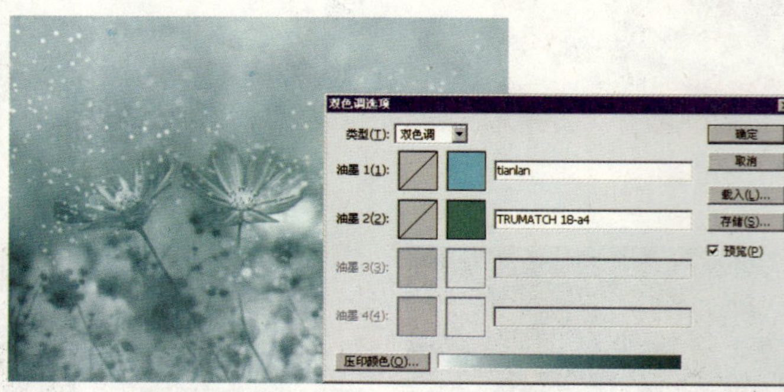

图3-270

修改调整图层的混合模式不仅可以改善调整效果，还可以创建许多特殊的图像效果，如图3-271所示为设置为“点光”模式后的效果，图3-272所示为设置为“叠加”模式后的效果，图3-273所示为设置为“颜色加深”模式后的效果。

图3—271

图3—272

图3—273

3.10.7 修改调整图层的类型与参数

选择调整图层后，执行菜单“图层 | 更改图层内容”命令，在打开的菜单中可以转换调整图层的类型。例如，可将“色阶”调整图层转换为“曲线”调整图层，或将其转换为填充图层。

执行菜单“图层 | 图层内容选项”命令可以打开当前调整图层的设置对话框，在对话框中可以修改填充图层的参数，也可双击“图层”调板中的调整图层缩览图打开该对话框。

3.10.8 修改调整图层的蒙版

创建调整图层后，系统会自动为其添加蒙版，编辑调整图层的蒙版可以控制调整图层在图像上作用的范围。

使用黑色在蒙版上涂抹时可以清除调整效果，使用白色涂抹时可增加调整的范围，使用灰色涂抹则可以减弱调整的强度（蒙版上的灰色越深，调整图层的强度越弱），图3—274所示为原图像，图3—275所示为添加“照片滤镜”调整图层后的效果，图3—276所示为修改图层蒙版后的效果。

下面通过实例来了解调整图层蒙版的编辑方法。

图3—274

图3—275

图3—276

01 打开素材文件，效果如图3—277所示。调整画面色调，单击“图层”调板底部的“创建新的填充或调整图层”按钮，在弹出的菜单中选择“色相/饱和度”命令，设置“色相/饱和度”对话框中的参数，如图3—278所示，单击“确定”按钮，图像的效果如图3—279所示。

图3—277

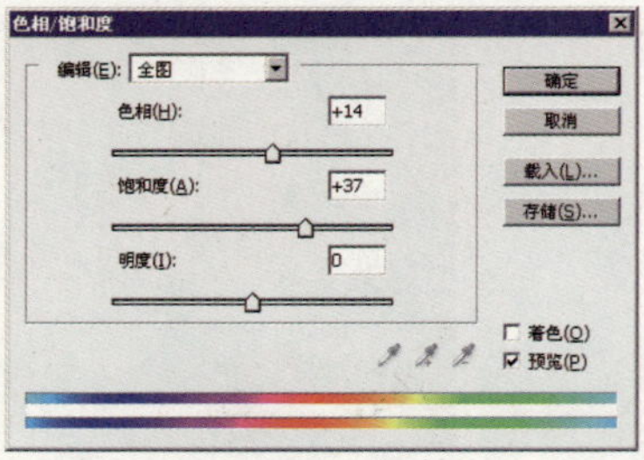

图3-278

图3-279

02 将调整图层的混合模式设置为“正片叠底”，增强调整图层的效果，使天空变得更蓝，效果如图3-280所示。从调整结果可以看到，天空虽然变蓝了，但牛和草地的颜色受到了调整图层的影响。下面通过编辑调整图层的蒙版来恢复它们原来的颜色。

图3-280

03 选择“画笔工具”，设置前景色为灰色，设置笔尖为柔角，在工具选项栏中调整“不透明度”数值，在牛和草地上进行涂抹，画面效果及“图层”调板如图3-281所示。

图3-281

3.10.9 在调整图层上应用图层样式

调整图层具有基本图层的绝大多数属性，因此，也可以在调整图层上应用图层样式创建特效。下面通过实例来了解如何在调整图层上添加图层样式。

01 打开素材文件，效果如图3-282所示。选择工具箱中的“魔棒工具”，将比较明显的叶子选中，切换到“通道”调板，将选区保存，效果如图3-283所示。

图3-282

图3-283

02 取消选区，单击“图层”调板底部的“创建新的填充或调整图层”按钮，在弹出的菜单中选择“照片滤镜”命令，设置“照片滤镜”对话框中的参数，如图3-284所示。单击“确定”按钮，图像的效果如图3-285所示。

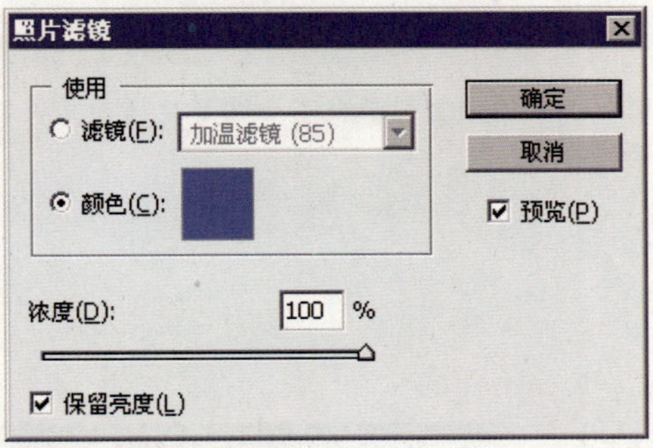

图3-284

图3-285

03 切换到“通道”调板，按住Ctrl键单击“Alpha1”通道，载入其选区，填充为黑色，效果及“图层”调板如图3-286所示。

04 单击“图层”调板底部的“添加图层样式”按钮 fx，在弹出的菜单中选择“内发光”命令，设置“图层样式”对话框中的参数，效果如图3-287所示。

图3-286

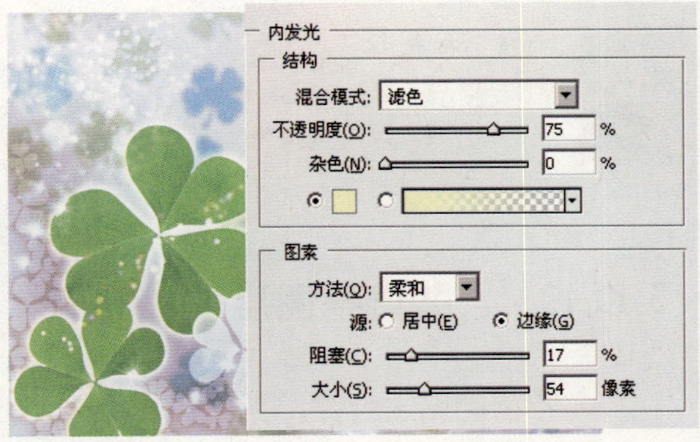

图3-287

在“图层样式”对话框中选择“光泽”选项，效果如图3-288所示。

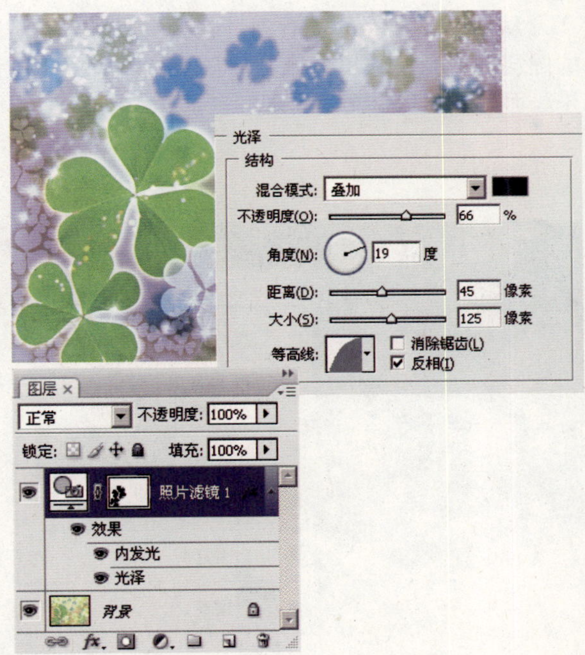

图3-288

图层的数量会影响文件的大小，在调整图层上添加图层样式后，仅用一个图层来承载调整图层和图层样式功能，可以减小文件的大小，可谓一举两得。

技巧 ● 提示

如果调整图层的蒙版只包含白色，那么蒙版所在的调整图层就不会明显地增加文件的大小，因此没有必要为节省文件大小而合并这些调整图层。

3.10.10 合并调整图层

1.与下面的图层合并

调整图层可以与它下面的图层或其他所有可视的图层合并，将调整图层与它下面的图层合并后，调整图层将被栅格化并永久应用于合并的图层内。如图3-289所示为原图像，添加调整图层后的效果如图3-290所示。选择调整图层，执行菜单“图层 | 向下合并”命令将它合并到“图层6”中，图像效果及“图层”调板如图3-291所示。

从图3-291中可以看到，在合并前调整图层对其以下的图层都产生了作用，合并后只有“图层6”应用了调整效果，而其他图层恢复为原来的效果。

图3-289

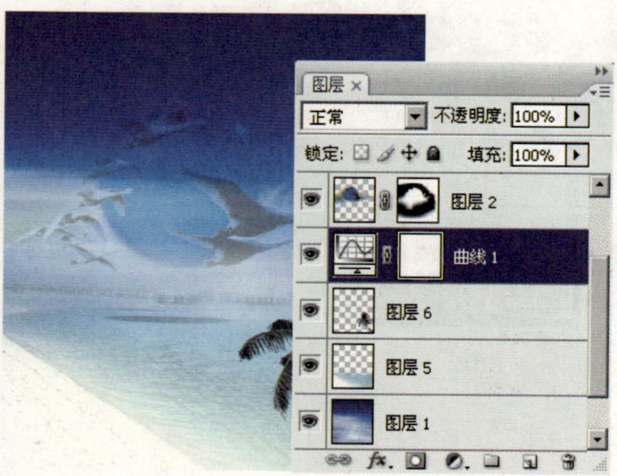

图3-290

图3-291

2.与上面的图层合并

将调整图层与它上面的图层合并后，调整效果将会消失。如图3-292所示为选择的图层，执行菜单“图层 | 合并图层”命令将它们合并，图像的效果如图3-293所示，可以看到各个图层都恢复为原来的效果。

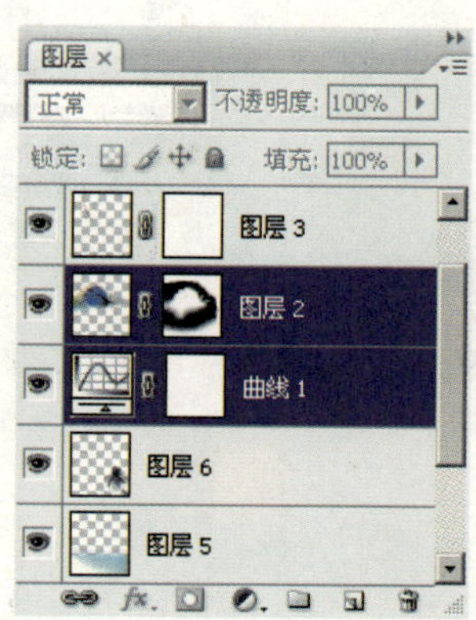

图3-292

3.合并可见图层

执行“合并可见图层”和“拼合图像”命令后，调整图层的效果会应用于合并的图层内，如图3-294所示。

图3-293

图3-294

技巧 ○ 提示

调整图层不能作为合并的目标图层，也就是说，不能将调整图层上面的图层合并到调整图层中。例如，某一图层下面是调整图层，选择该图层后，就无法执行“向下合并”命令。

3.11 调整图层应用实例

调整图层是一类特殊的图层，可将颜色和色调调整应用于图像而不会改变图像的原始数据，并可作用于它下面的所有图层，支持不透明度和混合模式。总之，调整图层功能强大，使用较为广泛。下面就以实例熟悉调整图层的应用技巧。

01 按Ctrl+N键执行“新建”命令，打开“新建”对话框，设置完成后单击“确定”按钮，如图3-295所示。

02 设置前景色为（R：215、G：219、B：156），按Alt+Delete键填充背景图层，如图3-296所示。

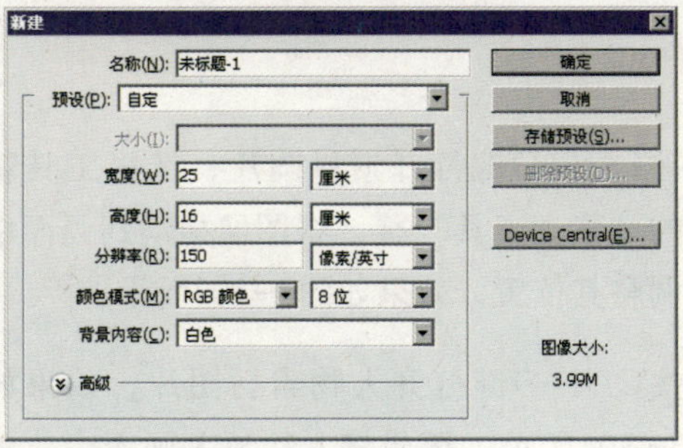

图3-295

图3-296

03 设置前景色为（R：76、G：103、B：74），新建“图层1”，选择工具箱中的“画笔工具”，设置笔尖为柔角，调整到适当大小，随意绘制线条，效果如图3-297所示。

04 执行菜单“滤镜 | 模糊 | 径向模糊”命令，在弹出的“径向模糊”对话框中进行设置，设置完成后单击“确定”按钮，效果如图3-298所示。

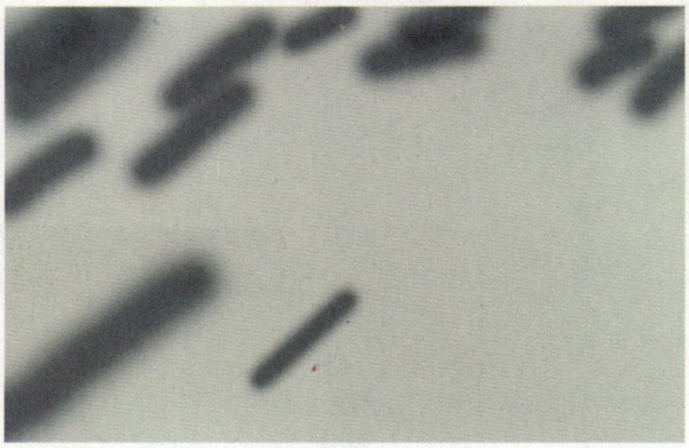

图3−297

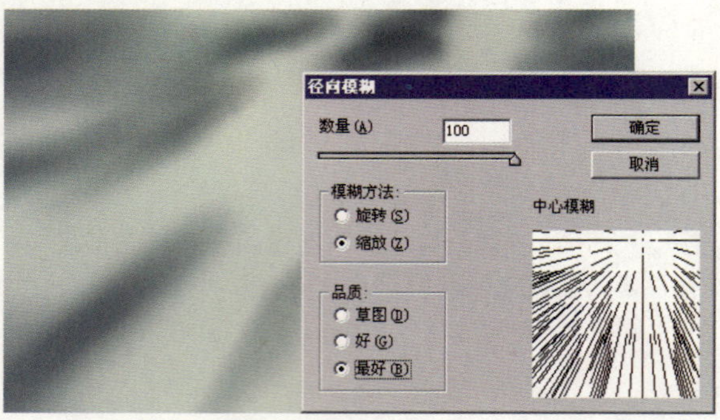

图3−298

05 执行菜单“滤镜｜模糊｜高斯模糊”命令，在弹出的“高斯模糊”对话框中进行设置，设置完成后单击“确定”按钮，效果如图3−299所示。

06 添加图层蒙版，单击“图层”调板底部的“添加图层蒙版”按钮，选择“画笔工具”，设置笔尖为柔角，在工具选项栏中适当调整“不透明度”数值，设置前景色为黑色，涂抹画面中颜色比较深的部分，效果如图3−300所示。

图3−299

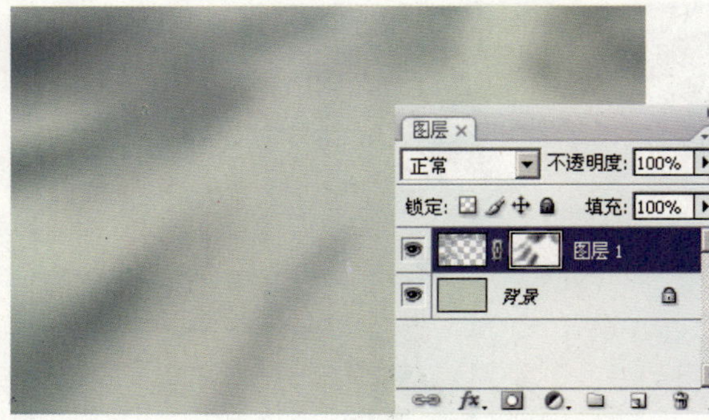

图3−300

07 按Ctrl+O键打开素材图片，选择工具箱中的“移动工具”按钮，将其拖动到画面中，调整位置，效果如图3−301所示。

08 将素材图片与背景相融。设置图层的混合模式为“叠加”，效果如图3−302所示。

图3−301

图3−302

09 按Ctrl+O键打开素材图片，选择工具箱中的“移动工具”，将图像拖动到画面中，调整其位置，效果如图3−303所示。

10 按Ctrl+O键打开人物素材图片，效果如图3−304所示。要想将人物放入画面中，首先要将人物从背景中“抠”出来，下面应用通道及各种命令进行“抠”图。

图3-303

图3-304

11 选择工具箱中的“钢笔工具”，沿着人物边缘绘制路径，效果如图3-305所示。

12 将路径转换为选区，按Ctrl+J键复制选区内容，自动生成“图层1”，隐藏“背景”图层，效果如图3-306所示。

图3-305

图3-306

13 显示背景图层，切换到“通道”调板，分别显示红、绿、蓝三个通道，如图3-307所示为“红”通道中图像效果，图3-308所示为“绿”通道中图像效果，图3-309所示为“蓝”通道中图像效果。

图3-307

图3-308

图3-309

14 观察三个通道，“绿”通道黑白对比比较明显，复制“绿”通道，得到“绿 副本”通道，“通道”调板如图3-310所示。

15 执行菜单“图像｜调整｜亮度/对比度”命令，在弹出的“亮度/对比度”对话框中进行参数设置，完成后单击“确定”按钮，效果如图3-311所示。

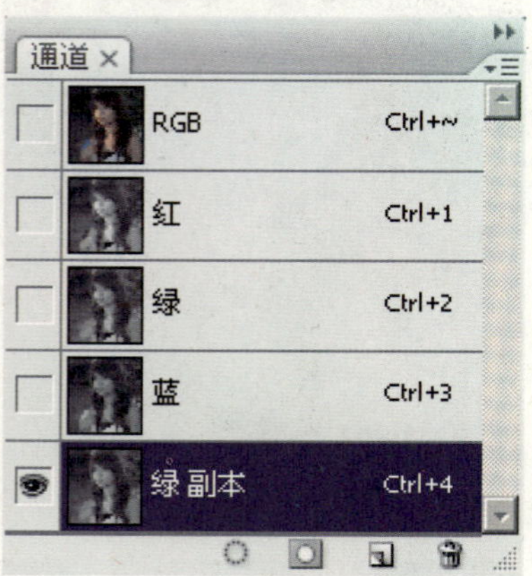

图3-310

图3-311

16 对比还是不够强烈，执行菜单“图像｜调整｜色阶”命令，在弹出的“色阶”对话框中进行参数设置，完成后单击“确定”按钮，效果如图3-312所示。

17 按Ctrl+I键将图像反相，然后按住Ctrl键单击“绿 副本”通道，载入白色部分的选区，如图3-313所示。

图3-312

图3-313

18 选择“RGB通道”，切换到“图层”调板，选择“背景”图层，按Ctrl+J键复制选区内容，自动生成“图层2”，隐藏其他图层，效果如图3-314所示。

图3-314

19 按住Ctrl键新建图层，填充为灰色，作为背景观察效果，选择工具箱中的“橡皮擦工具”，将背景擦除，效果如图3-315所示。

20 修饰头发的边缘。切换到“通道”调板，观察各通道效果，“蓝”通道黑白对比较为明显，选中“蓝”通道并复制得到“蓝 副本”通道，效果如图3-316所示。

图3-315

图3-316

21 执行菜单“图像 | 调整 | 亮度/对比度”命令，在弹出的“亮度/对比度”对话框中进行参数设置，完成后单击“确定”按钮，效果如图3-317所示。

22 按Ctrl+I键将图像反相，观察图像效果，然后按住Ctrl键单击“蓝 副本”通道，载入白色部分的选区，效果如图3-318所示。

图3-317

图3-318

23 切换到“图层”调板，按Ctrl+Shift+I键将选区反选，效果如图3-319所示。

24 选择工具箱中的“橡皮擦工具”，在工具选项栏中适当调整“不透明度”数值，将头发边缘的背景擦除，按Ctrl+D键取消选区，效果如图3-320所示。

25 显示“图层1”，效果如图3-321所示。

图3-319

图3-320

图3-321

26 观察头发的边缘，感觉不够充实，复制“图层2”，可重复复制几次，直到满意为止。然后将抠出的人物图层全部进行合并，效果如图3-322所示。

27 选择工具箱中的“移动工具”，将人物拖动到画面中，按Ctrl+T键执行“自由变换”命令，将其等比缩小，调整其在画面中的位置，效果如图3-323所示。

图3-322

图3-323

28 选择工具箱中的“修补工具”，去除人物脸上的黑点，去除后效果如图3-324所示。

29 调整人物的色调。按住Ctrl键单击人物图层，载入选区，单击“图层”调板底部的“创建新的填充或调整图层”按钮，在弹出的菜单中选择“曲线”命令，设置“曲线”对话框中的参数，完成后单击“确定”按钮，效果如图3-325所示。

图3-324

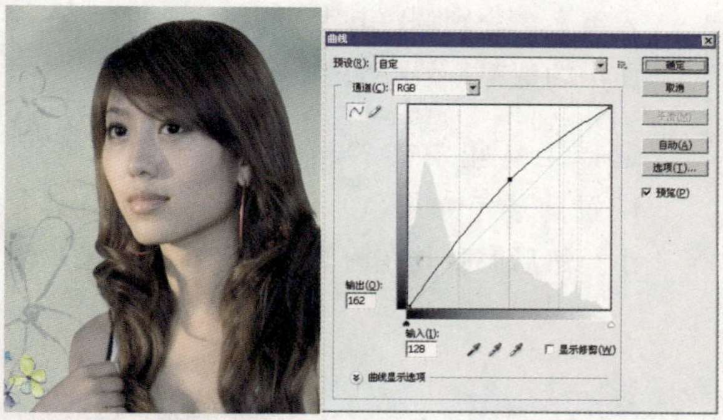

图3-325

30 提高人物亮度。按住Ctrl键单击人物图层，载入选区，新建图层，设置前景色为白色，填充前景色，效果如图3-326所示。

31 按Ctrl+D键取消选区，设置图层的混合模式为“柔光”，调整图层的“不透明度”为35%，效果如图3-327所示。

图3-326

图3-327

32 人物的头发有些发白，单击“图层”调板底部的“添加图层蒙版”按钮，选择工具箱中的“画笔工具”，设置笔尖为柔角，设置前景色为黑色，在头发上进行涂抹，取消对头发的覆盖，效果如图3-328所示。

图3-328

33 给人物涂口红。设置前景色为（R：148、G：100、B：108），新建图层，设置图层的混合模式为“叠加”，选择工具箱中的“画笔工具”，设置笔尖为柔角，调整到适当大小，在人物的唇部进行涂抹，效果如图3-329所示。

34 头发的颜色显得过艳，设置前景色为黑色，新建图层，设置图层的混合模式为“颜色”，“不透明度”为50%，选择工具箱中的“画笔工具”，设置笔尖为柔角，调整到适当大小，涂抹人物的头发，效果如图3-330所示。

图3-329

图3-330

35 调整人物的亮度。按住Ctrl键单击人物图层，载入选区，单击“图层”调板底部的“创建新的填充或调整图层”按钮，在弹出的菜单中选择“亮度/对比度”命令，设置“亮度/对比度”对话框中的参数，完成后单击“确定”按钮，效果如图3-331所示。

36 调整画面的整个色调。单击“图层”调板底部的“创建新的填充或调整图层”按钮，在弹出的菜单中选择“曲线”命令，设置“曲线”对话框中的参数，完成后单击“确定”按钮，效果如图3-332所示。

图3-331

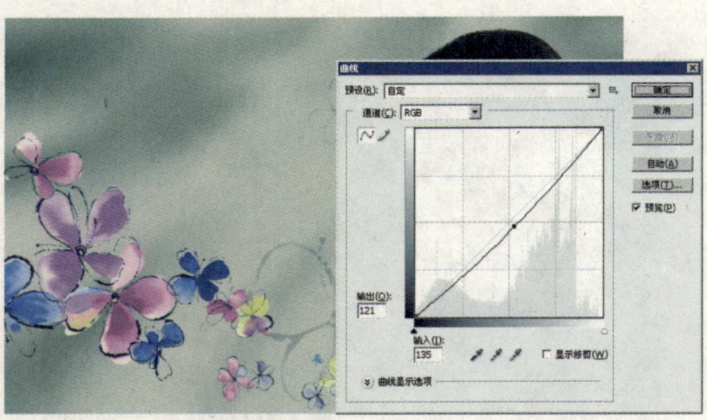

图3-332

37 画面中的花朵显得过于艳丽，调整其色调。按住Ctrl键单击花朵所在的图层，载入其选区，单击“图层”调板底部的“创建新的填充或调整图层”按钮，在弹出的菜单中选择“色相/饱和度”命令，设置“色相/饱和度”对话框中的参数，完成后单击“确定”按钮，效果如图3-333所示。

38 选择工具箱中的“横排文字工具”，设置前景色为（R：62、G：62、B：62），输入英文，分别调整其大小，然后调整其在画面中的位置，效果如图3-334所示。

39 选择工具箱中的“横排文字工具”，设置前景色为灰色，输入英文，调整其大小，然后调整其在画面中的位置，效果如图3-335所示。

图3-333

图3-334

图3-335

第2部分

通道功能与高级延展

第4章 通道概述与专色

通道是Photoshop软件中一个极为重要的概念，可以说它是Photoshop的一个极有表现力的处理平台。它主要用来保存图像的颜色数据和选区等。本章主要讲解通道的基本概念和通道的3种类型。

4.1 通道概述

4.1.1 初识通道

打开Photoshop后，执行菜单“窗口 | 通道”命令，弹出“通道”调板。这时候的“通道”调板上什么信息也没有。但是如果打开一幅RGB图像，“通道”调板就会自动形成4个默认的通道，分别为红、绿、蓝以及一个用于编辑图像的复合通道，如图4-1所示。

如果图像含有多个图层，则每个图层都有其自身的一套颜色通道，如图4-2、图4-3所示。

图4-1

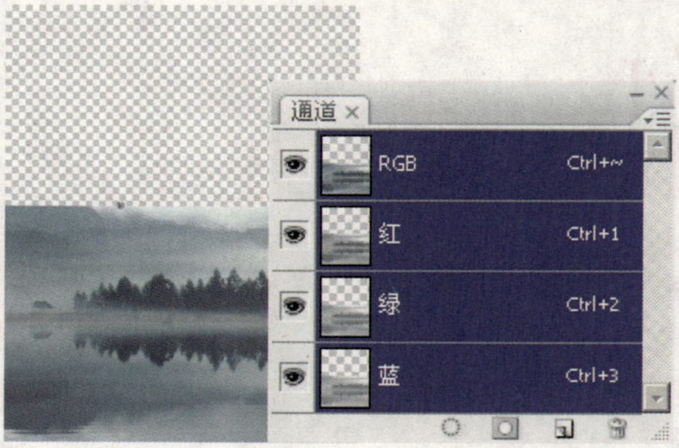

图4-2

图4-3

在打开新图像时，系统会自动创建颜色信息通道。所创建的颜色通道的数量取决于图像的颜色模式，而非其图层的数量。不同的图像模式会产生不同的颜色信息通道，比如将上面列举的图像模式更改为CMYK模式，此时它的默认通道为5个，分别为青色、洋红、黄色、黑色和一个用于编辑图像的复合通道，如图4-4所示。

图4-4

4.1.2 通道分类

Photoshop中包含3种类型的通道，即颜色通道、专色通道、Alpha通道。当打开新的图像时，系统会自动创建颜色信息通道，如图4-5所示。如果当前文件是RGB、CMYK或Lab模式，那么在“通道”调板中最先列出的是复合通道。复合通道不包含任何信息。在复合通道下可同时预览并编辑所有颜色通道。

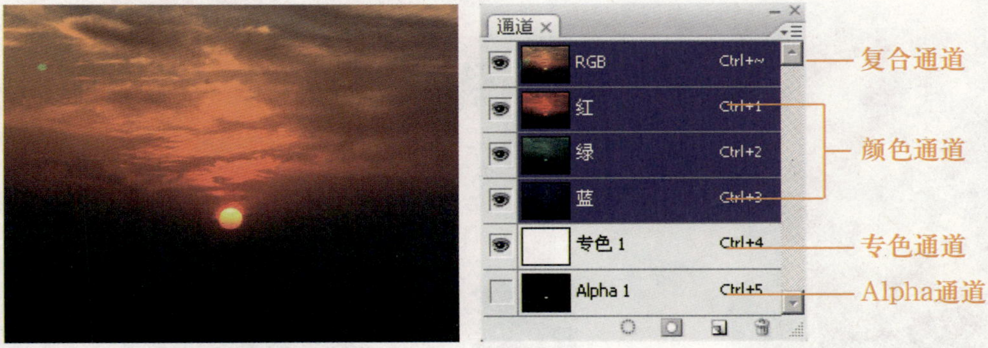

图4-5

1.颜色通道

颜色通道是每幅图像都包括的通道，而且根据该图像颜色模式的不同，颜色通道的数目也不完全相同。例如，RGB颜色模式的图像共包括3个颜色通道，CMYK模式的图像则包括4个颜色通道。这些颜色通道的作用用于保存图像的颜色信息。每一个颜色通道对应图像的一种颜色，例如，RGB模式图像中的“绿”通道保存图像的绿色信息。默认状态下，“通道”调板中显示所有的颜色通道，如果只单击其中的一个颜色通道，则仅显示此通道的颜色，如图4-6所示。

图4-6

单击颜色通道左侧的“眼睛”图标，可以隐藏此颜色通道或复合通道，再次单击可恢复显示。因此如果需查看两种颜色合成效果时，可以显示这两种颜色通道，如图4-7所示。

图4-7

在颜色通道中，白色区域表示当前通道所保存的颜色较多；反之，如果存在大块黑色，则代表整体图像在相应的区域缺少当前颜色通道所保存的颜色。

下面制作一个简单的实例，并以此来验证此理论。

01 打开素材文件，效果如图4-8所示。显示“通道”调板，在该调板中单击“红”通道，此通道的显示效果如图4-9所示。

图4-8

图4-9

02 设置前景色为白色，按Alt+Delete键填充“红”通道，切换到“RGB”合成通道，图像显示如图4-10所示。

图4-10

对比调整后的图像与调整前的原图像，可以看出整体图像的红色调大大增强了，使整幅图像都严重偏红。通过制作这个实例不难看出，当颜色通道表现为白色时，该通道所保存的颜色更多。

理解颜色通道的意义在于调整偏色照片时可以直接在颜色通道中进行。例如，在某一个颜色通道中通过提高其亮度提高该颜色通道中保存的颜色信息的颜色值。

2. 专色通道

专色通道是一类特殊的通道，它用来存储专色。专色是特殊的预混油墨（如金属质感的油墨等），用于替代或补充印刷色CMYK油墨。在印刷时每种专色都要求专用的印版，如果要印刷带有专色的图像，则需要在设计中创建存储这些颜色的专色通道，以便在出片时能够得到除CMYK外的第5块色版，从而在进行专色印刷或进行UV、烫金、烫银等特殊印刷工艺时使用。

3. Alpha通道

Alpha通道是在工作过程中使用最多的通道类型之一。简单地说，其主要功能就是保存及编辑选区。一些在图层中不易得到的选区，都可以通过灵活使用Alpha通道来创建。可以说在Photoshop中制作出的各种特殊效果都离不开Alpha通道。一般的图像，除了其本身固有的颜色通道外，还可以定义自己的Alpha通道。Alpha通道可以随意增加和删除。

在Alpha通道中，黑色表示操作区域，白色表示非操作区域，不同层次的灰度则表示该区域透明的程度。

> **技巧○提示**
>
> 读者可以自己尝试在某一个颜色通道中填充黑色或深灰色，并观察最终得到的图像效果，以加深理解颜色通道的使用意义。

4.2 通道与专色

4.2.1 “通道”调板

执行菜单“窗口｜通道”命令，弹出“通道”调板，如图4-11所示。

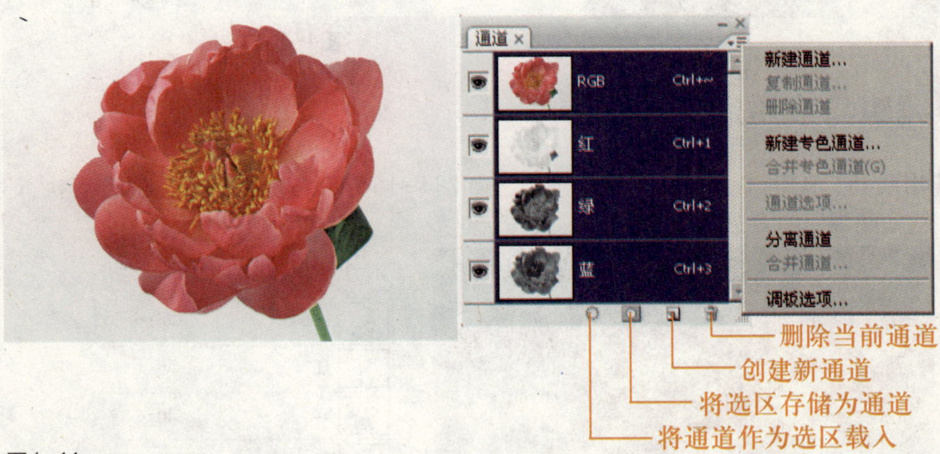

图4-11

4.2.2 创建Alpha通道

单击“通道”调板中的“创建新通道”按钮即可新建一个Alpha通道，按住Alt键单击“创建通道”按钮，可新建通道，并在打开的对话框中设置通道的名称、蒙版的显示选项、颜色和不透明度，如图4−12所示。

修改蒙版的颜色和不透明度仅改变通道的预览效果，它可以使蒙版与图像中的颜色对比更加鲜明以便于编辑操作，但不会对图像产生影响，如图4−13所示。

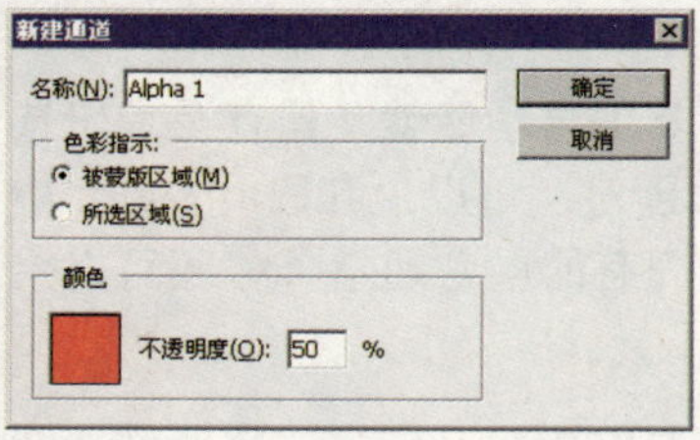

图4−12

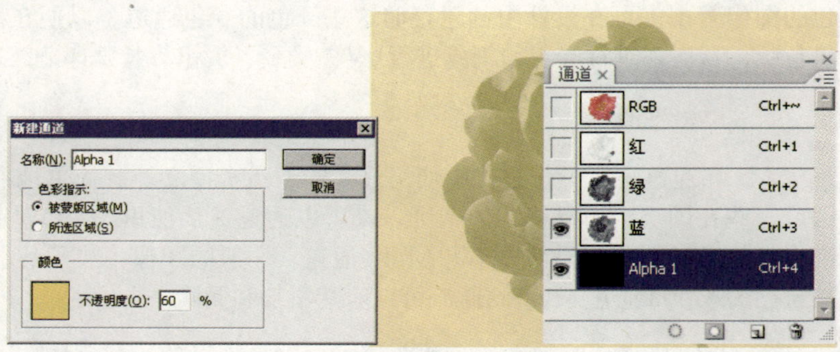

图4−13

如果在图像中创建了选区，则单击“通道”调板中的“将选区存储为通道”按钮可将选区保存到Alpha通道中；也可以执行菜单“选择 | 存储选区”命令，在打开的对话框中将其设置为新建的Alpha通道或添加到原有的Alpha通道中。图4−14为创建的选区，如图4−15所示为从该选区中创建的Alpha通道。

图4−14

图4−15

4.2.3 编辑与应用通道

可以使用绘画、编辑工具及命令编辑通道。如图4−16所示为复制“蓝”通道后执行菜单“滤镜 | 素描 | 基底凸现”命令后的效果。

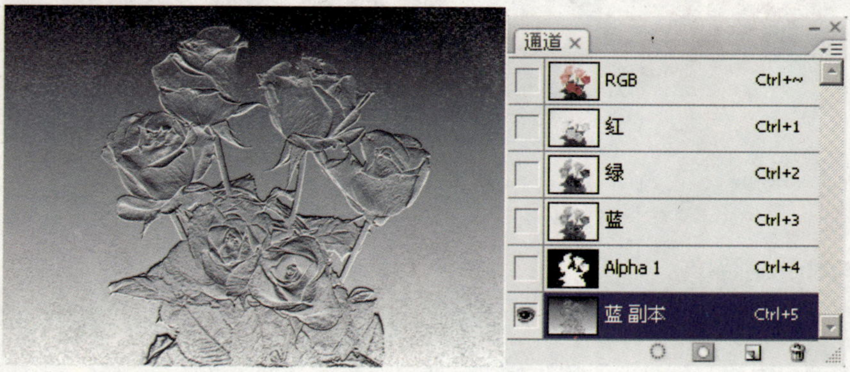

图4−16

将图4-16中编辑好的“蓝 副本”通道应用到原图像中。选中“RGB”通道，切换到“图层”调板，执行菜单“滤镜｜渲染｜光照效果”命令，其对话框参数设置及效果如图4-17所示。

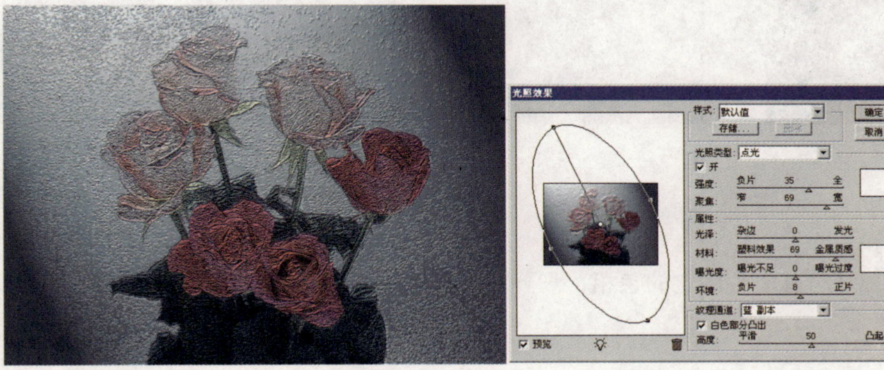

图4-17

4.2.4 分离与合并通道

当需要在不能保留通道的文件格式中保留单个通道信息时，可执行“通道”调板菜单中的“分离通道”命令将通道分离为单独的图像。分离通道后，原文件被关闭，单个通道会出现在单独的灰度图像窗口，新窗口中的标题栏显示原文件名以及通道，此时可以分别存储和编辑新图像。如图4-18所示为原图像，图4-19为执行“分离通道”命令后得到的图像。

图4-18

图4-19

在Photoshop中，可以将多个灰度图像合并为一个图像的通道，要合并的图像必须是在灰度模式下且具有相同的像素尺寸并处于打开的状态，

选择一个灰度文件后，执行“通道”调板菜单中的“合并通道”命令，可在打开的对话框中设置图像的模式和通道的数量，已打开的灰度图像的数量决定了合并通道时可用的颜色模式。例如，如果打开了3个图像，可以将它们合并为一个RGB图像；如果打开了4个图像，则可以将它们合并为一个CMYK图像。通过合并通道可以将灰度图像合并成为彩色图像，如图4-20所示为打开的灰度图像文件，图4-21所示为执行“合并通道”命令后得到的RGB模式的图像。

4.2.5 专色

由于专色是事先混合而成的，所以它具备了很多其他颜色无法具备的特点，其中比较突出的特点如下。

图4-20

图4-21

1.准确

每一种专色都有其本身固定的色相，只要写下正确的专色名称，就不会发生其他问题。

2.实底

通常专色都采用实底的形式来定义颜色，所以无论该颜色有多浅都不会出现印刷问题。

3.透明

专色具有极强的不透明特性，是一种覆盖性质的颜色，可以进行实底覆盖。

4色域

专色因其特殊的形成形式，决定了它具有极宽的色域，甚至超过了RGB模式下的色域，也正因为如此，它可以呈现出很多种CMYK无法得到的颜色。

4.2.6　创建专色通道

增加专色通道的方法有3种。一是创建新的专色通道，二是将现有Alpha通道转换为专色通道，三是依据当前的选区创建专色通道。

要创建新的专色通道，可以按下面的步骤操作。

为需要覆盖专色的区域制作选区。在“通道”调板中单击“通道”调板右上角的三角按钮，在弹出的菜单中选择“新建专色通道”命令或按住Ctrl键单击“通道”调板底部的“创建新通道”按钮，在弹出的“新建专色通道”对话框中进行设置，如图4-22所示，单击“确定”按钮退出对话框。

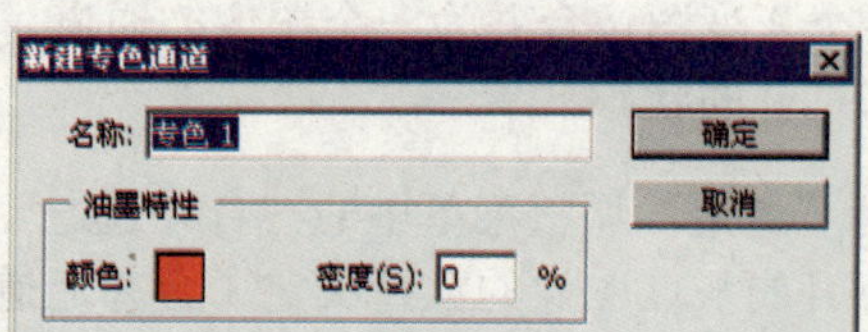

图4-22

“新建专色通道”对话框中的参数含义如下。

1.名称

在该文本框中可以为专色命名，以便其他读取该文件的应用程序能够识别它们，否则可能无法打印该文件。

2.颜色

单击“油墨特性”选项区下的色块，在弹出的“选择专色”对话框中指定一种颜色为专色。如果在当前文件中有选区，则该区域将由在此设置的颜色填充。

3.密度

在该数值框中输入的数值，决定屏幕上模拟打印专色的密度，数值范围为0%~100%。当数值为100%时，模拟完全覆盖下层油墨；当数值为0%时，则模拟完全显示下层油墨的透明油墨，在实际应用中设置此数值意义不大。

如果要将一个Alpha通道保存为专色通道，可以先选中该通道，然后在“通道”调板菜单中选择“通道选项”命令，在弹出的对话框中单击“专色”单选按钮即可，如图4-23所示。

如果当前已经存在一个选区，可以在“通道”调板菜单中选择“新建专色通道”命令，此时直接依据当前选区创建专色通道。

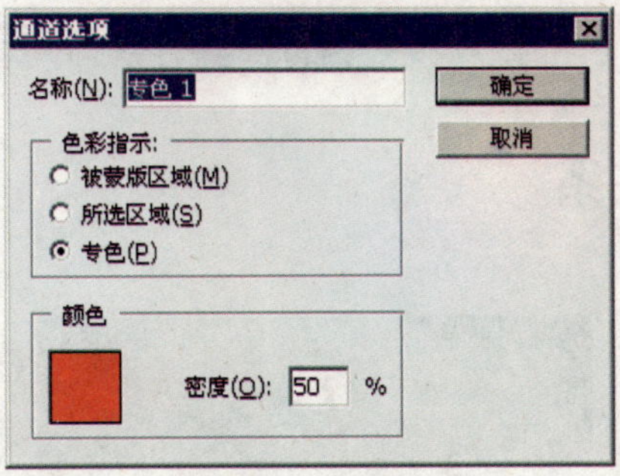

图4-23

第5章　通道的组合应用

通道的功能之所以强大，是因为Photoshop中的大部分工具与命令都能应用到通道中，从而得到意想不到的特殊效果。下面就讲解一下通道与各种命令的组合应用。

5.1　通道与选区、图层及图层蒙版的关系

5.1.1　通道与选区的关系

在Photoshop中，通道和选区是可以互相转换的。如果在图像中创建了选区，想要在通道中对选区进行更为细致的编辑，可单击“通道”调板底部的“将选区存储为通道”按钮，将选区创建为Alpha通道，编辑通道后，按下Ctrl键单击通道缩览图可将通道中的选区载入，如图5-1所示显示了通道与选区互相转换的过程。

创建选区

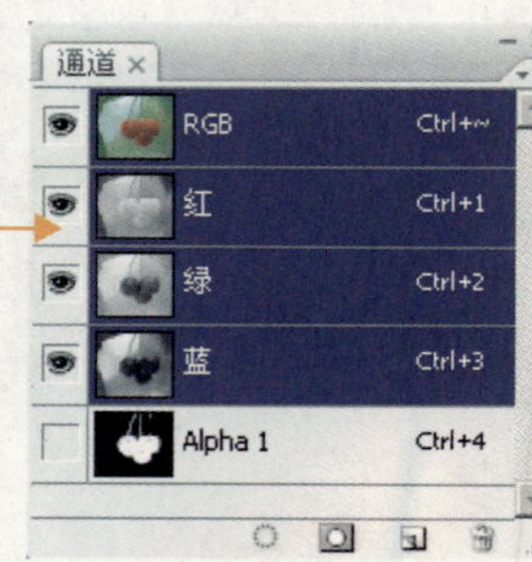

将选区保存为Alpha通道

将通道中的选区载入

图5-1

在选取图像时，通道具有重要作用。不仅可以使用通道直接选取图像，也可以复制颜色通道进而创建符合要求的选区，或者使用“应用图像”、“计算”等命令指定通道进行计算得到选区。

5.1.2 通道与图层的关系

如果图像中包含多个图层，当只显示一个图层时，在“通道”调板中颜色通道仅会显示该图层的通道信息，如图5–2所示；如果在“图层”调板中显示多个图层，那么颜色通道将显示这些图层的复合通道信息，如图5–3所示。

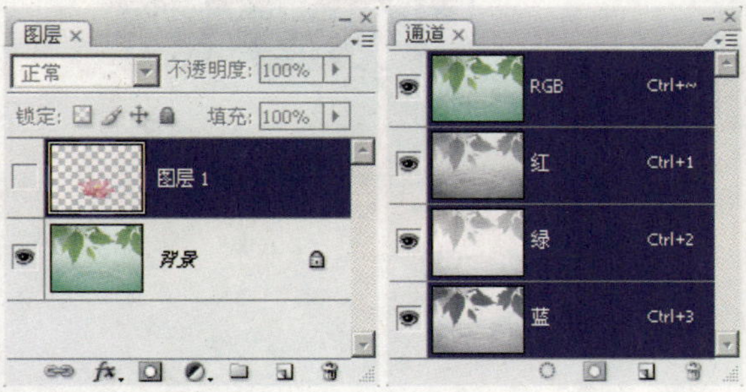

图5–2

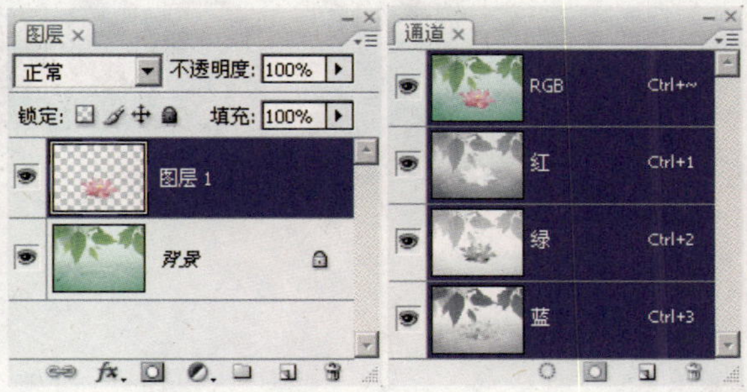

图5–3

技巧 · 提示

由于绘画、调整、滤镜等编辑操作只能在一个图层上进行，对颜色通道进行的编辑也只影响当前图层；Alpha通道与颜色通道有所不同，它是用来编辑和保存选区的，因此，它可应用于所有图层。

在编辑图像的过程中，可以根据需要将通道创建为图层或将图层创建为通道。下面通过实例来了解通道与图层的转换方法。

1.将通道粘贴为图层

01 打开素材图片，效果如图5–4所示。

02 在“通道”调板中单击“蓝”通道，将它选择，如图5–5所示。按下Ctrl+A键将其全选，然后按下Ctrl+C键进行复制。

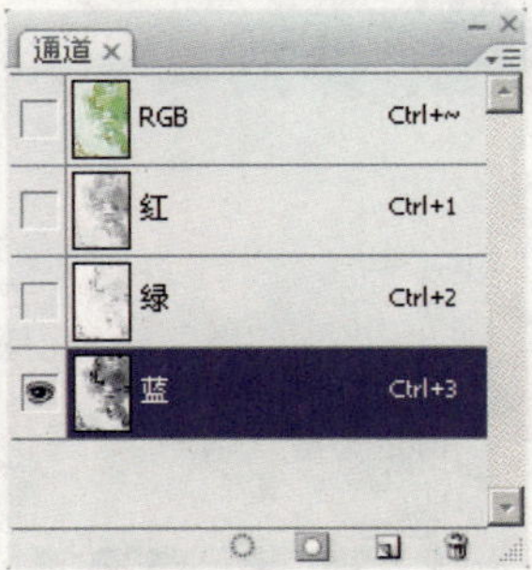

图5–5

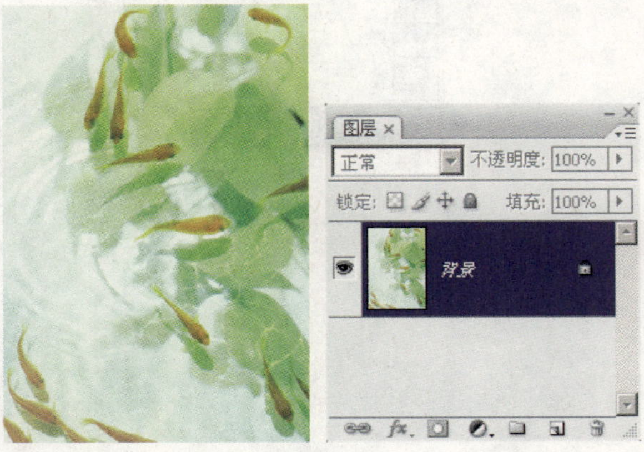

图5–4

03 单击“RGB”复合通道，返回到图像编辑状态，如图5–6所示。按Ctrl+V键进行粘贴，即可将复制的通道粘贴为图层，如图5–7所示。

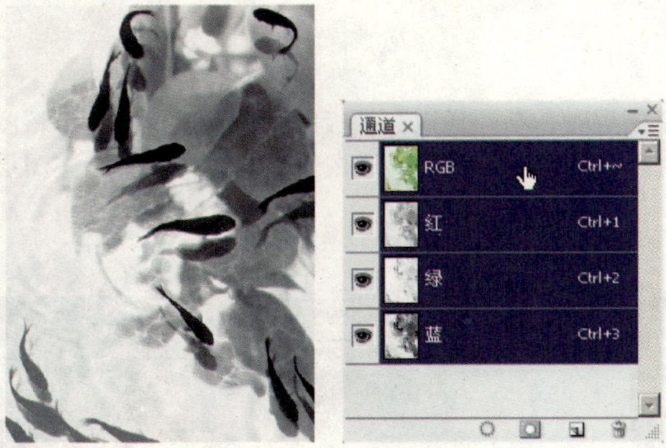

图5-6

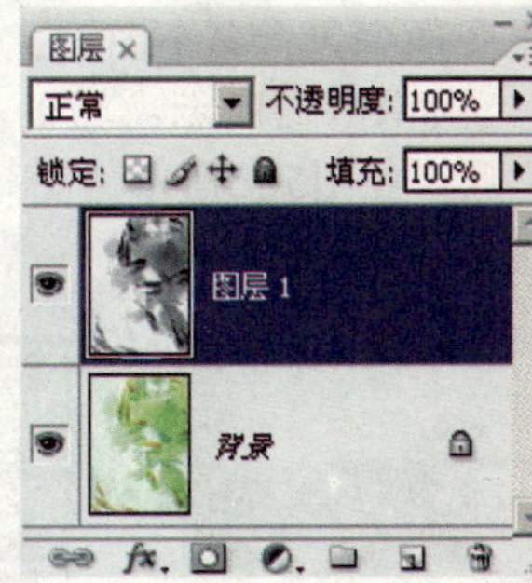

图5-7

2.将图层粘贴为通道

01 打开素材图片，效果如图5-8所示。

02 单击“图层”调板中的“背景”图层，如图5-9所示。按Ctrl+A键将其全选，然后按下Ctrl+C键进行复制。

03 在“通道”调板中新建一个Alpha通道，如图5-10所示。按下Ctrl+V键即可将复制的图层粘贴为通道，如图5-11所示。

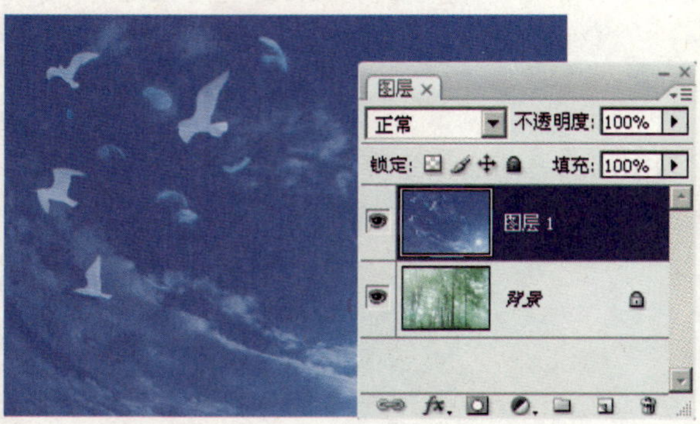

图5-8

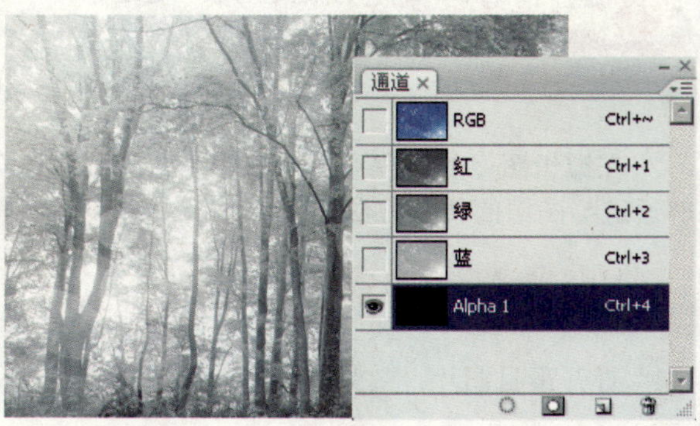

图5-10

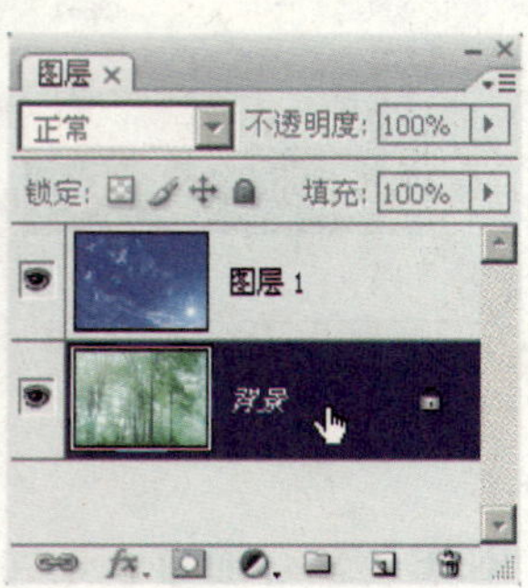

图5-9

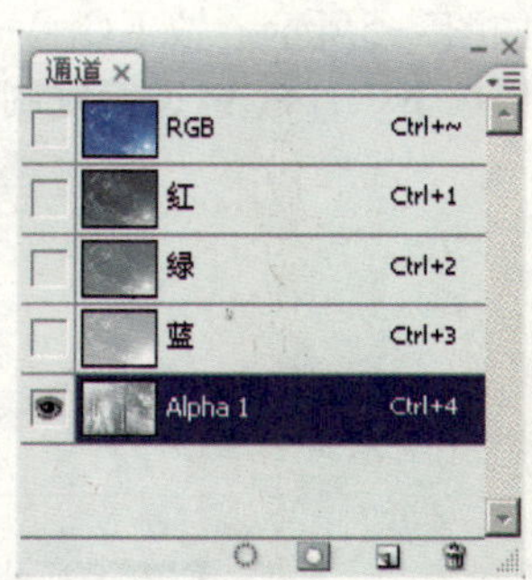

图5-11

技巧 · 提示

如果在粘贴时选择了一个颜色通道或已存在的Alpha通道，则粘贴的图层内容会替换原通道内容。

5.1.3 通道与图层蒙版的关系

创建图层蒙版后，“通道”调板中会暂时保存一个名称为“蒙版”的临时通道，如图5-12所示。从图中可以看到，临时通道的名称显示为斜体，并且只有在选择添加了蒙版的图层时，蒙版的临时通道才会出现在“通道”调板中，删除图层蒙版也会同时删除该蒙版的临时通道。如果需要保存临时通道，可将它拖动到“创建新通道”按钮上，得到一个Alpha通道，如图5-13所示。

图5-12

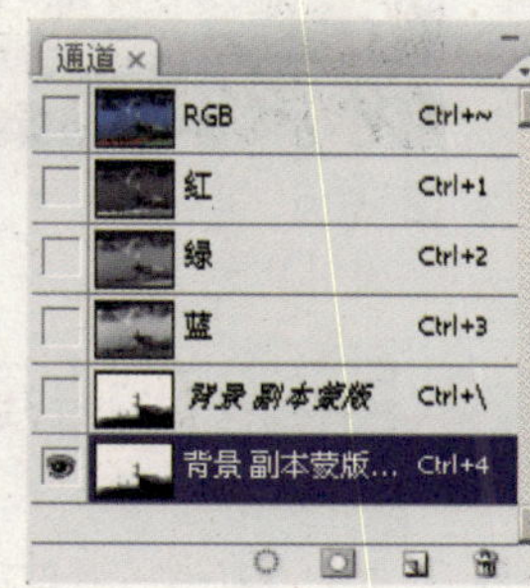

图5-13

在Photoshop中，图层蒙版和通道都是灰度图像，因此，可以像编辑其他图像那样使用绘画工具、编辑工具和滤镜编辑它们。修改Alpha通道不会对图像的显示效果产生影响，而修改图层蒙版会改变图像的显示区域。如图5-14所示为使用“画笔工具”在Alpha通道中涂抹黑色时图像的效果，如图5-15所示是使用“画笔工具”在图层蒙版中涂抹黑色时图像的效果。

与灰度层次对图层蒙版的影响类似，通道中的黑色区域受到保护；白色区域可进行编辑，并且能够载入作为选区；灰色区域为半透明部分，载入的选区带有羽化效果。

图5-14

图5-15

5.1.4 通道与调整图层及填充图层的关系

当创建调整图层或填充图层后，在“通道”调板中会暂时保存一个临时通道，如图5-16所示。只有在选择了调整图层或填充图层后，临时通道才会显示在“通道”调板中，也可以将调整图层的蒙版创建为Alpha通道。

图5–16

5.2 在通道中改善图像质量

5.2.1 在通道中去除图像的杂色

扫描仪扫描的照片或是数码相机拍摄的照片经常会出现杂色，对此，通常使用模糊滤镜来消除图像中的杂色。如果直接在图像上应用模糊滤镜，往往会在消除杂色的同时丢失大量的图像细节，如果借助通道来消除杂色，便可以最大程度地保留图像的细节。下面通过实例来了解如何在通道中消除图像的杂色。

01 打开素材图片，效果如图5–17所示。单击不同的颜色通道观察图像效果，如图5–18所示，可以发现，杂色分布在各个通道，主要集中在“绿”通道。

图5–17

“红”通道 “绿”通道 “蓝”通道

图5–18

02 选中“绿”通道，执行菜单“滤镜｜模糊｜高斯模糊”命令，设置“高斯模糊”对话框中的参数，如图5–19所示，然后选中“RGB”通道观察图像效果。

03 分别模糊“红”、“蓝”两个通道，模糊的参数值不变，然后选中“RGB”通道，对比模糊通道前后的图像效果，如图5–20所示。

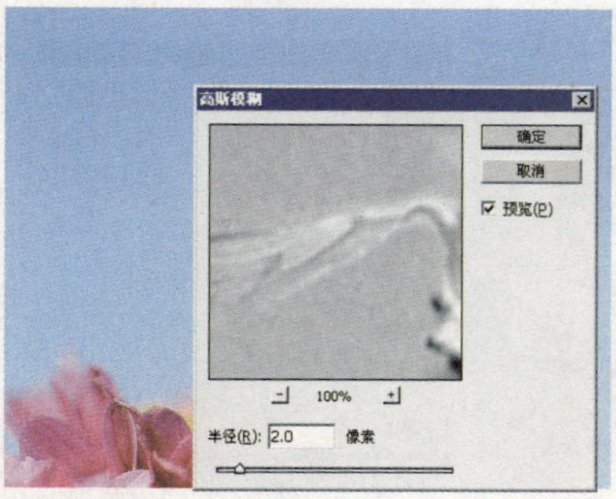

图5-19

图5-20

5.2.2 在通道中锐化图像

对图像进行锐化可增强图像细节的显示效果，但图像中的杂色和颗粒也会变得更加明显，如果图像锐化后的效果不理想，可以考虑在通道中进行更进一步的锐化，或在锐化之初即直接对某一颜色通道进行锐化。

如果直接对通道进行锐化，应首先单击不同的颜色通道，观察哪些通道中的杂色最多，然后选择杂色较少的通道单独进行锐化。举例来说，在进行人像的锐化时，如果图像为RGB模式，通常红色通道最亮，如图5-21所示，锐化该通道可以达到较为理想的效果。通过如图5-22所示的效果对比可以发现锐化RGB复合通道的效果并不是很理想，而锐化红色通道效果是非常不错的。

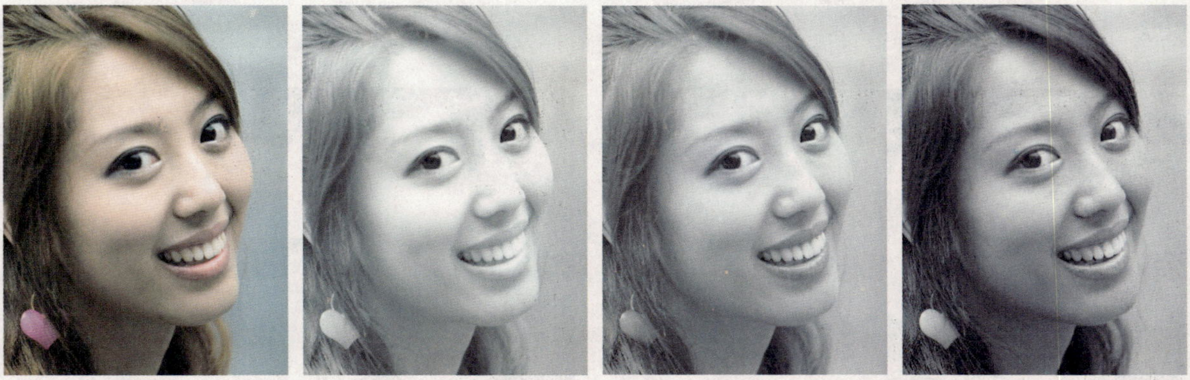

"RGB"复合通道　"红"通道　"绿"通道　"蓝"通道

图5-21

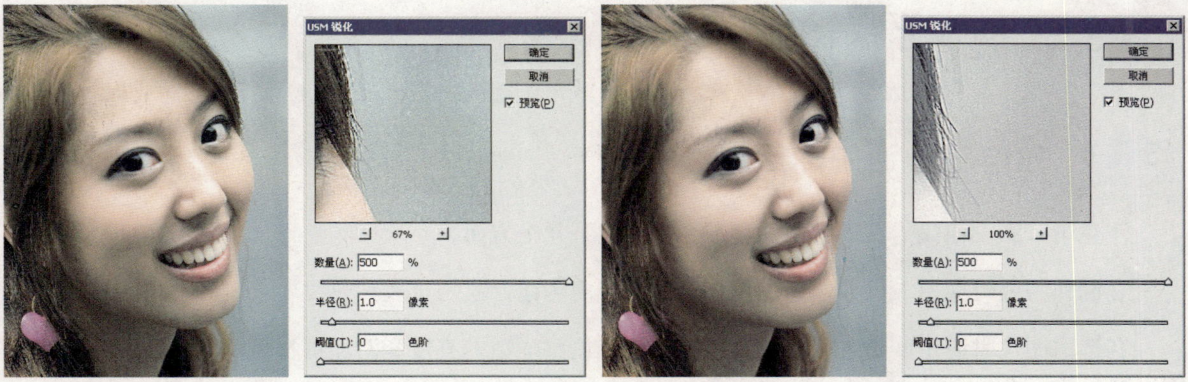

锐化"RGB"复合通道　锐化"红"通道

图5-22 (a)

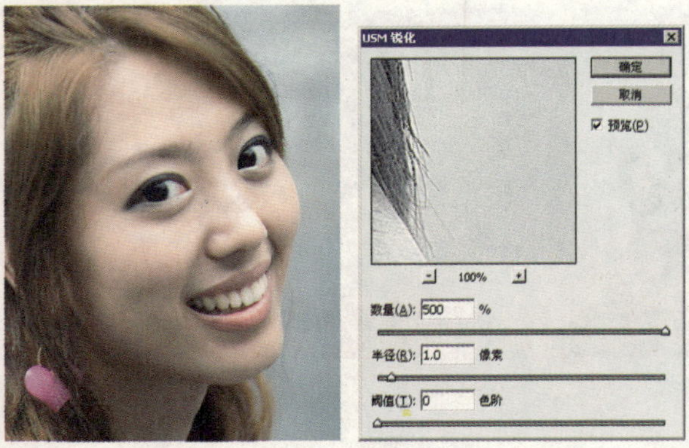

锐化“绿”通道

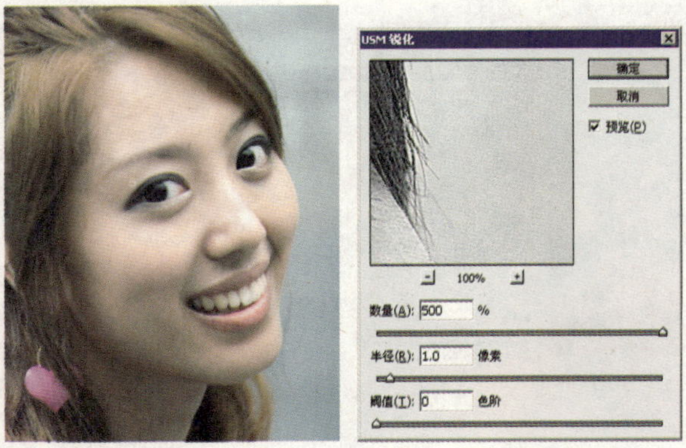

锐化“蓝”通道

图5–22（b）

从锐化结果中可以看到，在相同的参数下，单独锐化“红”通道所得到的图像效果无论在品质上还是清晰度上都是最好的，而其他结果则产生较多的杂色。

5.2.3 在通道中消除选区的羽化

羽化的选区保存为Alpha通道后，选区的边缘会显示为模糊的效果，如果想要从羽化的选区中得到清晰的边界，可以使用通道来消除羽化，具体方法如下。

首先选择保存了羽化的选区的Alpha通道，如图5–23所示，然后执行菜单“图像｜调整｜阈值”命令，在打开的对话框中设置适当的参数即可，如图5–24所示。

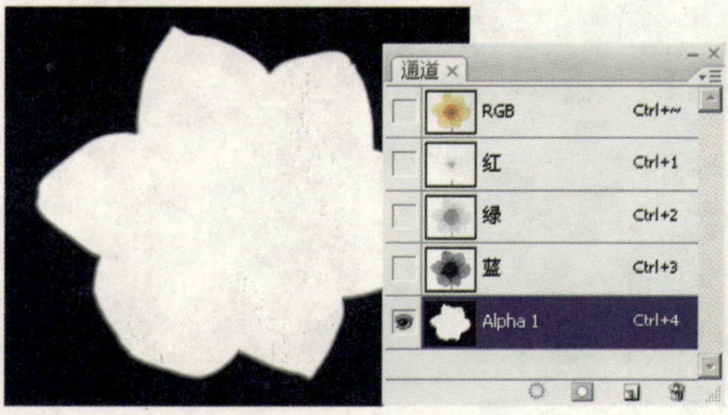

图5–23

图5–24

5.3 通道与图像调整

5.3.1 色阶在通道中的应用

“色阶”和“曲线”在通道中的应用主要有以下几个方面。

在制作特效时应用。例如，通过调整选区的亮度创建浮雕、金属和裂纹效果。

在选取图像时应用。通过“色阶”和“曲线”调整通道的亮度和对比度，可增强主体对象与背景的差别，便于进行选取。

在图像调整中应用。通过选择一个或多个通道进行调整来增强或减弱图像中的某些颜色，从而达到调整图像的目的。

“色阶”和“曲线”在前两个方面的应用将在后面的实例中讲解，下面先来分析“色阶”在图像调整中的应用。

1.对RGB模式图像的调整

首先要了解RGB三种颜色互相混合后得到的效果。通过图5-25所示的图形，大家可以直观地了解颜色混合的原理。

打开一个RGB模式的图像文件，如图5-26所示。观察“通道”调板可以发现，各个颜色通道的亮度是有差别的，较亮的通道表示图像中包含大量的该颜色，而较暗的通道则说明图像中缺少该颜色。了解了以上原理后，就可以通过调整光线的强度来修改图像的颜色。当想要在图像中增加某种颜色时，可将相应的通道调亮；想要减少某种颜色时，可将相应的通道调暗。

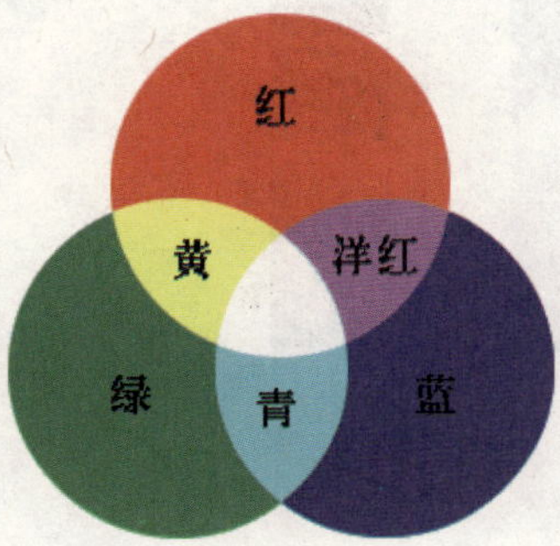

图5-25

图5-26

下面将图5-26变为一幅春天的风景。要想变为春天，画面的整体色调应以绿色为主，所以“绿”通道应该最亮。应用“色阶”命令将“红”、“蓝”通道调暗，再将“绿”通道调亮。

01 单击“图层”调板底部的“创建新的填充或调整图层”按钮，在打开的菜单中选择“色阶”命令，打开“色阶”对话框，在“通道”下拉列表中选择“红”通道，向右侧拖动中间的灰色滑块，减少画面中的红色，如图5-27所示。

图5-27

02 在“通道”下拉列表中选择“蓝”通道，向右侧拖动中间的灰色滑块，减少画面中的蓝色，如图5-28所示。

图5-28

03 在“通道”下拉列表中选择“绿”通道，向左侧拖动中间的灰色滑块，增强画面中的绿色，如图5-29所示。

图5-29

再来看一下“通道”调板的状态，如图5-30所示（左图为调整前的通道，右图为调整后的通道）。调整后，“绿”通道变为调板中最亮的通道，“红”通道比“蓝”通道稍微暗些，这说明画面中只含有微量的红色和蓝色。

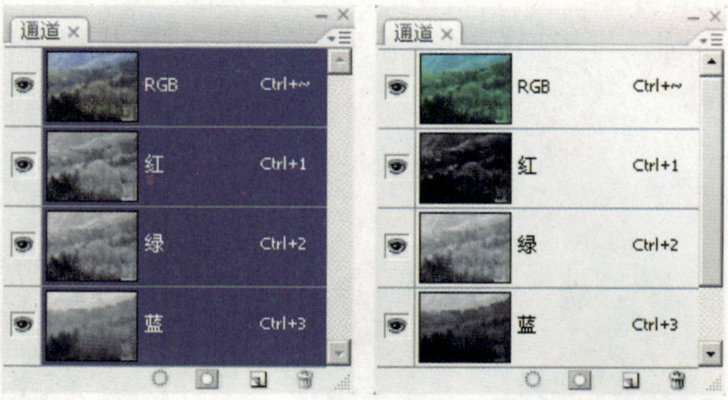

图5-30

2.对CMYK模式图像的调整

首先需了解CMYK几种颜色互相混合后所得到的颜色。通过如图5-31所示的图形，大家可以了解颜色混合的原理。

与RGB模式调整颜色的方法有所不同，在CMYK模式的图像中，较亮的通道表示图像中缺少该颜色，而较暗的通道说明图像中包含大量的该颜色。因此，如果要增加某种颜色时，可将相应的通道调暗，要减少某种颜色时，则需要将相应的通道调亮。例如，想要将如图5-32所示的红色果实调整为橙色，可将“洋红”通道调亮，如图5-33所示。

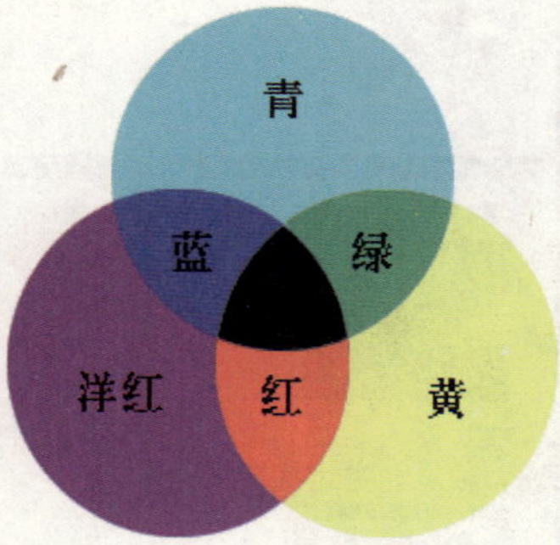

图5-31

图5-32

图5-33

5.3.2 曲线在通道中的应用

在“曲线”对话框的“通道”选项中也可以选择不同的颜色通道进行调整。如果当前的图像为RGB模式，选择“红”通道时，上扬曲线可将图像的整体颜色向红色转换，下降曲线可将图像的整体颜色向青色转换；选择“绿”通道时，上扬曲线可将图像的整体颜色向绿色转换，下降曲线则向洋红色转换；选择“蓝”通道时，上扬曲线可将图像的整体颜色向蓝色转换，下降曲线则向黄色转换，如图5-34所示。

原通道

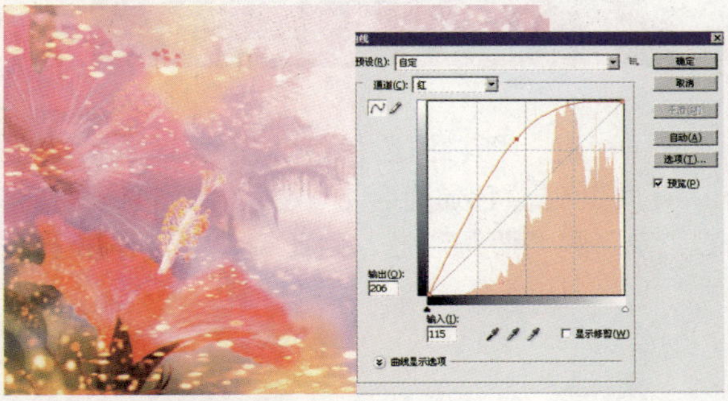

整体颜色向红色转换

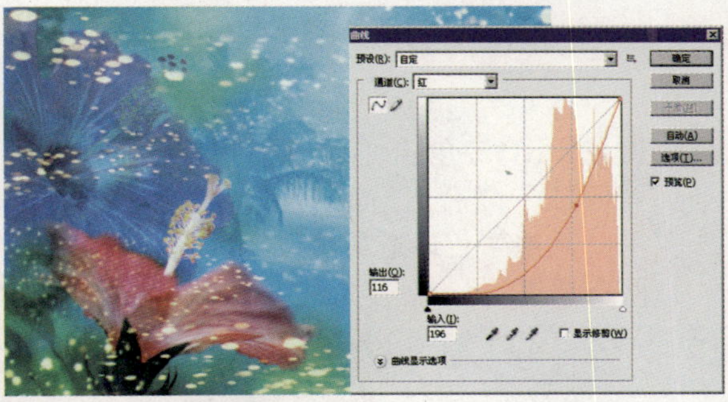

整体颜色向青色转换

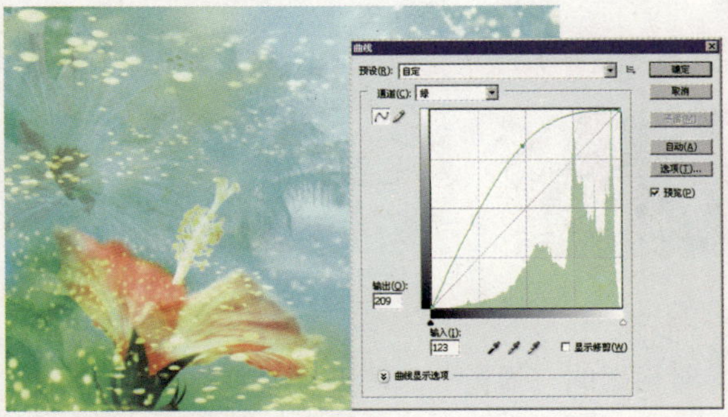

整体颜色向绿色转换

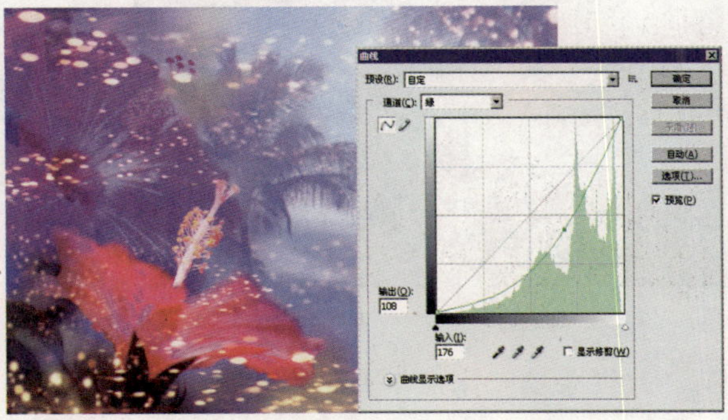

整体颜色向洋红色转换

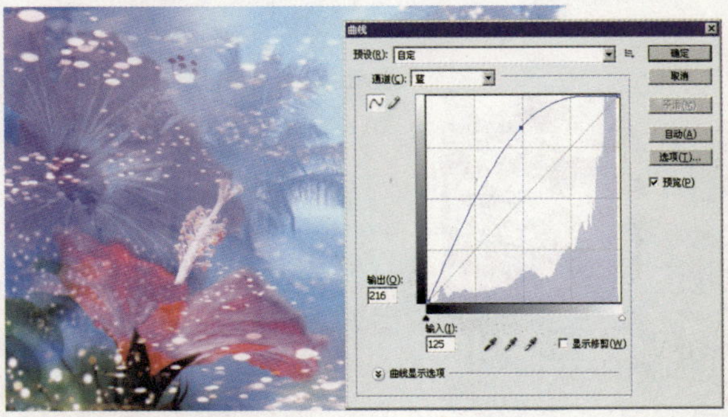

整体颜色向蓝色转换

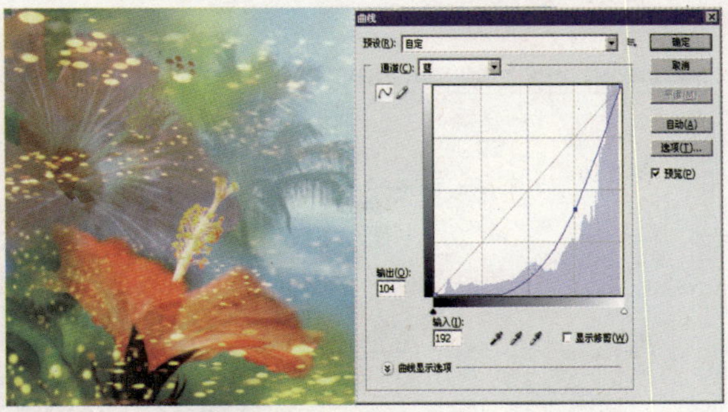

整体颜色向黄色转换

图5-34

如果当前的图像为CMYK模式，上扬曲线可将图像的整体颜色向选择的通道的颜色转换，下降曲线则向与当前通道相反的颜色转换。“青色”通道可完成青色—红色之间的转换、“洋红”通道可完成洋红色—绿色之间的转换，“黄”通道可完成黄色—蓝色之间的转换。

5.3.3 多通道编辑

使用“色阶”或是“曲线”命令可一次同时调整多个颜色通道，具体方法如下。

01 打开素材文件，效果如图5-35所示。从图中可以看出，这张照片有些偏色，画面显得偏青色。RGB模式的图像中绿色和蓝色混合可产生青色，在这张照片中调整这两个通道可消除偏色。

图5-35

02 按住Shift键单击“通道”调板中的“绿”和“蓝”通道，将它们选择，如图5-36所示。在“RGB”复合通道前单击，显示“眼睛”标志，此时其他颜色通道会显示出来，如图5-37所示。其他颜色通道虽然显示，但当前选择的仍是“绿”和“蓝”通道，因此调整也仅作用于这两个通道。

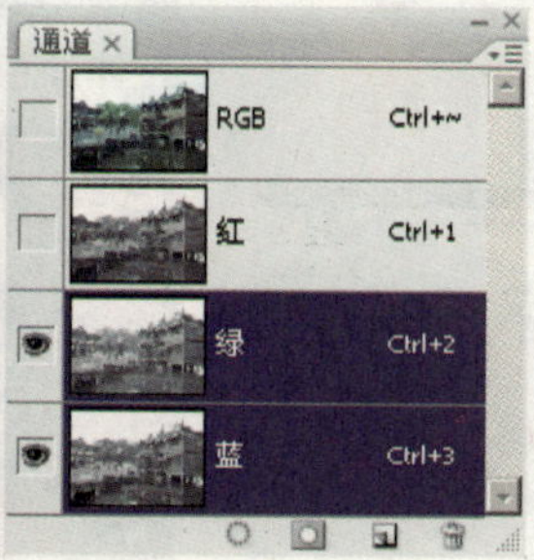

图5-36

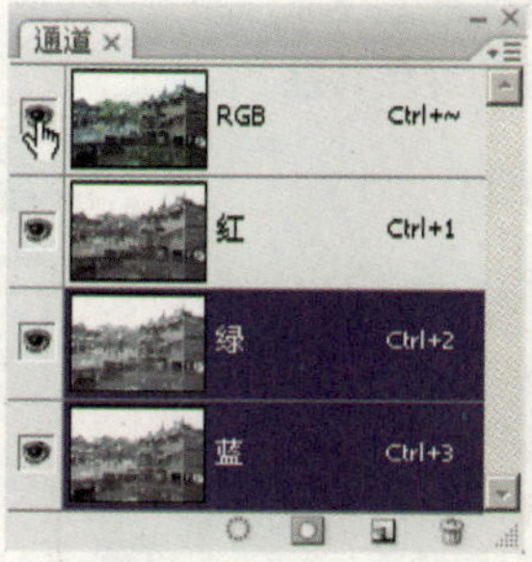

图5-37

03 执行菜单“图像 | 调整 | 曲线”命令，在打开的对话框的“通道”选项中会显示目标通道的缩写，GB表示绿色和蓝色通道，如图5-38所示。调整曲线即可消除图像偏青色的现象，如图5-39所示。

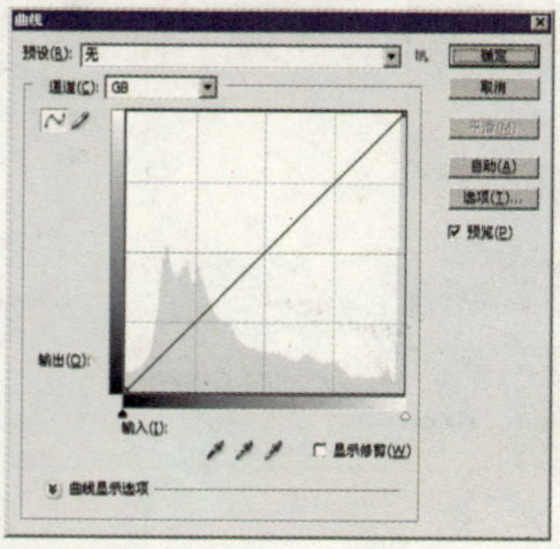

图5-38

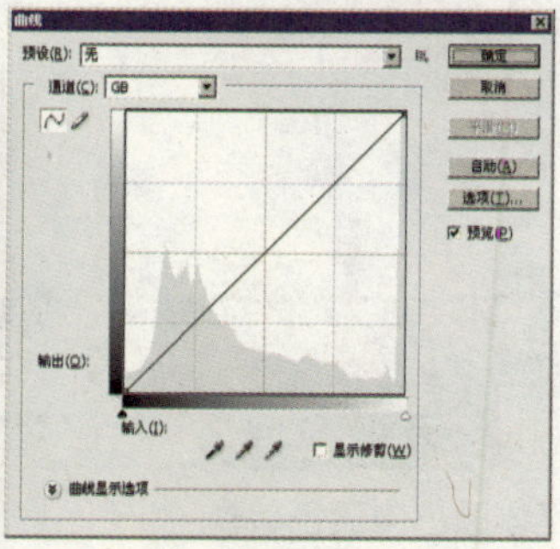

图5-39

5.4 通道混合器

“通道混合器”命令可使用图像中现有（源）颜色通道的混合来修改目标（输出）颜色通道，它主要有以下功能。

通过从每个颜色通道中选取它所占的百分比来创建高品质的灰度图像。

可以创建高品质的棕褐色调或其他彩色图像。

可修改颜色通道实现其他颜色调整命令不易实现的色彩调整和创意颜色调整。

下面对“通道混合器”命令的不同功能进行详细分析。

5.4.1 调整图像颜色

执行菜单“图像 | 调整 | 通道混合器”命令，可以打开“通道混合器”对话框（也可以为图像添加“通道混合器”调整图层），如图5–40所示，在对话框的“输出通道”选项下拉列表中可以选择“红”、“绿”、“蓝”（RGB模式的图像）或“青色”、“洋红”、“黄色”、“黑色”（CMYK模式的图像）通道进行调整，选取某个输出通道会将该源通道的滑块设置为100%，并将所有其他通道设置为0%。

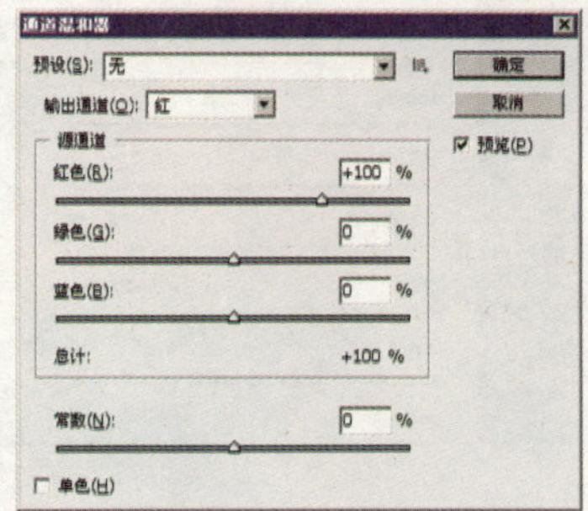

图5–40

将任何源通道的滑块向右移动可增加该通道在输出通道中所占的百分比，向左移动可减小该百分比。在RGB模式的图像中，向右移动滑块可增加输出通道的光线，向左移动可减少光线；对于CMYK模式的图像来说，向右移动滑块可增加油墨，从而加深通道的颜色，向左移动滑块可减少油墨，从而提高通道的亮度。如图5–41所示为一个RGB模式的图像，如图5–42所示为调整不同通道滑块后的图像效果。

图5–41

图5–42(a)

图5-42(b)

5.4.2 创建双色调图像

“通道混合器”是通过源通道向目标通道加减灰度数据来进行颜色调整的。下面通过实例演示如何使用“通道混合器”命令创建一幅双色调图像。读者在操作的过程中可以掌握使用“通道混合器”命令调整图像颜色的方法，并了解其工作的原理。

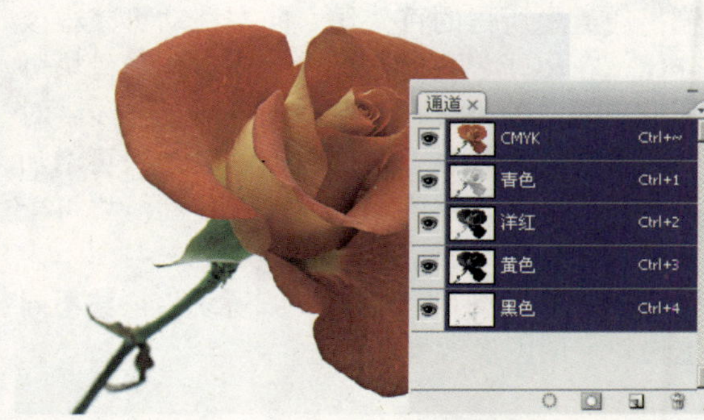

图5-43

01 打开素材文件，效果如图5-43所示。这是一个CMYK模式的图像，下面将通过使用“通道混合器”保留图像中的洋红色和黑色，清除其他颜色，创建一幅可用于印刷输出的双色调图像。

02 执行菜单“图像 | 调整 | 通道混合器”命令，打开“通道混合器”对话框，在“输出通道”下拉列表中选择“青色”通道，将青色滑块拖动到最左侧，清除图像中的青色，如图5-44所示。

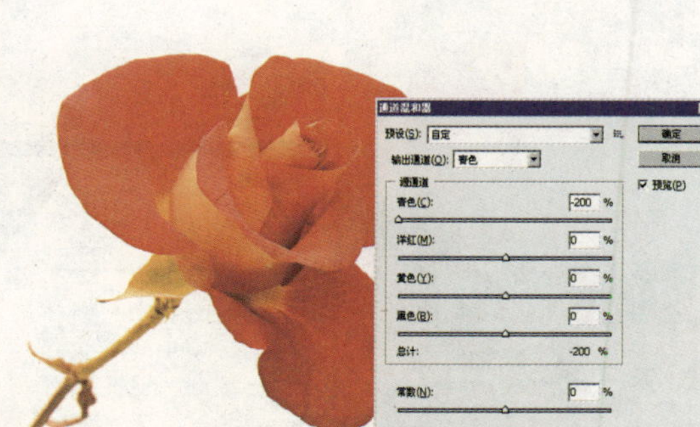

图5-44

03 在“输出通道”下拉列表中选择“黄色”通道，将黄色滑块拖动到最左侧，清除图像中的黄色，如图5-45所示。

04 此时图像中只保留了洋红色和黑色。由于清除了青色和黄色，图像缺乏层次感，可以通过调整“黑色”通道进行弥补。在“输出通道”下拉列表中选择“黑色”通道，向右侧拖动青色和黄色滑块以增加图像的对比度，如图5-46所示。

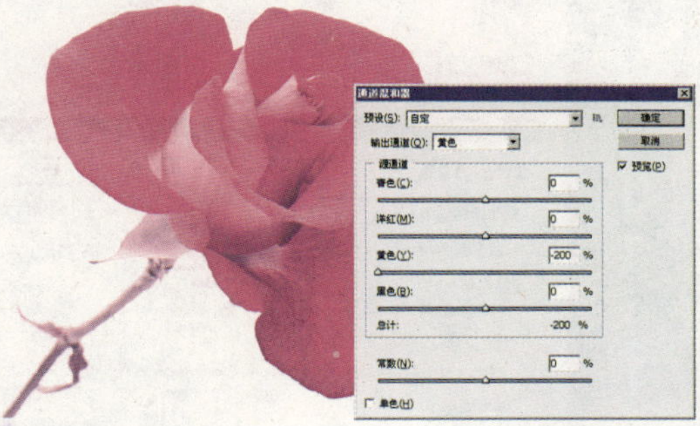

图5-45

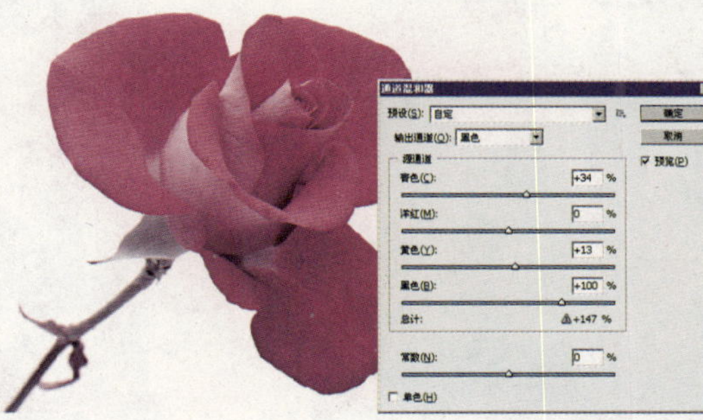

图5-46

05 单击“确定”按钮关闭对话框，观察“通道”调板，如图5-47所示。可以看到，“青色”通道和“黄色”通道都变为白色的了，这说明这两个通道中没有任何颜色信息，将它们拖动到“删除当前通道”按钮上删除。删除“青色”通道和“黄色”通道后，图像会转换为多通道模式，如图5-48所示 。

06 这样图像就调整好了。如果不喜欢此种颜色，可以双击“洋红”通道缩览图，如图5-49所示。打开“专色通道选项”对话框，单击对话框的色块，如图5-50所示。打开“选择专色”对话框，在其中选择另一种洋红色，单击“确定”按钮，图像的效果会发生变化。读者可以尝试去做上述步骤，这里不再以图显示效果了。

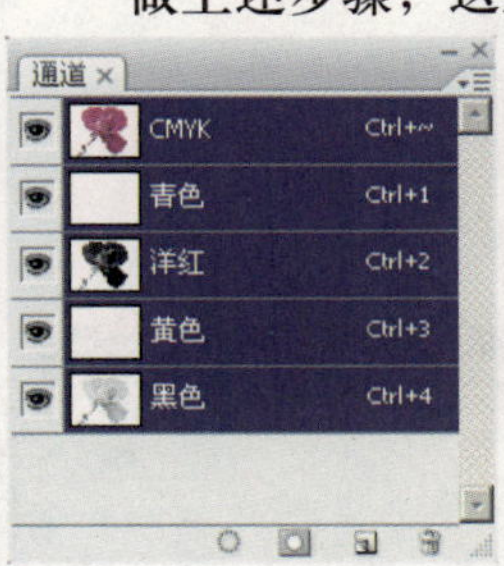

图5-47

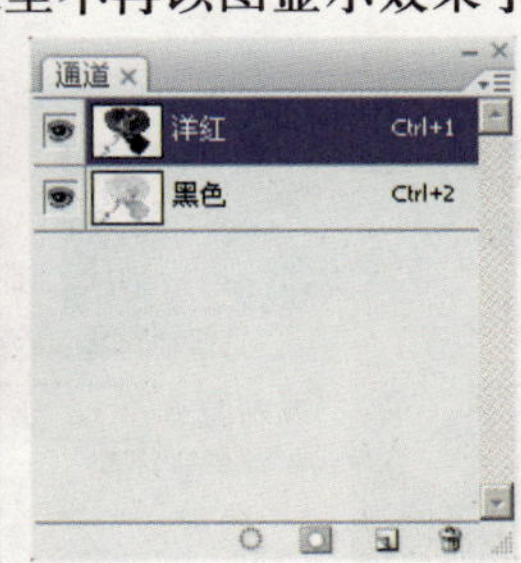

图5-48

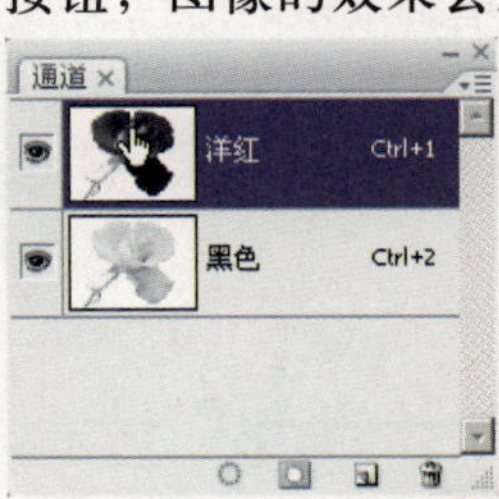

图5-49

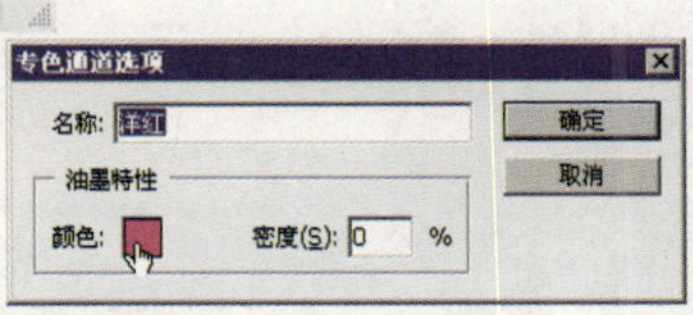

图5-50

07 双色调的图像在印刷中只使用两种油墨，因此可以更好地节约印刷成本。如果通过转换图像的模式来创建双色调图像（将图像转换为灰度模式，然后再转换为双色调模式），在转换过程中是无法调整图像亮度和对比度的，并且图像的颜色也很难精确地控制，如图5-51所示为双色调模式的图像。

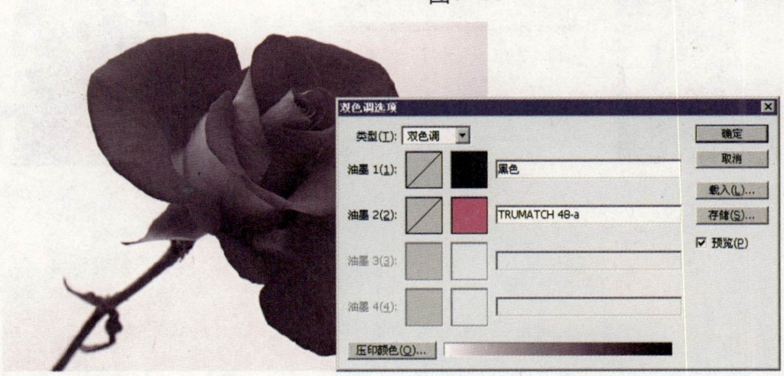

图5-51

5.4.3 创建灰度图像

用“通道混合器”命令可以创建高质量的灰度图像。如图5-52所示为一幅RGB模式的彩色图像，对该图像应用“通道混合器”调整图层，勾选“单色”选项可将“灰色”设置为输出通道，图像会变为黑白图像，如图5-53所示。

图5-52

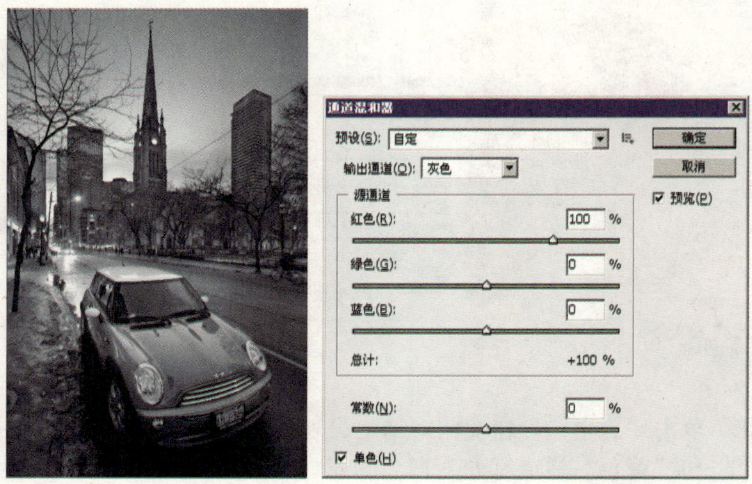

图5-53

拖动源通道中的滑块，可控制图像细节的数量和对比度，如图5-54所示。

拖动“常数”选项的滑块，可调整输出通道的灰度值，该值为负值时会增加更多的黑色，如图5-55所示；该值为正值时会增加更多的白色，如图5-56所示。当该值为-200%时，会使输出通道成为全黑；当该值为+200%时，会使输出通道成为全白。

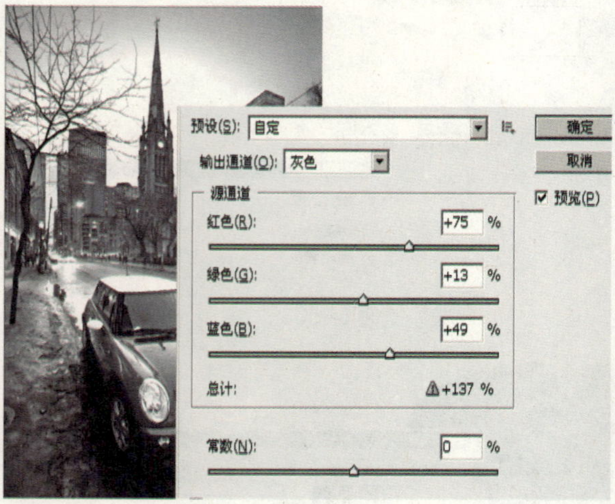

图5-54

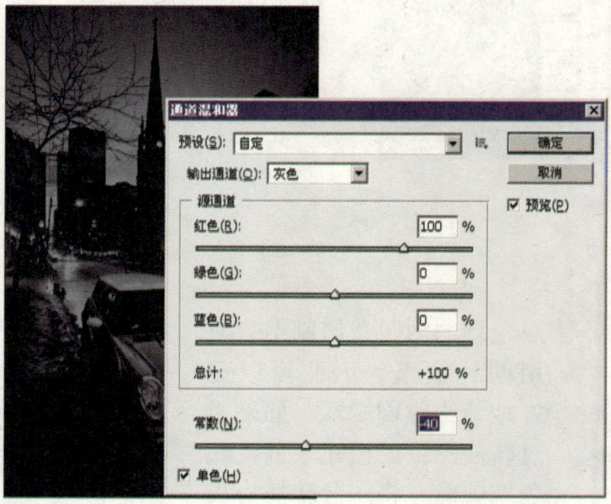

图5-55

技巧 提示

在调整源通道的百分比时，当滑块数值的总和达到100%时，调整的结果与原图像的亮度最接近，通常可得到最佳效果。

在Photoshop中，可以使用多种方法创建灰度图像。例如，使用“去色”命令或者“色相｜饱和度”命令。相对于其他方法，“通道混合器”命令在调整方式上更加灵活，可用于制作专业级的灰度图像。如图5-57所示为使用“去色”命令创建的灰度图像，图5-58所示为使用“通道混合器”命令调整后转换为灰度模式的图像，观察两幅图像可以发现，使用“通道混合器”命令创建的图像可以显示出更多的细节。

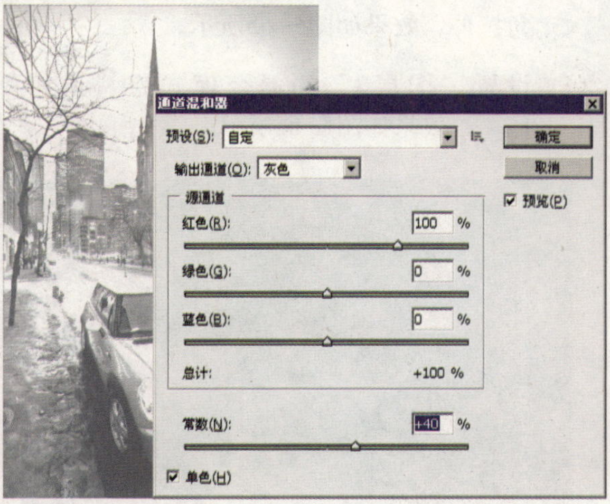

图5-56

图5-57

图5-58

5.5 通道应用实例

通道是Photoshop的强大功能之一，以下两个实例主要利用通道进行图像的抠选，让读者掌握选区与通道的密切联系，同时结合滤镜和图层蒙版的综合使用，制作个性合成效果。

5.5.1 合成效果

01 按Ctrl+N键创建文件，打开“新建”对话框进行参数设置，完成后单击“确定”按钮，如图5-59所示。

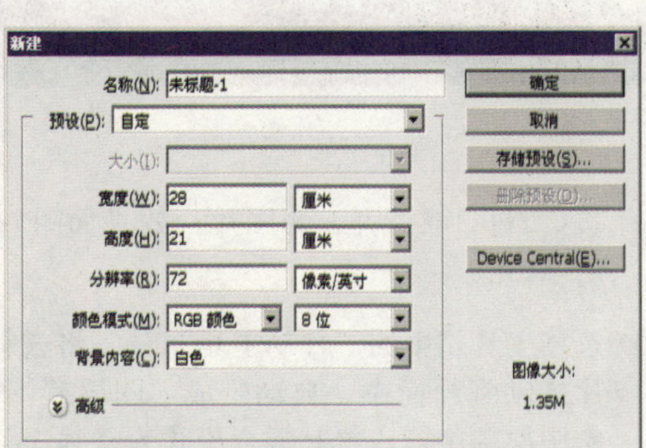

图5-59

02 按Ctrl+O键打开纹理图片，效果如图5-60所示。

图5-60

03 将打开的纹理图片定义为图案，执行菜单“编辑｜定义图案”命令，弹出“图案名称”对话框，命名后单击“确定”按钮，也可不用重新命名，如图5-61所示。

04 选择工具箱中的“油漆桶工具”，在工具选项栏中进行设置，打开“图案拾色器”调板，选择刚定义的图案，如图5-62所示。

图5-61

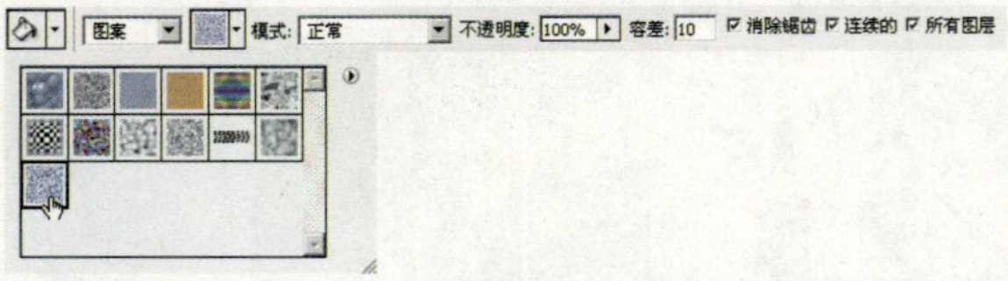

图5-62

05 新建图层，得到“图层1”，用“油漆桶工具”在画面中单击，填充后的图案如图5-63所示。

06 给图案添加杂色。执行菜单“滤镜｜杂色｜添加杂色”命令，在弹出的“添加杂色”对话框中进行参数设置，设置完成后单击“确定”按钮，效果如图5-64所示。

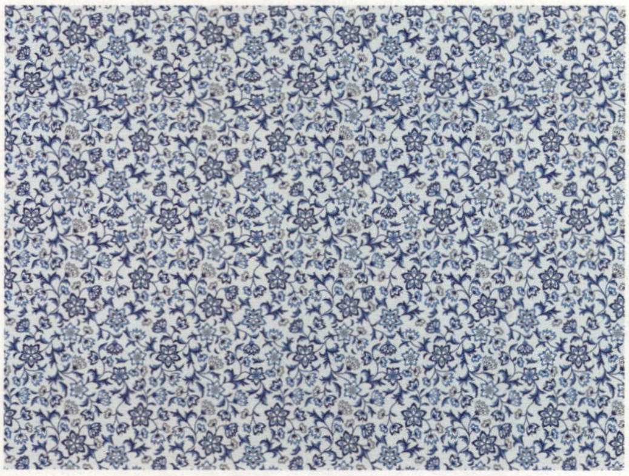

图5-63

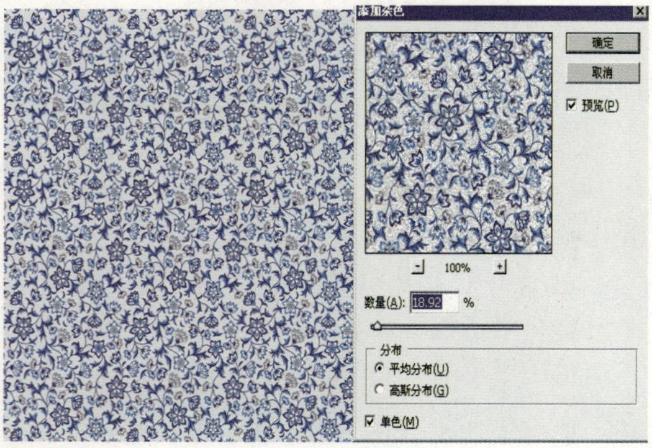

图5-64

07 设置前景色为（R：6、G：143、B：175），背景色为（R：65、G：78、B：60），选择工具箱中的“渐变工具”，在工具选项栏中单击“对称渐变”按钮，新建图层，得到“图层2”，在画面中从左上角向右下角拉伸，效果如图5-65所示。

08 设置“图层2”的混合模式为“正片叠底”，效果如图5-66所示。

图5-65

图5-66

09 按Ctrl+O键打开云彩图片，效果如图5-67所示。

10 选择工具箱中的“移动工具”，将云彩图片拖动到画面中，自动生成“图层3”。调整图层顺序，设置其混合模式为“强光”，效果如图5-68所示。

图5-67

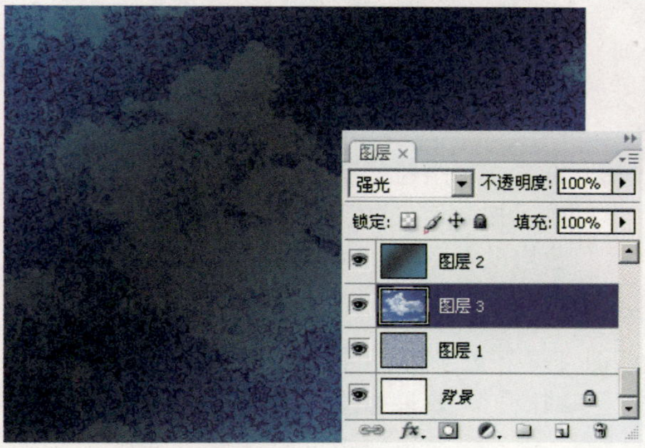

图5-68

11 选中“图层2”，单击“图层”调板底部的“添加图层蒙版”按钮，选择工具箱中的“画笔工具”，设置笔尖为柔角，在工具选项栏中调整“不透明度”数值，设置前景色为黑色，在画面中涂抹，效果如图5-69所示。

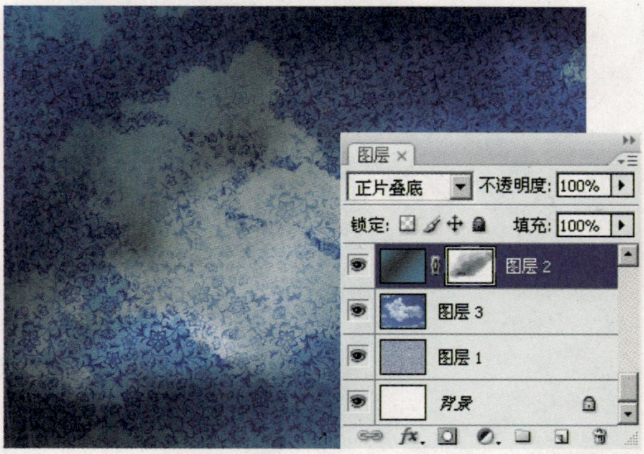

图5-69

12 选中“图层1”，单击“图层”调板底部的“添加图层蒙版”按钮，选择工具箱中的“画笔工具”，设置笔尖为柔角，在工具选项栏中调整“不透明度”数值，设置前景色为黑色，在画面中涂抹，效果如图5-70所示。

图5-70

13 按Ctrl+O键打开素材图片，效果如图5-71所示。

14 执行菜单“图像 | 调整 | 色相/饱和度”命令，在弹出的“色相/饱和度”对话框中进行设置，效果如图5-72所示。

图5-71

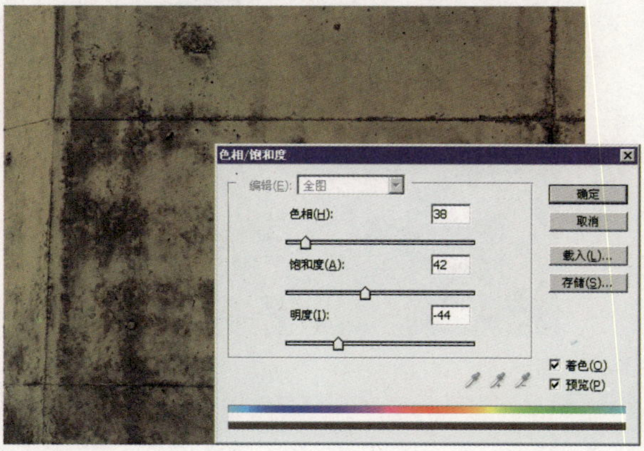

图5-72

15 选择工具箱中的“移动工具”，将云彩图片拖动到画面中，自动生成“图层4”，调整图层顺序，效果如图5–73所示。

16 选择工具箱中的“钢笔工具”，参照如图5–74所示绘制路径。

图5–73

图5–74

17 选择工具箱中的“横排文字工具”，在路径的起点处单击，创建文字图层，按住“–”键不放，直到路径终点结束，如图5–75所示。

图5–75

18 用同样的方法，绘制路径，在路径上输入符号，输入完成后按数字键盘上的Enter键确认，如图5–76所示。

图5–76

19 再次绘制路径，在路径上输入符号，输入完成后按数字键盘上的Enter键确认，符号颜色均设置为（R：6、G：143、B：175），如图5–77所示。

20 将3个文字图层的混合模式均设置为“颜色减淡”，效果如图5–78所示。

图5–77

图5–78

21 按Ctrl+O打开素材图片，效果如图5-79所示。

22 切换到“通道”调板，选中“洋红”通道并复制得到“洋红 副本”通道，效果如图5-80所示。

图5-79

图5-80

23 执行菜单“图像 | 调整 | 色阶”命令，在打开的“色阶”对话框中进行设置，如图5-81所示，单击“确定”按钮。

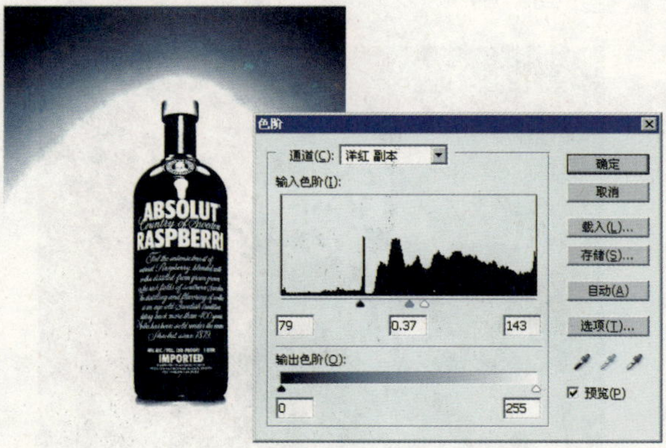

图5-81

24 按住Ctrl键单击“洋红 副本”通道，载入选区，效果如图5-82所示。

图5-82

25 选择工具箱中的“套索工具”，按住Shift键或Alt键添加到选区或从选区中减去，调整选区范围，效果如图5-83所示。

26 选中“CMYK”通道，切换到“图层”调板，按Ctrl+J键复制选区内容，自动生成“图层1”，隐藏“背景”图层，效果如图5-84所示。

图5-83

图5-84

27 选择工具箱中的“移动工具”，将其拖动到画面中，自动生成“图层5”，调整图层中图像的大小及其在画面中的位置，效果如图5−85所示。

28 按住Alt键复制“图层5”，得到其副本图层，按Ctrl+T键执行“自由变换”命令，将其副本图层等比缩小，确认变换操作，调整其在画面中的位置，效果如图5−86所示。

图5−85

图5−86

29 载入图像选区，设置前景色为黑色，填充前景色，取消选区，效果如图5−87所示。

图5−87

30 调整图层的“不透明度”为40%，效果如图5−88所示。

图5−88

31 按住Alt键多次拖动复制该图层，逐一调整各图层在画面中的位置，效果如图5−89所示。

32 按Ctrl+O键打开素材图片，效果如图5−90所示。

图5−89

图5−90

33 选择工具箱中的“钢笔工具”，沿着狗的边缘绘制路径，将路径转换为选区，按Ctrl+J键复制选区内容，自动生成“图层1”，隐藏“背景”图层，效果如图5-91所示。

34 选择工具箱中的“移动工具”，将其拖动到画面中，自动生成“图层6”，调整图像大小及其在画面中的位置，效果如图5-92所示。

图5-91

图5-92

35 按Ctrl+O键打开素材图片，效果如图5-93所示。

图5-93

36 选择工具箱中的“钢笔工具”，沿着人物的边缘绘制路径，按Ctrl+Enter将路径转换为选区，效果如图5-94所示。

图5-94

37 执行菜单“选择|存储选区”命令，打开“存储选区”对话框，在“名称”处输入“01”后单击“确定”按钮，切换到“通道”调板，选区被存储，如图5-95所示。

38 选择工具箱中的“钢笔工具”，沿着人物的内侧边缘绘制路径，按Ctrl+Enter键将路径转换为选区，如图5-96所示。

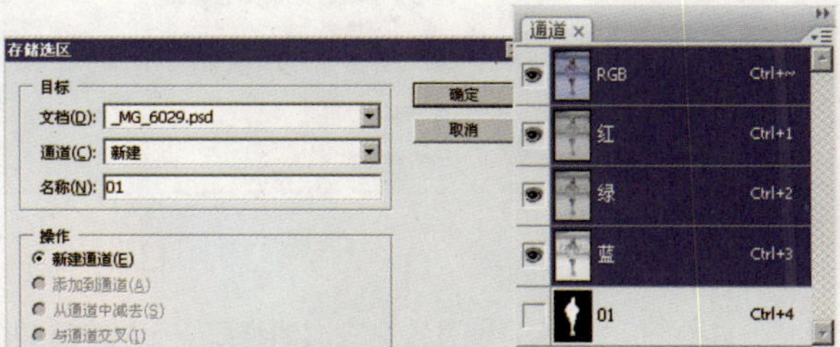

图5-95

图5-96

39 执行菜单“选择 | 存储选区”命令，打开“存储选区”对话框，在“名称”处输入“02”后单击“确定”按钮，切换到“通道”调板，选区被存储，如图5-97所示。

40 按住Ctrl键单击“01”通道，载入其选区，执行菜单“选择 | 载入选区”命令，打开“载入选区”对话框，在“通道”处选择“02”，在“操作”处单击“从选区中减去”单选按钮，单击“确定”按钮，得到的选区如图5-98所示。

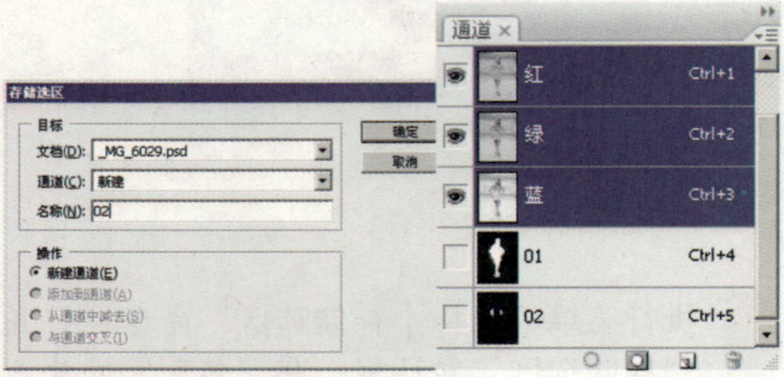

图5-97

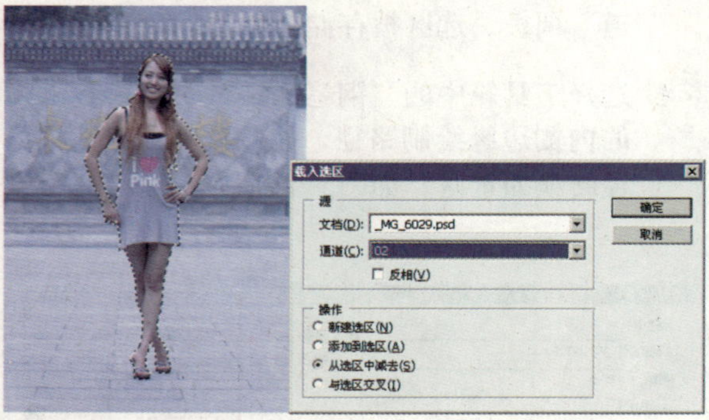

图5-98

41 切换到“图层”调板，新建图层，设置前景色为（R：220、G：16、B：70），填充前景色，取消选区，效果如图5-99所示。

图5-99

42 选择工具箱中的“移动工具”，将其拖动到画面中，水平翻转后调整图像的大小及在画面中的位置，效果如图5-100所示。

图5-100

43 按Ctrl+O键打开素材图片，效果如图5-101所示。

图5-101

44 选择工具箱中的“移动工具”，将其拖动到画面中，进行小角度的旋转，调整图像大小及在画面中的位置，效果如图5-102所示。

图5-102

45 双击该人物图层，在弹出的“图层样式”对话框中选择“渐变叠加”选项，设置对话框内各参数，如图5-103所示。

46 按Ctrl+O键打开素材图片，效果如图5-104所示。

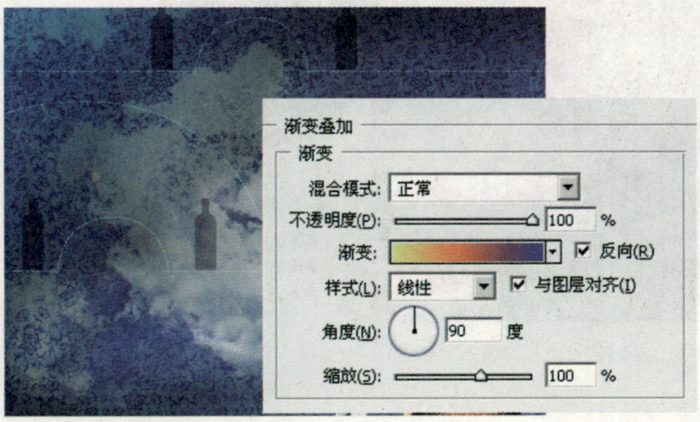

图5-103

图5-104

47 选择工具箱中的“移动工具”，将图像拖动到画面中进行旋转，调整图像大小及在画面中的位置，效果如图5-105所示。

图5-105

48 双击该图层，在弹出的“图层样式”对话框中选择“投影”选项，设置对话框内各参数，如图5-106所示。

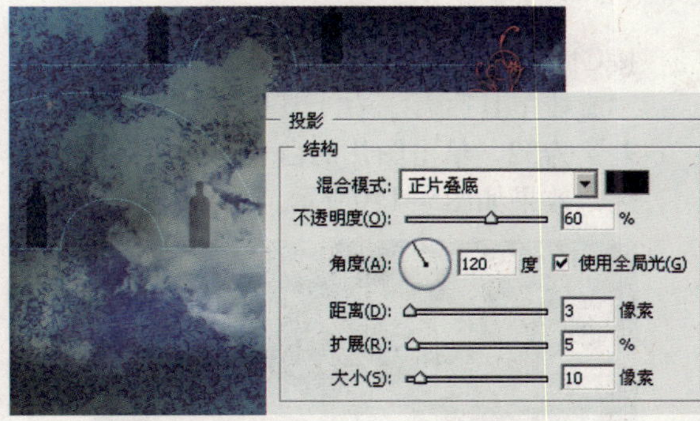

图5-106

49 按住Alt键复制该图层，按Ctrl+T键执行“自由变换”命令，进行旋转后按Enter键确认变换，调整图像在画面中的位置，效果如图5-107所示。

50 按Ctrl+O键打开素材图片，选择工具箱中的“魔棒工具”，在工具选项栏中设置“容差”为10，单击图片的白色部分，载入其选区，效果如图5-108所示。

图5-107

图5-108

51 按Ctrl+Shift+I键将选区反选，选择工具箱中的“移动工具”，将图像拖动到画面中，调整图像大小及在画面中的位置，效果如图5-109所示。

52 按Ctrl+O打开素材图片，选择工具箱中的“魔棒工具”，在工具选项栏中设置“容差”为32，单击图片的白色部分，载入其选区，效果如图5-110所示。

图5-109

图5-110

53 按Ctrl+Shift+I键将选区反选，选择工具箱中的“移动工具”，将图像拖动到画面中，调整图像大小及在画面中的位置，效果如图5-111所示。

图5-111

54 选中瓶子所在图层，使其为可编辑状态，双击该图层，在弹出的“图层样式”对话框中选择“外发光”选项，设置对话框内各参数，如图5-112所示。

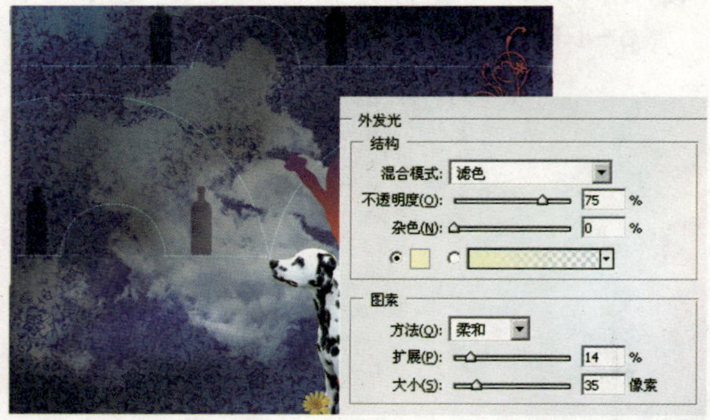

图5-112

55 选择工具箱中的“画笔工具”，调整画笔参数，“画笔”调板参数设置如图5-113所示。

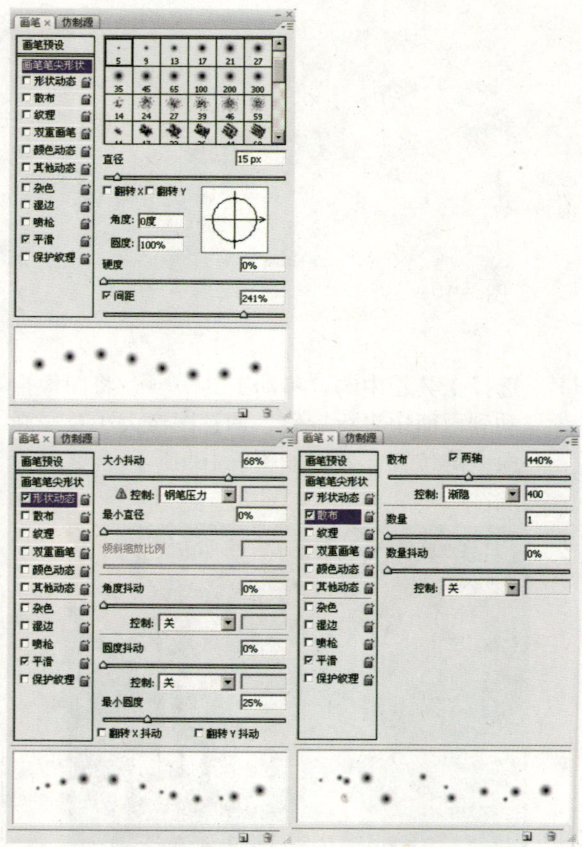

图5-113

56 新建图层，设置前景色为白色，在画面上随意绘制，效果如图5-114所示。

57 选择工具箱中的“多边形套索工具”，参照如图5-115所示绘制选区，也可用路径工具绘制路径，然后按Ctrl+Enter键将路径转换为选区。

图5-114

图5-115

58 新建图层，设置前景色为白色，按Alt+Delete键填充前景色，按Ctrl+D键取消选区，效果如图5-116所示。

59 用同样的方法，绘制多个白条图形，组成发射效果，如图5-117所示。

图5-116

图5-117

60 将白条图形所在图层全部选中，按Ctrl+G将其合并成“组3”，调整“组3”的“不透明度”为65%，最终效果如图5-118所示。

图5-118

5.5.2 梦幻合成效果

01 按Ctrl+O键打开素材照片，效果如图5-119所示。

02 切换到“通道”调板，观察各通道，选中“红”通道并复制得到“红 副本”通道，效果如图5-120所示。

图5–119

图5–120

03 调整对比度。执行菜单“图像 | 调整 | 亮度/对比度”命令，在弹出的“亮度/对比度”对话框中进行参数设置，设置完成后单击“确定”按钮，效果如图5–121所示。

04 调整色阶。执行菜单“图像 | 调整 | 色阶”命令，在弹出的“色阶”对话框中进行参数设置，设置完成后单击“确定”按钮，如图5–122所示。

图5–121

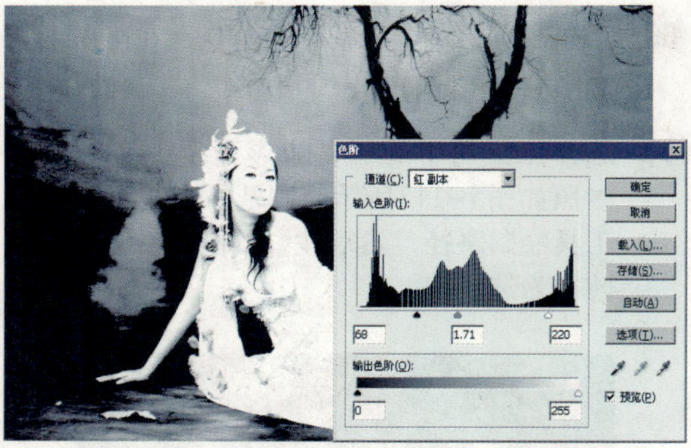

图5–122

05 选择工具箱中的“魔棒工具”，点击人物的裙子，人物主体的白色部分被选中，选择工具箱中的“快速选择工具”，在工具选项栏中单击“添加到选区”按钮，在人物身上进行涂抹，得到选区如图5–123所示。

06 切换到“图层”调板，按Ctrl+J键复制选区内容，自动生成“图层1”，隐藏“背景”图层，效果如图5–124所示。

图5–123

图5–124

07 按住Ctrl键单击“图层1”以载入其选区，执行菜单“选择 | 修改 | 收缩”命令，在弹出的“收缩选区”对话框中进行参数设置，设置完成后单击“确定”按钮，效果如图5-125所示。

08 去除杂边。按Ctrl+Shift+I键将选区反选，按Delete键删除选区内的人物边缘部分，按Ctrl+D键取消选区，如图5-126所示。

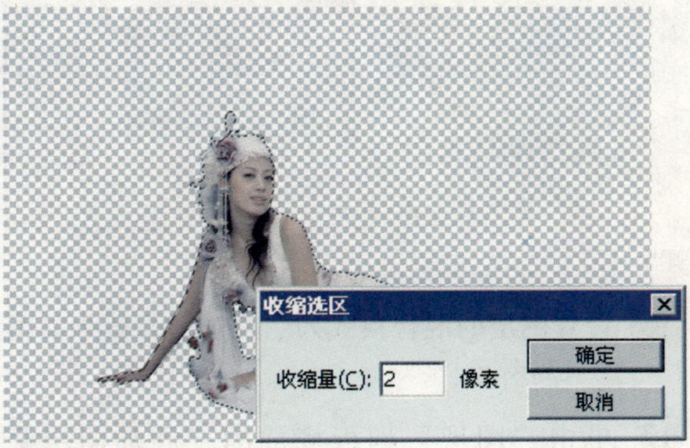

图5-125

图5-126

09 复制“图层1”，得到“图层1 副本”，设置该图层的混合模式为“滤色”，调整“不透明度”为40%，效果如图5-127所示。

10 选中“背景”图层，选择工具箱中的“渐变工具”，在工具选项栏中单击渐变颜色条，在弹出的“渐变编辑器”对话框中设置色标依次为（R：252、G：178、B：169）、（R：255、G：164、B：143）、（R：235、G：108、B：156），再单击“确定”按钮，然后从左到右进行线性渐变填充，如图5-128所示。

图5-127

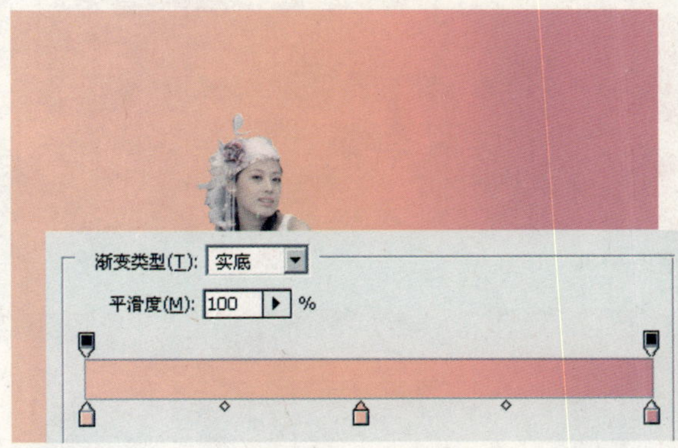

图5-128

11 将人物图层隐藏，新建图层，选择工具箱中的“椭圆选框工具”，在工具选项栏中设置“羽化”数值，然后按住Shift键绘制正圆选区，效果如图5-129所示。

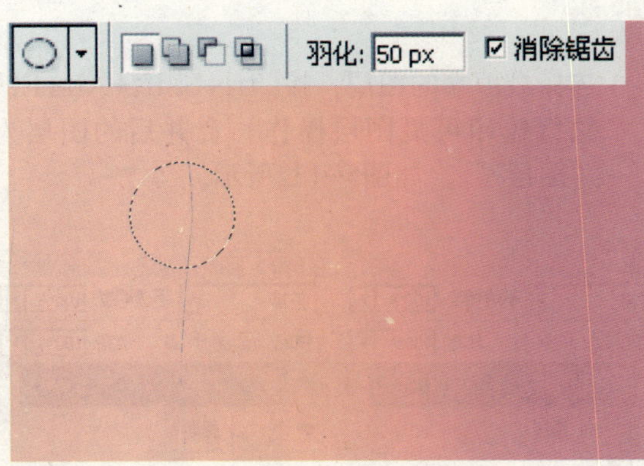

图5-129

12 设置前景色为黄色，按Alt+Delete键填充前景色，取消选区，效果如图5-130所示。

13 使用同样的方法，分别新建图层并创建选区，然后根据个人的喜好将选区填充为不同的前景色，注意色彩的明度变化，效果如图5-131所示。

图5-130

图5-131

14 选择最顶端的图层，按Ctrl+Shift+Alt+E键执行盖印可见图层操作，合并后的图层为“图层7”，如图5-132所示。

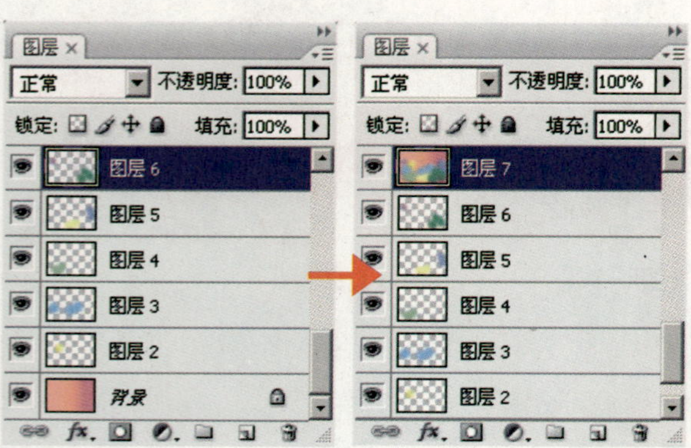

图5-132

15 执行菜单“滤镜|像素化|马赛克”命令，在弹出的“马赛克”对话框中设置参数，设置完成后单击“确定”按钮，效果如图5-133所示。

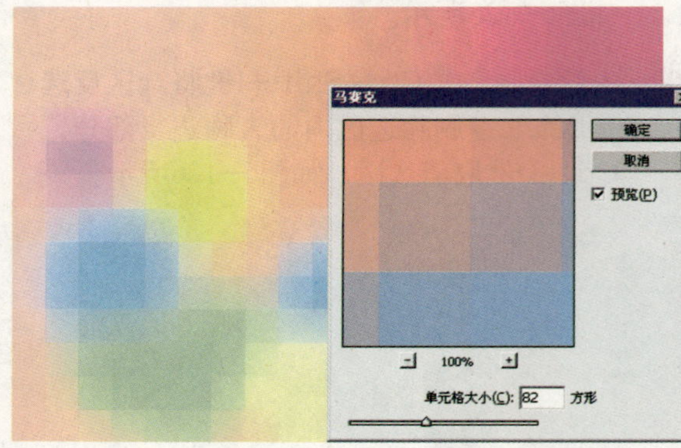

图5-133

16 设置图层的混合模式为“叠加”，效果如图5-134所示。

17 单击“图层”调板底部的“添加图层蒙版”按钮，选择工具箱中的“画笔工具”，设置笔尖为柔角，设置前景色为黑色，在画面的下方进行涂抹，效果如图5-135所示。

图5-134

图5-135

18 新建图层，默认前、背景色，选择工具箱中的“渐变工具”，从上到下做线性渐变，效果如图5−136所示。

19 执行菜单“滤镜 | 素描 | 半调图案”命令，在弹出的对话框中进行设置，如图5−137所示。

图5−136

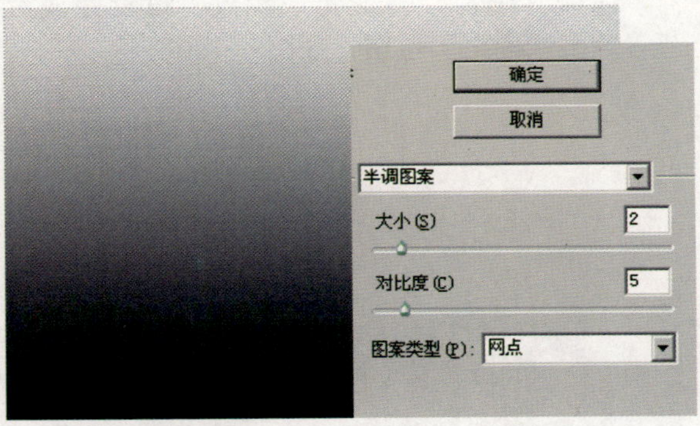

图5−137

20 设置图层的混合模式为“正片叠底”，调整图层的“不透明度”为30%，效果如图5−138所示。

图5−138

21 按Ctrl+O键打开素材图片，选择工具箱中的“魔棒工具”，在工具选项栏中设置“容差”为10，单击图片的空白处，载入其选区，效果如图5−139所示。

图5−139

22 按Ctrl+Shift+I键将选区反选，用“移动工具”将图像拖动到画面中，调整图像大小及在画面中的位置，效果如图5−140所示。

23 设置图层的混合模式为“柔光”，效果如图5−141所示。

图5−140

图5−141

24 选择工具箱中的“矩形选框工具”，在画面中制作选区，将蝴蝶框选在选区范围内，效果如图5-142所示。

25 执行菜单“滤镜 | 模糊 | 径向模糊”命令，在打开的“径向模糊”对话框中进行设置，设置完成后单击“确定”按钮，取消选区，效果如图5-143所示。

图5-142

图5-143

26 选择工具箱中的“画笔工具”，设置笔尖为“散布叶片”，设置“画笔”调板参数，如图5-144所示。

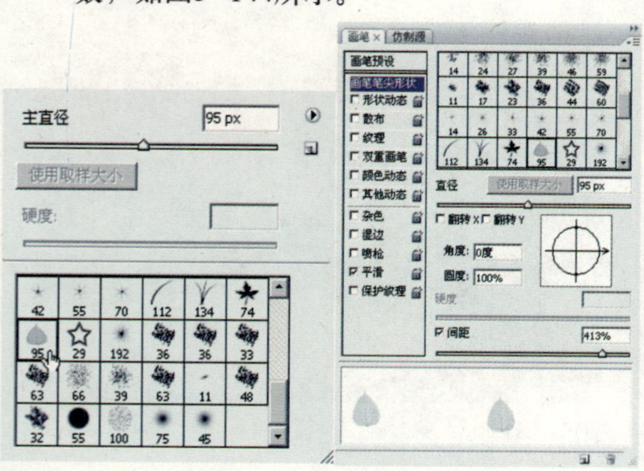

图5-144（a）

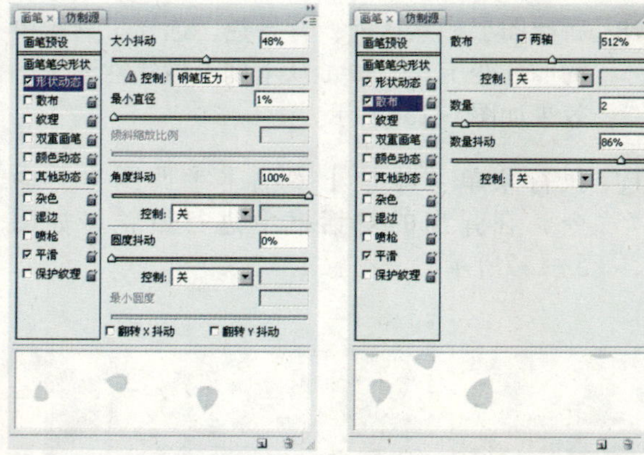

图5-144（b）

27 新建图层，设置前景色为白色，在画面上随机地绘制叶子，效果如图5-145所示。

28 选中任意人物图层，双击后弹出“图层样式”对话框，在对话框中选择“外发光”选项，设置“外发光”参数，设置完成后单击“确定”按钮，如图5-146所示。

图5-145

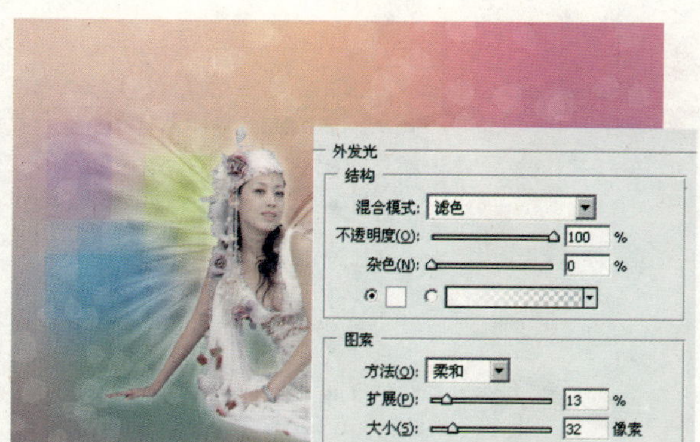

图5-146

29 选择工具箱中的“钢笔工具”，参照如图5-147所示从右向左绘制路径。

30 选择工具箱中的“画笔工具”，设置笔尖为尖角，大小为9像素，“画笔”调板参数设置如图5-148所示。

图5-147

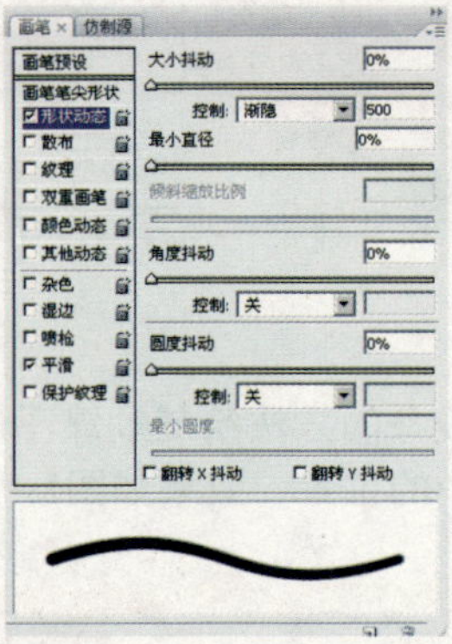

图5-148

31 新建图层，设置前景色为白色，切换到“路径”调板，单击“路径”调板底部的“用画笔描边路径”按钮，效果如图5-149所示。

图5-149

32 选择工具箱中的“钢笔工具”，参照如图5-150所示从右向左绘制路径。

图5-150

33 选择工具箱中的“画笔工具”，设置笔尖为尖角，大小为9像素，渐隐笔尖为320，新建图层，切换到“路径”调板，单击“路径”调板底部的“用画笔描边路径”按钮，效果如图5-151所示。

34 选择工具箱中的“钢笔工具”，参照如图5-152所示从左向右绘制路径。

图5-151

图5-152

35 选择工具箱中的“画笔工具”，设置笔尖为尖角，大小为9像素，渐隐笔尖为680，新建图层，切换到“路径”调板，单击“路径”调板底部的“用画笔描边路径”按钮，效果如图5-153所示。

36 复制描边后的3个线条图层，按Ctrl+T键执行“自由变换”命令，变换大小后调整其在画面中的位置，然后将其全部选中，按Ctrl+E键合并图层，效果如图5-154所示。

图5-153

图5-154

37 单击“图层”调板底部的“添加图层蒙版”按钮，选择工具箱中的“画笔工具”按钮，设置笔尖为柔角，在工具选项栏中调整“不透明度”为30%，设置前景色为黑色，在线条的交点处进行涂抹，效果如图5-155所示。

38 复制该图层，执行菜单“滤镜｜模糊｜高斯模糊”命令，在弹出的“高斯模糊”对话框中进行设置，设置完成后单击“确定”按钮，效果如图5-156所示。

图5-155

图5-156

39 用绘制线条的方法绘制蝴蝶图形，调整图形在画面中的位置，效果如图5-157所示。

图5-157

40 复制蝴蝶图形，按Ctrl+T键执行“自由变换”命令，将其等比缩小后调整其在画面中的位置，效果如图5-158所示。

41 选择工具箱中的“横排文字工具”，设置前景色为紫红色，输入文字，调整文字在画面中的位置，效果如图5-159所示。

图5—158

图5—159

42 选择工具箱中的“横排文字工具”T，设置前景色为白色，输入文字，调整文字在画面中的位置，效果如图5−160所示。

图5—160

第6章　通道抠图与合成

抠图是被讨论得非常多的操作，讨论的目的不外乎如何快速方便地抠图，以及何种抠图方法最好等，本章讲解的通道抠图应用广泛且效果最好。应用通道合成各种图像效果也是常用的方法之一，本章主要讲解应用通道计算合成图像效果。

6.1　通道抠图

使用通道抠图最根本的目标就是将要选择的图像在通道中以白色表现出来，这样可以通过将通道转换为选区的方法制作所需的选区。在整个操作过程中，图像调整命令提高了图像的对比度，使要选择的区域成为白色，其他区域成为黑色。

6.1.1　利用通道选择婚纱

在本例中将使用通道选择婚纱。在选择婚纱等半透明图像时，需要注意的是，应保持织物的透明度，使背景能够隐约地透过织物显现出来。在通道中进行选取时，应将背景部分处理为黑色，人物部分处理为白色，婚纱则处理为灰色。在通道中，灰色部分的图像具有一定透明度，越深的灰色透明度越高，越浅的灰色透明度越低。设置适当的灰色，可使选取的婚纱保持半透明效果。根据这个原理在抠图过程中要灵活变通地操作。

01 打开素材图片，如图6–1所示。切换到“通道”调板，观察“红”、“绿”、“蓝”3个通道，“蓝”通道的对比度最为强烈，复制“蓝”通道，得到“蓝 副本”通道，效果如图6–2所示。

图6–1

02 增强“蓝 副本”通道的黑白对比度。执行菜单“图像 | 调整 | 色阶”命令，设置“色阶”对话框中的参数，得到的通道效果如图6–3所示。

图6–2

03 选择工具箱中的“画笔工具”，设置笔尖为尖角，前景色为黑色，将人物的背景涂抹为黑色，在涂抹人物边缘的过程中不断变化笔尖的大小，从而得到更精细的效果，如图6–4所示。

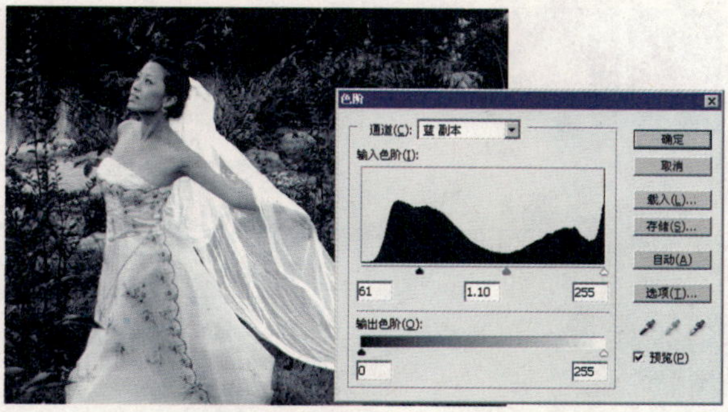

图6-3

图6-4

04 按住Ctrl键单击“蓝 副本”通道，载入其选区，如图6-5所示。选中“RGB”复合通道，切换到“图层”调板，按Ctrl+J键复制选区内容，自动生成“图层1”，效果如图6-6所示。

图6-5

图6-6

05 抠出人物的主体部分。再次载入“蓝 副本”通道内的图像选区，选择工具箱中的“快速选择工具”，在工具选项栏中单击“添加到选区”按钮，将人物全部选中，效果如图6-7所示，切换到“图层”调板，选中“背景”图层，按Ctrl+J键复制选区内容，自动生成“图层2”，图像效果如图6-8所示。

图6-7

图6-8

06 将“图层2”选中使其为可编辑图层，选择工具箱中的“橡皮擦工具”，将人物的头纱部分擦除，只显示“图层1”的透明效果，如图6-9所示。然后将“图层1”和“图层2”链接起来，并将其拖动到另一素材图片里，效果如图6-10所示。

图6-9

图6–10

图6–11

07 按Ctrl+T键将人物等比缩小，调整到画面合适的位置，设置“图层2”的混合模式为“滤色”，如图6–11所示。然后应用“仿制图章工具”和“橡皮擦工具”逐层修饰，效果如图6–12所示。

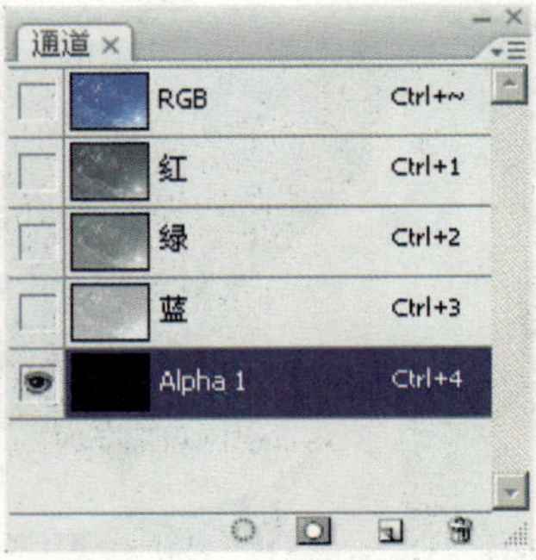

图6–12

6.1.2 利用通道选择复杂的建筑物

有些建筑物的外形比较复杂，在选取时需要花费较多的时间。本实例中的建筑外形也很复杂，但它的色调与天空有明显的区别，只要抓住这个特点，加大对比度，就可以将建筑物从背景中分离出来。

01 打开素材图片，效果如图6–13所示。打开“通道”调板，分别单击“红”、“绿”、“蓝”通道进行比较，效果如图6–14所示，可以发现，“蓝”通道的天空颜色最浅，这样调整对比度时比较容易也比较明显。

“红”通道

“绿”通道

“蓝”通道

图6–14

图6–13

02 复制“蓝”通道，如图6–15所示。执行菜单“图像 | 调整 | 色阶”命令，设置“色阶”对话框中的参数，单击“确定”按钮，效果如图6–16所示，可以看到天空大部分已经成为白色，建筑物大部分为黑色，区别十分明显，这就为下一步的操作打下了基础。

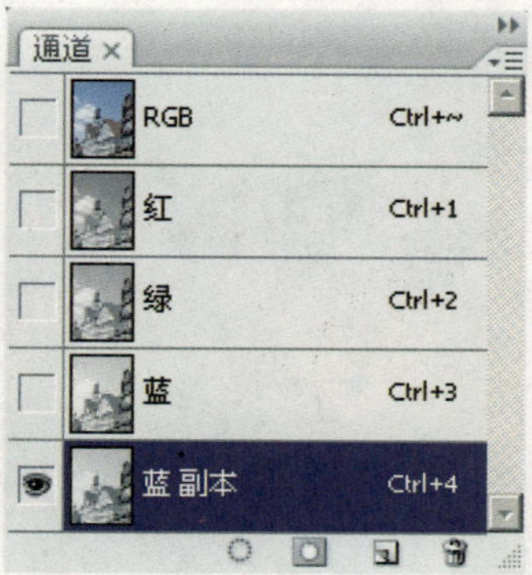

图6-15

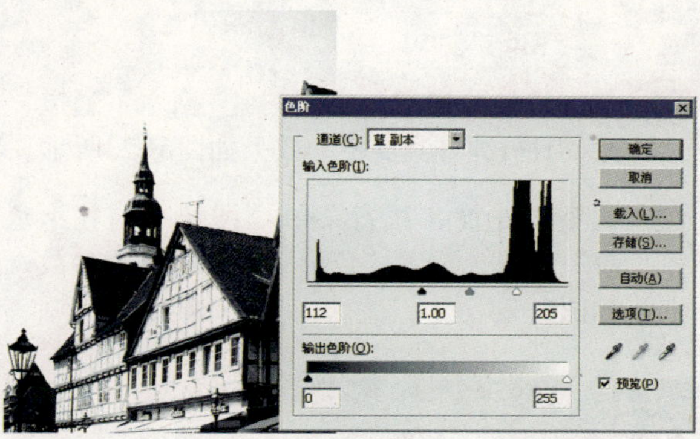

图6-16

03 选择工具箱中的“魔棒工具”，在工具选项栏中单击“添加到选区”按钮，单击云彩部分，参照如图6-17所示载入选区。将选区反选，选择“RGB”复合通道，切换到“图层”调板，按Ctrl+J键复制选区内容，自动生成“图层1”，隐藏“背景”图层，观察效果如图6-18所示。

图6-17

图6-18

6.1.3 利用通道精细抠图

有些人物图像抠起来很复杂，尤其是发丝，用路径工具很难将发丝精细地抠出来，这时利用通道可以将其抠出。

01 打开素材图片，效果如图6-19所示。选择工具箱中的“钢笔工具”，沿着人物边缘绘制路径，保留发丝部分，效果如图6-20所示。

图6-19

图6-20

02 将路径转换为选区，按Ctrl+J键复制选区内容，自动生成“图层1”，隐藏“背景”图层，如图6–21所示。

图6–21

03 显示“背景”图层并将其选中，切换到“通道”调板，分别单击“红”、“绿”、“蓝”通道进行比较，效果如图6–22所示，可以发现，“红”通道的人物身体和头发的对比最明显。

“红”通道

“绿”通道

图6–22（a）

“蓝”通道

图6–22（b）

04 复制“红”通道，得到“红 副本”通道，按Ctrl+I键将其反相，效果如图6–23所示。

05 调整对比度，执行菜单“图像 | 调整 | 色阶”命令，设置“色阶”对话框中的参数，如图6–24所示。

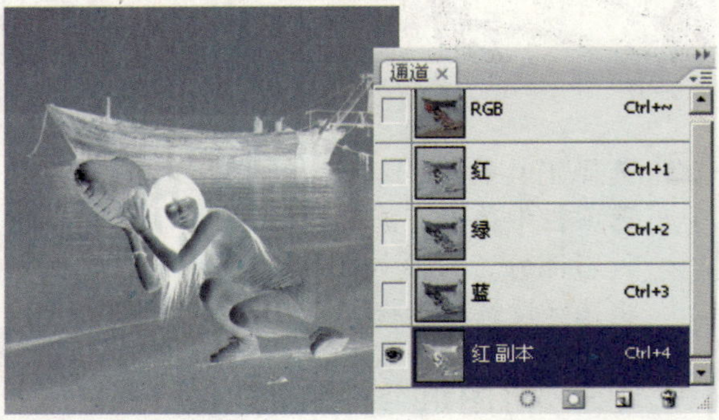

图6–23

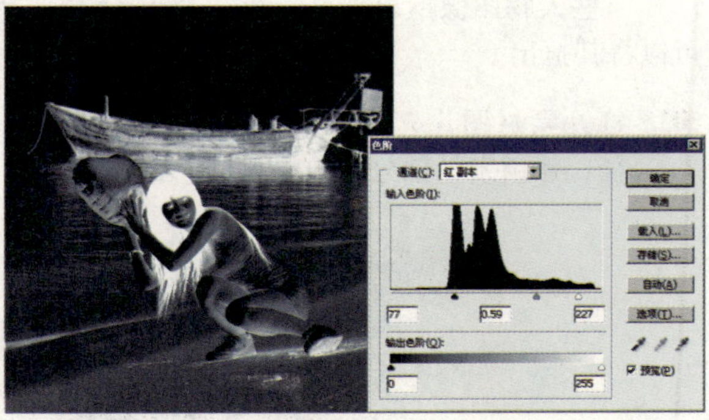

图6–24

06 按住Ctrl键单击“红 副本”通道，载入白色图像部分的选区，效果如图6–25所示。切换到“图层”调板，选择“背景”图层，按Ctrl+J键复制选区内容，自动生成“图层2”，隐藏“图层1”和“背景”图层，观察效果，如图6–26所示。

图6—25

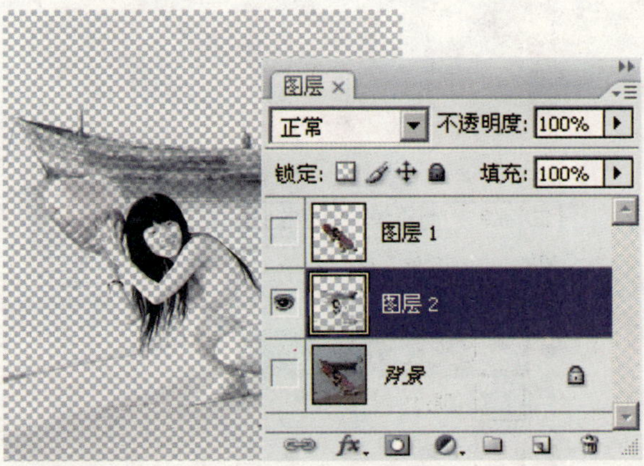

图6—26

07 去除多余的图像。显示“图层1”，按住Ctrl键单击“图层1”，载入选区后将选区反选，如图6—27所示。然后用“橡皮擦工具”将多余的图像擦除，取消选区，效果如图6—28所示。

图6—27

图6—28

08 观察抠图后的效果，在人物图层下方新建图层，填充绿色（读者可随意填充），效果如图6—29所示。选中“图层2”，执行菜单“图层 | 修边 | 移去白色杂边”命令，效果如图6—30所示。修饰各图层效果不完善的地方，选中“图层1”，用路径工具将多余的背景选中，删除后效果如图6—31所示。

图6—29

图6—30

图6—31

6.1.4 利用通道选择透明的玻璃物体

01 打开两个素材文件，效果如图6-32所示。

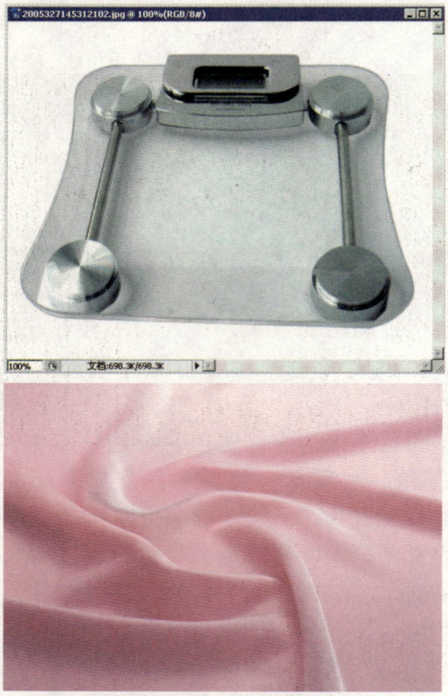

图6-32

02 将玻璃物品拖动到背景图片中，自动生成“图层1”，调整好位置。选择工具箱中的“钢笔工具”，将玻璃的不透明部分抠出来，效果如图6-33所示。

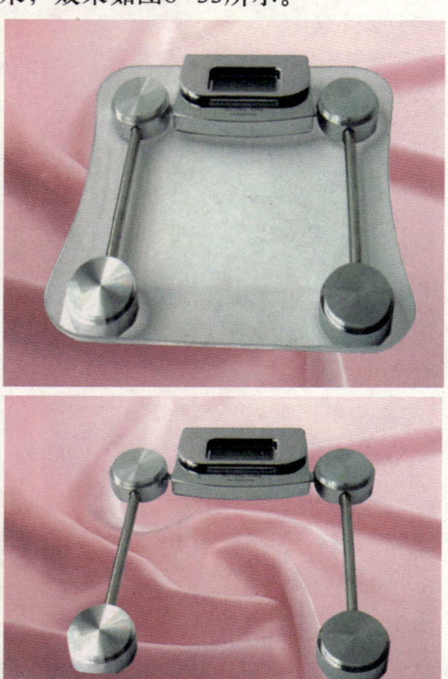

图6-33

03 复制“图层1”，得到“图层1 副本”，设置图层的混合模式为“正片叠底”，将“图层1”隐藏，效果如图6-34所示。

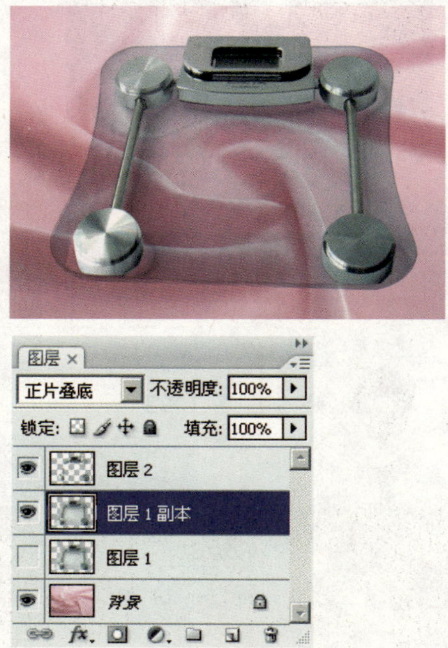

图6-34

04 现在欠缺的是玻璃的光泽，所以必须再想办法抠出玻璃的高光。回到“图层1”，将其他图层隐藏，如图6-35所示。切换到“通道”调板，复制“蓝”通道，得到“蓝 副本”通道，效果如图6-36所示。

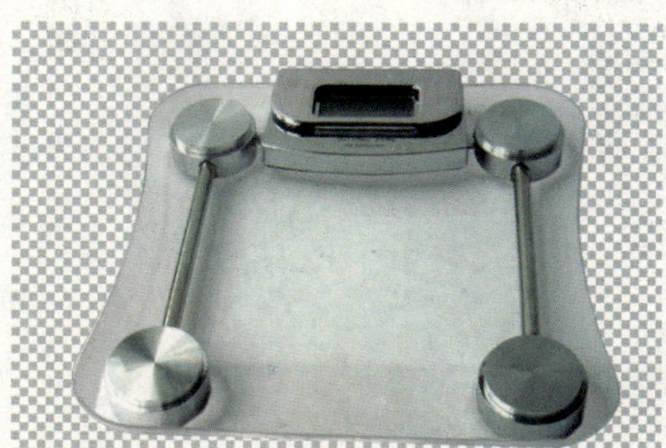

图6-35

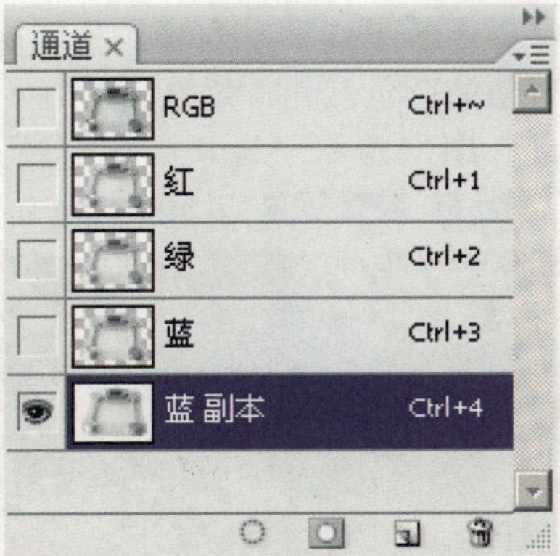

图6-36

05 用“魔棒工具”选取玻璃外面的白色区域，设置前景色为黑色，按Alt+Delete键填充黑色，效果如图6-37所示。取消选区，执行菜单“图像｜调整｜色阶”命令，设置“色阶”对话框中的参数，如图6-38所示。

图6-37

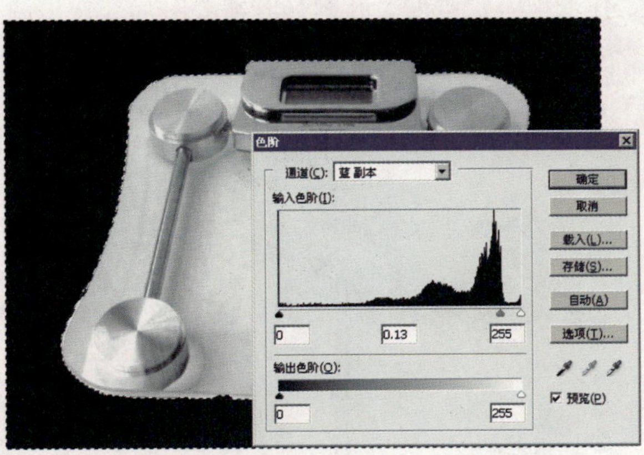

图6-38

06 按住Ctrl键单击“蓝 副本”通道，载入高光部分的选区，效果如图6-39所示。保留选区，切换到“图层”调板，效果如图6-40所示。

图6-39

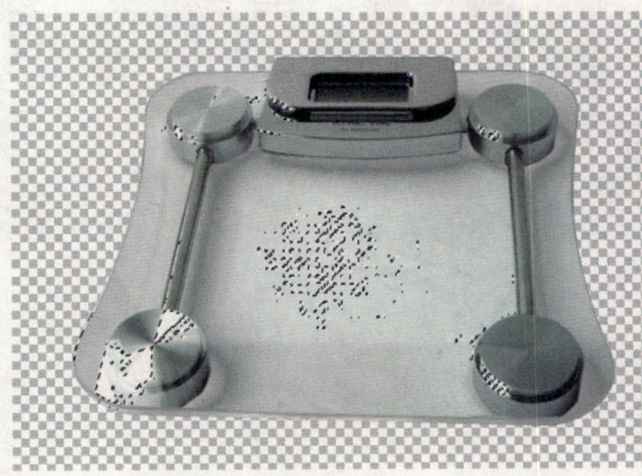

图6-40

07 按Ctrl+J键复制选区内容，自动生成“图层3”，隐藏“图层1”以观察效果，如图6-41所示。

08 按住Ctrl键新建图层，填充为红色，然后将“图层3”拖到“图层1 副本”的上方，并将“图层3”的混合模式设置为“滤色”，如图6-42所示。

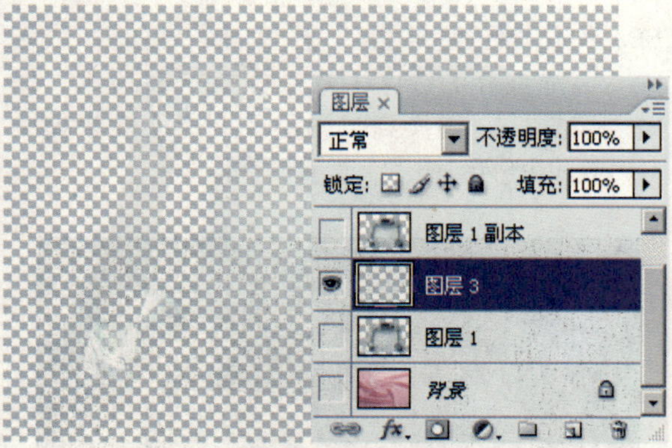

图6-41

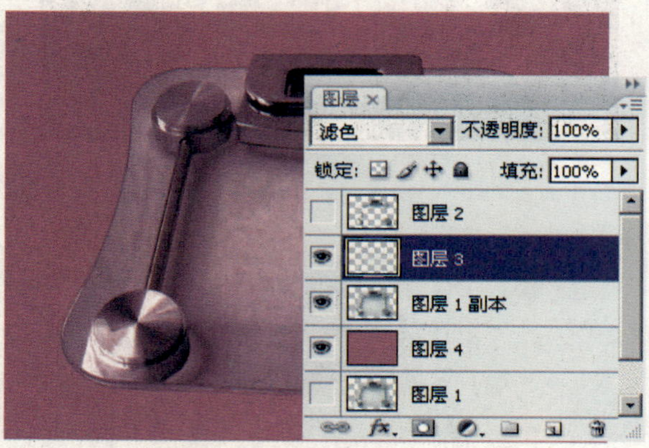

图6-42

09 用“橡皮擦工具”擦掉该擦的区域，保留该留的白色高光，效果如图6-43所示。将红色图层隐藏，显示“图层2”和“背景”图层，最终效果如图6-44所示。

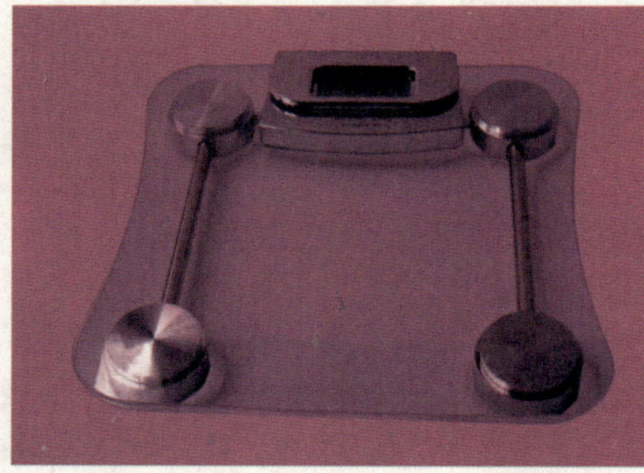

图6-43

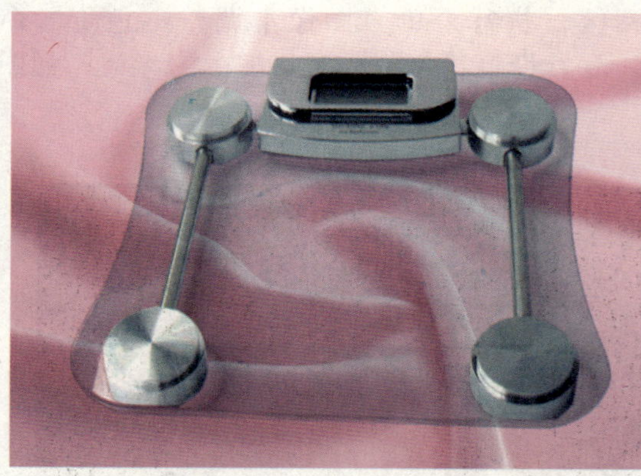

图6-44

6.1.5 利用通道选择蜻蜓

蜻蜓的翅膀薄而透明，纹理丰富，为通道选取工作带来一定难度，在制作时需要对局部作出调整，才能保证纹理的清晰与完整。

01 打开素材图片，效果如图6-45所示。

图6-45

02 切换到“通道”调板，分别单击“红”、“绿”、“蓝”3个通道进行比较，如图6-46所示，“蓝”通道中图像的黑白效果对比较强，蜻蜓翅膀的纹理比较清晰。

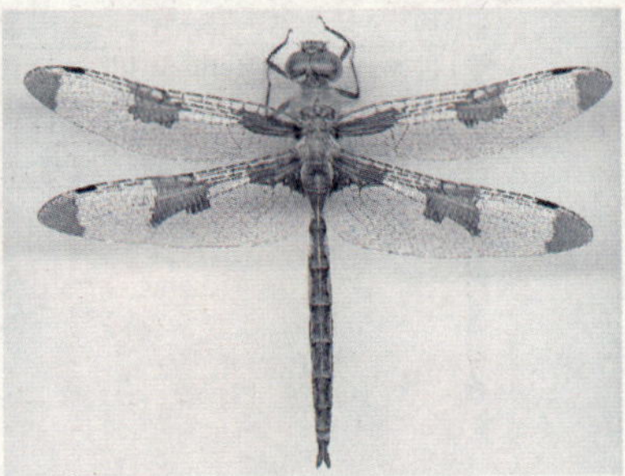
“红”通道

“绿”通道

“蓝”通道

图6-46

03 复制“蓝”通道，如图6-47所示。按Ctrl+I键执行“反相”命令，反转“蓝 副本”通道的颜色，如图6-48所示。在通道中，蜻蜓应呈现白色，才能处于被选取状态。

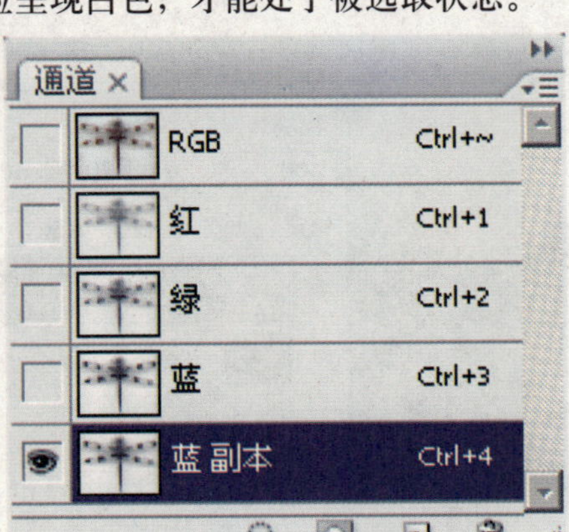

图6-47

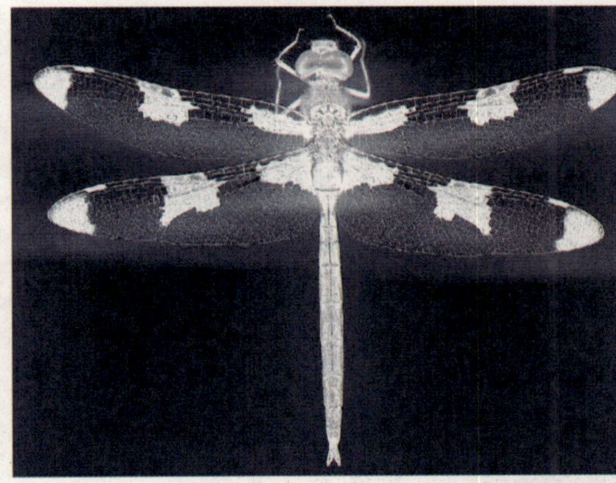

图6-48

04 按Ctrl+L键打开“色阶”对话框，单击“设置黑场”工具，在蜻蜓翅膀下面的灰色区域单击，使其呈现黑色，如图6-49所示。

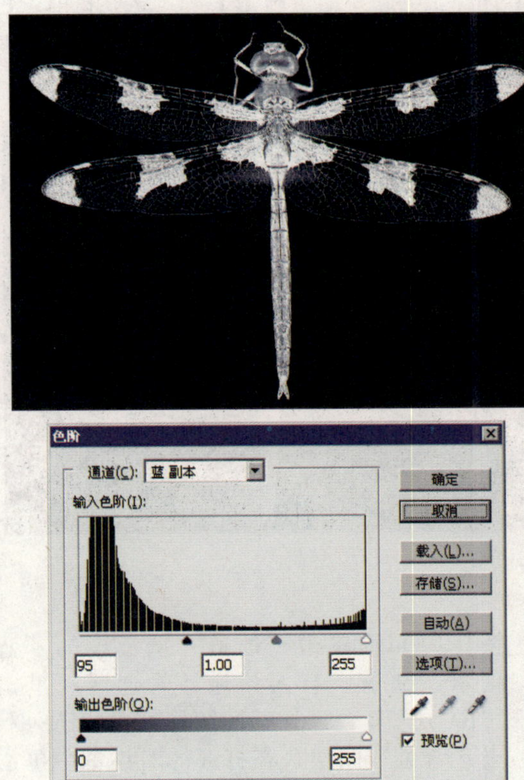

图6-49

05 按Ctrl+M键打开“曲线”对话框，调整选区内图像的灰度层次，如图6-50所示。

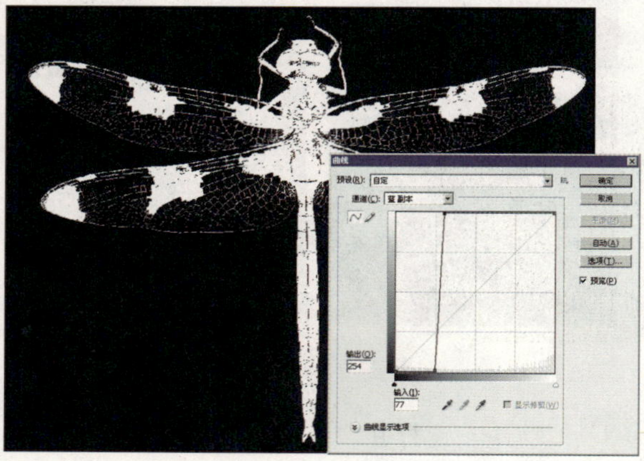

图6-50

06 选择工具箱中的“画笔工具”，将前景色设置为白色，在蜻蜓的身体和翅膀的图案处拖动鼠标涂抹白色，如图6-51所示。

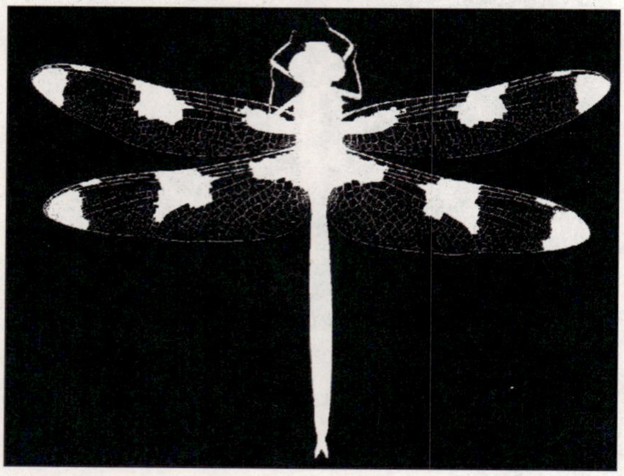

图6-51

07 按住Ctrl键单击“通道”调板中的“蓝副本”通道，载入该通道的选区，单击“RGB”复合通道返回图层编辑状态。双击“背景”图层，在打开的对话框中单击“确定”按钮，将其转换为普通图层，单击“图层”调板中的“添加图层蒙版”按钮，从选区中创建图层蒙版，如图6-52所示。

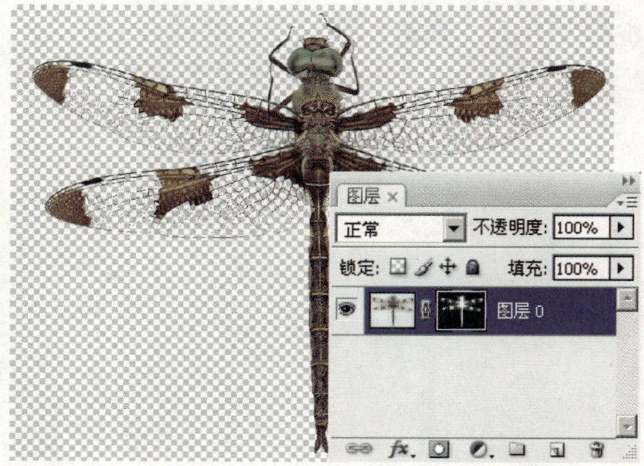

图6-52

08 打开另一素材文件，效果如图6-53所示。选择工具箱中的移动工具，拖动蜻蜓到当前文件中，生成“图层1”。按Ctrl+T键执行“自由变换”命令，拖动控制点调整蜻蜓的大小及角度，调整完成后，按Enter键确认变换操作，效果如图6-54所示。

图6-53

图6-54

09 双击“图层1”，打开“图层样式”对话框，选择“投影”选项，设置参数后单击“确定”按钮，图像的最终效果如图6-55所示。

图6-55

6.2 应用图像与通道计算

使用“应用图像”命令可将两个具有相同尺寸的图像的图层或通道混合，从而创建特殊的图像合成效果。

“计算”命令用于混合两个来自一个或多个源图像的单个通道，然后可以将结果应用到新图像或新通道，或应用到现用图像的选区中。通过“计算”命令可以创建新的通道和选区，也可创建新的黑白图像文件，但不能生成彩色图像。

6.2.1 应用图像

执行菜单“图像 | 应用图像”命令，可以打开“应用图像”对话框，如图6-56所示。在学习使用“应用图像”命令合成图像之前，要了解该对话框中各个选项的含义。

源：执行“应用图像”命令后，系统将在当前操作的图像中创建混合，可以在“源”选项的下拉列表中选择另外一个文件使之与当前的文件混合。

图层：用来选择源图像中参与混合的图层，如果要使用源图像中的所有图层，可在其下拉列表中选择“合并图层”选项。

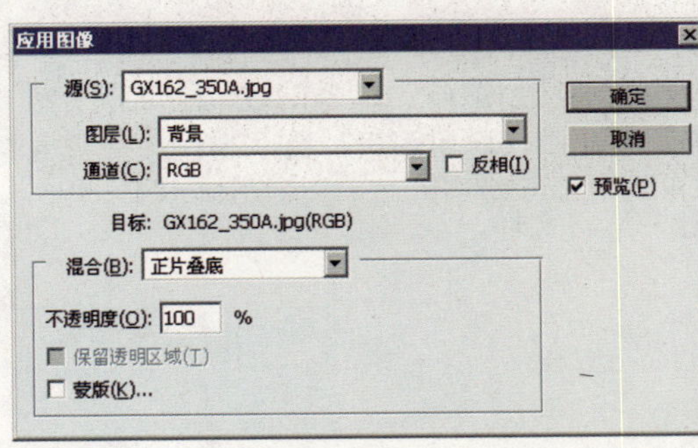

图6-56

技巧 ◎ 提示

如果是在不同的图像中使用“应用图像”命令，那么只有在两个图像具有相同的模式的前提下才能选择“合并图层”选项。

通道：用来选择源图像中参与混合的通道，如果勾选“反相”选项，可将通道反相处理后再参与混合。

目标：即“应用图像”命令作用的当前图像，可以在“目标”中查看到当前图像的名称、当前选择的图层和文件的模式等。

混合： 用来选择一种混合模式来合成图层或通道。除Photoshop中基本的混合模式外，该选项下拉列表中还包括“相加”和“减去”模式，当选择这两种模式后，对话框中会出现两个选项，即“缩放”和“补偿值”。“缩放”（1.000~2.000）值越高，图像越暗；“补偿值”（-255~255）则相反，该值越高，图像越亮。

不透明度： 用来设置源图像在参与混合过程中的不透明度，该值越低，源图像对混合结果的影响越小。

保留透明区域： 如果目标图层包含透明区域，勾选该项后，混合将在图层的不透明区域中进行，透明区域不会受到影响。

蒙版： 勾选该项可在对话框中显示有关蒙版的选项，如图6-57所示。可以选择一个打开的与源图像具有相同尺寸的图像作为蒙版，然后通过蒙版应用混合。

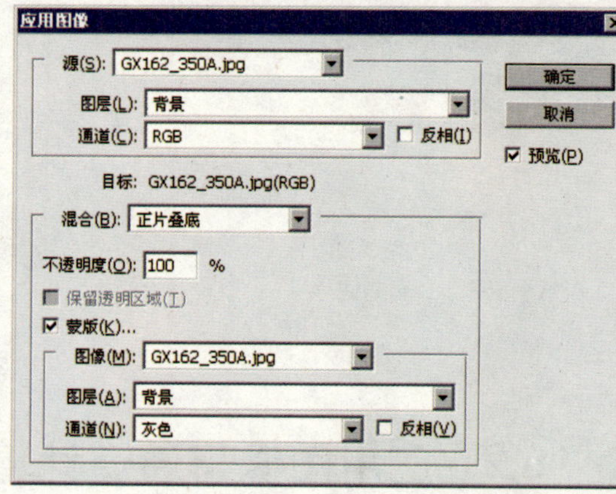

图6-57

6.2.2 图层与应用图像的关系

“应用图像”命令不仅作用于当前的图像，其结果还会修改当前选择的图层，因此，如果想要保留原图层的内容，可复制该图层，然后对复制后的图层副本使用“应用图像”命令。如果源图像中包含多个图层，可以在“应用图像”对话框的“图层”选项中选择参与混合的图层，当选择“合并图层”选项时，可使用源图像中的所有图层参与混合。

6.2.3 混合模式在应用图像中的作用

在执行“应用图像”命令的过程中，混合模式对图像的最终结果起着决定性的作用，下面就以在一个图像中使用“应用图像”命令为例来分析混合模式对应用图像的影响。

01 打开素材文件，该图像中包含两个图层，如图6-58所示。

原图像

图6-58

02 执行菜单“图层 | 应用图像”命令，设置混合模式为“正常”，在“图层”选项中分别选择不同的图层，图像效果如图6-59所示。

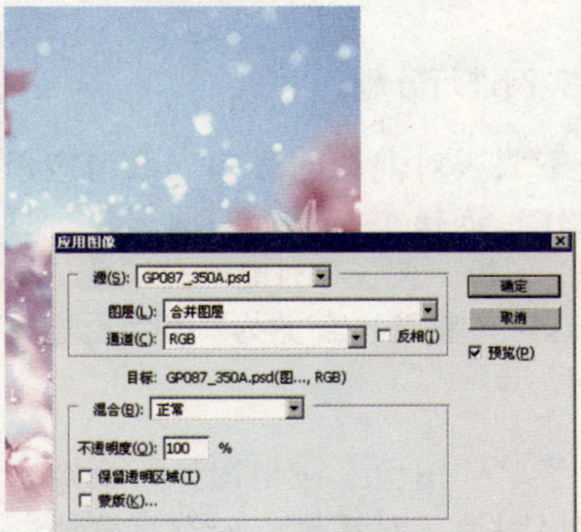

合并图层

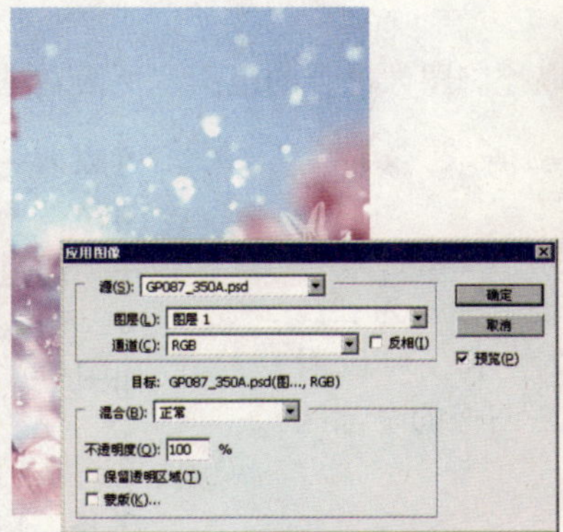

图层1

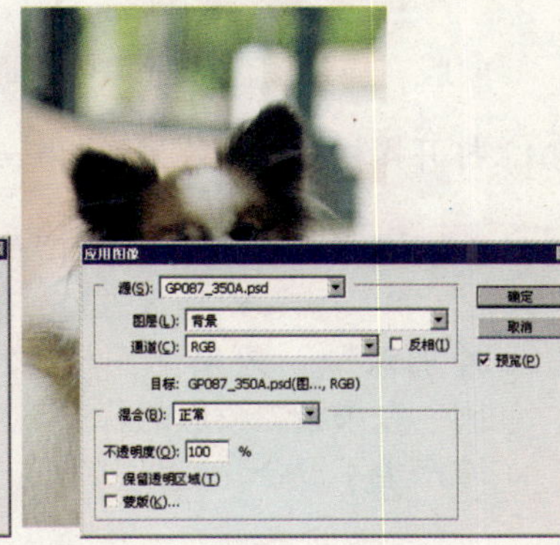

背景

图6-59

03 从图6-59中可以看到，图像的最终效果显示的是源图像中各个图层的效果，并没有产生混合。再修改混合模式观察一下效果，设置混合模式为“颜色加深”，在“图层”选项中分别选择不同的图层，图像效果如图6-60所示。

合并图层

图层1

背景

图6-60

从这次的混合结果可以看到，设置了混合模式后，两个图层之间产生了混合，由此可知，“应用图像”命令主要是依靠混合模式在图像间产生的混合效果。还有一点需要说明，在源图像中，“图层”调板中的最顶层图层的属性会影响“合并图层”选项的混合结果，如果源图像中的最顶层图层没有降低不透明度或者没有设置混合模式，则选择“合并图层”选项与选择最顶层图层的效果相同，也就是图6-59中选择“合并图层”与选择“图层1”的结果相同，出现这种结果是因为在选择“合并图层”选项后，系统以源图像的显示效果来参与混合，因此，如果源图像的显示效果与最顶层的外观一致，它们的混合效果也就相同了。

技巧 ● 提示

“相加”和“减去”混合模式只在“应用图像”和“计算”命令中可用。“相加”模式可增加两个通道中的像素值，它是在两个通道中组合非重叠图像的好方法；“减去”模式可从目标通道中相应的像素上减去源通道中的像素值。

6.2.4 蒙版在应用图像中的作用

1.通道蒙版

蒙版在应用图像的过程中可以控制图像混合的范围，下面通过实例进行分析。

01 打开素材文件，效果如图6-61所示。

02 执行菜单“图像｜应用图像”命令，打开“应用图像”对话框，设置混合模式为“线性加深”，效果如图6-62所示。可以看到，在未设置蒙版的状态下，图像的全部区域产生了混合。

图6-61

图6-62

03 再来看一下蒙版对混合的影响。取消应用图像的操作，选择参与混合的源图像，打开“通道”调板，按住Ctrl键单击“蓝”通道，载入选区，将选区存储为Alpha通道，如图6-63所示。

04 重新执行菜单“图像｜应用图像”命令，打开“应用图像”对话框，勾选“蒙版”选项，在“通道”下拉列表中选择“Alpha 1”选项，图像效果如图6-64所示。

图6-63

图6-64

从混合结果中可以看到，通道蒙版控制了混合的范围，混合效果被限定在蒙版的白色区域内，也可以使用其他颜色通道作为蒙版来控制混合。

2.选区蒙版

如果在参与混合的源中创建了选区，选区也可以起到类似蒙版控制混合范围的作用。

在文件中创建一个选区，如图6-65所示。重新执行“应用图像”命令，勾选“蒙版”选项，在“通道”的下拉列表中选择“选区”选项，图像的效果如图6-66所示。

图6–65

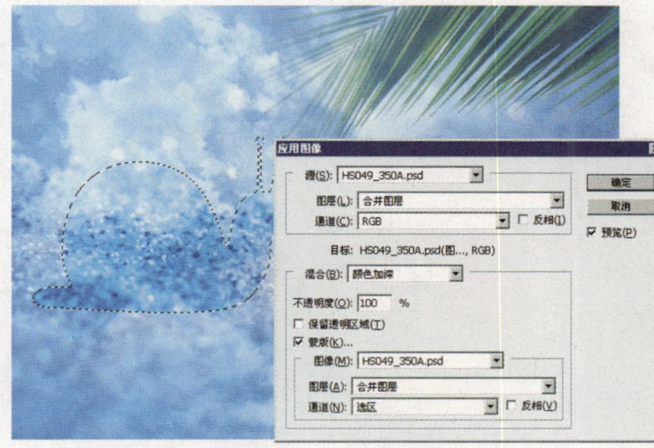

图6–66

3.透明区域蒙版

如果源图像中当前选择的图层中包含透明区域，可以将混合的效果控制在图层的不透明区域内。

选择“魔棒工具”，参照如图6–67所示载入选区，按Delete键将选区内容删除，如图6–68所示。重新执行“应用图像”命令，勾选“蒙版”选项，在“图层”下拉列表中选择“图层1”，在“通道”下拉列表中选择“透明”，如图6–69所示，图像的效果如图6–70所示。

图6–67

图6–68

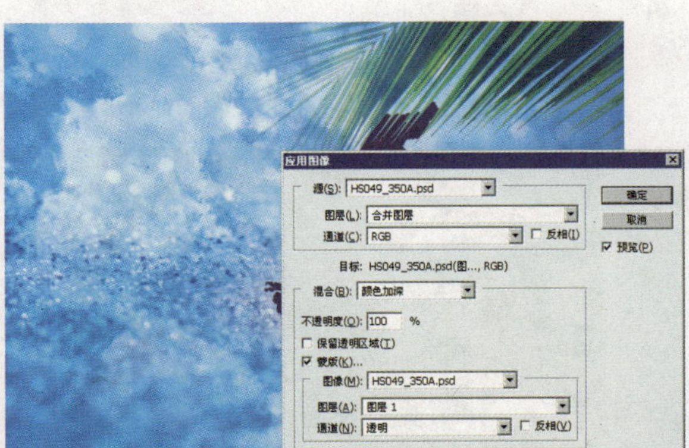

图6–69

图6–70

6.2.5 通道计算

执行菜单“图像 | 计算”命令可以打开“计算”对话框，如图6-71所示。可以看到，“计算”对话框与“应用图像”中的许多选项都是一样的，它们的设置方法也大致相同。

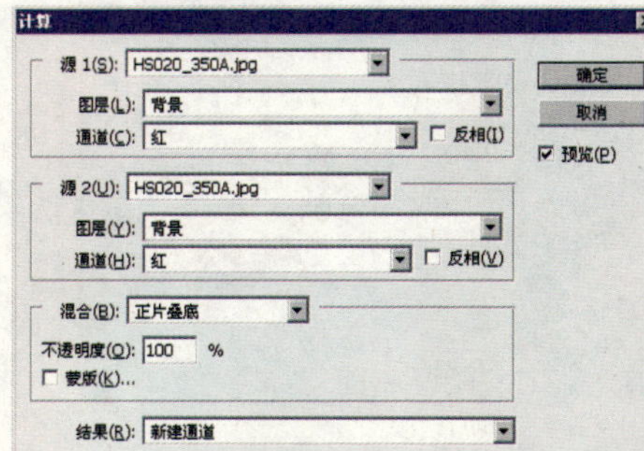

图6-71

6.2.6 同一图像中的通道计算

“计算”命令的具体应用过程如下。

1. 设置参与计算的图像

首先设置参与计算的图像，在对话框的“源1”和“源2”下拉列表中选择一个或两个打开的文件，然后指定参与计算的图层、通道、选区或透明区域。

2. 设置混合参数

设置完参与计算的图像后，便可以设置混合参数（包括混合模式、不透明度和蒙版等），其中“混合”选项用来控制计算过程中的混合模式，它与“应用图像”命令的“混合”选项作用相同；“不透明度”值用来控制“源1”中选择的图层的不透明度，它可控制计算效果的强度；如果勾选“蒙版”选项，还可以通过颜色通道、Alpha通道、图像的透明区域或当前文件中的选区来控制“源2”中选择的图层和通道的计算区域，使“源2”中选择的图层和通道的部分区域不会受到计算的影响。

3. 设置计算结果

最后设置计算结果，可在“结果”选项下拉列表中进行设置，包括“新建通道”、“新建文档”和“选区”等选项。

下面通过实例来了解如何在同一图像中应用“计算”命令进行通道计算。

01 打开素材文件，效果如图6-72、图6-73所示。

图6-72

图6-73

02 将图6-73所示的树叶图像设置为当前操作的文件，按Ctrl+A键执行“全选”命令，如图6-74所示，按Ctrl+C键进行复制。单击图6-72所示的蝴蝶图像，将它设置为当前操作的文件，打开“通道”调板，新建通道“Alpha 1”。按下Ctrl+V键将复制的图像粘贴到新建的通道中，如图6-75所示，按Ctrl+D键取消选择。

图6-74

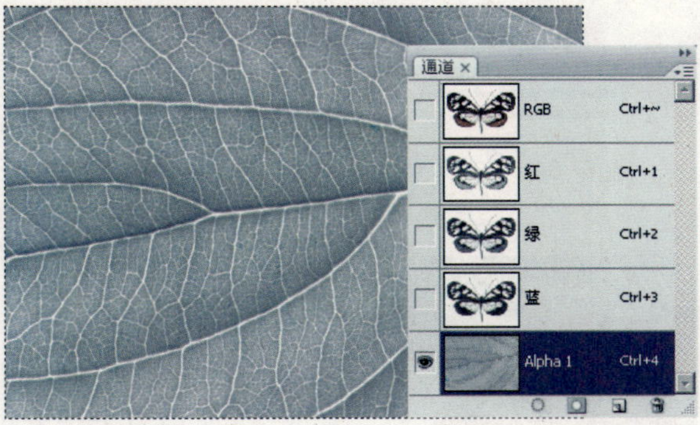

图6-75

03 打开另一个素材文件，效果如图6-76所示。按Ctrl+A键将图像全选，按Ctrl+C键进行复制，单击蝴蝶图像，将它设置为当前文件，在“通道”调板中新建一个通道“Alpha 2”，按Ctrl+V键将复制的图像粘贴到新建的通道中，如图6-77所示，按Ctrl+D键取消选择。

图6-76

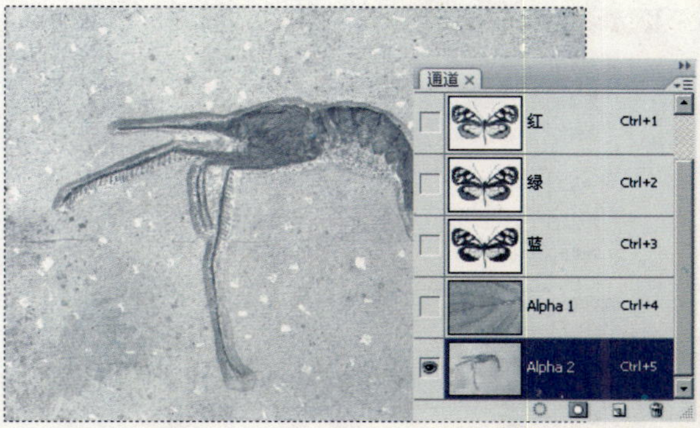

图6-77

04 单击“RGB”复合通道，返回到图像编辑状态，如图6-78所示。再打开一个素材文件，效果如图6-79所示。用“移动工具” 将它拖动到蝴蝶图像中，自动生成“图层1”，效果如图6-80所示。

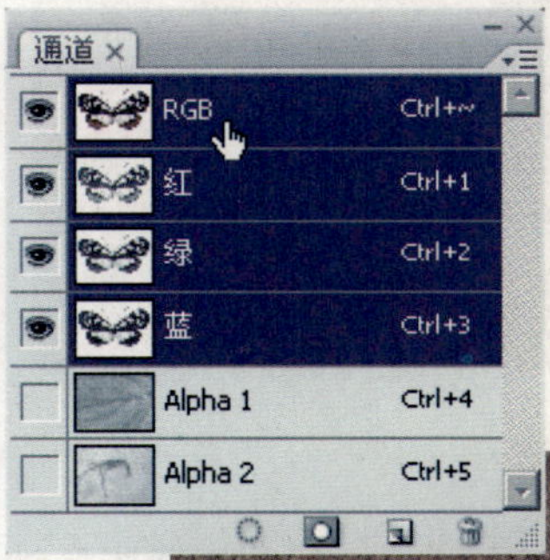

图6-78

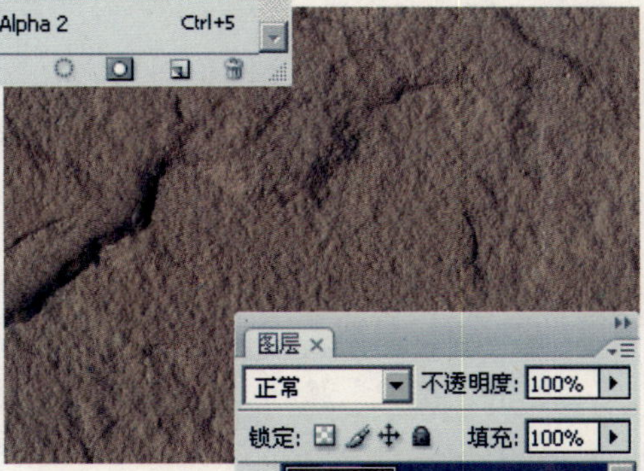

图6-79

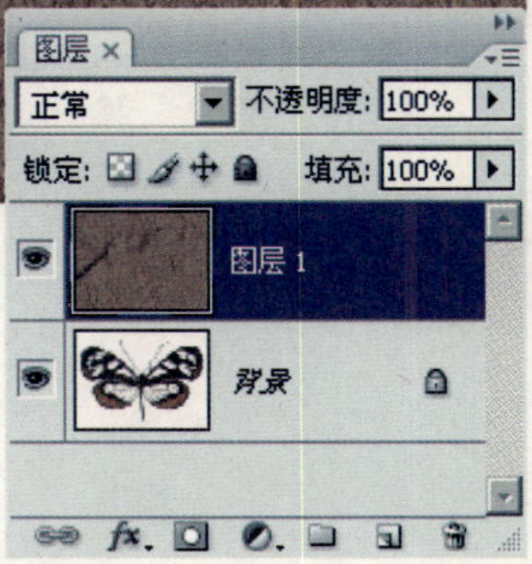

图6-80

05 执行菜单“图像|计算”命令，打开“计算”对话框，将“源1”中的通道设置为“Alpha 1”，将“源2”中的通道设置为“Alpha 2”，设置混合模式为“颜色加深”，将计算的结果设置为“选区”，如图6-81所示，单击“确定”按钮，经过计算得到的选区如图6-82所示。

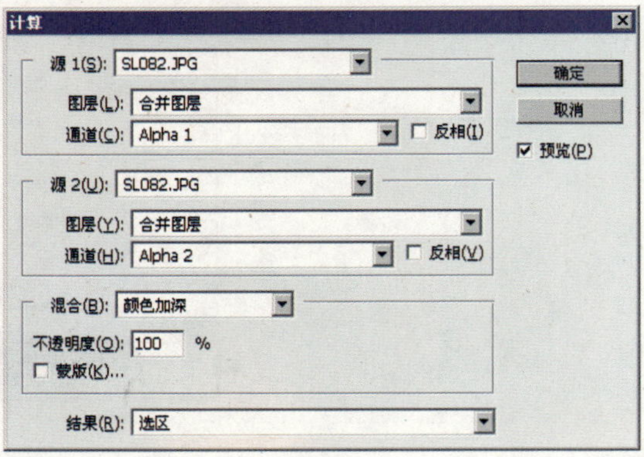

图6–81

图6–82

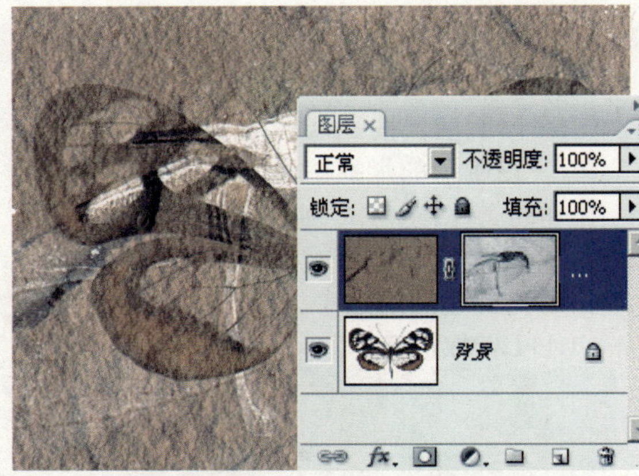

图6–83

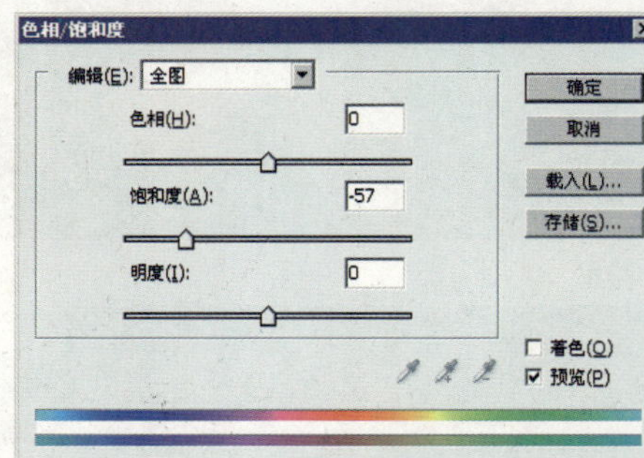

图6–84

06 单击“图层”调板中的“添加图层蒙版”按钮，将选区创建为图层蒙版，效果如图6–83所示。

07 在“图层”调板中创建一个“色相/饱和度”调整图层，设置参数如图6–84所示，单击“确定”按钮，图像的效果如图6–85所示。

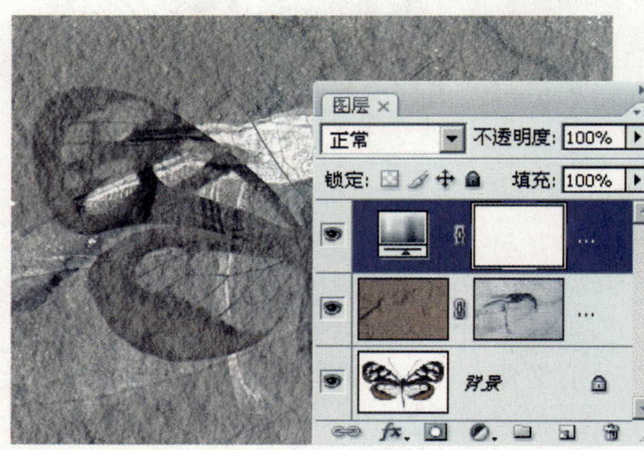

图6–85

6.2.7 不同图像中的通道计算

在不同图像中执行“计算”命令与在两个图层中执行“应用图像”命令类似。执行“计算”命令的两个图像都应该打开，并且应具备相同的尺寸。下面就使用“计算”命令用苹果与干枯的大地创建一幅特殊效果的图像。

01 打开两个素材文件，效果如图6–86、图6–87所示。

图6-86

图6-87

02 将图6-86所示的文件设置为当前操作文件，执行菜单“图像 | 计算”命令，打开“计算”对话框，在“源1”下拉列表中选择“001.jpg”选项，在“源2”下拉列表中选择“002.jpg”选项（此处选择的两个文件名为素材文件名），在“混合”下拉列表中选择“减去”，将“结果”设置为“新建通道”，如图6-88所示。

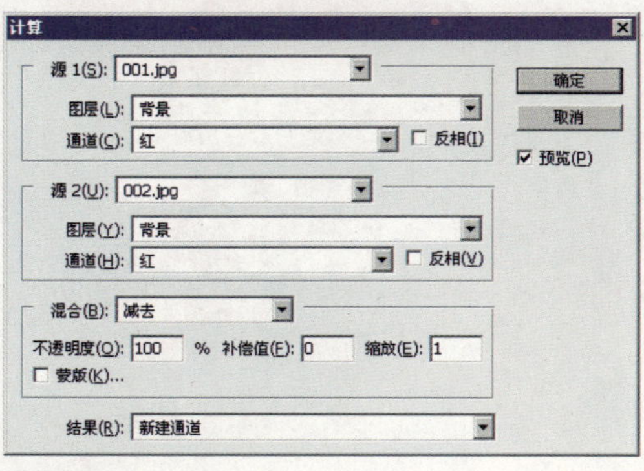

图6-88

03 单击“确定”按钮，图像的效果如图6-89所示。计算结束后会在“通道”调板中新建一个Alpha通道，如图6-90所示。

图6-89

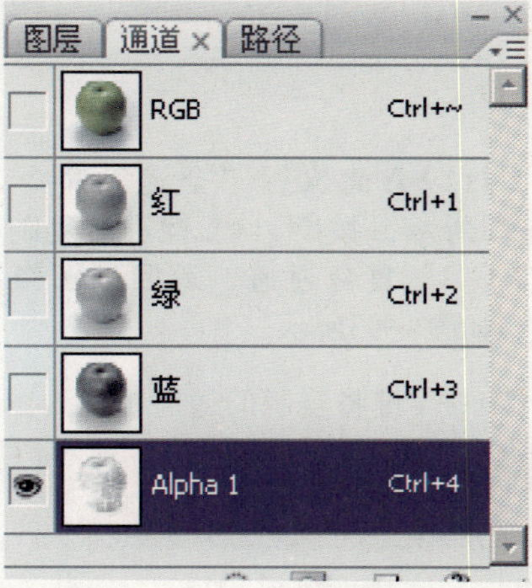

图6-90

04 执行菜单“图像 | 调整 | 反相”命令，反转通道的效果，初步得到合成的图像，如图6-91所示。

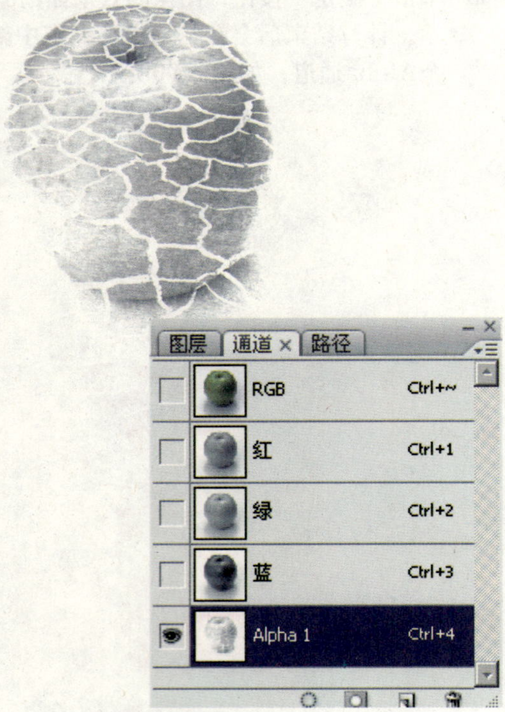

图6–91

05 按Ctrl+A键执行“全选”命令，如图6–92所示。按Ctrl+C键进行复制，单击“RGB”复合通道，返回到图像编辑状态，如图6–93所示。

06 按Ctrl+V键将复制的通道粘贴为图层，自动生成“图层1”，如图6–94所示。

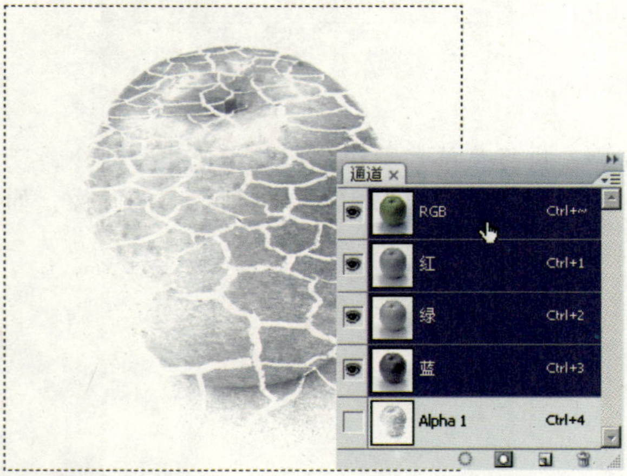

图6–92

图6–93

07 图像的左边有些过于明亮，需要进行调整。选择工具箱中的“仿制图章工具”，在工具选项栏中选择一个柔角笔尖，将画笔的“硬度”调整为50%（可防止修饰的区域过于模糊），“不透明度”为70%，涂抹后的效果如图6–95所示。

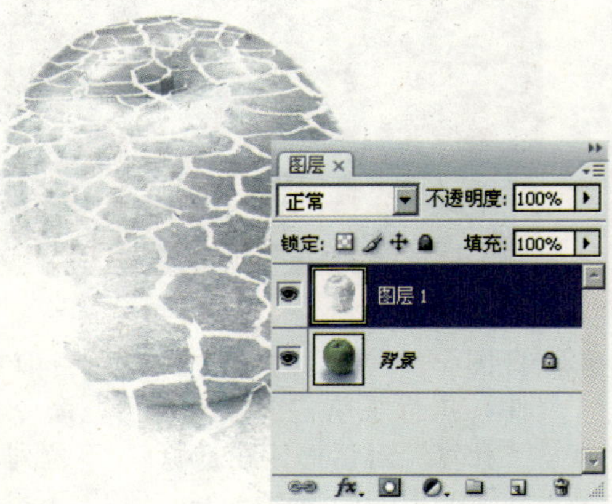

图6–94

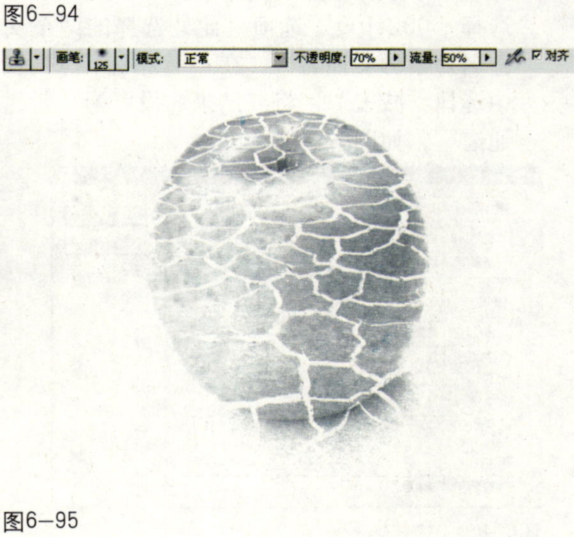

图6–95

08 复制“图层1”，得到“图层1 副本”，设置图层的混合模式为“正片叠底”，最终效果如图6–96所示。

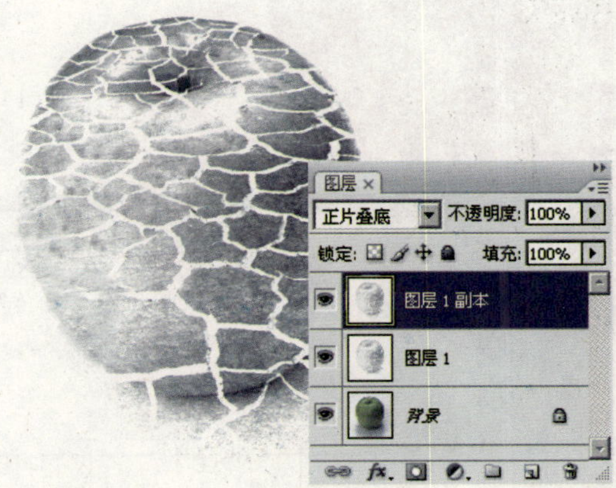

图6–96

6.3 “应用图像”命令应用实例

使用“应用图像”命令可将两个具有相同尺寸的图像的图层或通道混合，从而创建特殊效果的图像合成效果。下面的例子是使用“应用图像”命令将一个图像制作成特殊的效果，让读者更充分地掌握“应用图像”命令。

01 打开照片。执行菜单“文件 | 打开”命令，在弹出的“打开”对话框中选择所要修饰的素材照片，单击“打开”按钮，显示如图6–97所示。

02 切换到“通道”调板，单击选中“蓝”通道，其他通道自动隐藏，如图6–98所示，此时图像只显示“蓝”通道的效果。

图6–97

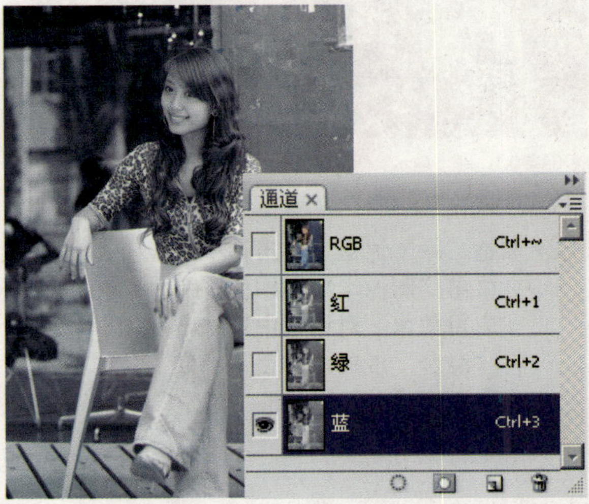

图6–98

03 制作应用图像效果。执行菜单“图像 | 应用图像”命令，在打开的“应用图像”对话框中选择“反相”选项，然后将“混合”设置为“正片叠底”，“不透明度”设置为45%，单击“确定”按钮，效果如图6–99所示。选中“RGB”通道观察效果，如图6–100所示。

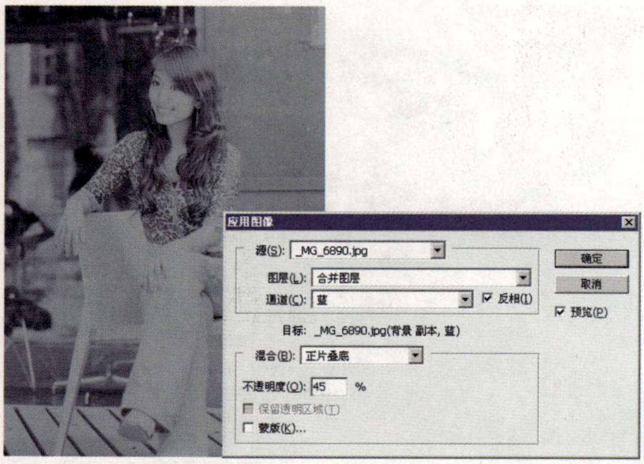

图6-99

图6-100

04 调整“绿”通道。单击选中“绿”通道，执行菜单“图像 | 应用图像”命令，在弹出的“应用图像”对话框中选择“反相”选项，将“混合”设置为“正片叠底”，“不透明度”设置为45%，单击“确定”按钮，效果如图6-101所示。

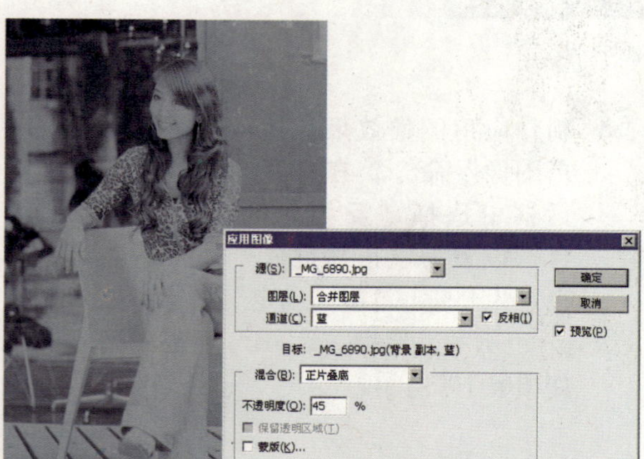

图6-101

05 选中“RGB”通道观察效果，如图6-102所示。

06 调整“红”通道。单击选中“红”通道，执行菜单“图像 | 应用图像”命令，在弹出的“应用图像”对话框中选择“反相”选项，将“混合”设置为“颜色加深”，“不透明度”设置为70%，单击“确定”按钮，效果如图6-103所示。

图6-102

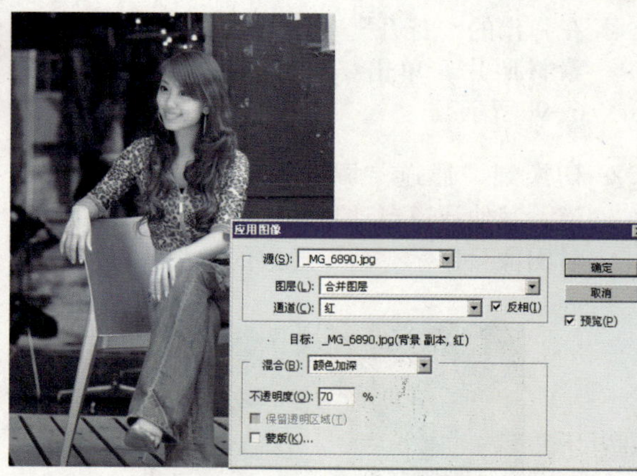

图6-103

07 选中“RGB”通道观察效果，如图6-104所示。

08 选中“绿”通道，执行菜单“图像 | 调整 | “色阶”命令（或按Ctrl+L键），打开“色阶”对话框，观察图像发现白场欠缺，拖动白场并调整灰场，单击“确定”按钮，效果如图6-105所示。

图6-104

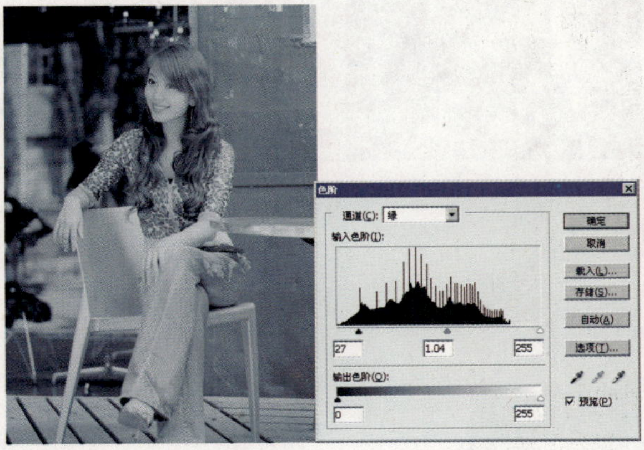

图6-105

09 选中“RGB”通道观察效果，如图6-106所示。

10 按Ctrl+L键打开“色阶”对话框，在“通道”的下拉列表中选择“蓝”通道，再拖动滑块或者设置数值以调整色阶，效果如图6-107所示。

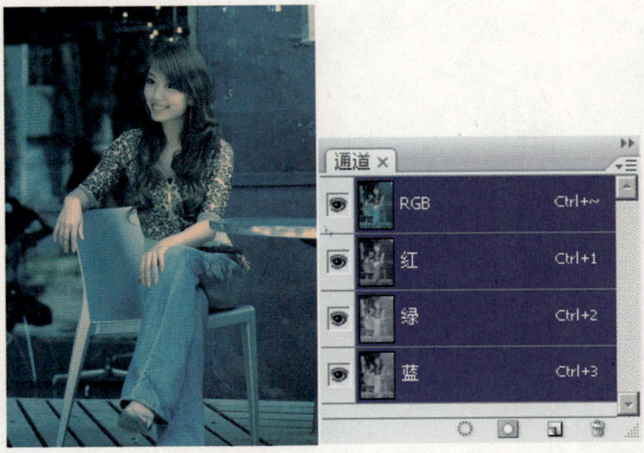

图6-106

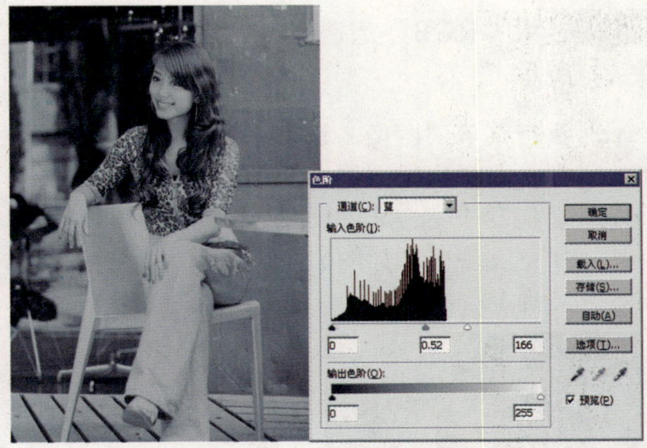

图6-107

11 选中“RGB”通道观察效果，如图6-108所示。

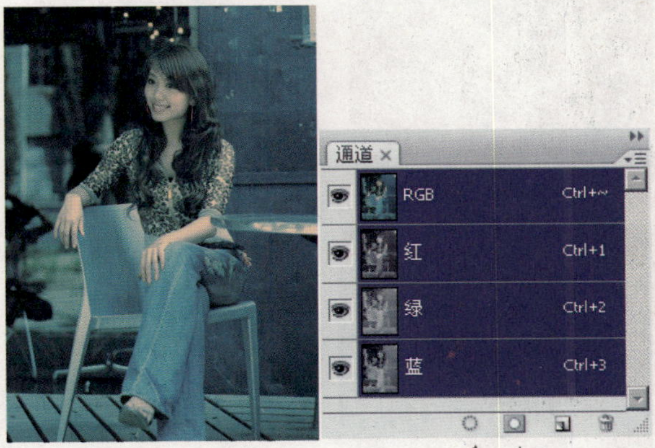

图6-108

12 按Ctrl+L键打开“色阶”对话框，在“通道”的下拉列表中选择“红”通道，再拖动滑块或者设置数值以调整色阶，效果如图6-109所示。

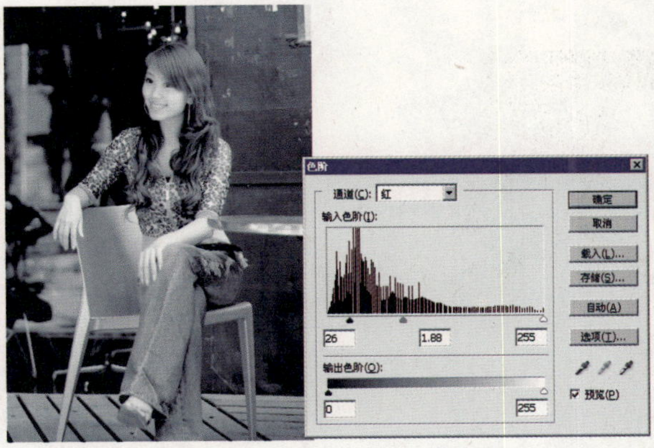

图6-109

13 选中“RGB”通道观察效果，如图6-110所示。

14 执行菜单“图像｜调整｜亮度/对比度”命令，在弹出的“亮度/对比度”对话框中分别拖动“亮度”和“对比度”滑块以使照片更亮一些，如图6-111所示，满意后单击“确定”按钮。

图6-110

图6-111

15 还可以对图像进行色相与饱和度的调整，执行菜单“图像｜调整｜色相/饱和度”命令（或按Ctrl+U键），打开“色相/饱和度”对话框进行调整，效果如图6-112所示。

图6-112

第3部分
蒙版功能与合成精粹

第7章　蒙版概述与基础操作

蒙版也是Photoshop中极为重要的功能之一，是进行图像合成的重要手段，本章主要讲解蒙版的几种类型与基础操作，为下一章图像合成技法做基础。

7.1　蒙版与图像合成

蒙版用来控制图像的显示和隐藏区域，是进行图像合成的重要手段，也是Photoshop中极富吸引力的功能之一。通过蒙版合成图像可以超越时空与地域的限制，任意发挥想象力和创造力。

7.1.1　蒙版的类型与应用

在Photoshop中可创建不同类型的蒙版，包括快速蒙版、剪贴蒙版、矢量蒙版和图层蒙版等。每种蒙版都有着不同的用途，下面就来具体分析不同类型蒙版的用途和特点。

1. 快速蒙版

快速蒙版用来创建、编辑和修改选区，单击工具箱中的“以标准模式编辑”按钮和“以快速蒙版模式编辑”按钮即可在选区与蒙版之间进行切换。

在快速蒙版状态下，被选择的区域显示为原图像，而未被选择的区域上会覆盖一层半透明的颜色。将选区作为蒙版来编辑时，几乎可以使用任何Photoshop工具或滤镜修改蒙版，如图7-1所示为使用“画笔工具”编辑快速蒙版所得到的选区。

原图像　　快速蒙版模式下使用画笔工具修改蒙版　　标准模式下得到的选区

图7-1

快速蒙版可以准确地显示选区羽化的范围，实施了羽化的选区具有模糊的边缘。图7-2所示为未设置羽化的选区在快速蒙版下的状态，图7-3所示为设置了羽化的选区在快速蒙版下的状态。

未设置羽化的选区　　快速蒙版状态

图7–2

设置羽化的选区　　快速蒙版状态

图7–3

使用设置了柔角的画笔或应用“高斯模糊”滤镜编辑快速蒙版都可以创建羽化效果，也可以通过“色阶”命令来控制选区的范围和羽化的强度。图7–4所示为调整蒙版羽化强度的效果，图7–5所示为在此基础上扩大选区范围的效果。

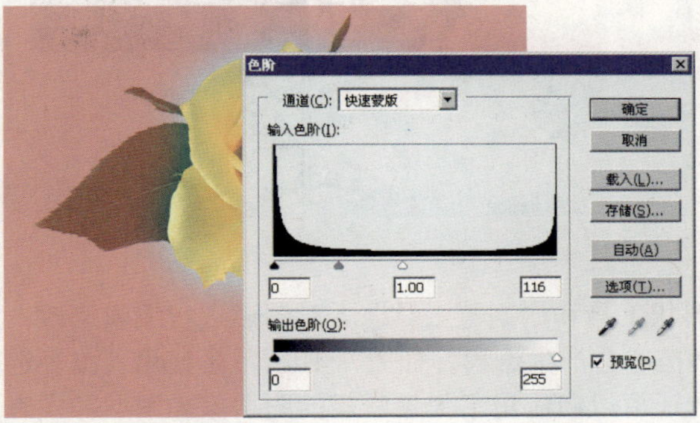

图7–4

图7–5

2. 剪贴蒙版

剪贴蒙版最核心的作用是利用基底图层的图层属性（如不透明度、混合模式等）、基底图层中图像的属性（如图像的外形、图像的颜色等）来控制内容图层中图像的显示效果。内容图层所显示出来的内容，完全由基底图层自身的属性及其中图像的属性来决定。

创建剪贴蒙版后，蒙版中的基底图层名称带有下划线，内容图层的缩览图是缩进的，并显示一个剪贴蒙版图标 ↓，如图7–6所示。移动基底图层的位置会改变内容图层的显示区域，如图7–7所示。

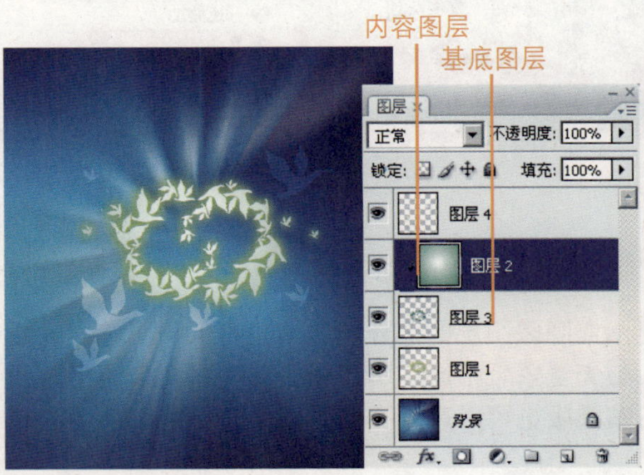

图7–6

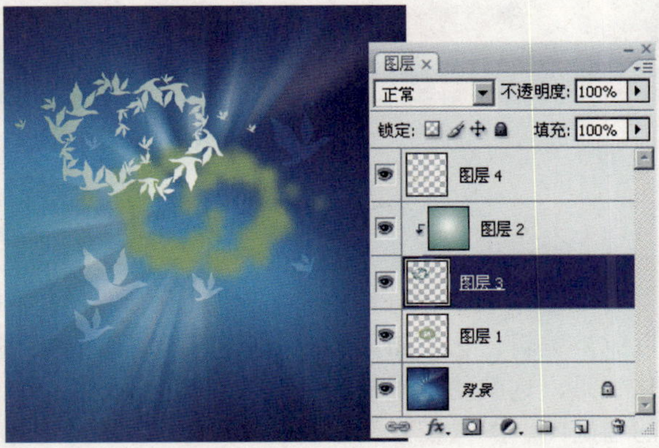

图7–7

剪贴蒙版可应用于多个图层，但这些图层必须是相邻、连续的图层。通过一个基底图层来控制多个图层的显示区域，不仅灵活多变，也是进行图像合成的主要方法。

3.矢量蒙版

矢量蒙版也是通过形状控制图像的显示区域。与剪贴蒙版不同的是，它仅能作用于当前图层，并且它与剪贴蒙版控制图像显示区域的方法也是不同的。下面使用两种不同的蒙版创建同一个图像效果来观察它们的区别。如图7-8所示为矢量蒙版的效果，可以看到，矢量蒙版中的图形控制了当前图层的显示区域；如图7-9所示为剪贴蒙版的效果，它通过基底图层的图像形状控制了内容图层的显示区域。

图7-8

图7-9

矢量蒙版中创建的形状是矢量图形，可以使用形状工具和“钢笔工具”对图形进行编辑修改，从而改变蒙版的遮罩区域，也可对它任意缩放而不必担心会产生锯齿。如图7-10所示是使用“路径选择工具”选择蒙版中的图形并将其移动后的效果，还可以向应用了矢量蒙版的图层添加图层样式来创建标志、按钮或其他设计元素，如图7-11所示。

图7-10

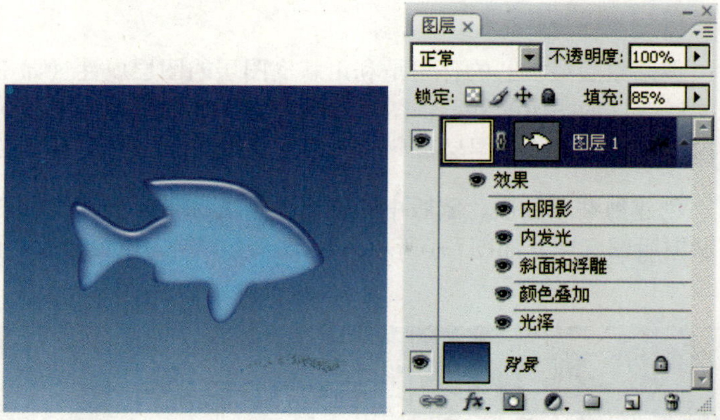

图7-11

4.图层蒙版

图层蒙版是与分辨率相关的位图图像，它用来显示或隐藏图层的部分内容，也可保护图像的区域以免被编辑，它是图像合成中应用最为广泛的蒙版。与矢量蒙版相比，图层蒙版可生成淡入淡出的羽化效果，这就使得图像的合成效果更加自然。虽然剪贴蒙版也可以产生类似的效果，但控制显示区域的基底图层图像在修改时没有图层蒙版灵活和方便。

如图7-12所示为使用这3个蒙版创建的图像合成效果，从图中可以看到，矢量蒙版只能创建清晰的边缘效果，而图层蒙版和剪贴蒙版由于设置了羽化的效果，创建的合成效果就非常自然。

矢量蒙版

剪贴蒙版

图层蒙版

图7—12

图层蒙版的编辑方式较之剪贴蒙版和矢量蒙版更为灵活，可以使用画笔、渐变、涂抹等绘图工具对图层蒙版进行修改，还可以使用选择工具或滤镜进行编辑，从而可以创建特殊的图像合成效果。

7.1.2 蒙版与选区的关系

从前面的章节中可以了解到，快速蒙版与选区的关系是最密切的，也可以根据需要将矢量蒙版和图层蒙版的选区载入到图像中使用。按住Ctrl键单击蒙版缩览图可以载入蒙版的选区（蒙版中白色部分为被载入的区域），如图7—13所示。

如果当前图像中已经创建了选区，则在蒙版上单击鼠标右键可在打开的下拉菜单中选择选区的载入方式。例如，选择“添加图层蒙版到选区”命令，可在当前选区中添加蒙版的选区，如图7—14所示。也可以使用快捷键进行操作，按Shift+Ctrl键单击蒙版缩览图可将蒙版的选区添加到当前选区；按Alt+Ctrl键单击蒙版缩览图可减去当前的选区；按Shift+Alt+Ctrl键单击蒙版缩览图可得到选区交叉的结果。

图7—13

由于剪贴蒙版使用基底图层的图像控制内容图层的显示区域，因此，通过快捷键载入基底图层图像和内容图层图像的选区与载入其他图层选区的性质和作用相同。

图7-14

7.2 蒙版基础操作

下面以“图层蒙版”为例讲解蒙版的基础操作。掌握这些基础操作，可以为学习下面章节中的蒙版应用技巧打下基础。

选择要添加蒙版的图层，然后执行菜单“图层 | 图层蒙版 | 显示全部”命令，或在“图层”调板中单击“添加图层蒙版”按钮，在“图层”调板中就会在选择的图层旁边出现一个白色蒙版，显示所选图层内容并且与此图层之间以一个链接符号相连，如图7-15所示。

执行菜单“图层 | 添加图层蒙版 | 隐藏全部”命令，或按住Alt键单击“图层”调板中的“添加图层蒙版”按钮，会出现一个黑色蒙版，并隐藏所选图层内容。

图7-15

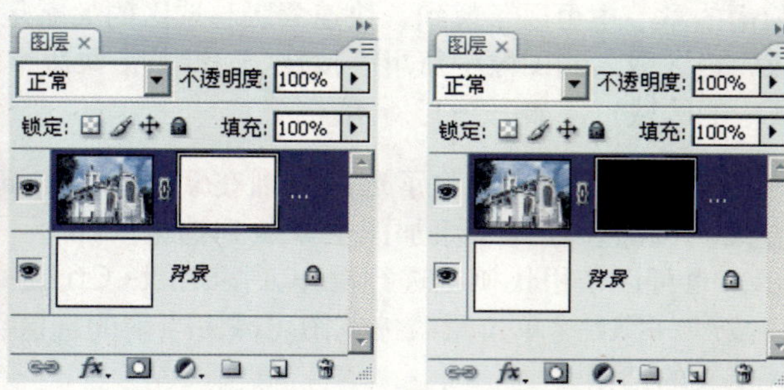

图7-16

技巧 提示

如果图层上已经有选取范围了，仍要建立图层蒙版，可以执行菜单“图层 | 添加图层蒙版 | 显示选区”命令，将未选取的图像部分隐藏起来；如果执行菜单“图层 | 添加图层蒙板 | 隐藏选区”命令，可将选取的图像部分隐藏起来。

添加蒙版后，直接显示链接符号，将蒙版和图片链接在一起，单击链接符号，可取消链接，取消后蒙版和图片相当于两个独立的图层，如图7-17所示。

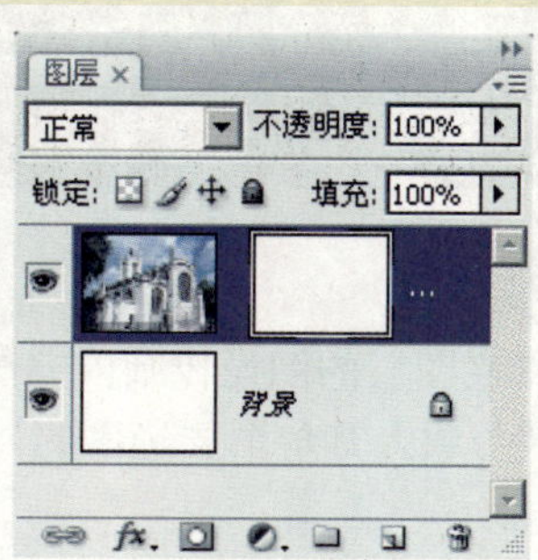

图7-17

第8章　蒙版合成图像技法

Photoshop中存在很多种蒙版类型，其中较为常用的是剪贴蒙版、矢量蒙版以及图层蒙版。本章分别讲解这三个蒙版合成图像的应用技巧。

8.1　剪贴蒙版

创建剪贴蒙版后，编辑基底图层和内容图层对剪贴蒙版组的影响不同。下面就来深入分析剪贴蒙版的应用技巧。

8.1.1　剪贴蒙版应用技巧

1.创建剪贴蒙版

选择“图层”调板中的一个图层，执行菜单“图层 | 创建剪贴蒙版”命令，该图层会与下面的图层创建剪贴蒙版，下面的图层作为基底图层控制上面图层的显示区域；也可以通过快捷方式创建剪贴蒙版，按住Alt键，将光标移至“图层”调板中分隔两个图层的线上，此时光标显示为状，如图8-1所示，单击鼠标即可创建剪贴蒙版，如图8-2所示。

图8-1

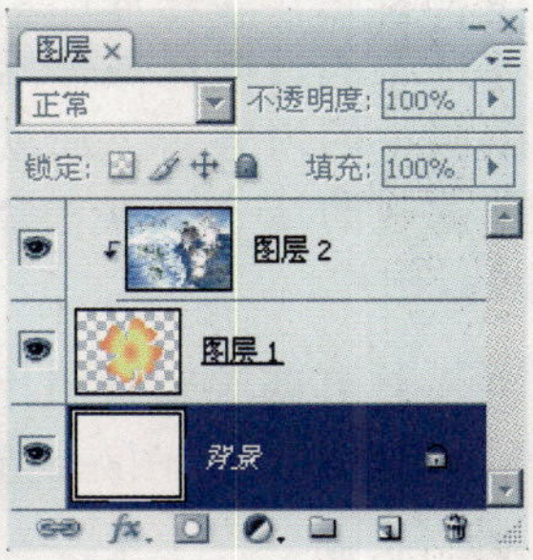

图8-2

2.调整图层顺序

改变剪贴蒙版组中的图层顺序会对剪贴蒙版的效果产生影响。如果将一个没有应用剪贴蒙版的图层移至剪贴蒙版组中，可对该图层应用剪贴蒙版；将组中的某一内容图层移动至没有应用剪贴蒙版的图层上，可释放该图层；如果将基底图层移出组外，则可释放剪贴蒙版。

3.释放剪贴蒙版中的指定图层

选择剪贴蒙版组中的某一内容图层后，执行菜单“图层 | 释放剪贴蒙版”命令可释放该内容图层。如果该图层上面有其他内容图层，则这些图层也会被同时释放；也可以按住Alt键在“图层”调板中剪贴蒙版图层的分隔线上单击鼠标释放内容图层，或者直接将需要释放的内容图层拖动到剪贴蒙版组以外的图层上释放该图层，但这样做会改变图层的堆叠顺序。

4.释放剪贴蒙版中的所有图层

选择剪贴蒙版中的基底图层后，执行菜单“图层 | 释放剪贴蒙版”命令可释放全部剪贴蒙版；也可按住Alt键，将光标移至“图层”调板中剪贴蒙版的基底图层与它上面第一个内容图层的分隔线

上，单击鼠标释放剪贴蒙版中的所有图层。

8.1.2 剪贴蒙版中的图层类型

在Photoshop中，除基本的像素图层外，文字图层、填充图层、调整图层、图层蒙版图层、矢量蒙版图层、智能对象图层等都可以创建为剪贴蒙版。可以根据需要将其设置为基底图层或内容图层。下面就来分析一下这些图层的特点。

1.文字图层

文字图层通常作为剪贴蒙版的基底图层，通过文字的形状控制图像的显示区域可创建文字化的图像合成效果，如图8-3所示。

图8-3

2.填充图层

填充图层可作为剪贴蒙版的基底图层，也可作为内容图层。带有透明渐变的填充图层较为特殊，由于它包含透明区域，将它作为基底图层时，可通过它的透明区域显示出下面图层中的内容。下面就利用剪贴蒙版的这一特点来合成一张风景图片。

01 打开两张素材图片，效果如图8-4、图8-5所示。

图8-4

图8-5

02 将图8-4中的风景图像拖动到图8-5所示的风景图像中，自动生成“图层1”。然后双击“背景”图层，弹出对话框，单击“确定”按钮，将“背景”图层变为“图层0”，调整两个图像的位置，如图8-6所示。

图8-6

03 在“图层”调板中选择“图层0”，单击调板底部的“创建新的填充或调整图层”按钮，在打开的菜单中选择“渐变”命令，打开“渐变填充”对话框，设置渐变样式及参数，单击“确定”按钮，隐藏“图层1”，效果如图8-7所示。

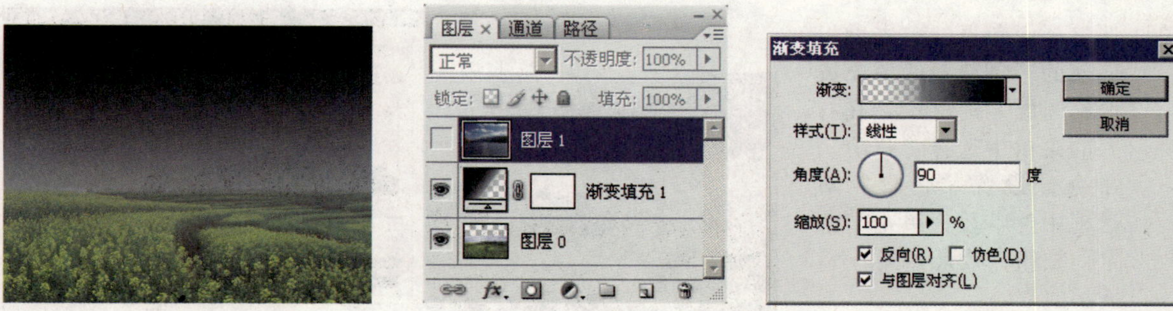

图8—7

04 按住Alt键，将光标移至“图层”调板中“图层1”与渐变调整图层的分隔线上，待光标显示为 状时单击鼠标创建剪贴蒙版，即可合成这两张风景，如图8-8所示。

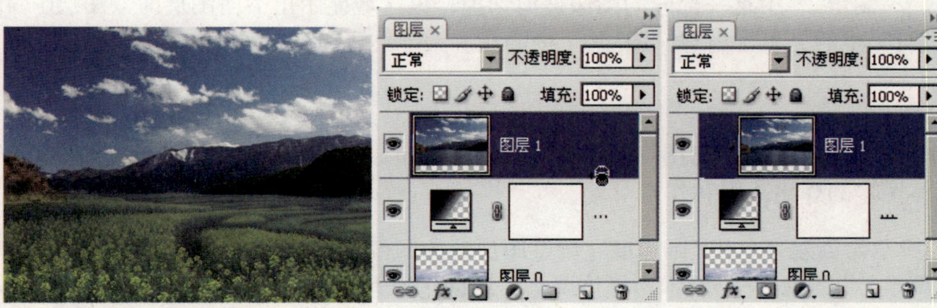

图8—8

05 观察画面，画面下方有条明显的分界线，这是因为“图层1”没有布满整个画布。选择“矩形选框工具”，参照图8-9所示绘制选区，然后按Ctrl+T键执行“自由变换”命令，拉伸边框，按Enter键确认变换。

图8—9

06 观察画面，分界线不见了，颜色一致，效果如图8-10所示。

图8—10

07 调整画面色调。单击调板底部的“创建新的填充或调整图层”按钮◐.，在打开的菜单中选择“色阶”命令，设置“色阶”对话框中的参数，单击“确定”按钮，效果如图8-11所示。

图8-11

在本例中，作为基底图层的渐变填充图层对它上面的内容图层即“图层1”的剪切作用体现在其透明区域上。“图层1”中这一部分的图像被剪切掉，该区域显示出下面图层即“图层0”中的图像，于是将“图层1”中的云彩、山与“图层0”中的花、大地结合在一起了。

3.调整图层

调整图层会对它下面的所有图层都产生调整作用。可以将调整图层创建为剪贴蒙版的内容图层，从而限定调整图层的作用范围和作用对象。

图8-12所示为创建“色相/饱和度”调整图层后的图像效果，当前的调整图层对它下面的所有图层都产生了调整效果。图8-13所示为将该调整图层创建为剪贴蒙版的内容图层后的效果，从图中可以看到，调整图层仅作用于“图层3”的不透明区域，而对“背景”图层中的图像没有产生影响。

图8-12

图8-13

4.图层蒙版图层

添加了图层蒙版的图层既可以作为剪贴蒙版的基底图层，也可作为内容图层。由于图层蒙版具有遮罩图像的作用，而剪贴蒙版又可以剪切图像，因此包含有图层蒙版的剪贴蒙版在进行图像合成时具有更多的灵活性，如图8-14所示。

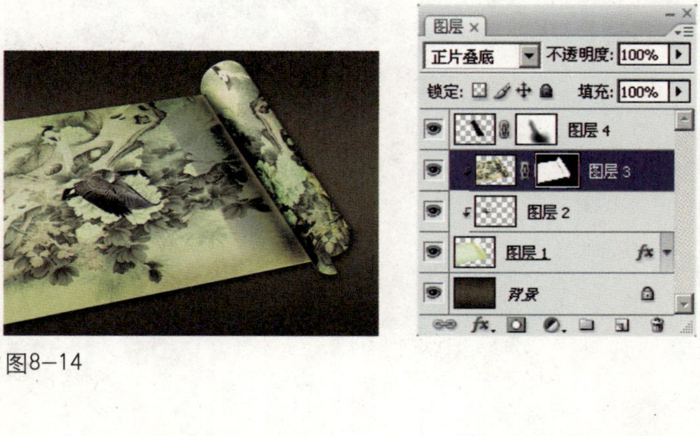

图8-14

5.矢量蒙版图层

矢量蒙版图层通常作为剪贴蒙版的基底图层，通过矢量形状控制内容图像的显示区域，可创建图形化的图像合成效果，如图8-15所示。

图8-15

6.智能对象图层

智能对象图层可作为剪贴蒙版的基底图层，也可作为内容图层。在剪贴蒙版组中，智能对象图层仍具备其自身的属性特征，例如可自动更新实例、可执行菜单非破坏性变换。

图8-16所示为将智能对象图层创建为基底图层的剪贴蒙版效果，图8-17所示为通过替换智能对象图层的内容改变图像的剪贴状态。

图8-16

图8-17

8.1.3 剪贴蒙版中的不透明度设置

剪贴蒙版使用基底图层的不透明度属性，因此，调整基底图层的不透明度可控制整个剪贴蒙版组的不透明度，而调整内容图层时仅控制其自身的不透明度，不会对整个剪贴蒙版产生影响。

图8-18所示为设置基底图层的“不透明度”为100%时的剪贴蒙版效果。图8-19所示为设置基底图层的“不透明度”为50%时的剪贴蒙版效果，可以看到，此时整个剪贴蒙版组的不透明度为50%，说明基底图层控制了剪贴蒙版组的不透明度。

图8-18

图8-19

图8-20所示为将基底图层的“不透明度”恢复为100%，仅设置“图层2”的“不透明度”为50%后的剪贴蒙版效果，此时只有该图层的不透明度降低了，剪贴蒙版组的不透明度没有改变。

图8-20

8.1.4 剪贴蒙版的混合模式设置

在一般情况下，剪贴蒙版中的基底图层控制整个剪贴蒙版组的混合模式。举例来说，当基底图层为“正常”模式时，剪贴蒙版组无混合属性，如图8-21所示；将基底图层的混合模式设置为“亮度”后，整个剪贴蒙版组将以“亮度”模式与下面的图层产生混合，如图8-22所示；如果仅修改内容图层的混合模式，例如将“图层1”设置为“亮度”模式，该图层将以“亮度”模式与它下面的图层即“图层2”产生混合，而整个剪贴蒙版组仍为原来的模式，如图8-23所示。

图8-21

图8-22

图8-23

技巧 · 提示

基底图层对剪贴蒙版组混合模式的影响也不是绝对不变的，可通过“混合选项”中的“将剪贴图层混合成组”选项确定基底图层的混合模式是影响整个组还是只影响其自身。

8.1.5 带有渐隐效果的剪贴蒙版

剪贴蒙版基底图层的图像控制内容图像的显示范围，如果将基底图层图像设置羽化或为其填充透明渐变，就可以创建带有渐隐效果的剪贴蒙版。下面通过实例来了解羽化和透明渐变对剪贴蒙版的影响。

01 打开素材文件，效果如图8-24所示。

02 新建图层，选择“椭圆选框工具”，按住Shift键在画面中创建一个圆形选区。选择“渐变工具”，在工具选项栏中选择“前景到透明”渐变色样，如图8-25所示。为创建的圆形选区填充渐变色，如图8-26所示。

图8-24

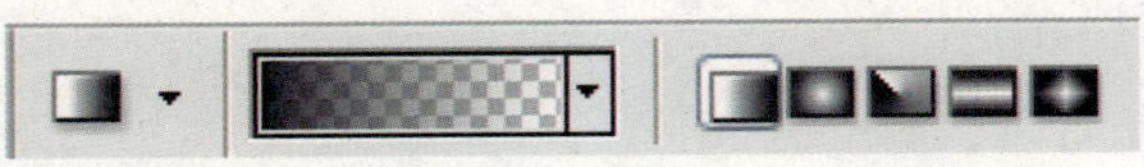
图8-25

图8-26

03 按Ctrl+D键取消选区，将圆形复制多个并调整其大小，将复制后的图层合并，如图8-27所示。将“图层2”移至“图层1”下面，按住Alt键在这两个图层间单击，创建剪贴蒙版，如图8-28所示。

图8-27

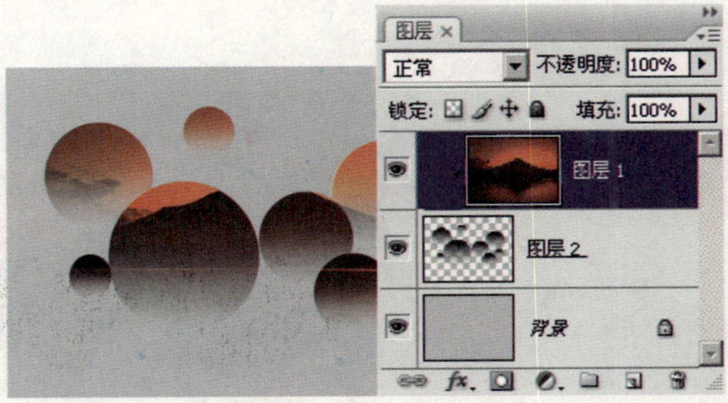

图8-28

从图8-28中可以看到，基底图层图像中圆形的透明区域逐渐显示出“背景”图层中的内容，它的不透明区域则显示为内容图层中的图像。与使用基底图层控制剪贴蒙版组不透明度的不同之处在于，用包含有透明度的渐变填充基底图层可创建带有渐隐效果的剪贴蒙版，而调整基底图层的不透明度是不会产生这种淡入淡出效果的。

04 为“图层2”添加“内阴影”图层样式，图像的效果如图8-29所示。

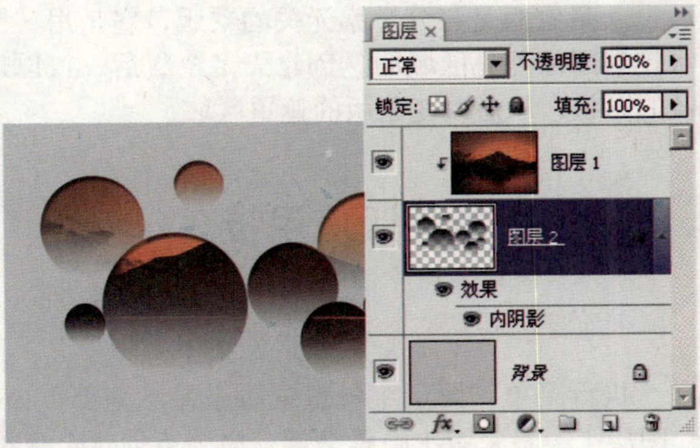

图8-29

05 将基底图层图像替换为一个设置了羽化效果的图像，如图8-30所示。此时剪贴蒙版的效果如图8-31所示。

图8-30

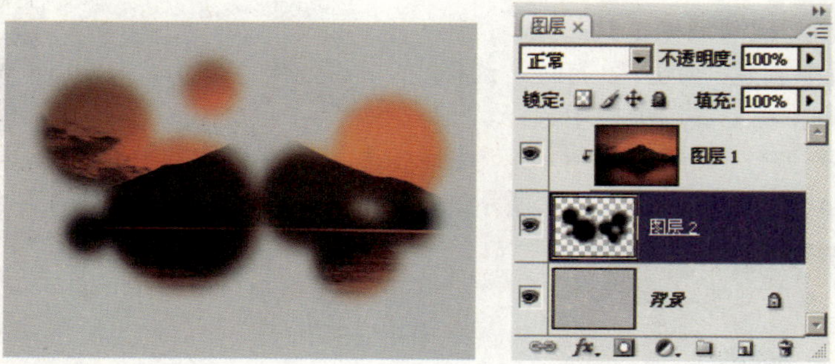

图8-31

可以看到，用设置了羽化的图像替换基底图层图像后，在圆形的最外圈产生了淡入淡出的效果，并显示出了下面图层中的图像。由此可知，剪贴蒙版的渐隐效果是与基底图层图像的羽化效果保持一致的，这种属性使剪贴蒙版具备了与图层蒙版类似的特性。可以使用画笔、橡皮擦等工具修改基底图层的图像，也可以使用滤镜对其不透明区域进行编辑。

8.2 矢量蒙版

矢量蒙版是与分辨率无关的蒙版，它是用“钢笔工具”或形状类工具创建路径，然后以矢量形状控制图像可见区域的。创建矢量蒙版后，可以通过“直接选择工具”或“转换点工具”修改路径的形状，从而改变蒙版的遮罩区域。

8.2.1 矢量蒙版应用技巧

1.创建矢量蒙版

执行菜单“图层 | 矢量蒙版 | 显示全部”命令可创建显示整个图层图像的矢量蒙版，执行菜单“图层 | 矢量蒙版 | 隐藏全部”命令可创建隐藏整个图层图像的矢量蒙版。

2.创建空的矢量蒙版

按住Ctrl键单击“图层”调板中的“添加矢量蒙版”按钮，可创建一个空的矢量蒙版，此后可使用“钢笔工具”或形状工具编辑蒙版。

3.基于路径创建矢量蒙版

当选择了路径后，按住Ctrl键单击“添加矢量蒙版”按钮，可基于当前的路径创建矢量蒙版，也可在选择了路径后，通过执行菜单“图层 | 矢量蒙版 | 当前路径”命令来创建蒙版。

如图8-32所示为在“路径”调板中选择的路径，图8-33所示为创建矢量蒙版后的效果（在“路径”调板空白处单击，可以取消路径的显示）。

图8–32

图8–33

4.编辑矢量蒙版

单击“图层”调板中的矢量蒙版缩览图或“路径”调板中的缩览图可进入矢量蒙版的编辑状态，如图8–34所示，在该状态下可使用形状工具或“钢笔工具”修改矢量蒙版的形状。

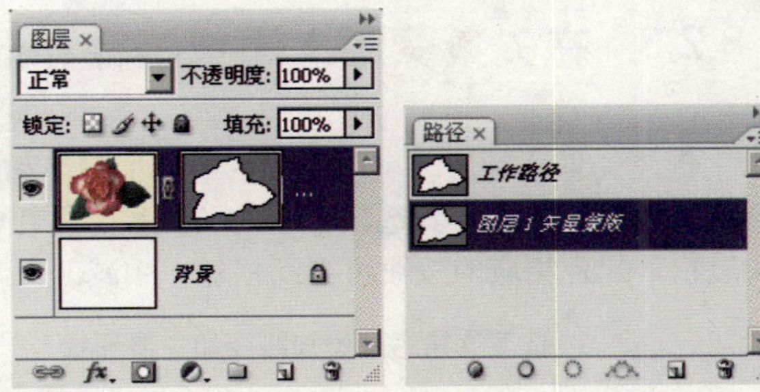

图8–34

5.变换矢量蒙版

单击“图层”调板中的矢量蒙版缩览图后，可执行菜单“编辑 | 变换”中的命令对矢量蒙版进行变换操作，例如缩放、旋转、透视等；也可按Ctrl+T键显示矢量蒙版图形的定界框，然后执行变换操作。

6.启用/停用矢量蒙版

按住Shift键单击矢量蒙版缩览图可以暂时停用蒙版，此时蒙版缩览图上会出现一个红色的叉，图像也恢复到应用蒙版前的状态；按住Shift键再次单击蒙版缩览图可恢复蒙版的作用，蒙版缩览图上的红叉也会消失。

7.删除矢量蒙版

选择包含要删除的矢量蒙版的图层后，执行菜单“图层 | 矢量蒙版 | 删除”命令可删除矢量蒙版；也可直接将矢量蒙版缩览图拖动到“图层”调板中的“删除图层”按钮上进行删除；或使用“路径选择工具”选择需要删除的矢量路径或形状，然后按Delete键进行删除。

8.2.2 将矢量蒙版转换为图层蒙版

选择包含矢量蒙版的图层后，执行菜单“图层 | 栅格化 | 矢量蒙版”命令可将矢量蒙版转换为图层蒙版。将矢量蒙版转换为图层蒙版后，蒙版缩览图也由灰色变为黑色，如图8–35所示为矢量蒙版的调板状态，图8–36所示为转换为图层蒙版后的调板状态。

矢量蒙版栅格化后，无法再将其转换回矢量对象。

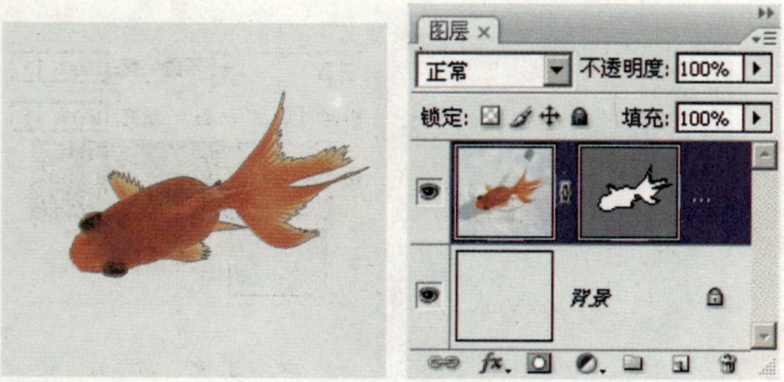

图8-35

图8-36

8.2.3 在矢量蒙版上添加路径和形状

创建矢量蒙版后，可以向蒙版中添加路径和形状来设置蒙版的遮罩区域。选择“钢笔工具”或形状工具后，单击工具选项栏中的“路径”按钮，如图8-37所示，此时便可向矢量蒙版中添加路径和形状，配合相应的按钮可得到相加、相减、交叉和排除等不同的路径计算结果。

图8-37

下面通过实例来了解如何将当前文件或其他文件中的路径添加到矢量蒙版中。

01 打开素材文件，效果如图8-38所示。该图像中添加了一个矢量蒙版，下面的操作是要将“路径1”添加到已有的矢量蒙版中，使图像效果更为丰富。

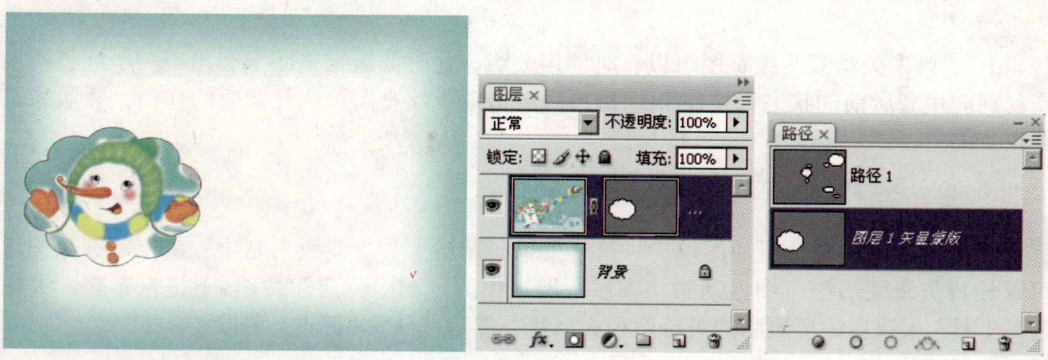

图8-38

02 打开“路径”调板，单击调板中的“路径1”，将其选择，如图8-39所示，按Ctrl+C键进行复制。

03 选择“图层”调板中的矢量蒙版，如图8-40所示。按Ctrl+V键进行粘贴，可将复制的路径粘贴到矢量蒙版中，如图8-41所示。

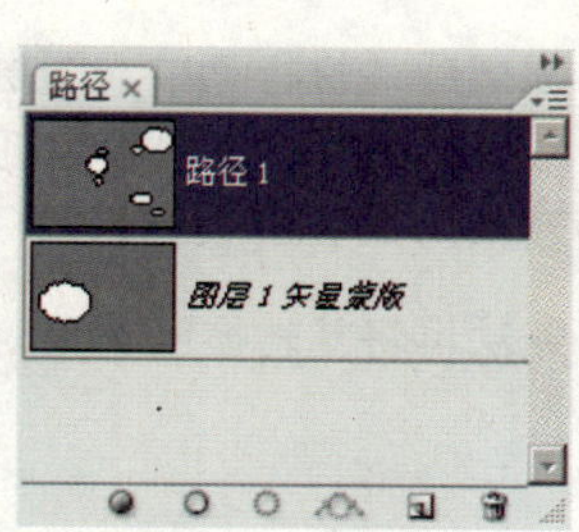

图8-39

图8-40

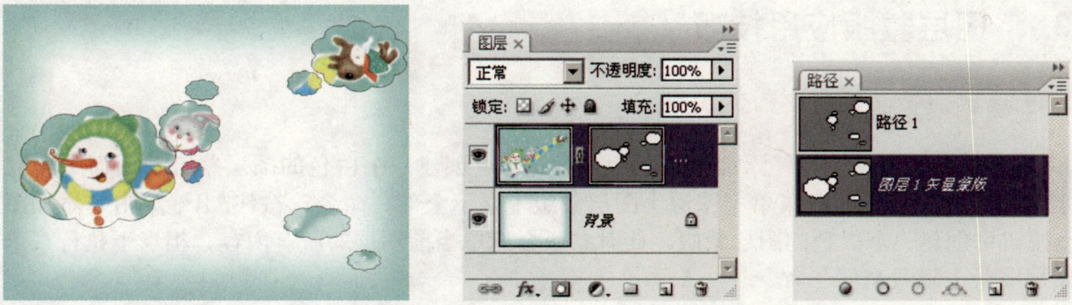

图8-41

从图8-41中可以看到，将路径粘贴到矢量蒙版后，路径添加到矢量蒙版原有的图形中，图像的显示区域也因蒙版的变化而改变，这种在蒙版中粘贴路径的方法也可以在不同的文件中进行。

8.2.4 在矢量蒙版上添加图层蒙版

矢量蒙版是无法产生淡入淡出的图像合成效果的，但可以通过在矢量蒙版上添加图层蒙版来解决这个问题。

在Photoshop中，每一个图层都可以添加一个矢量蒙版和一个图层蒙版，并且矢量蒙版总是位于图层蒙版的后面，如图8-42所示为添加了矢量蒙版的图像，图8-43所示是为图像添加图层蒙版并用渐变编辑蒙版的图像效果。

图8-42

图8-43

技巧 ● 提示

由于图层蒙版和矢量蒙版都是用来遮罩图像的，因此，只有这两个蒙版同时允许显示的区域才是可见的。

8.3 图层蒙版

使用图层蒙版可以精确地控制图像显示和隐藏的区域，它是进行图层合成最重要的方法之一。下面就来深入分析图层蒙版的应用技巧。

8.3.1 图层蒙版应用技巧

1. 创建图层蒙版

单击“图层”调板中的“添加图层蒙版”按钮可创建一个白色的图层蒙版，画面中会显示当前图层的内容，相当于执行菜单“图层｜图层蒙版｜显示全部”命令；按住Alt键单击“添加图层蒙版”按钮可创建一个黑色的图层蒙版，此时蒙版会遮罩当前图层的所有内容，相当于执行菜单“图层｜图层蒙版｜隐藏全部”命令。

2. 切换图像与蒙版

单击图层缩览图可进入图像的编辑状态，单击蒙版缩览图可进入蒙版的编辑状态。处于某一编辑状态时，相应的缩览图上会显示出一个矩形框。

3. 在图层间复制蒙版

如果想要将某一图层的蒙版复制到另外的图层，可按住Alt键拖动蒙版缩览图至想要复制到的图层，放开鼠标即可复制。

4. 在图层间转换蒙版

拖动某一图层的蒙版至另外的图层后，可将该蒙版转移到目标图层中；按下Shift键拖动蒙版至其他图层时，也可以转移图层蒙版，但转移后的蒙版将被反相处理，即原来遮罩的区域成为显示区域，而原来显示的区域则被遮罩。

5. 在图像窗口查看蒙版

按住Alt键单击蒙版缩览图可以在图像窗口单独显示蒙版效果，按住Alt键再次单击蒙版缩览图则可恢复为显示图像的效果。

6. 查看彩色蒙版

按住Alt+Shift键单击蒙版缩览图可在图像窗口显示彩色的蒙版，类似快速蒙版的显示效果，再次单击可恢复为显示图像的效果。

技巧 ◎ 提示

如果要改变蒙版的颜色，可双击蒙版缩览图，在打开的“图层蒙版显示选项”对话框中修改即可。不透明度蒙版的颜色和不透明度设置都只影响蒙版的外观，对蒙版下面的区域没有影响。当需要蒙版和图像颜色的对比更加醒目以便更准确地编辑蒙版时，可以进行相关内容的修改。

7. 启用/停用图层蒙版

按住Shift键单击蒙版缩览图可暂时取消蒙版的作用，此时蒙版缩览图上会出现一个红叉，图像也恢复到应用蒙版前的状态；按住Shift键再次单击蒙版缩览图可恢复蒙版的作用，蒙版缩览图上的红叉也会消失。

8. 删除/应用图层蒙版

选择图层蒙版后，单击“图层”调板中的“删除图层”按钮，在打开的提示对话框中单击“应用”按钮可删除蒙版并将蒙版效果应用到图像中；在对话框中单击“删除”按钮可删除蒙版但不会将蒙版应用到图像中。

> 技巧 ◦ 提示
>
> 由于图层蒙版是作为Alpha通道存储的，所以将蒙版应用到图像或删除蒙版有助于减小文件的大小。

8.3.2 灰度层次对蒙版效果的影响

图层蒙版其实是256级色阶的灰度图像，蒙版中的纯黑区域可以遮罩当前图层中的图像，从而显示出下面图层中的内容，因此用黑色绘制的区域将被隐藏；蒙版中的纯白色区域可以显示当前图层中的图像，因此用白色绘制的区域是可见的；蒙版中的灰色区域会根据其灰度值呈现出不同层次的半透明效果。例如，当使用30%的灰色在蒙版上绘画时，绘画的区域将呈现70%的不透明效果，因此用灰色绘制的区域会显示出当前图像与下面图像的叠加效果。如图8-44所示为在蒙版上填充不同的灰度对图像合成效果的影响。

图8-44

8.3.3 从选区创建图层蒙版

在创建图层蒙版时，如果当前文件中存在选区，则可以从选区中创建蒙版。下面通过实例来了解如何从选区创建蒙版。

01 打开素材文件，效果如图8-45所示。下面通过图层蒙版隐藏后面的两匹马，将前面的马显示在背景图像中。

02 首先需要选取前面的马，可以利用通道获得选区，也可用其他方法，这里不做详细介绍，效果如图8-46所示。

图8-45

图8-46

03 单击“图层”调板底部的“添加图层蒙版”按钮，创建图层蒙版即可合成两个图像，如图8-47所示。

04 调整画面色调。单击“图层”调板底部的“创建新的填充或调整图层”按钮，在弹出的菜单中选择“色阶”命令，设置“色阶”对话框中的参数，效果如图8-48所示。

图8-47

图8-48

从图中可以看到，从当前文件的选区中创建了图层蒙版，选区内的图像呈现显示状态，而选区外的图像则被蒙版遮住。

8.3.4 将通道转换为图层蒙版

蒙版与通道都是256级色阶的灰度图像，它们有许多相同的特点和属性，例如，黑色代表隐藏的区域，白色代表显示的区域，灰色代表半透明区域。下面就通过实例来了解如何将通道转换为蒙版，进而合成一个内含鸟的水晶图像。

01 打开素材文件，效果如图8-49所示。

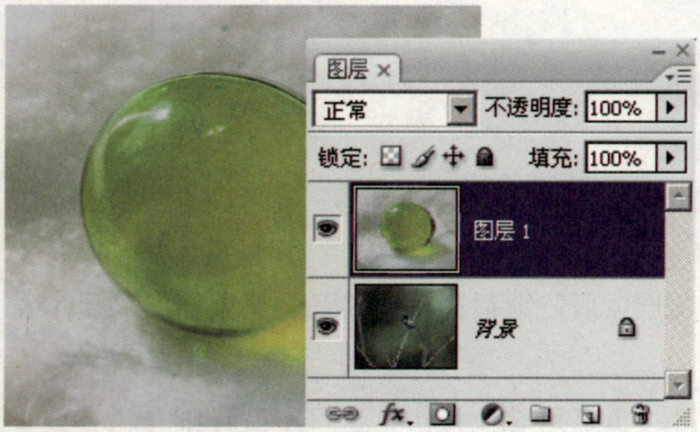

图8-49

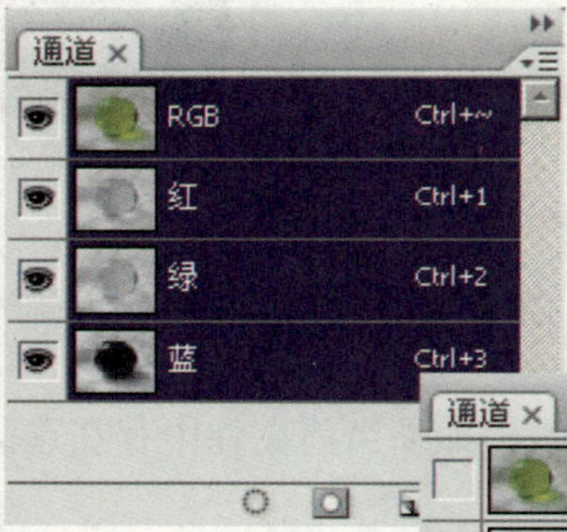

图8-50

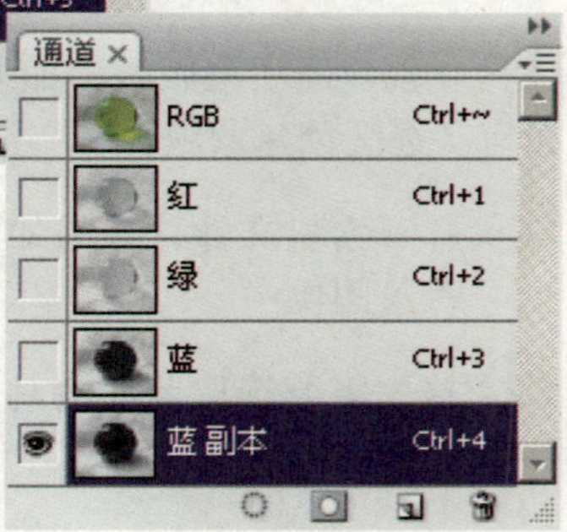

图8-51

02 切换到“通道”调板，如图8-50所示。观察通道缩览图可以看到，“蓝”通道中物体的颜色与背景的对比较强，因此通过“蓝”通道创建需要的选区。复制“蓝”通道，得到“蓝 副本”通道，如图8-51所示。

03 在当前的“蓝 副本”通道中还不能得到符合要求的选区，需要用色阶调整通道的明暗，增强画面的对比度并使背景变为白色。按Ctrl+L键打开“色阶”对话框，进行参数设置，单击“确定”按钮，通道的效果如图8-52所示。

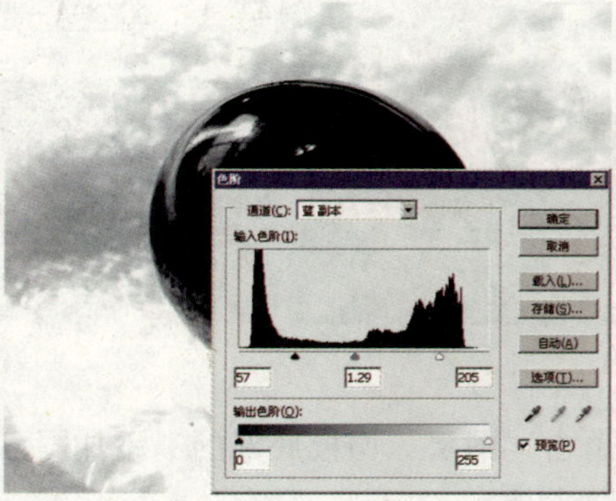

图8-52

04 观察通道背景不是白色，要进一步进行编辑，选择工具箱中的“画笔工具”，设置笔尖为柔角，前景色设置为白色，参照如图8-53所示进行涂抹。按住Ctrl键单击“蓝 副本”通道，载入其选区，效果如图8-54所示。

图8-53

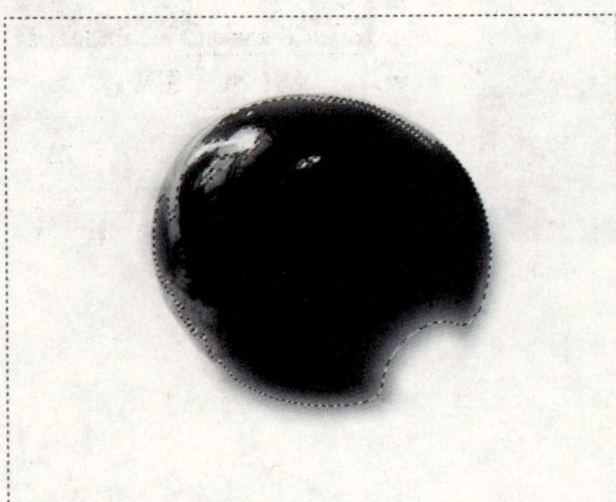

图8-54

05 切换到“图层”调板，单击“图层”调板底部的“添加图层蒙版”按钮，为图层添加蒙版，图像的效果如图8-55所示。

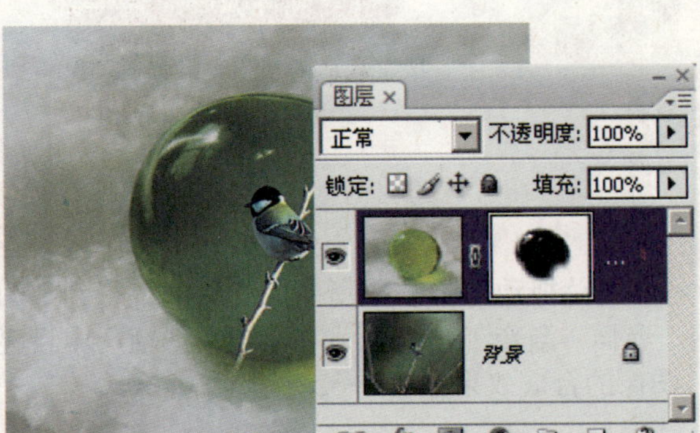

图8-55

06 修饰图像。选中图层蒙版缩览图，选择工具箱中的“画笔工具”，设置笔尖为柔角，前景色设置为白色，涂抹水晶球的边缘处，图像的效果如图8-56所示。

07 调整画面的亮度和对比度。单击“图层”调板底部的“创建新的填充或调整图层”按钮，在弹出的菜单中选择“亮度/对比度”命令，设置“亮度/对比度”对话框中的参数，效果如图8-57所示。

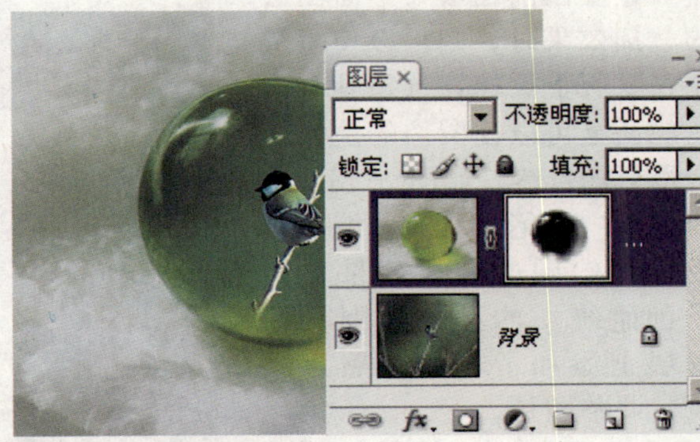

图8-56

图8-57

8.3.5 用绘图工具编辑图层蒙版

图层蒙版可以使用几乎所有的绘图工具进行编辑，例如画笔、加深、减淡、模糊、锐化、涂抹工具等。由于绘图工具可以设置画笔的样式和压力等属性，因此在编辑蒙版时具有较大的灵活性。

“画笔工具”是编辑蒙版时最为常用的工具。当需要隐藏图像时，可以使用黑色在蒙版上涂抹；当需要显示图像时，则用白色在蒙版上涂抹；需要显示当前图层与下面图层的叠加效果时，则可以使用灰色在蒙版上涂抹；选择具有柔角的画笔可以使图像的边缘融合得更加自然。如图8-58所示为使用“画笔工具”编辑蒙版创建的图像合成效果，为了创建统一的颜色氛围，在图层上添加了一个“照片滤镜”调整图层。

图8-58

8.3.6 用渐变工具编辑图层蒙版

用“渐变工具”编辑图层蒙版可以创建平滑的图像合成效果，对于某些细节还可以使用“画笔工具”进行调整，下面就通过实例来了解如何使用“渐变工具”编辑蒙版。

01 打开素材文件，效果如图8-59、图8-60所示。

图8-59

图8-60

02 使用“移动工具”，按住Shift键将图8-60所示的花朵拖动到图8-59所示的文件中，得到“图层1”。为该图层添加图层蒙版，如图8-61所示。选择“渐变工具”，在其工具选项栏中设置渐变方式为“线性渐变”，在画面中创建渐变，图像的合成效果如图8-62所示。

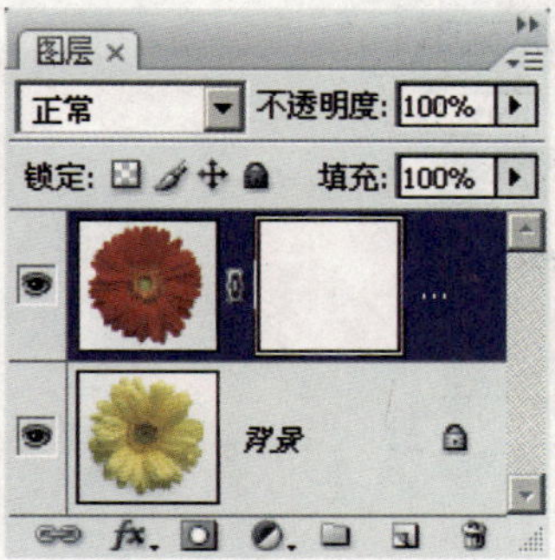

图8-61

图8-62

03 在合成的结果中可以看到，由于两个图层中的花朵分属不同的种类，因此花瓣的融合处不够准确。可以使用“画笔工具”对蒙版进行修改，使融合的效果更加自然。选择“画笔工具”，在其工具选项栏中设置一个柔角笔尖，前景色设置为黑色，在花朵的融合处涂抹，如图8-63所示。

图8-63

04 将前景色设置为白色，继续对蒙版进行修改，在修改过程中适当调整画笔的大小、硬度和不透明度，图像的效果如图8-64所示。

图8-64

8.3.7 用滤镜编辑图层蒙版

在图层蒙版中使用绘图工具涂抹或在其中填充渐变后，可以用滤镜进行编辑，从而创建特殊的图像合成效果，如图8-65、图8-66所示为使用“旋转扭曲”、“马赛克”滤镜等编辑蒙版创建的图像效果。

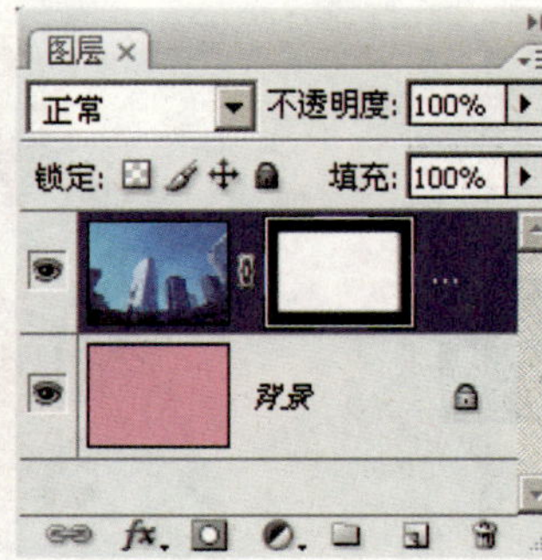

添加了图层蒙版的图像

对蒙版应用“彩色半调”滤镜

对蒙版应用“旋转扭曲”滤镜

图8—65

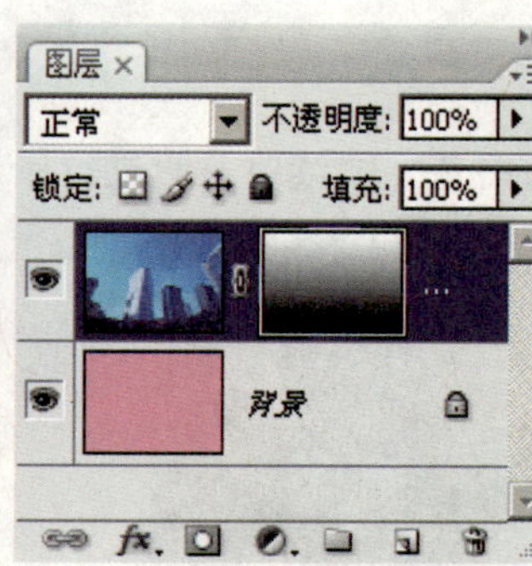

添加了图层蒙版的图像

对蒙版应用“马赛克”滤镜

对蒙版应用“绘图笔”滤镜

图8—66

8.4 蒙版的高级技巧

在制作蒙版的过程中，尤其是由通道生成的蒙版，很容易产生一些瑕疵。为了制作出高质量的图像合成效果，可以使用色阶或滤镜中的命令进行调整。下面就对蒙版的高级技巧进行深入分析。

8.4.1 去除蒙版的瑕疵

如果蒙版的黑色区域中包含白色或灰色的斑点，如图8-67所示，这些斑点会造成图像不能被完全遮罩，如图8-68所示，对此可以采用以下方法进行调整。

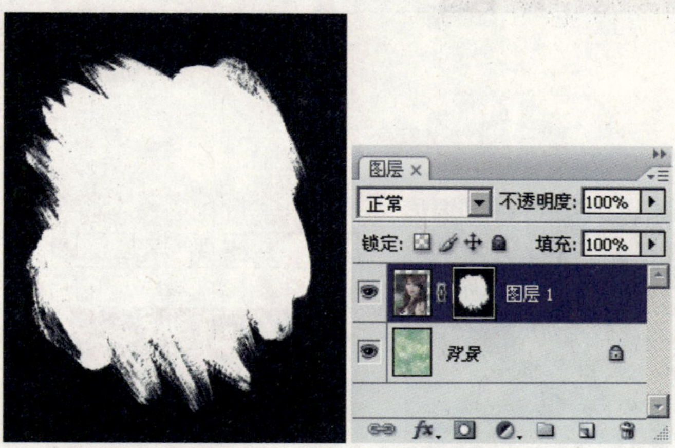

图8-67

图8-68

如果斑点较少，可以通过用笔尖涂抹来清除斑点；如果有很多不规则的灰色区域，则可以执行菜单“图像 | 调整 | 色阶”命令进行调整，将灰色滑块向右侧移动，使图像中的灰色区域变为黑色即可清除斑点，如图8-69所示。

图8-69

对于一些细小的斑点，如图8-70所示，可以执行菜单“滤镜 | 杂色 | 去斑”命令，或者选择菜单“滤镜 | 杂色 | 中间值”命令进行清除。在使用“中间值”滤镜时，“半径”值太大会使蒙版边缘出现圆滑的效果，因此，应设置较小的“半径”值，如图8-71所示为设置该值为1像素时的效果。

图8-70

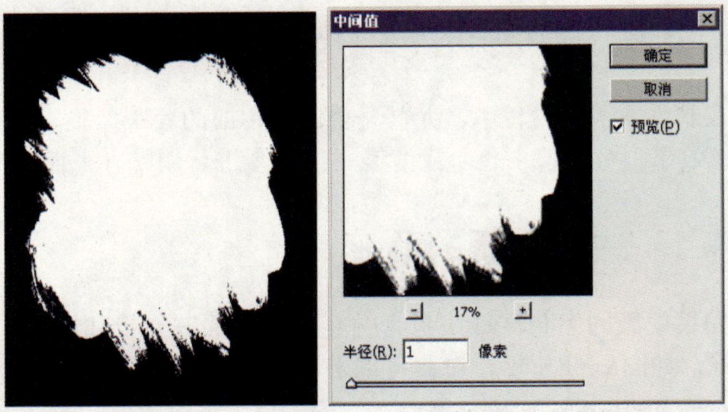

图8-71

8.4.2 收缩与扩展蒙版

1.收缩蒙版

在制作蒙版后，经常会遇到图像边缘不够整齐、有毛边的现象。例如，通过通道选取人像后，在人像周围还残留部分黑色的背景，如图8-72所示。

图8-72

要去除不必要的边缘杂色，可以使用收缩蒙版的方法，通过“最小值”滤镜加强蒙版的暗部区域，缩小亮部区域，从而减少图像的显示范围，进而隐藏杂边。

单击“图层1”的蒙版缩览图，进入蒙版的编辑状态，执行菜单“滤镜 | 其他 | 最小值”命令，在对话框中设置参数如图8-73所示，图像效果如图8-74所示。

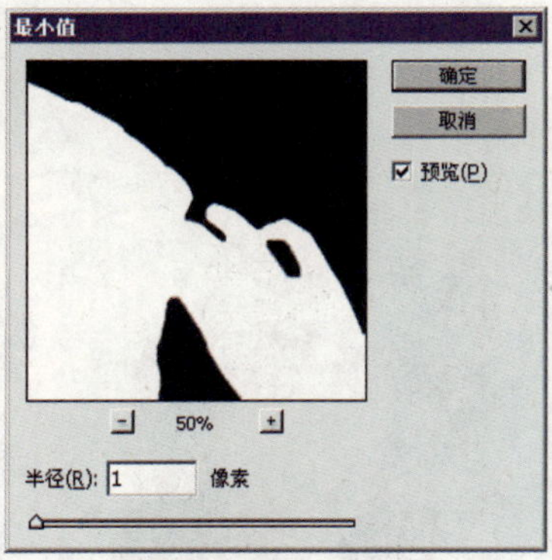

图8-73

图8-74

可以看到，蒙版的范围收缩后，人像周围残留的黑色杂边也被蒙版遮罩了。

2.扩展蒙版

要扩展蒙版的白色区域从而增加图像的显示范围，可以使用“最大值”滤镜来进行操作。如图8-75所示的“图层1”设置了蒙版，选择蒙版后，执行菜单“滤镜 | 其他 | 最大值”命令，在对话框中设置参数如图8-76所示，图像效果如图8-77所示。

增加了蒙版的显示区域后，人像的显示范围被扩大了，可以看到人像的边缘显示出3像素宽的白色背景。

图8-75

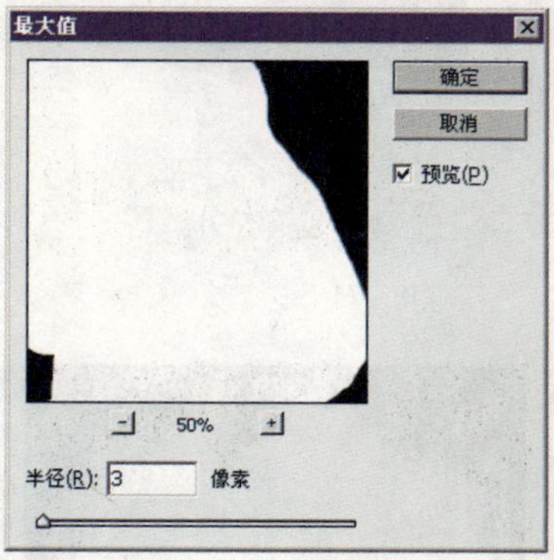

图8-76

图8-77

8.4.3 修整蒙版边缘的模糊效果

在制作蒙版时，如果使用了柔角画笔工具进行绘制，蒙版中的效果如图8-78所示，柔边区域会使图像的边缘模糊不清，如图8-79所示。要使模糊的边缘变得清晰，可以执行菜单“图像 | 调整 | 阈值”命令，对话框参数设置如图8-80所示，蒙版的效果如图8-81所示。如果蒙版边缘出现清晰的小锯齿，可以使用“模糊工具”进行柔化处理。

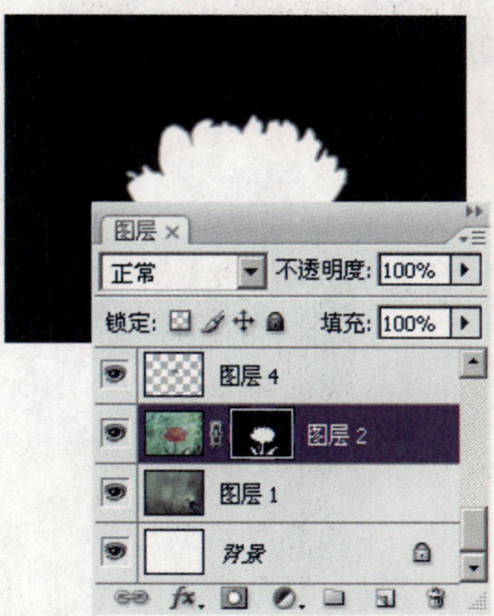

图8-78

图8-79

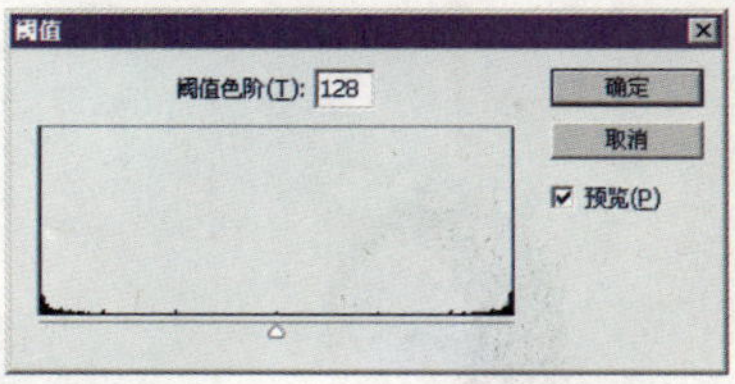

图8-80

图8-81

8.4.4 用图像制作蒙版

01 打开素材文件，效果如图8-82所示。在“图层1”中用图像制作蒙版，使背景的花瓣也能呈现在最终的画面中。单击“图层”调板底部的“添加图层蒙版”按钮，创建蒙版，按住Alt键单击蒙版缩览图，进入蒙版的编辑状态，如图8-83所示。此时，图像窗口呈白色显示。

图8-82

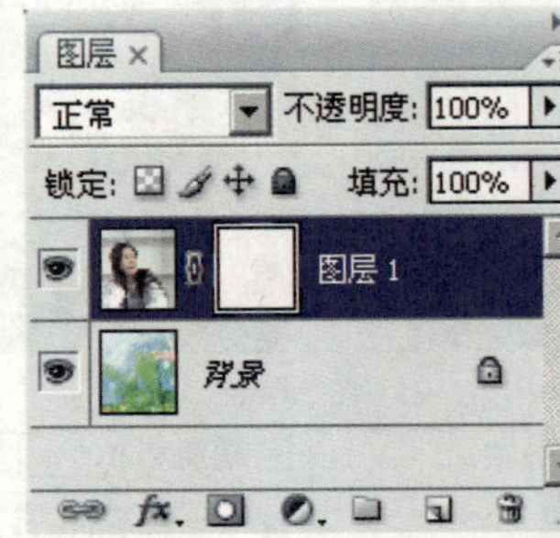

图8-83

02 打开另一素材图片，效果如图8-84所示。按住Ctrl+A键全选图像，按住Ctrl+C键复制图像，选择人物图像文件（该文件处于蒙版编辑状态），按住Ctrl+V键，将复制的花粘贴到蒙版中。由于处在蒙版编辑状态，在窗口显示的图像为黑白效果，如图8-85所示。

图8-84

图8-85

03 按Ctrl+D键取消选区，恢复到图像编辑状态，图像的效果如图8-86所示。

图8-86

04 修饰图像。单击图层蒙版缩览图，选择工具箱中的“画笔工具”，设置笔尖为柔角，前景色为白色，在人物的脸部进行涂抹，图像的最终效果如图8-87所示。

图8-87

8.5 蒙版应用实例

图层与蒙版的综合应用是Photoshop强大功能的重要组成部分，不同类型的蒙版使图层之间形成全新的组合关系，最终实现完美的视觉效果。以下实例主要体现了图层和蒙版的独特优势，同时应用了滤镜和混合模式，从而使各种技巧互通有无，相得益彰。

8.5.1 树之视觉

01 按Ctrl+N键执行“新建”命令，打开“新建”对话框设置参数，如图8-88所示，完成后单击“确定”按钮。

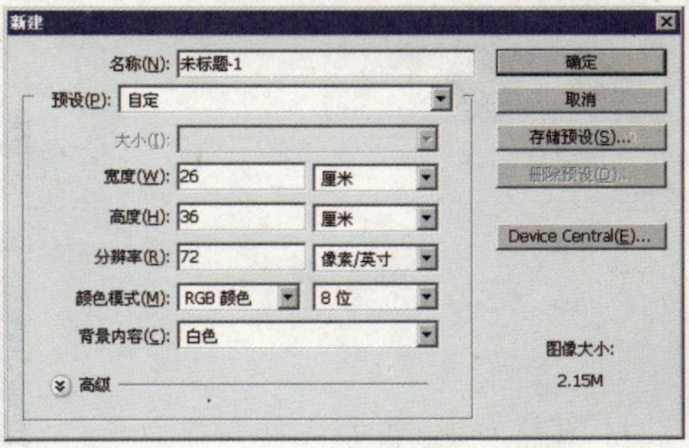

图8-88

02 打开素材图片，选择工具箱中的“移动工具”，将素材拖动到新建文档中，放在画面的最下方，自动生成“图层1”，隐藏“背景”图层，效果如图8-89所示。

图8-89

03 给文件添加背景，按Ctrl+O键打开一幅云彩图像，效果如图8-90所示。

图8-90

04 选择工具箱中的“移动工具”，将其拖动到画面中，自动生成“图层2”，调整图层顺序，效果如图8-91所示。

图8-91

05 按住Ctrl键单击“图层2”以载入选区，单击“图层”调板底部的“创建新的填充或调整图层”按钮，在弹出的菜单中选择“渐变映射”命令，设置“渐变映射”对话框参数，渐变颜色值从左到右分别为（R：199、G：46、B：103）和（R：241、G：107、B：56），效果如图8-92所示。

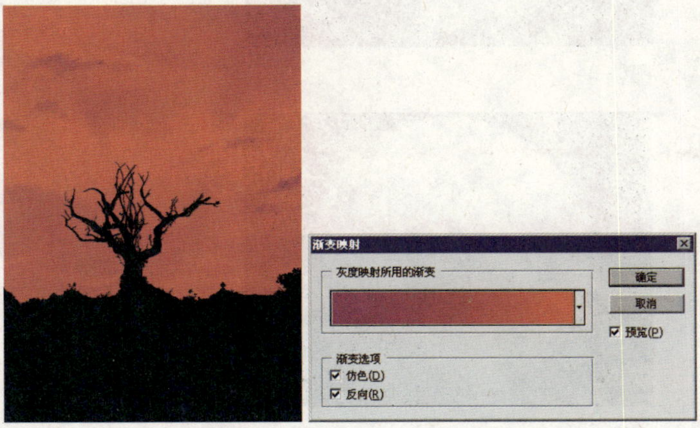

图8-92

06 设置调整图层的混合模式为“颜色加深”，观察“图层”调板，调整图层上有一个图层蒙版，由于上一步骤选区的作用是使蒙版分为黑白两种颜色，这样渐变映射就只作用在蒙版白色部分的画面上，效果如图8-93所示。

图8-93

07 按Ctrl+O键打开素材图片，效果如图8-94所示。

08 选择工具箱中的“椭圆选框工具”，按住Shift键绘制正圆选区，然后执行菜单“选择｜变换选区”命令，变换选区的大小，使其与图片中的球形大小一致，如图8-95所示。

图8-94

图8-95

09 按Enter键确认变换，选择工具箱中的“移动工具”，将选区中的球形拖动到原画面中，变换其大小，调整图层顺序及图像在画面中的位置，效果如图8-96所示。

10 双击该图层，在弹出的“图层样式”对话框中选择“外发光”选项，设置“外发光”参数，效果如图8-97所示。

图8-96

图8-97

⑪ 按住Ctrl键单击“图层3”以载入选区，单击“图层”调板底部的“创建新的填充或调整图层”按钮◐，在弹出的菜单中选择“色相/饱和度”命令，设置“色相/饱和度”对话框参数，效果如图8-98所示。

⑫ 观察“图层”调板中的“色相/饱和度”调整图层，由于选区的作用是生成图层蒙版，“色相/饱和度”调整图层的效果作用在蒙版中白色部分的图像上，“图层”调板如图8-99所示。

图8-98

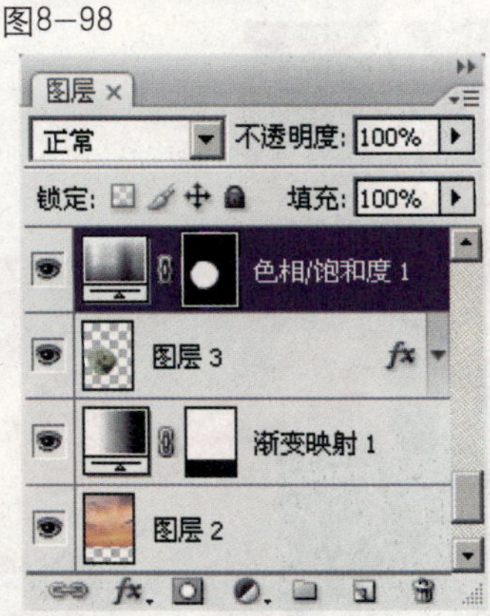

图8-99

⑬ 在画面中添加鸟的图像，按Ctrl+O键打开PSD格式文件，效果如图8-100所示。

⑭ 选择工具箱中的“移动工具”，将文件中的鸟拖动到画面中，效果如图8-101所示。

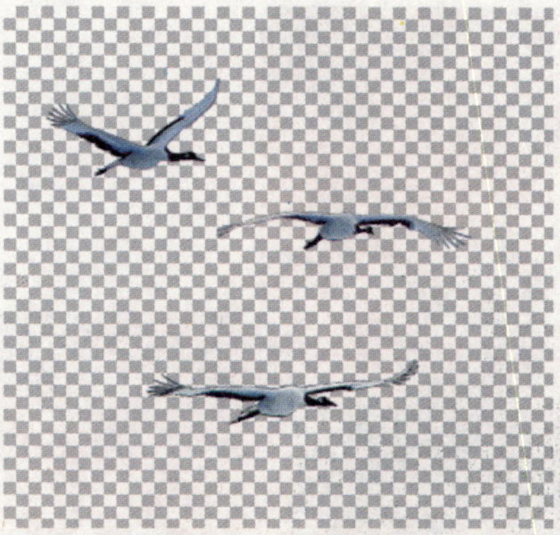

图8-100

图8-101

⑮ 按Ctrl+T键执行“自由变换”命令，按住Shift+Alt键将鸟等比缩小，按Enter键确认变换，将其移动到球形图片的边缘，如图8-102所示。

图8-102

⑯ 按住Ctrl键单击该图层，载入其选区，设置前景色为黑色，按Alt+Delete键填充选区，取消选区，效果如图8-103所示。

⑰ 选择工具箱中的“钢笔工具”，参照如图8-104所示绘制路径。

图8-103

图8-104

18 选择“画笔工具” ，设置画笔大小为8px，“画笔”调板参数设置如图8-105所示。

19 新建图层，设置前景色为白色，切换到“路径”调板，单击“路径”调板底部的“用画笔描边路径”按钮 ，然后单击“路径”调板的空白处以隐藏路径，效果如图8-106所示。

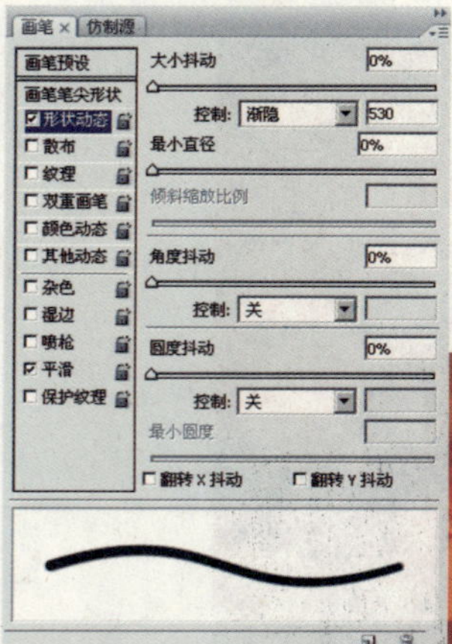

图8-105

图8-106

20 选择工具箱中的“钢笔工具” ，参照图8-107所示绘制路径。

21 选择“画笔工具” ，设置画笔大小为8px，“画笔”调板参数设置如图8-108所示。

22 新建图层，切换到“路径”调板，单击“路径”调板底部的“用画笔描边路径”按钮 ，然后单击“路径”调板的空白处以隐藏路径，效果如图8-109所示。

23 选择工具箱中的“钢笔工具” ，参照如图8-110所示绘制路径。

图8-107

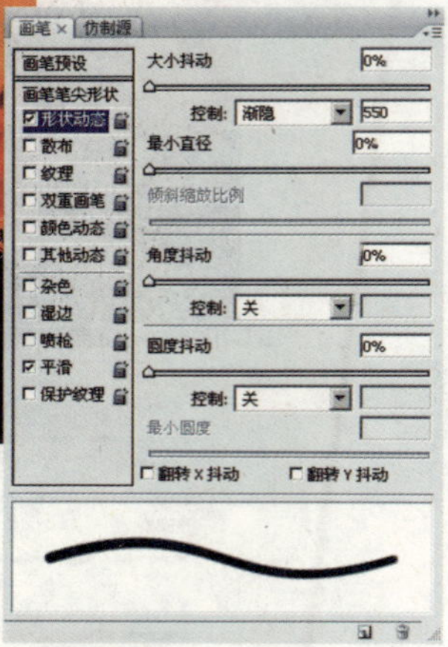

图8-108

图8-109

图8-110

24 选择“画笔工具”，设置画笔大小为8px，“画笔”调板参数设置如图8-111所示。

25 新建图层，切换到“路径”调板，单击“路径”调板底部的“用画笔描边路径”按钮，然后单击“路径”调板的空白处以隐藏路径，效果如图8-112所示。

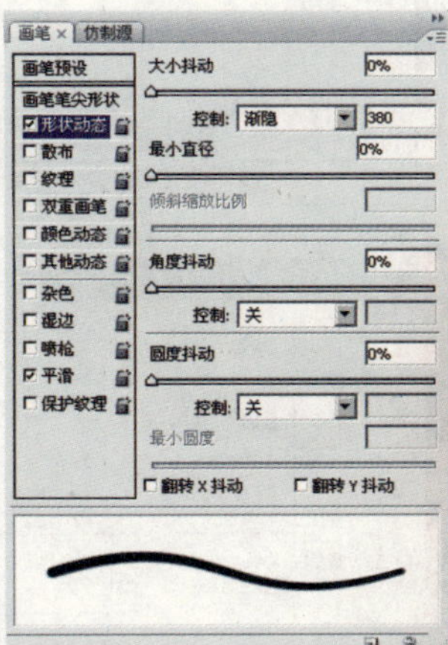

图8-111

图8-112

26 选择工具箱中的“钢笔工具”，参照图8-113所示绘制路径。

27 选择“画笔工具”，设置画笔大小为7px，“画笔”调板参数设置如图8-114所示。

图8-113

28 新建图层，切换到“路径”调板，单击“路径”调板底部的“用画笔描边路径”按钮，然后单击“路径”调板的空白处以隐藏路径，效果如图8-115所示。

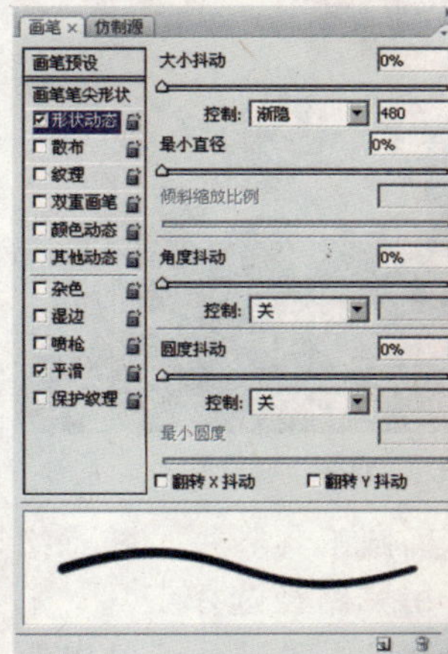

图8-114

图8-115

29 选择工具箱中的“钢笔工具”，参照如图8-116所示绘制路径。

图8-116

30 新建图层，切换到“路径”调板，单击“路径”调板底部的“用画笔描边路径”按钮，然后单击“路径”调板的空白处以隐藏路径，效果如图8-117所示。

31 选中第1次描边路径的线条图层，选择“移动工具”，按住Alt键复制线条，按Ctrl+T键执行“自由变换”命令，按住Shift+Alt键将图像等比缩小，完成后按Enter键确认变换，调整图像在画面中的位置，效果如图8-118所示。

图8-117

图8-118

32 选择工具箱中的“椭圆工具”，随意绘制一条椭圆路径，用“路径选择工具”将路径选中，按Ctrl+T键执行“自由变换”命令，变换后将其旋转，完成后按Enter键确认变换，调整图像在画面中的位置，效果如图8-119所示。

33 选择“画笔工具”，设置画笔大小为1px，“画笔”调板参数设置为默认状态。新建图层，切换到“路径”调板，单击“路径”调板底部的“用画笔描边路径”按钮，然后单击“路径”调板的空白处以隐藏路径，效果如图8-120所示。

图8-119

图8-120

34 选择工具箱中的“移动工具”，按住Alt键复制圆环，重复操作，复制多个圆环，分别变换大小并调整在画面中的位置，将绘制的图形所在图层全部选中，按Ctrl+G键得到“组1”，效果及“图层”调板如图8-121所示。

35 用上面同样的方法再次绘制3个圆环，调整其在画面中的位置，效果如图8-122所示。

图8-121

图8-122

36 将上面3个圆环所在图层合并为“组2”，调整“组2”的“不透明度”为39%，效果如图8-123所示。

37 选中“组1”并复制得到“组1 副本”，选择“移动工具”，调整“组1 副本”中的图形在画面中的位置，效果如图8-124所示。

38 将“组1 副本”中的图层全部选中，按Ctrl+E键将其合并，然后单击“图层”调板底部的“添加图层蒙版”按钮，选择工具箱中的“画笔工具”，前景色设置为黑色，将不需要的线条涂抹掉，效果如图8-125所示。

图8-123

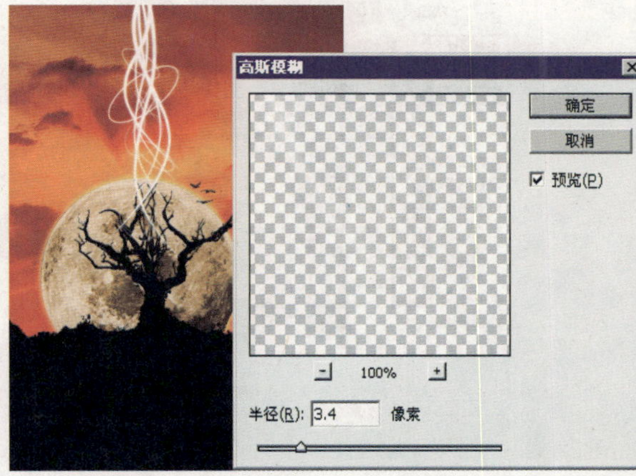

图8-126

图8-124

图8-127

图8-125

39 再次复制“组1”，得到“组1 副本2”，将组中的图层全部合并，然后选中“组1 副本2”，按Shift+Ctrl+G键解组，执行菜单“滤镜｜模糊｜高斯模糊”命令，设置“高斯模糊”对话框中的参数，效果如图8-126所示。

40 复制模糊后的图形所在的图层，将复制后的图层“不透明度”值调整为38%，效果如图8-127所示。

41 为画面添加星光。选择“画笔工具”，参照如图8-128所示设置“画笔”调板参数。

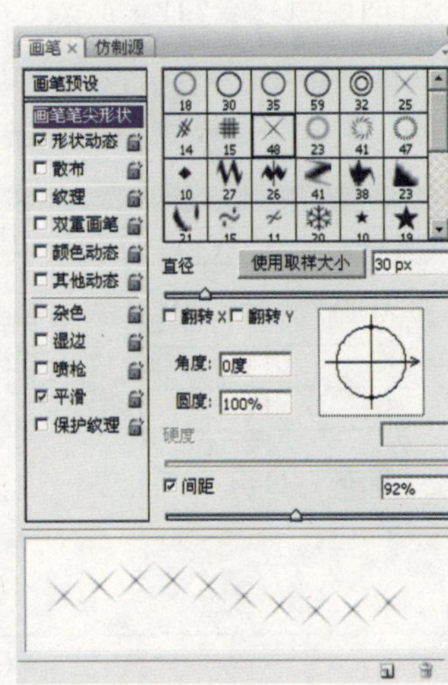

图8-128（a）

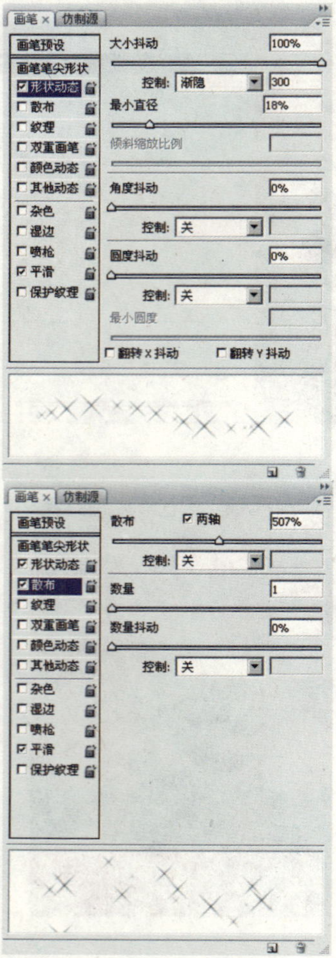

图8-128（b）

42 新建图层，前景色设置为白色，在线条图形处随意绘制，效果如图8-129所示。

43 星光看起来并不明显，复制该图层，重复复制操作，直到满意为止，效果如图8-130所示。

图8-129

图8-130

8.5.2 传递信息

01 按Ctrl+N执行“新建”命令，打开“新建”对话框，设置参数，如图8-131所示，完成后单击“确定”按钮。

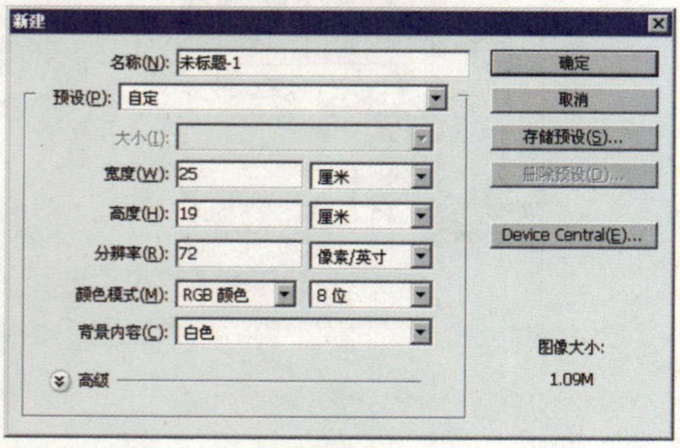

图8-131

02 设置前景色为红色，背景色为黑色，选择“渐变工具”，在其工具选项栏中单击“径向渐变”按钮，以左下角为圆心向右上角拉伸，效果如图8-132所示。

图8-132

03 复制“背景”图层，得到“背景 副本”图层，设置“背景 副本”图层的混合模式为“强光”，效果如图8–133所示。

04 选择“钢笔工具”，参照如图8–134所示绘制路径。

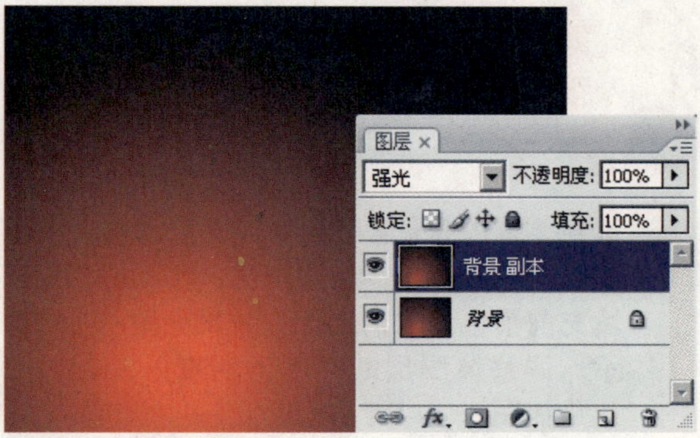

图8–133

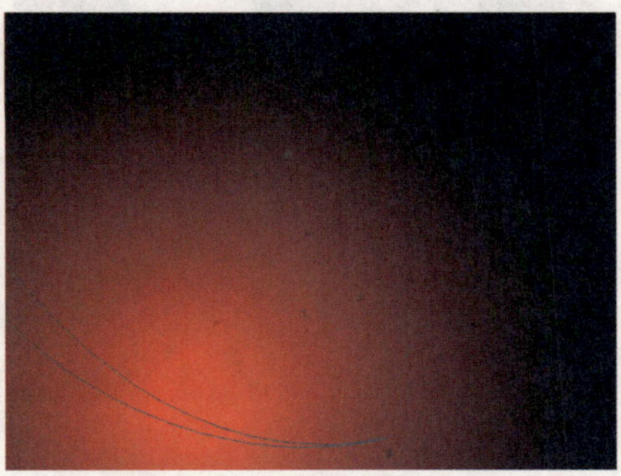

图8–134

05 将路径转换为选区，新建图层，选择“渐变工具”，做线性渐变填充，按Ctrl+D键取消选区，效果如图8–135所示。

06 设置图层的混合模式为“强光”，效果如图8–136所示。

图8–135

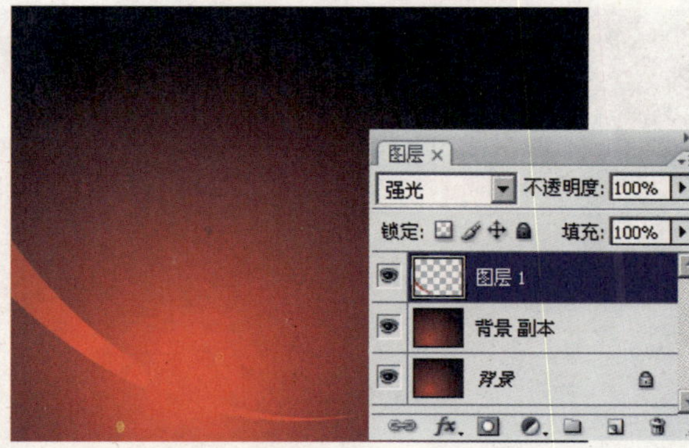

图8–136

07 选择“钢笔工具”，参照图8–137所示绘制路径。

08 将路径转换为选区，新建图层，选择“渐变工具”，做对称渐变填充，效果如图8–138所示。

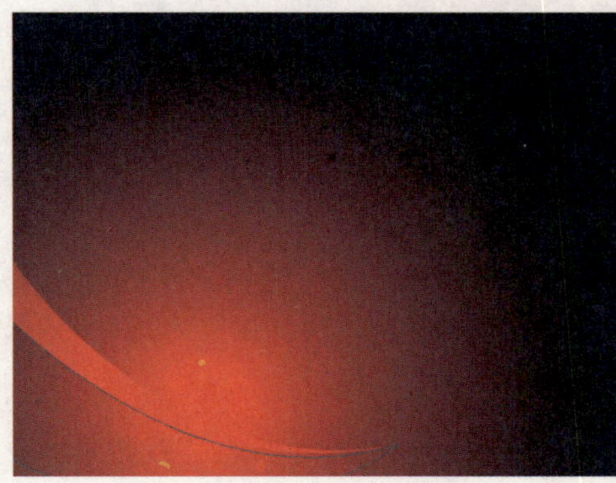

图8–137

图8–138

09 执行菜单“滤镜 | 像素化 | 彩色半调”命令，在弹出的“彩色半调”对话框中进行参数设置，设置完成后单击“确定”按钮，取消选区，效果如图8–139所示。

10 设置图层的混合模式为“叠加”，效果如图8–140所示。

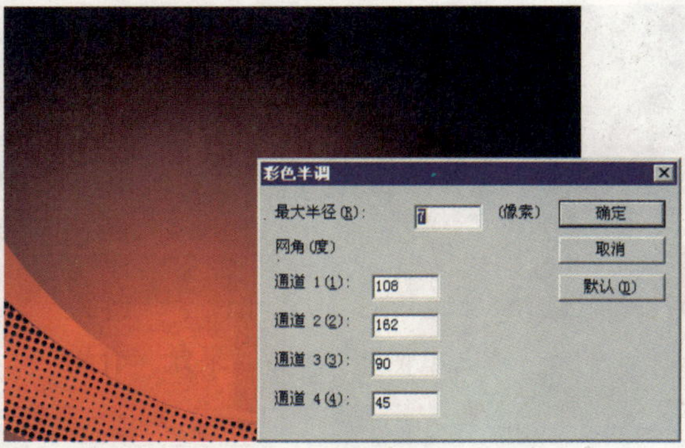

图8-139

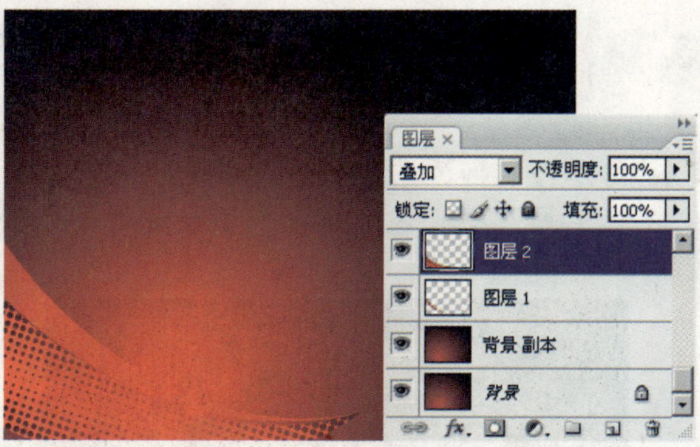

图8-140

11 执行菜单“图像 | 调整 | 反相”命令，将图像反相，调整其“不透明度”为25%，效果如图8-141所示。

12 单击“图层”调板底部的“添加图层蒙版”按钮，选择“画笔工具”，设置笔尖为柔角，在其工具选项栏中调整“不透明度”，前景色设置为黑色，在画面点效果比较清晰处进行涂抹，效果如图8-142所示。

图8-141

图8-142

13 选择“多边形套索工具”，绘制选区，设置前景色为白色，新建图层，按Alt+Delete填充前景色，取消选区，效果如图8-143所示。调整该图层的“不透明度”为25%，效果如图8-144所示。

图8-143

图8-144

14 执行菜单“滤镜 | 模糊 | 径向模糊”命令，在打开的“径向模糊”对话框中进行设置，设置完成后单击“确定”按钮，效果如图8-145所示。

15 复制该图层，按Ctrl+T键执行“自由变换”命令，先进行旋转，然后调整图像在画面中的位置，按Enter键确认变换，效果如图8-146所示。

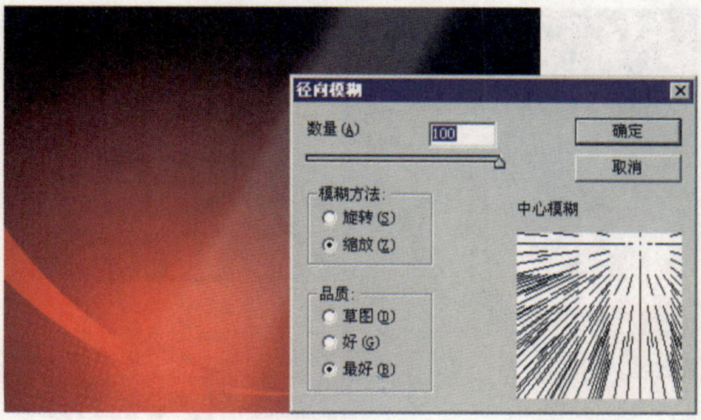

图8-145

图8-146

16 再次复制原图层，按Ctrl+T键执行“自由变换”命令，先进行旋转且变换大小，然后调整图像在画面中的位置，按Enter键确认变换，效果如图8-147所示。

图8-147

17 分别给3个图层添加图层蒙版，然后选取“画笔工具”，设置笔尖为柔角，在其工具选项栏中调整“不透明度”数值，设置前景色为黑色，将不需要的图像涂抹掉，如图8-148所示。

18 打开素材图片，选择“移动工具”，将图像拖动到画面中，自动生成新图层，调整图像大小及在画面中的位置，效果如图8-149所示。

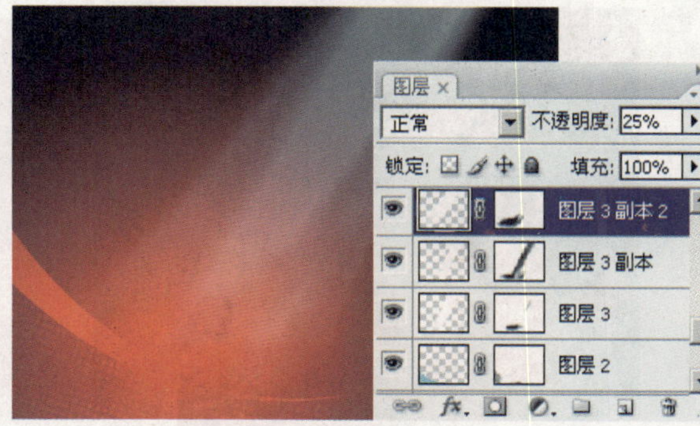

图8-148

图8-149

19 按住Ctrl键单击手机所在图层，载入其选区，执行菜单“选择 | 修改 | 羽化”命令，在弹出的“羽化选区”对话框中进行参数设置，设置完成后单击“确定”按钮，选区效果如图8-150所示。

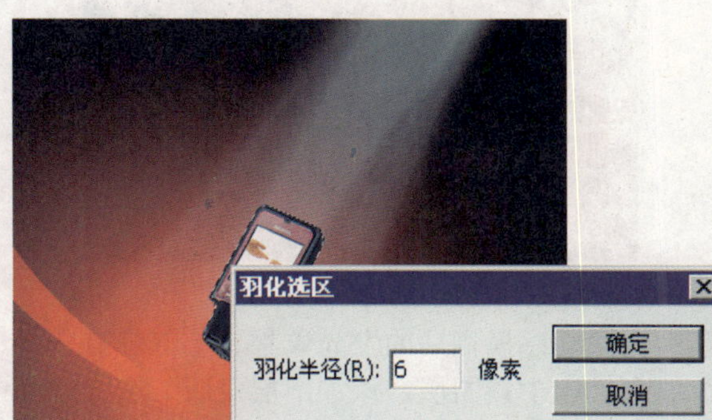

图8-150

20 设置前景色为白色，新建图层，按Alt+Delete键填充前景色，按Ctrl+D键取消选区，隐藏手机所在图层，观察效果如图8-151所示。

21 复制该图层，执行菜单“滤镜 | 模糊 | 动感模糊”命令，在弹出的“动感模糊”对话框中进行参数设置，设置完成后单击“确定”按钮，效果如图8-152所示。

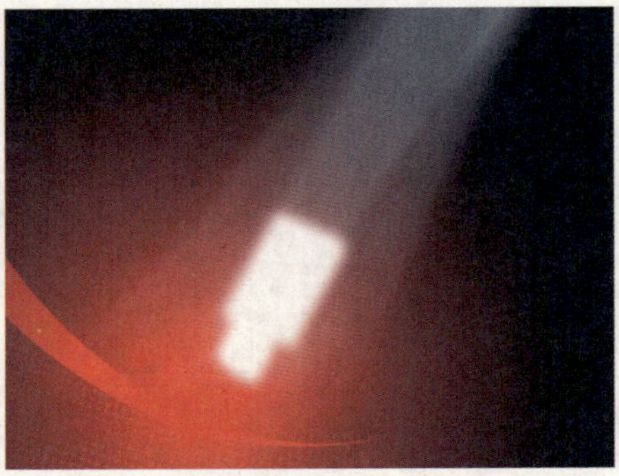

图8-151

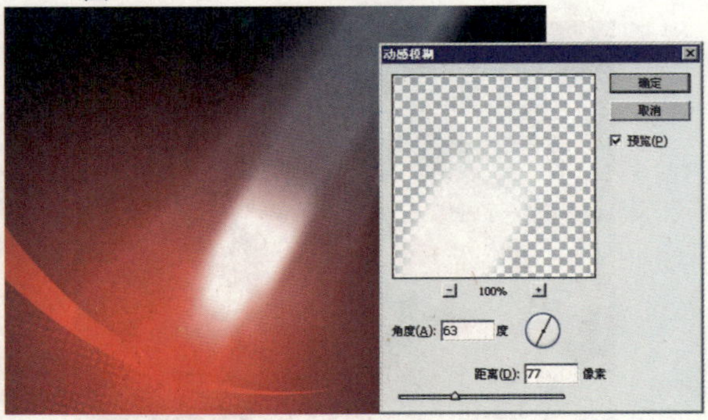

图8-152

22 显示手机所在的图层，观察效果如图8-153所示。

图8-153

23 观察动感模糊后的发光效果，上部分有些多余。选中该图层，添加图层蒙版，选择“画笔工具”，设置笔尖为柔角，在其工具选项栏中调整“不透明度”数值，设置前景色为黑色，将多余的发光效果涂抹掉，效果如图8-154所示。

24 选择“椭圆工具”，随意绘制一椭圆路径，如图8-155所示。

25 选择“路径选择工具”，选中路径后，按Ctrl+T执行“自由变换”命令，参照如图8-156所示变换路径并移动，按Enter确认变换。

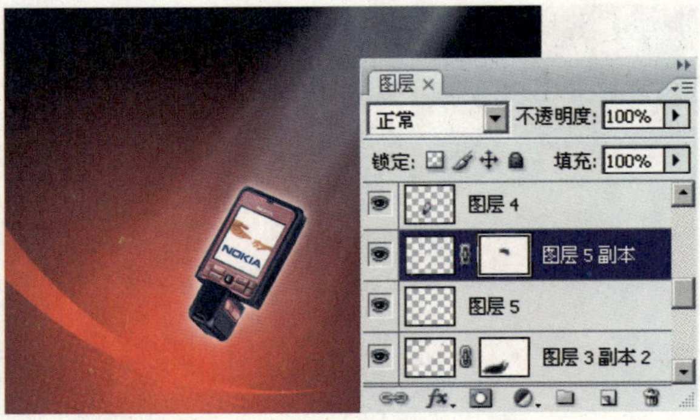

图8-154

图8-155

图8-156

26 按住Alt键拖动路径，复制路径，同样执行“自由变换”命令，按住Shift+Alt将路径等比缩小，确认变换后调整位置，用同样的方法复制多个路径，将其排列成渐隐效果，如图8-157所示。

27 新建图层，设置前景色为白色，选择“画笔工具”，设置笔尖大小为1px，切换到“路径”调板，单击“路径”调板底部的“用画笔描边路径”按钮，然后隐藏路径，效果如图8-158所示。

图8—157

图8—158

28 将绘制的圆环制作成弹簧效果，单击“图层”调板底部的“添加图层蒙版”按钮，选择“画笔工具”，前景色设置为黑色，按住Ctrl键单击手机所在图层以载入选区，在选区内将不需要的圆环部分涂抹掉，取消选区，效果如图8—159所示。

图8—159

29 复制圆环图层，得到副本图层，执行菜单“滤镜 | 模糊 | 高斯模糊”命令，在打开的“高斯模糊”对话框中进行设置，设置完成后单击“确定”按钮，将原来的圆环图层隐藏，效果如图8—160所示。

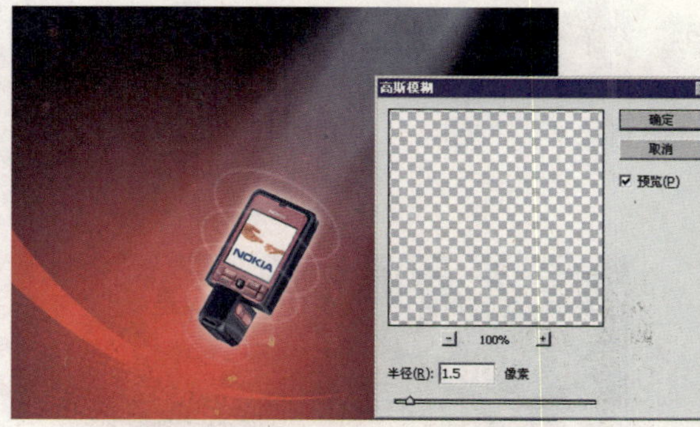

图8—160

30 复制模糊后的圆环图层，显示上一步骤隐藏的圆环图层，效果如图8—161所示。

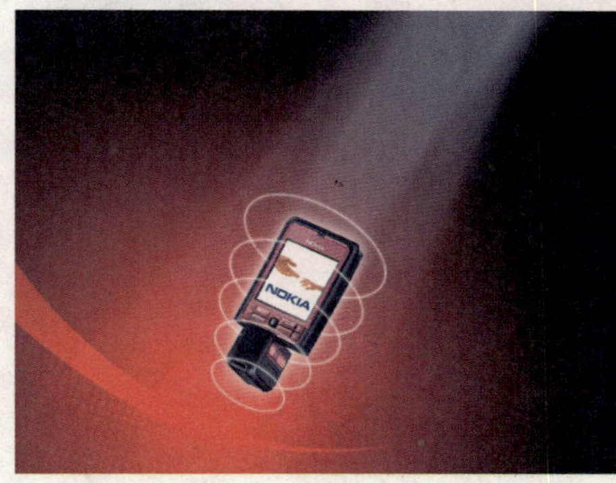

图8—161

31 在圆环上添加圆点，选择“画笔工具”，“画笔”调板参数设置如图8—162所示。

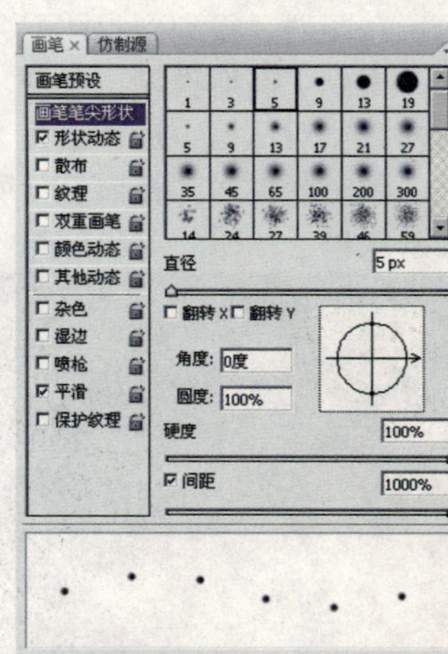

图8—162

32 新建图层，设置前景色为白色，切换到“路径”调板，单击“路径”调板底部的“用画笔描边路径”按钮，隐藏路径，效果如图8—163所示。

33 为手机边缘添加音乐符号。选择“自定形状工具”，在其工具选项栏中单击“填充像素”按钮，打开“自定形状拾色器”调板，从中选择所需符号，效果如图8-164所示。

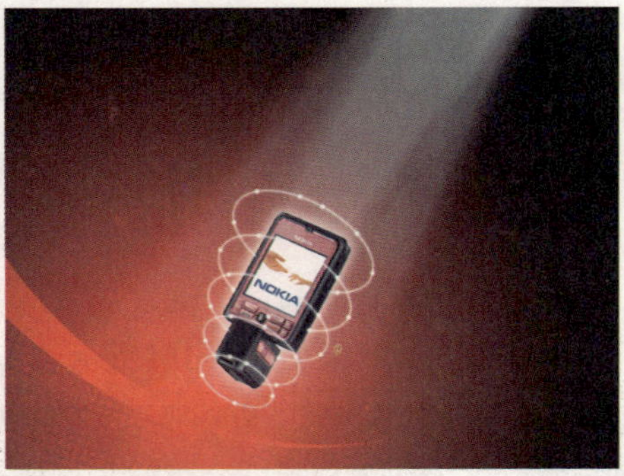

图8-163

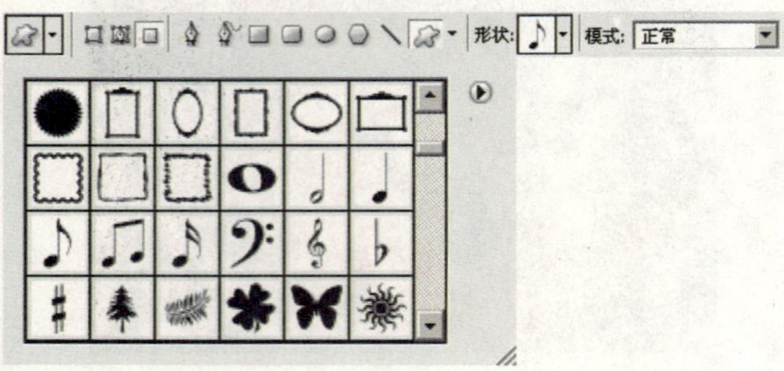

图8-164

34 新建图层，设置前景色为白色，按住Shift键随意绘制符号，效果如图8-165所示。

35 复制符号所在图层，得到副本图层，执行菜单“滤镜 | 模糊 | 高斯模糊”命令，在打开的“高斯模糊”对话框中进行设置，设置完成后单击“确定”按钮，将原符号所在图层隐藏以观察效果，如图8-166所示。

图8-165

36 新建图层，按住Shift键随意绘制略小的符号，效果如图8-167所示。

37 复制该略小符号所在的图层，按Ctrl+F键重复执行“高斯模糊”命令，效果如图8-168所示。

图8-166

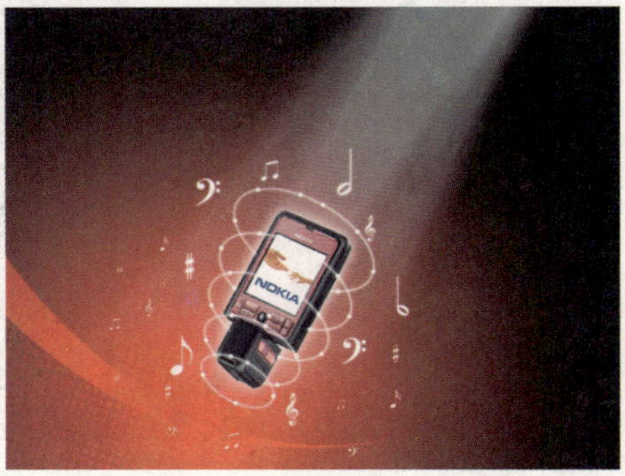

图8-167

图8-168

38 选择“横排文字工具”，输入文字，调整字体和大小及在画面中的位置，效果如图8-169所示。

图8-169

第4部分

综合应用实例

第9章　影像合成

本章主要通过9个精彩的影像合成实例，将图层通道蒙版的知识进行巩固加深。其中，实例包括梦幻天空效果、“炫彩人生”视觉特效、“欧洲风情”壁画效果、魔幻场景、机械鱼、散点人像效果、“香车美女”时尚海报、“世界风”海报、机械梦幻合成等。

9.1　梦幻天空效果

本例将几幅图片通过通道、蒙版组合到一起并加以处理，最终形成了一幅风格独特的视觉作品，其颜色的处理使画面具有某种梦幻色彩。

原始图片

最终效果

制作步骤

01 按Ctrl+N键新建文件，设置打开的对话框中的参数，如图9－1所示，单击“确定”按钮。

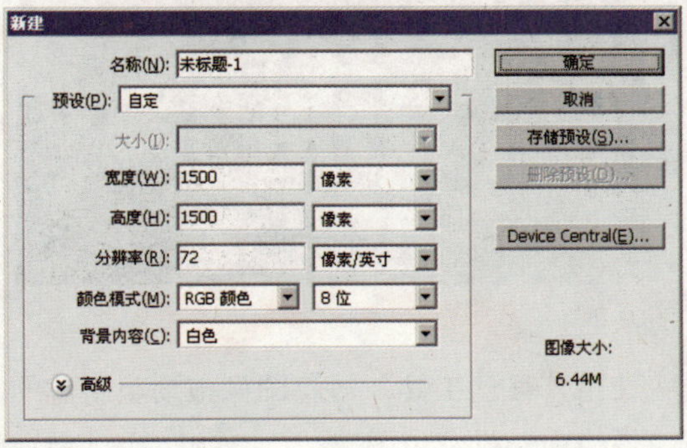

图9—1

02 打开随书光盘“素材文件\09\制作梦幻天空效果\素材1.tif”文件，使用“移动工具”将图像拖动至上一步骤新建的文件当中，得到“图层 1”，效果如图9－2所示。

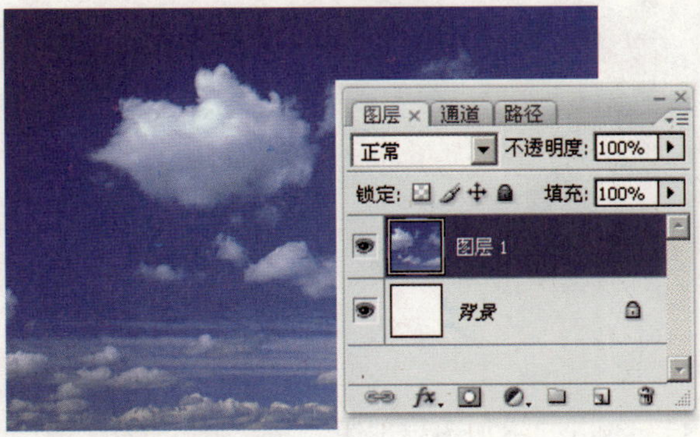

图9—2

03 按Ctrl+T键调出自由变换控制框，按住Shift键缩放并使图像充满整个画布，按Enter键确认变换操作，如图9－3所示。

图9—3

04 调整天空的颜色，使其具有梦幻的感觉。按Ctrl+U键调出“色相/饱和度”对话框，设置对话框中的参数，效果如图9－4所示。

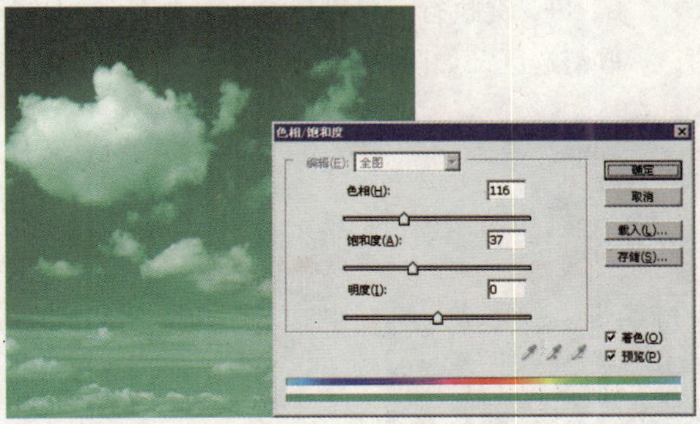

图9—4

05 按Ctrl+L键调出“色阶”对话框，设置打开的对话框中的参数，效果如图9－5所示。

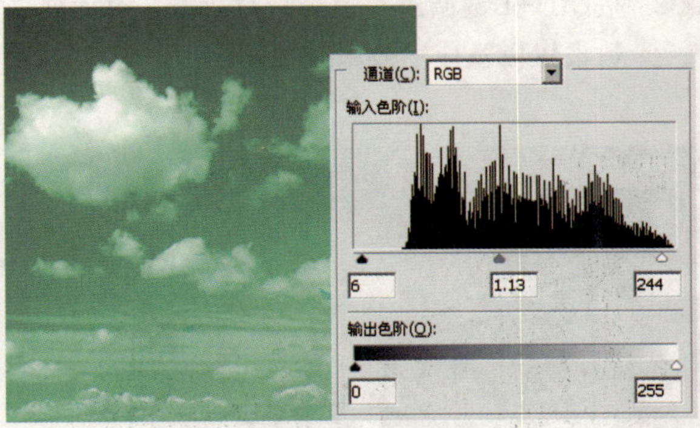

图9—5

06 打开随书光盘“素材文件\09\制作梦幻天空效果\素材2.tif”文件，图像效果如图9－6所示，下面通过通道选取建筑物。

图9—6

07 按Ctrl+A键执行“全选”命令，按Ctrl+C键执行“拷贝”命令，切换至“通道”调板，新建通道，得到“Alpha 1”，按Ctrl+V键执行“粘贴”命令，按Ctrl+D键取消选区，如图9-7所示。

图9-7

08 按Ctrl+L键调出“色阶”对话框，对话框参数设置以及应用效果如图9-8所示。

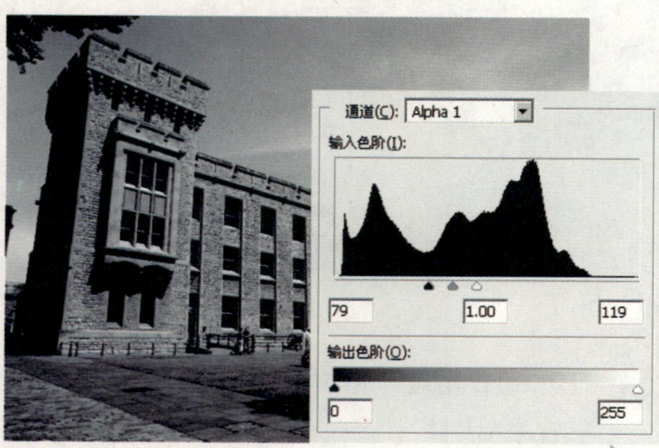

图9-8

09 按住Ctrl键单击“Alpha 1”的缩览图以载入其选区，按Ctrl+Shift+I键执行“反向”操作，返回“图层”调板，新建一个图层“图层 1”，设置前景色为黑色，按Alt+Delete键填充前景色，按Ctrl+D键取消选区，隐藏“背景”图层时，效果如图9-9所示。

图9-9

10 使用“移动工具”将图像拖动至新建的文件当中，得到“图层 2”，按Ctrl+T键调出自由变换控制框，按住Shift键成比例缩放图像并将其放置在画布的左下角，按Enter键确认变换操作，如图9-10所示。

图9-10

11 单击“添加图层蒙版”按钮，为“图层 2”添加图层蒙版，设置前景色为黑色，选择“画笔工具”，并在其工具选项栏中设置适当的画笔大小，对建筑物以外的图像进行涂抹以将其隐藏，应用效果及图层蒙版状态如图9-11所示。

图9-11

12 打开随书光盘“素材文件\09\制作梦幻天空效果\素材3.tif”文件，下面将同样通过通道选取出建筑物，图像效果如图9-12所示。

图9-12

13 按Ctrl+A键执行“全选”命令，按Ctrl+C键执行“拷贝”命令，切换至“通道”调板，新建一个通道“Alpha 1”，按Ctrl+V键执行“粘贴”命令，按Ctrl+D键取消选区，如图9-13所示。

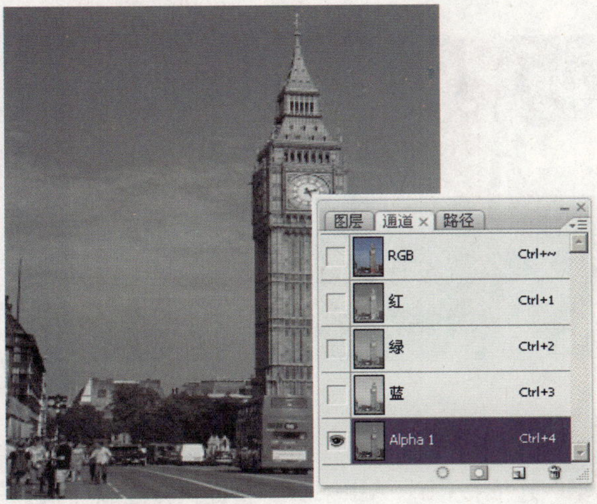

图9-13

14 按Ctrl+L键调出“色阶”对话框，对话框参数设置以及应用效果如图9-14所示。

图9-14

15 按住Ctrl键单击“Alpha 1”通道的缩览图以载入其选区，按Ctrl+Shift+I键执行“反向”操作，返回“图层”调板，新建图层得到“图层 1”，设置前景色为黑色，按Alt+Delete键填充前景色，按Ctrl+D键取消选区，隐藏“背景”图层时，效果如图9-15所示。

图9-15

16 使用“移动工具”将图像拖动至新建的文件当中，得到“图层 3”，按Ctrl+T键调出自由变换控制框，按住Shift键成比例缩放图像并逆时针旋转10°左右，将其放置在画布的右下角后按Enter键确认变换操作，如图9-16所示。

图9-16

17 单击“添加图层蒙版”按钮，为“图层2”添加图层蒙版，设置前景色为黑色，选择“画笔工具”，并在其工具选项栏中设置适当的画笔大小，对建筑物以外的图像进行涂抹以将其隐藏，应用效果及图层蒙版状态如图9-17所示。

图9-17

18 下面将利用“矩形工具”制作放射光芒效果。设置前景色为白色，选择“矩形工具”，在其工具选项栏中单击“形状图层”按钮，在画布的中间绘制一条垂直的矩形，得到“形状 1”图层，如图9-18所示。

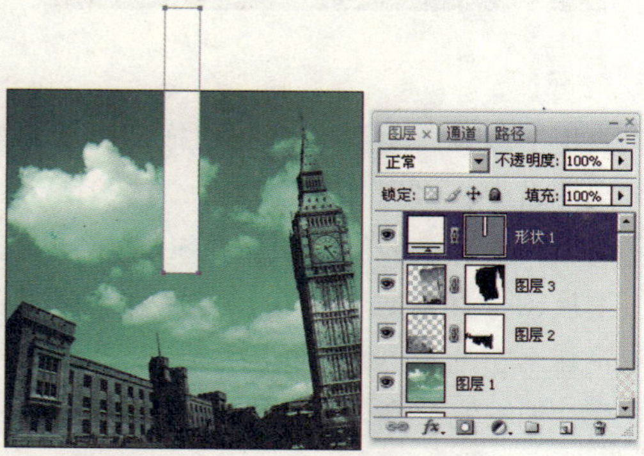

图9-18

19 按Ctrl+T键调出自由变换控制框，按住Ctrl+Shift+Alt键向右拖动控制框左下角的句柄，从而将矩形形状变为三角形形状，如图9-19所示，按Enter键确认变换操作。

图9-19

20 按Ctrl+Alt+T键调出自由变换并复制控制框，首先将控制框中心的旋转中心点拖动至控制框的最下方，再顺时针旋转形状20°，按Enter键确认变换操作，如图9-20所示。

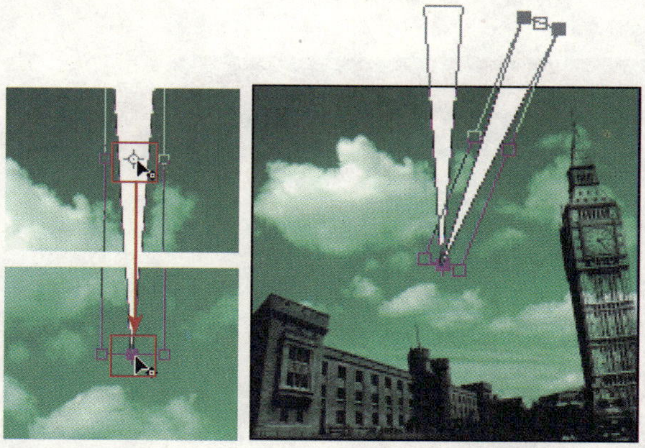

图9-20

21 连续按Ctrl+Alt+Shift+T键执行连续变换并复制操作，从而得到一个放射性线条效果，如图9-21所示。

图9-21

22 按Ctrl+T键调出自由变换控制框，按住Ctrl键拖动控制框的各个句柄，使其具有视觉层次感，然后按Enter确认变换操作，如图9-22所示。

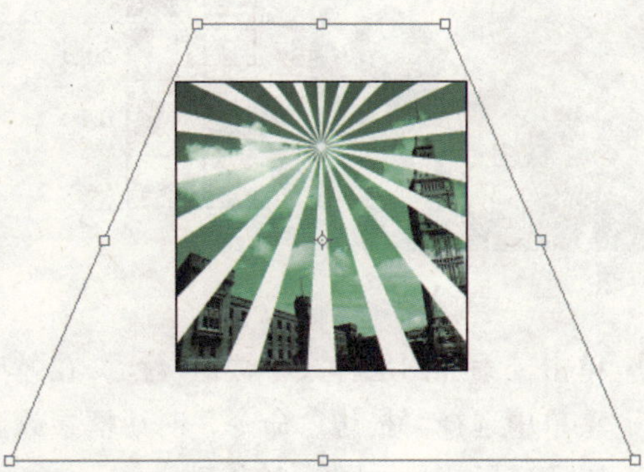

图9-22

23 设置“形状 1”图层的混合模式为“叠加”，“不透明度”为50%，从而将形状与背景充分地融合，效果如图9-23所示。

图9-23

24 下面利用“直线工具”制作条纹纹理。设置前景色为白色，选择“直线工具”，在其工具选项栏中设置“粗细”为8px，按住Shift键在画布的上方绘制一条水平的直线，得到“形状 2”图层，效果如图9-24所示。

图9-24

25 按Ctrl+Alt+T键调出自由变换并复制控制框，向下拖动控制框，如图9-25所示，按Enter键确认变换操作。

图9-25

26 连续按Ctrl+Alt+Shift+T执行连续变换并复制操作，直至直线将整个画布铺满为止，效果如图9-26所示。

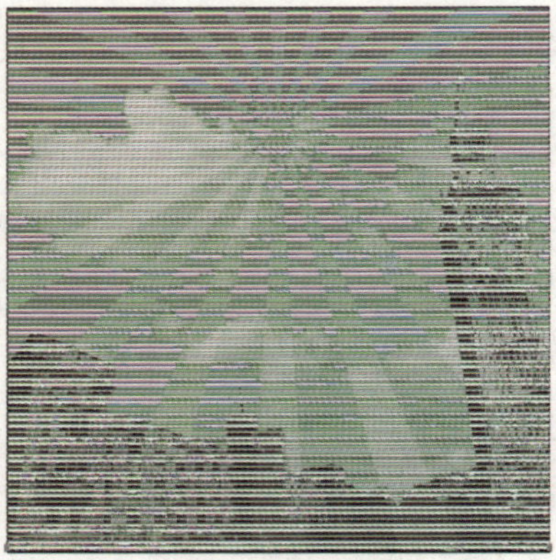

图9-26

27 按Ctrl+T键调出自由变换控制框，按住Ctrl+Shift键分别向上和向下拖动控制框的右侧和左侧的句柄，并分别向上和向下拖动旋转控制框上方和下方的句柄，使直线变为斜线铺满画布，最后按Enter键确认变换操作，如图9-27所示。

图9-27

28 设置“形状 2”的“不透明度”为20%，设置图层混合模式为“柔光”，从而将线条融合到下面的图像中，效果如图9-28所示。

图9-28

29 设置前景色为白色，选择“自定形状工具”，在画布中单击鼠标右键，在弹出的“自定形状拾色器”调板中选择心形形状，按住Shift键在放射光芒的中心绘制一个心形，得到“形状 3”图层，效果如图9-29所示。

图9-29

30 单击“添加图层样式”按钮，在弹出的菜单中选择“描边”命令，对话框参数设置以及应用效果如图9-30所示。

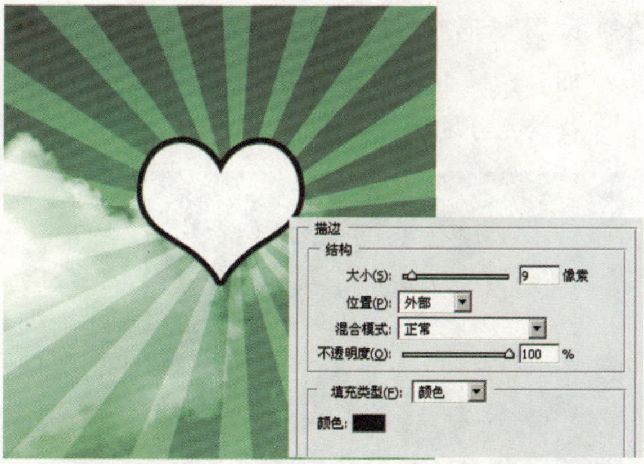

图9-30

31 重复步骤29的操作方法，利用“自定形状工具”在前面绘制好的心形形状的中心再绘制一个较小的心形，得到“形状 4”图层，效果如图9-31所示。

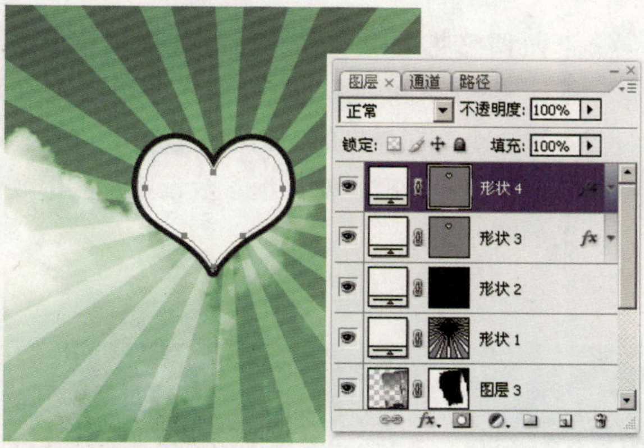

图9-31

32 单击“添加图层样式”按钮 ，在弹出的菜单中选择“渐变叠加”命令，对话框参数设置及应用效果如图9-32所示。

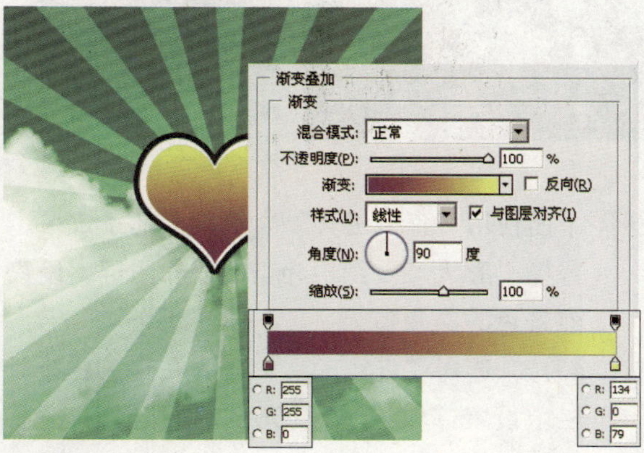

图9-32

33 复制“形状 2”图层，得到“形状 2 副本”图层，将其拖动至“形状 4”图层的上方，按住Ctrl键单击“形状 4”图层的图层缩览图以载入其选区，单击“添加图层蒙版”按钮 ，为“形状2 副本”图层添加图层蒙版，效果如图9-33所示。

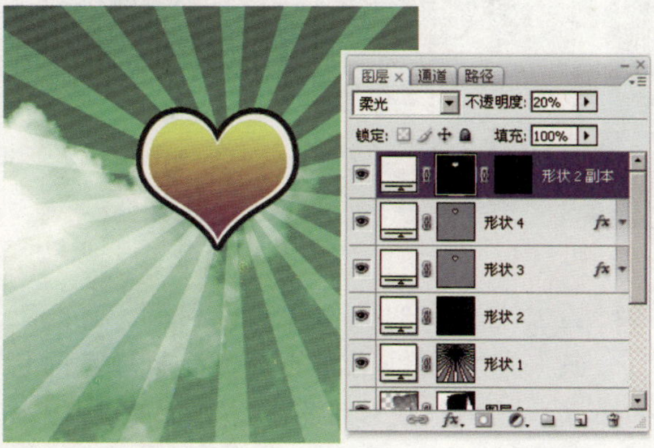

图9-33

34 在选择“形状2 副本”图层为当前操作图层的情况下，按住Ctrl键单击“形状 3”图层和“形状 4”图层的图层名称，将这两图层选中，按Ctrl+Alt+E键执行盖印操作，将得到的图层命名为“彩心”，按Ctrl+T键调出自由变换控制框，按住Shift键成比例缩放图像并将其向右下方移动，最后按Enter键确认变换操作，效果如图9-34所示。

图9-34

35 按Ctrl+U键调出“色相/饱和度”对话框，对话框参数设置及应用效果如图9-35所示。

图9-35

36 复制图层“彩心”，得到图层“彩心 副本”，将其拖动至“彩心”的下方，重复步骤29~步骤35的操作方法，变换缩小图像并调整其颜色，效果如图9-36所示。

图9-36

37 打开随书光盘“素材文件\09\制作梦幻天空效果\素材5.psd”文件，使用“移动工具”将其拖动至步骤01新建的文件当中，得到“图层 4”，将其拖动至所有图层的上方，如图9-37所示。

图9-37

38 按Ctrl+T键调出自由变换控制框，按住Shift键成比例缩放图像并将其摆放在画布的正下方，最后按Enter键确认变换操作，如图9-38所示。

图9-38

39 下面调整花朵的颜色，使其与整体色调搭配。执行菜单“图像｜调整｜通道混合器”命令，在弹出的对话框中设置“红”和“蓝”输出通道，对话框参数设置及应用效果如图9-39所示。

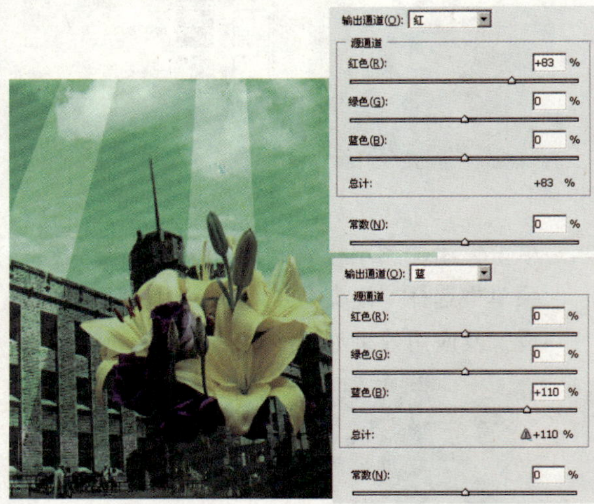

图9-39

40 下面使用“直线工具”绘制彩虹条效果。选择“形状 2”图层为当前操作图层，设置前景色的颜色值为（R：182、G：45、B：45），选择“直线工具”，在其工具选项栏中设置“粗细”为13px，按住Shift键在彩心和花朵之间绘制一条垂直的直线，得到“形状 5”图层，效果如图9-40所示。

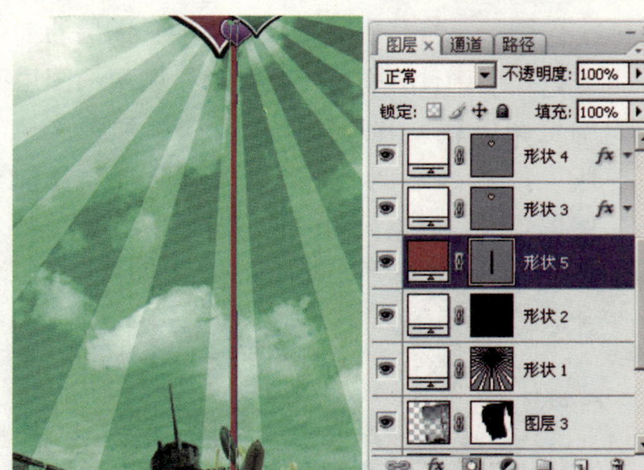

图9-40

41 重复上一步的操作方法，利用“直线工具”，设置不同的颜色绘制垂直的色条，使其组成彩虹形状，效果如图9-41所示。

图9-41

42 下面用素材画笔制作星光。新建图层，得到“图层 5”，将其拖动至所有图层上方，设置前景色为白色，选择“画笔工具”，按F5键调出“画笔”调板，单击调板右上角的小三角按钮，在弹出的菜单中选择“载入画笔”命令，载入随书光盘“素材文件\09\制作梦幻天空效果\素材4.abr”画笔，在彩虹上进行绘制，效果如图9-42所示。

图9-42

43 设置“图层 5”的混合模式为“叠加”，从而使星光更加朦胧，效果如图9-43所示。

图9-43

44 复制“图层 5”，得到“图层5 副本”，从而使星光更加闪亮，效果如图9-44所示。

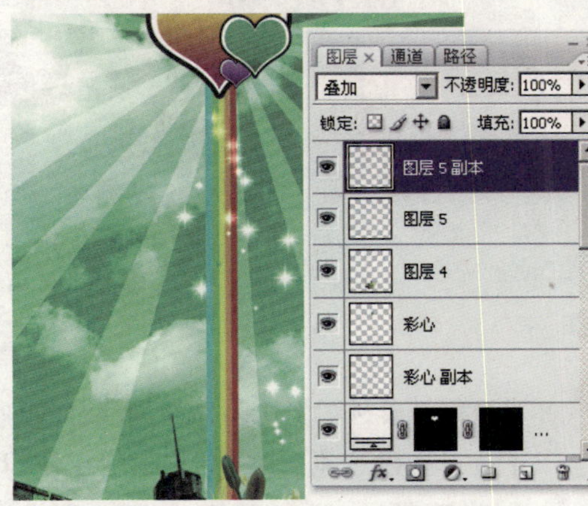

图9-44

45 设置前景色为黑色，选择“自定形状工具”，在画布中单击鼠标右键，在弹出的“自定形状拾色器”调板中选择圆形画框，在彩心的下方绘制几个圆环的装饰形状，得到“形状 10”图层，效果如图9-45所示。

图9-45

技巧○提示

绘制完一个形状，按住Shift键绘制其他的形状，在一个形状图层内完成。

46 设置前景色为黑色，选择“直排文字工具”![T]，在其工具选项栏中设置适当的字体与字号，在彩虹条的右侧输入文字并得到相应的文字图层，效果如图9-46所示。

图9-46

47 下面利用素材图像给整体画面添加纹理。打开随书光盘“素材文件\09\制作梦幻天空效果\素材6.tif”，使用“移动工具”将其拖动至步骤01新建的文件当中，得到“图层 6”，如图9-47所示。

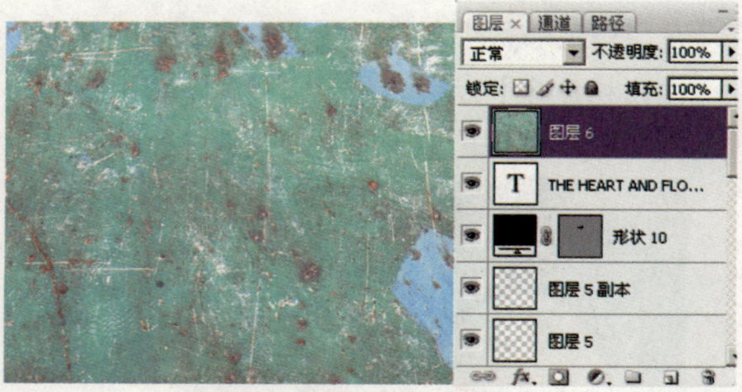

图9-47

48 按Ctrl+T键调出自由变换控制框，按住Shift键成比例缩放图像，使图像填满整个画布，最后按Enter键确认变换操作，如图9-48所示。

图9-48

49 双击“图层 6”的图层名称，调出“混合选项”参数设置，按住Alt键分别拖动“混和颜色带”区域“下一图层”滑条的黑色和白色三角滑块，对话框参数设置及应用效果如图9-49所示。

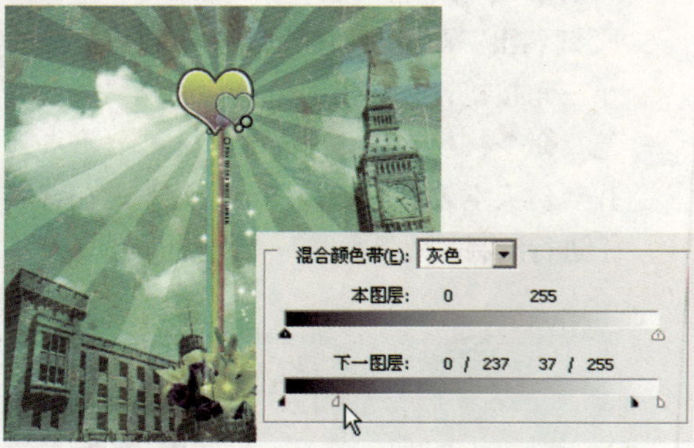

图9-49

50 设置“图层 6”的混合模式为“线性光”，“不透明度”为80%，效果如图9-50所示。

图9-50

51 执行菜单“图像 | 调整 | 去色”命令，去除纹理，使画面颜色更加协调，效果如图9-51所示。

图9-51

52 选择“矩形工具”，按住Shift键按照画布的边缘绘制一白色的正方形，得到“形状11”图层，效果如图9-52所示。

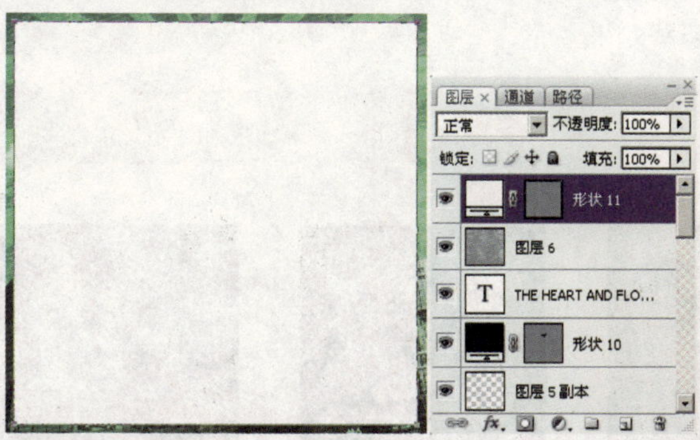

图9-52

53 使用“路径选择工具”，选中上一步骤绘制的正方形路径，在工具选项栏中单击“从形状区域减去”按钮 ，得到白色边框，效果如图9-53所示。

图9-53

54 重复上一步骤的操作方法，利用“矩形工具”再绘制一个黑色的画框，最终效果如图9-54所示。

图9-54

9.2 “炫彩人生”视觉海报

在本实例中主要应用形状图层以及图层蒙版制作装饰效果，其中多种元素的搭配使画面整体看起来时尚而艳丽。通过通道来制作一些效果也是本实例值得学习的重点之一。

原始图片

最终效果

制作步骤

01 按Ctrl+N键新建文件，设置打开的对话框中的参数，如图9-55所示，单击“确定”按钮。设置前景色的颜色值为（R：2、G：6、B：10），按Alt+Delete键填充前景色。

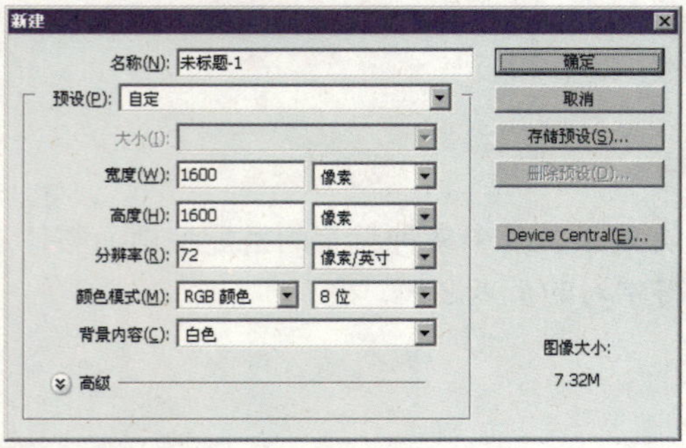

图9-55

02 单击“创建新的填充或调整图层”按钮，在弹出的菜单中选择“渐变”命令，对话框参数设置及应用效果如图9-56所示，得到“渐变填充 1”图层。

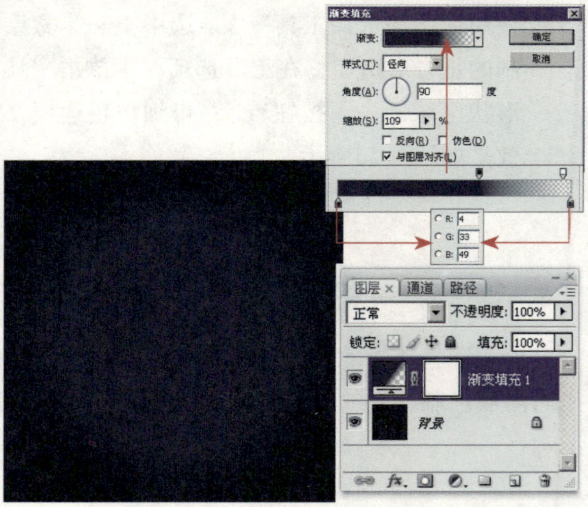

图9-56

03 打开随书光盘“素材文件\09\‘炫彩人生’视觉海报\素材1.psd”，下面利用这幅图像作为作品的主体图像。使用“移动工具”将其拖动至步骤01新建的文件当中，得到“图层 1”，如图9-57所示。

图9-57

04 按Ctrl+T调出自由变换控制框，按住Shift键成比例缩放图像，顺时针旋转8°，并将其摆放在画布的中间位置，最后按Enter键确认变换操作，效果如图9-58所示。

图9-58

05 因为画面整体颜色为蓝色，人物衣服的颜色与整体颜色不协调，下面用调整图层和混合模式对人物的身体颜色进行调整。单击“创建新的填充或调整图层”按钮，在弹出的菜单中选择“反相”命令，得到“反相1”调整图层，按Ctrl+Alt+G键执行“创建剪贴蒙版”命令，效果如图9-59所示。

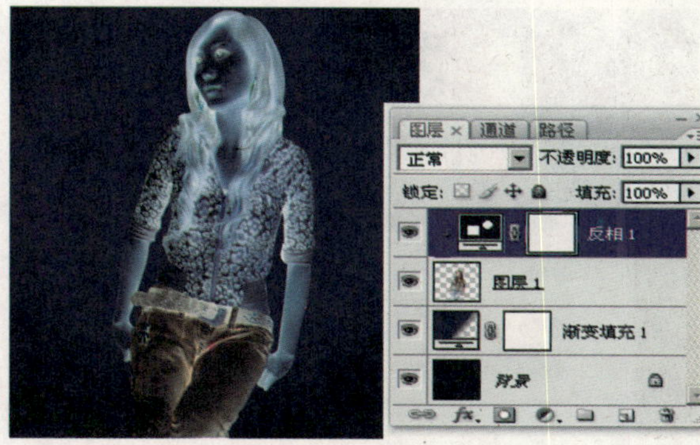

图9-59

06 选择“反相 1”图层的图层蒙版为当前操作状态，按Ctrl+I执行“反相”操作，设置前景色为白色，选择“画笔工具”，在其工具选项栏中设置适当的画笔大小，对人物的衣服进行涂抹，从而只对其衣服使用反相效果，效果及图层蒙版的状态如图9-60所示。

图9-60

07 按住Ctrl键单击“反相 1”图层的图层蒙版，载入其选区。单击“创建新的填充或调整图层”按钮，在弹出的菜单中选择“色相/饱和度”命令，得到“色相/饱和度 1”调整图层，按Ctrl+Alt+G键执行“创建剪贴蒙版”命令，效果如图9-61所示。

图9-61

08 下面通过调整“曲线”参数来增强人物色彩的艳丽度。单击“创建新的填充或调整图层”按钮，在弹出的菜单中选择“曲线”命令，在打开的对话框中设置“RGB”和“红”选项的参数如图9-62所示，注意不要退出“曲线”对话框。

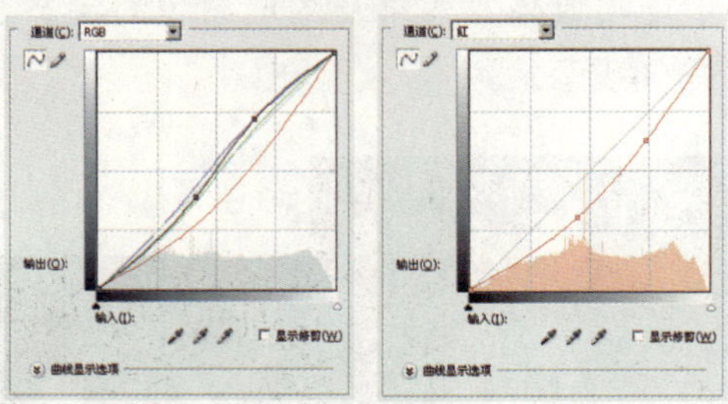

图9-62

09 分别设置“绿”和“蓝”选项的参数，退出对话框后得到调整“曲线 1”图层，按Ctrl+Alt+G键执行“创建剪贴蒙版”命令，效果如图9-63所示。

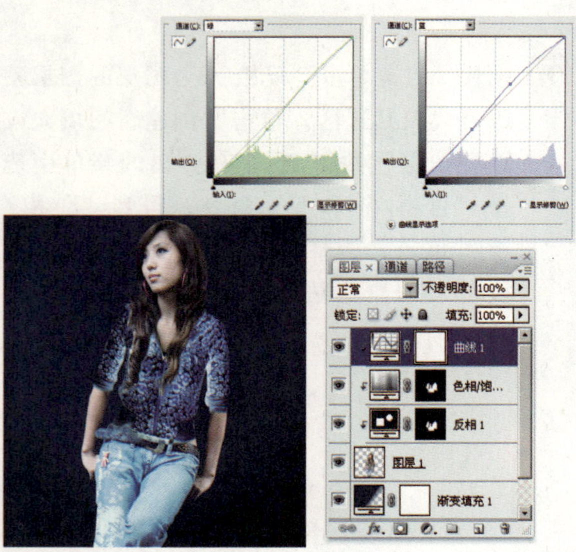

图9-63

10 在选择“曲线 1”图层的同时按住Shift键单击“图层 1”的图层名称以将其选中，按Ctrl+Alt+E键执行盖印操作，得到“曲线 1 合并”图层，按Ctrl+T键调出自由变换控制框，在控制框内单击鼠标右键，在弹出的菜单中选择“水平翻转”命令，按住Shift键成比例缩放图像，将其向右上方移动，顺时针旋转7°，最后按Enter键确认变换操作，效果如图9-64所示。

图9-64

11 单击“添加图层蒙版”按钮，为“曲线 1 合并”图层添加图层蒙版，设置前景色为黑色，选择“画笔工具”，在其工具选项栏中设置适当的画笔大小，对人物膝盖以下的部位进行涂抹以将其隐藏，效果如图9-65所示。

图9-65

12 打开随书光盘“素材文件\09\‘炫彩人生’视觉海报\素材2.psd”文件，使用“移动工具”将其拖动至步骤01新建的文件当中，得到“图层 2”，水平翻转图像后，效果如图9-66所示。

图9-66

13 按Ctrl+T键调出自由变换控制框，按住Shift键成比例缩放图像，逆时针旋转8°，将其摆放在画布的左下方，最后按Enter键确认变换操作，效果如图9-67所示。

图9-67

14 单击“添加图层蒙版”按钮，为“图层2”添加图层蒙版，设置前景色为黑色，选择“画笔工具”，在其工具选项栏中设置适当的画笔大小及“不透明度”，对人物的手臂以及腿部进行涂抹以将其隐藏，应用效果及图层蒙版的状态如图9-68所示。

图9-68

15 复制“反相 1”图层、“色相/饱和度 1”图层和“曲线 1”图层至“图层 2”的上方，得到“反相 1 副本”图层、“色相/饱和度 1 副本”图层和“曲线 1 副本”图层，依次选择3个调整图层副本，按Ctrl+Alt+G执行“创建剪贴蒙版”命令，然后再调整“反相 1 副本”图层的图层蒙版，使其针对人物的衣服并复制图层蒙版到“色相/饱和度 1 副本”图层，效果如图9-69所示。

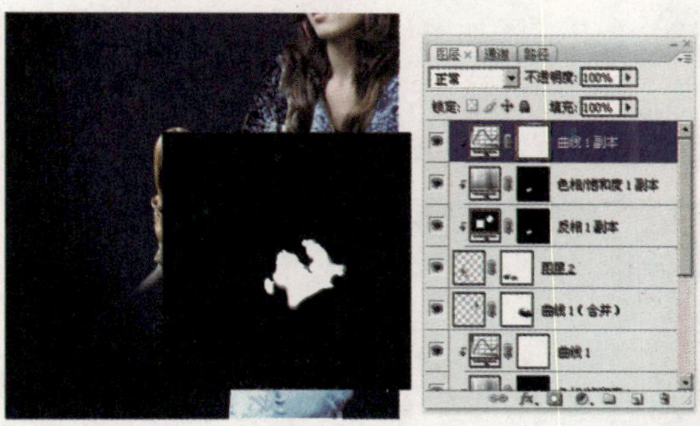

图9-69

16 选择“渐变填充 1”图层为当前操作图层，设置前景色的颜色值为（R：0、G：155、B：211），选择“椭圆工具”，在其工具选项栏中单击“形状图层”按钮，按住Shift键在人物的后方绘制一个正圆形状，得到“形状 1”图层，效果如图9-70所示。

图9-70

17 复制“形状 1”图层，得到“形状 1 副本”图层，双击“形状 1 副本”图层的缩览图，调出其“拾取实色”对话框，设置颜色值为（R：71、G：165、B：69），按Ctrl+T键调出自由变换控制框，按住Ctrl+Alt+Shift键以圆心为旋转中心点成比例缩放图像，最后按Enter键确认变换操作，效果如图9-71所示。

图9-71

18 单击“添加图层样式”按钮，在弹出的菜单中选择“投影”命令，对话框参数设置及应用效果如图9-72所示。

图9-72

19 重复步骤17的操作方法，复制并变换正圆形状的大小，更改复制的正圆形状的颜色值为（R：182、G：188、B：30），效果如图9-73所示。

图9-73

20 在“形状 1 副本 2”图层为当前操作图层的情况下，按住Shift键单击“形状 1”图层的图层名称，以将该图层和两图层之间的图层选中，按Ctrl+G键创建一个新组，得到“组 1”，单击“添加图层蒙版”按钮，为“组 1”添加图层蒙版，设置前景色为黑色，使用“画笔工具”在人物后面的位置进行涂抹，应用效果及图层蒙版如图9-74所示。

图9-74

21 在选择“组 1”为当前操作状态的情况下，按Ctrl+Alt+E键执行盖印操作，得到“组 1（合并）”图层，将其命名为“小圆环”。按Ctrl+T键调出自由变换控制框，按住Shift键成比例缩放图像，旋转88°并将其移至右上方人像的后面，最后按Enter键确认变换操作，效果如图9-75所示。

图9-75

22 复制“小圆环”图层，得到“小圆环 副本”图层，按Ctrl+U键调出“色相/饱和度”对话框，对话框参数设置及应用效果如图9-76所示。

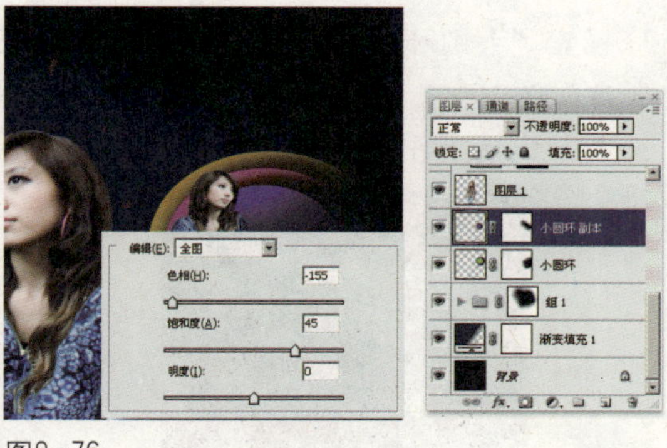

图9-76

23 按Ctrl+T键调出自由变换控制框，按住Shift键成比例缩放图像并逆时针旋转40°左右，将圆环向下拖动，最后按Enter键确认变换操作，效果如图9-77所示。

图9-77

24 选择“小圆环 副本”图层的图层蒙版为当前操作图层，使用“画笔工具”调整其图层蒙版，效果及图层蒙版的状态如图9-78所示。

图9-78

25 复制“组 1”，得到“组 1 副本”，将其拖动至“渐变填充 1”图层的下方，在“组 1 副本”的图层蒙版缩览图中单击鼠标右键，在弹出的菜单中选择“删除图层蒙版”选项，按Ctrl+T键调出自由变换控制框，按住Shift键成比例放大图像，并将其摆放在画布的左上角，最后按Enter键确认变换操作，效果如图9-79所示。

图9-79

26 在选择“组 1”为当前操作的状态下，按Ctrl+E键执行“合并图层”命令，将得到的图层命名为“大圆环”。按Ctrl+T调出自由变换控制框，顺时针旋转170°，使较好的光照部位在画面的上方，效果如图9-80所示。

图9-80

技巧 ◦ 提示

之所以步骤25没有执行“合并图层”命令，是因为形状图层在放大之后不会使图像质量变差，而先转换为普通图层再放大后边缘会出现锯齿。

27 下面通过使用混合模式来调整圆环的颜色。设置“大圆环”图层的混合模式为“亮度”，从而使图像的颜色与底色相符，效果如图9-81所示。

图9-81

28 复制“大圆环”图层，得到“大圆环 副本”图层，设置“大圆环 副本”图层的混合模式为“叠加”，“不透明度”为50%，从而给圆环添加少许的颜色值，效果如图9-82所示。

图9-82

29 重复步骤20的操作方法，将图层“大圆环”和图层“大圆环 副本”创建一个组，得到“组 2”，复制“组 2”，得到“组 2 副本”，按Ctrl+T键调出自由变换控制框，按住Ctrl+Alt+Shift键拖动控制框的节点，以圆心为中心点缩放图像，最后按Enter键确认变换操作，效果如图9-83所示。

图9-83

30 设置“大圆环 副本 2”图层的“不透明度”为20%，从而降低颜色信息，效果如图9-84所示。

图9-84

31 重复步骤20的操作方法，将“组 2”和“组 2 副本”创建一个组，得到“组 3”。单击“添加图层蒙版”按钮，为“组 3”添加图层蒙版，设置前景色为黑色，选择“画笔工具”，在其工具选项栏中设置适当的画笔大小及“不透明度”，对圆环的下方进行涂抹以将其虚化，效果如图9-85所示。

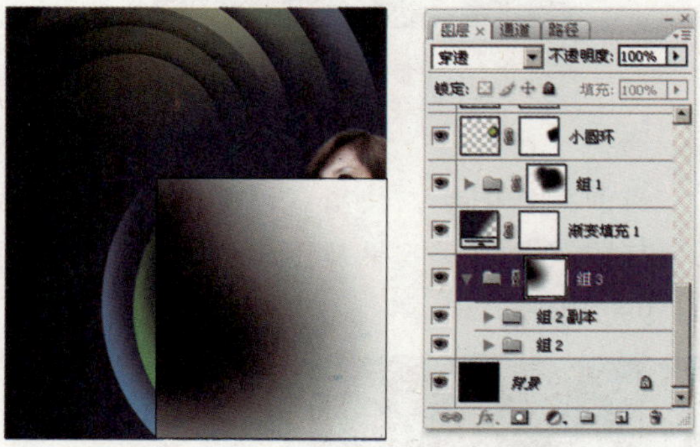

图9-85

32 复制“组 2”，得到“组 2 副本 2”，将其拖动至“组 3”的上方，按Ctrl+T键调出自由变换控制框，按住Shift键成比例缩放图像，顺时针旋转45°并将其摆放在画布的右下角，最后按Enter键确认变换操作，效果如图9-86所示。

图9-86

33 单击“添加图层蒙版”按钮，为“组 2 副本 2”添加图层蒙版，设置前景色为黑色，选择“画笔工具”，在其工具选项栏中设置适当的画笔大小及“不透明度”，对圆环进行涂抹以将其虚化，效果如图9-87所示。

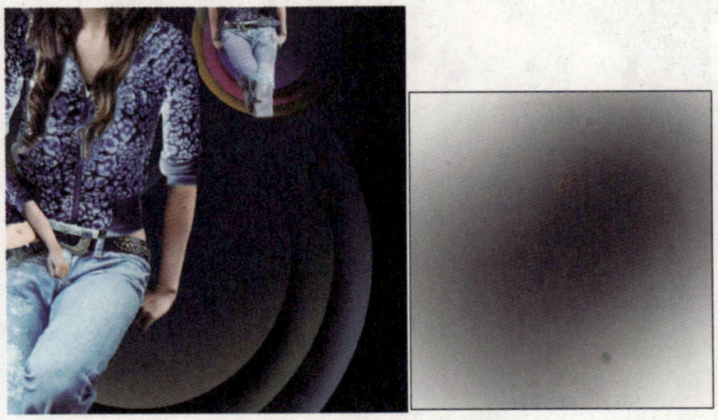

图9-87

34 选择“渐变填充 1”图层为当前操作图层，设置前景色的颜色值为（R：224、G：93、B：139），选择“钢笔工具”并在其工具选项栏中单击“形状图层”按钮，在人物的右上方绘制一个花瓣，得到“形状 2”图层，效果如图9-88所示。

图9-88

35 复制“形状 2”图层，得到“形状 2 副本”图层，将“形状 2 副本”图层的颜色值更改为（R：242、G：116、B：169），按Ctrl+T键调出自由变换控制框，逆时针旋转25°并向左移动图像，最后按Enter键确认变换操作，效果如图9-89所示。

图9-89

36 单击“添加图层样式”按钮，在弹出的菜单中选择“投影”命令，对话框参数设置及应用效果如图9-90所示。

图9-90

37 重复步骤35的操作方法，复制“形状 2 副本”图层，更改其颜色值并变换角度及位置，得到“形状 2 副本 2”图层，效果如图9-91所示。

图9-91

38 在“形状 2 副本 2”图层为当前操作图层的情况下，按住Shift键单击“形状 2”图层的图层名称，将该图层以及两图层之间的图层选中，按Ctrl+Alt+E键执行盖印操作，将得到的图层命名为“花瓣”。按Ctrl+T键调出自由变换控制框，旋转180°并移至画布的左下角，最后按Enter键确认变换操作，效果如图9-92所示。

图9-92

39 复制“小圆环 副本”图层，得到“小圆环 副本 2”图层，将其拖动至“花瓣”图层的上方，按Ctrl+T键调出自由变换控制框，按住Shift键成比例缩放图像，顺时针旋转100°并将其摆放在花瓣上，最后按Enter键确认变换操作，效果如图9-93所示。

图9-93

40 设置“小圆环 副本 2”图层的混合模式为“滤色”，从而使该图像的颜色叠加到下面的花瓣上，效果如图9-94所示。

图9-94

41 按Ctrl+Alt+T调出自由变换并复制控制框，顺时针旋转图像40°并向右移动，使两个图像叠加起来，从而得到更漂亮的花纹，最后按Enter键确认变换操作，得到“小圆环 副本 3”图层，效果如图9-95所示。

图9-95

42 连续重复上一步骤的操作方法，复制两个这样的小圆环到下面的花瓣中以丰富画面，应用效果如图9-96所示。

图9-96

43 打开随书光盘“素材文件\09\‘炫彩人生’视觉海报\素材3.psd”，效果如图9-97所示。使用“移动工具”将图像拖动至步骤01新建的文件当中，得到“图层 3”，将其拖动至“图层 1”的下方。

图9–97

44 按Ctrl+I键执行“反相”命令，从而方便观看。按Ctrl+T键调出自由变换控制框，在控制框中单击鼠标右键，在弹出的菜单中选择“水平翻转”命令，按住Shift键缩放图像，再顺时针旋转图像30°，并将其摆放在人物的后面，最后按Enter键确认变换操作，效果如图9–98所示。

图9–98

45 单击“添加图层蒙版”按钮，为“图层3”添加图层蒙版，设置前景色为黑色，选择“画笔工具”，在其工具选项栏中设置适当的画笔大小，对人物身体右侧的形状进行涂抹以将其隐藏，效果及图层蒙版状态如图9–99所示。

图9–99

46 单击“添加图层样式”按钮，在弹出的菜单中选择“渐变叠加”命令，在设置完对话框参数后再选择“外发光”选项，对话框参数设置及应用效果如图9–100所示。

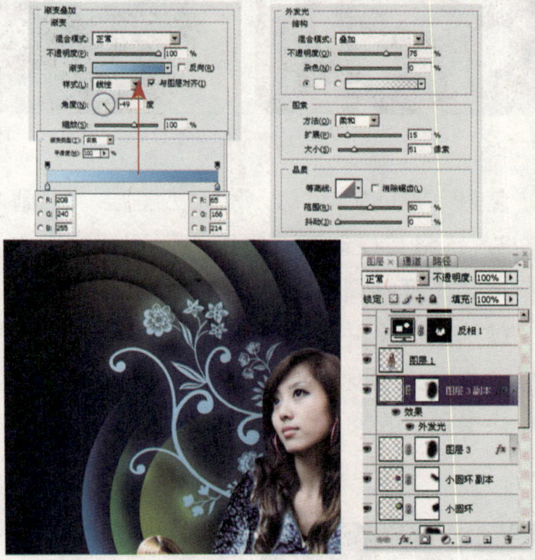

图9–100

47 复制“图层 3”，得到“图层 3 副本”，在“图层”调板中将“图层 3 副本”的“渐变叠加”样式拖动至“删除图层”按钮上，从而删除该样式，再双击“外发光”样式的名称，对话框参数设置及应用效果如图9–101所示。

图9–101

48 单击“添加图层蒙版”按钮，为“图层 3 副本”添加图层蒙版，设置前景色为黑色，选择“画笔工具”，在其工具选项栏中设置适当的画笔大小，只保留枝叶中间的一部分，对其余部分进行涂抹以将其隐藏，效果如图9–102所示。

图9-102

49 复制“图层 3”，得到“图层 3 副本 2”，将其拖动至“曲线 1”图层的上方，按Ctrl+T键调出自由变换控制框，按住Shift键缩放图像并逆时针旋转图像160°，将其放置在人物身体的上方，按Enter键确认变换操作，效果如图9-103所示。

图9-103

50 选择“图层 3 副本 2”的图层蒙版为当前操作状态，设置前景色为黑色，选择“画笔工具”，在其工具选项栏中设置适当的画笔大小，对花纹进行涂抹以使其与人物的身体吻合，效果如图9-104所示。

图9-104

51 重复步骤47的操作方法，将“图层 3 副本 2”的两个图层样式去除，再单击“锁定透明像素”按钮，设置前景色的颜色值为（R：19、G：31、B：74），按Alt+Delete键填充前景色，效果如图9-105所示。

图9-105

52 打开随书光盘“素材文件\09\‘炫彩人生’视觉海报\素材4.psd”，使用“移动工具”将图像拖动至步骤01新建的文件当中，得到“图层 4”，将其拖动至“图层 1”的下方，如图9-106所示。

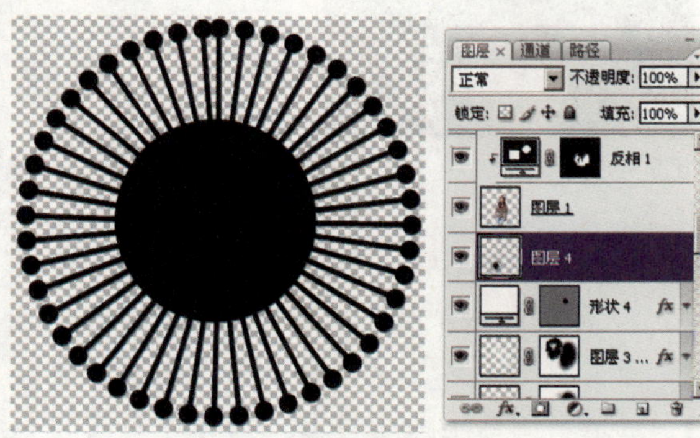

图9-106

53 按Ctrl+I键执行“反相”命令，从而将图形变为白色。按Ctrl+T键调出自由变换控制框，按住Shift键成比例缩放图像，并将其摆放在人物的颈部，最后按Enter键确认变换操作，效果如图9-107所示。

图9-107

54 单击“添加图层样式”按钮，在弹出的菜单中选择“外发光”命令，对话框参数设置及应用效果如图9-108所示。

图9-108

55 打开随书光盘“素材文件\09\‘炫彩人生’视觉海报\素材5.psd”，如图9-109所示，下面利用通道制作透明的蝴蝶效果。

图9-109

56 切换至“通道”调板，“蓝”通道的对比效果较好，复制“蓝”通道，得到“蓝 副本”通道，如图9-110所示。

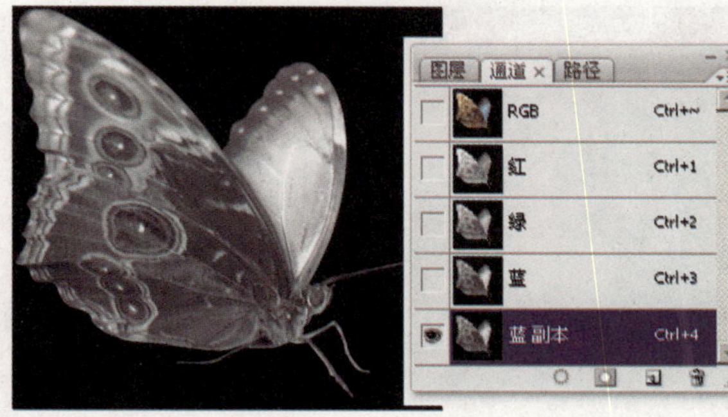

图9-110

57 按住Ctrl键单击“蓝 副本”通道的缩览图以载入其选区，返回“图层”调板，新建图层，得到“图层 1”。设置前景色的颜色值为（R：109、G：186、B：219），按Alt+Delete键填充前景色，按Ctrl+D键取消选区，隐藏“背景”图层，效果如图9-111所示。

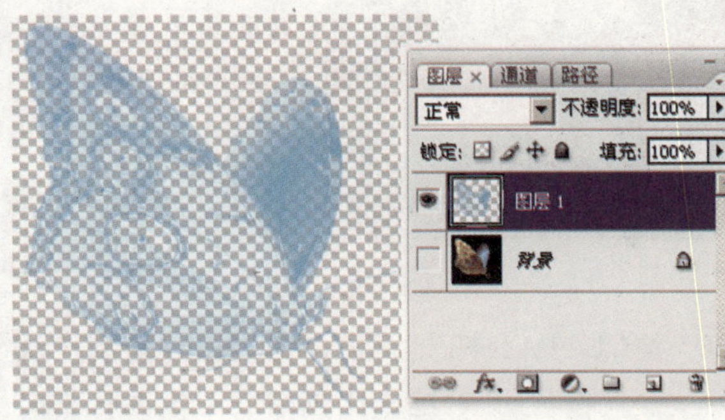

图9-111

58 使用“移动工具”将“图层 1”拖动至步骤01新建的文件当中，得到“图层 5”，将其拖动至所有图层的上方。按Ctrl+T调出自由变换控制框，按住Shift键成比例缩放图像并逆时针旋转35°，将其摆放在画布的左上角，最后按Enter键确认变换操作，效果如图9-112所示。

图9-112

59 下面将通过“外发光”样式来使蝴蝶看起来更亮。单击“添加图层样式”按钮，在弹出的菜单中选择“外发光”命令，对话框参数设置及应用效果如图9-113所示。

图9-113

60 按Ctrl+Alt+T键调出自由变换并复制控制框，按住Shift键成比例缩放图像并将其向左下方移动，使两个蝴蝶叠放在一起，最后按Enter键确认变换操作，得到“图层 5 副本”，如图9-114所示。

图9-114

61 设置“图层 5 副本”的“不透明度”为60%，从而使蝴蝶图像显得更加有层次，效果如图9-115所示。

图9-115

62 打开随书光盘“素材文件\09\‘炫彩人生’视觉海报\素材6.psd”，使用“移动工具”将图像拖动至步骤01新建的文件当中，得到“图层 6”，将其拖动至“小圆环副本”图层的下方，如图9-116所示。

图9-116

63 按Ctrl+T键调出自由变换控制框，按住Shift键缩放图像，再顺时针旋转图像7.5°，将其摆放在人物的右面，最后按Enter键确认变换操作，如图9-117所示。

图9-117

64 单击“添加图层蒙版”按钮，为“图层 6”添加图层蒙版，设置前景色为黑色，选择“画笔工具”，在其工具选项栏中设置适当的画笔大小，对人物身体进行涂抹以将其隐藏，效果如图9–118所示。

图9–118

65 复制“曲线 1”图层，得到“曲线 1 副本 2”图层，将其拖动至“图层 6”的上方，按Ctrl+Alt+G键执行“创建剪贴蒙版”命令，效果如图9–119所示。

图9–119

66 下面用通道制作出散点的效果。切换至“通道”调板，新建通道，得到“Alpha 1”通道，按Ctrl+I键执行“反相”命令，设置前景色为黑色，选择“画笔工具”，设置画笔大小为800px，“硬度”为0%，“不透明度”为100%，在画布的中间单击，效果如图9–120所示。

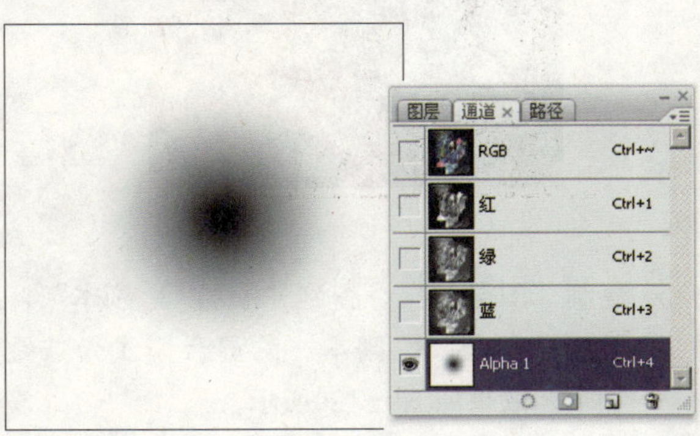

图9–120

67 执行菜单“滤镜 | 像素化 | 彩色半调”命令，对话框参数设置及应用效果如图9–121所示。

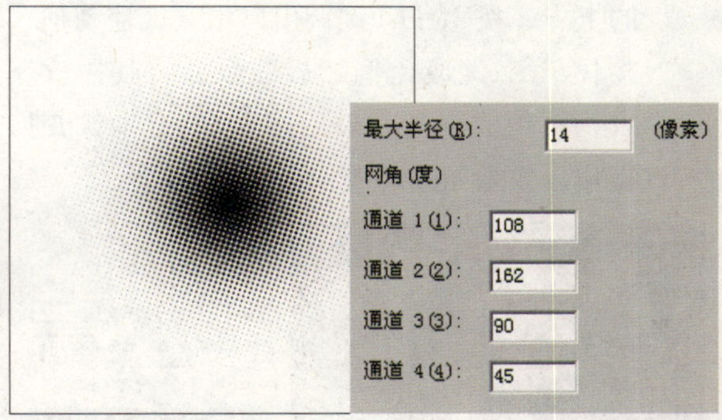

图9–121

68 按住Ctrl键单击“Alpha 1”通道的缩览图以载入其选区，按Ctrl+Shift+I键执行“反向”命令，切换至“图层”调板，新建图层，得到“图层 7”，将其拖动“图层 6”的下方，设置前景色为白色，按Alt+Delete填充前景色，按Ctrl+D键取消选区，效果如图9–122所示。

图9–122

69 设置“图层 7”的混合模式为“叠加”，从而将散点融合到背景当中，效果如图9–123所示。

图9–123

70 复制“图层 7”，得到“图层 7副本”，设置“图层 7 副本”的混合模式为“正常”，将其拖动至图层“曲线 1 副本 2”的上方，按Ctrl+T键调出自由变换控制框，按住Shift键成比例缩放图像并将其摆放在人物头像的下方，最后按Enter键确认变换操作，效果如图9-124所示。

图9-124

71 复制“图层 3 副本 2”，得到“图层 3 副本 3”，将其拖动至“渐变填充 1”图层的下方，设置前景色为白色，按快捷键Alt+Delete填充前景色，按Ctrl+T键调出自由变换控制框，逆时针旋转45°并将其摆放在人物头像的下方，最后按Enter键确认变换操作，效果如图9-125所示。

图9-125

72 打开随书光盘“素材文件\09\‘炫彩人生’视觉海报\素材7.psd”，效果如图9-126所示，使用“移动工具”将图像拖动至步骤01新建的文件当中，得到“图层 8”，将其拖动至“图层 3 副本 2”的下方。

图9-126

73 按Ctrl+T调出自由变换控制框，按住Shift键成比例缩放图像，将其摆放在画布的左下角，最后按Enter键确认变换操作，效果如图9-127所示。

图9-127

74 下面通过混合模式使图像融合到背景中。设置“图层 8”的混合模式为“亮度”，效果如图9-128所示。

图9-128

75 复制“图层 8”，得到“图层 8 副本”，设置“图层 8 副本”的混合模式为“叠加”，效果如图9-129所示。

图9-129

76 复制“图层 8 副本”得到“图层 8 副本 2”，使用“移动工具”将其向上方移动并叠加到圆环上，效果如图9-130所示。

图9-130

77 设置“图层 8 副本 2”的“不透明度”为30%，从而使其颜色显得清淡一些，效果如图9-131所示。

图9-131

78 下面使用调整图层将整体颜色提亮。选择所有图层上方的图层为当前操作状态，单击“创建新的填充或调整图层”按钮，在弹出的菜单中选择“曲线”命令，对话框参数设置及最终效果如图9-132所示。

图9-132

9.3 “欧洲风情”壁画效果

本例选取花卉、蝴蝶等素材以及石头等质感的纹理，通过通道、蒙版以及混合模式进行融合，从而得到一幅风格独特的海报，其构图类似于中世纪欧洲的景物绘画作品。

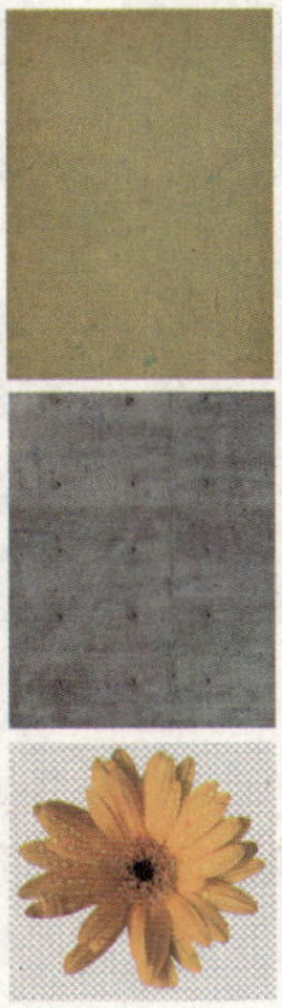

原始图片

最终效果

制作步骤

01 打开随书光盘“素材文件\09\‘欧洲风情’壁画效果\素材1.tif”文件，下面用该图像作为作品的底纹，效果如图9-133示。

图9-133

02 打开随书光盘“素材文件\09\‘欧洲风情’壁画效果\素材2.tif”文件，使用“移动工具” 将图像拖动至上一步骤打开的文件当中，得到“图层 1”，效果如图9-134所示。

图9-134

03 按Ctrl+T键调出自由变换控制框，按住Shift键成比例缩放图像，并使其填满整个画布，最后按Enter键确认变换操作，效果如图9-135所示。

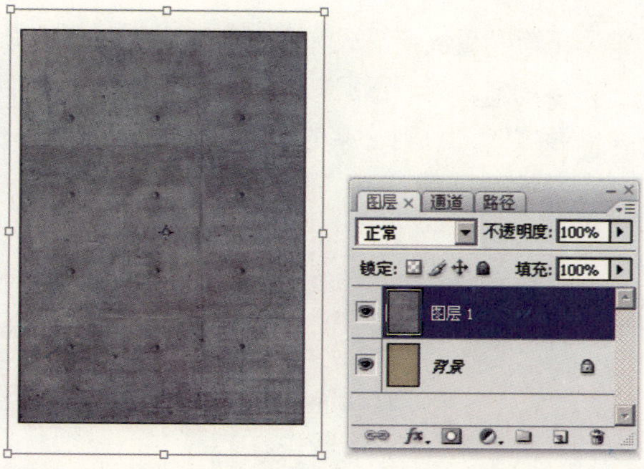

图9–135

04 下面将利用“混和选项”来使纹理之间相融合。双击“图层 1”的图层缩览图，调出“混和选项”参数设置，在“混和颜色带”区域按住Alt键向左拖动“本图层”滑条的白色三角滑块，使本图层的亮色隐藏，效果如图9–136所示。

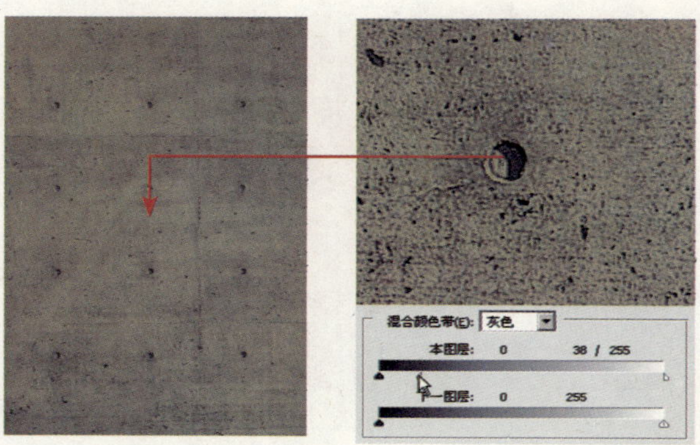

图9–136

05 设置“图层 1”的“不透明度”为30%，混合模式为“线性加深”，从而使纹理颜色与下面纹理的颜色相融合，效果如图9–137所示。

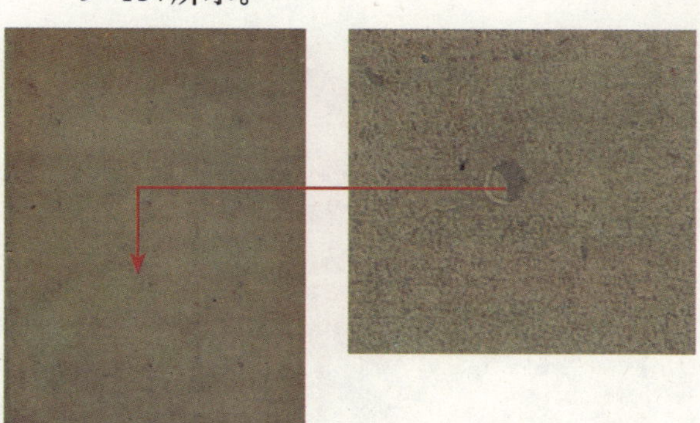

图9–137

06 下面将利用调整图层来调整画面的颜色。单击“创建新的填充或调整图层”按钮，在弹出的菜单中选择“色阶”命令，对话框参数设置及应用效果如图9–138所示。

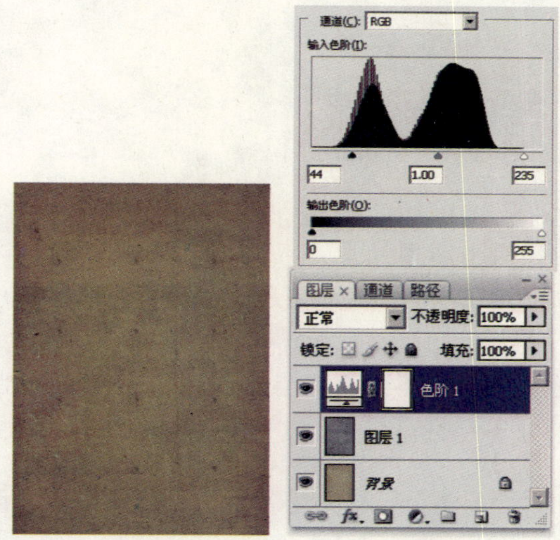

图9–138

07 单击“创建新的填充或调整图层”按钮，在弹出的菜单中选择“渐变”命令，对话框参数设置及应用效果如图9–139所示。

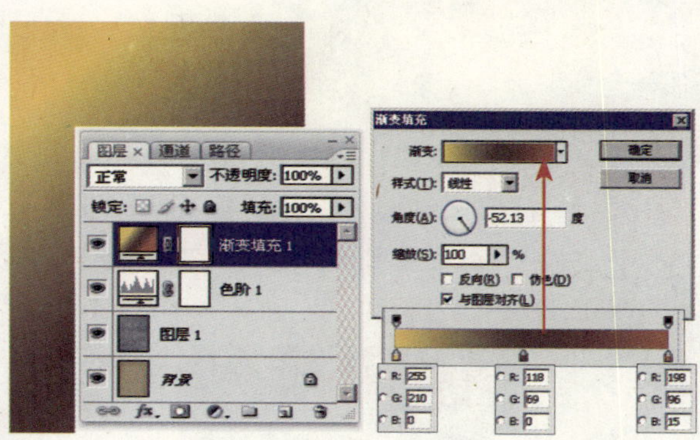

图9–139

08 设置“渐变填充 1”调整图层的混合模式为“颜色”，使该图层颜色融合到下面的图像当中，效果如图9–140所示。

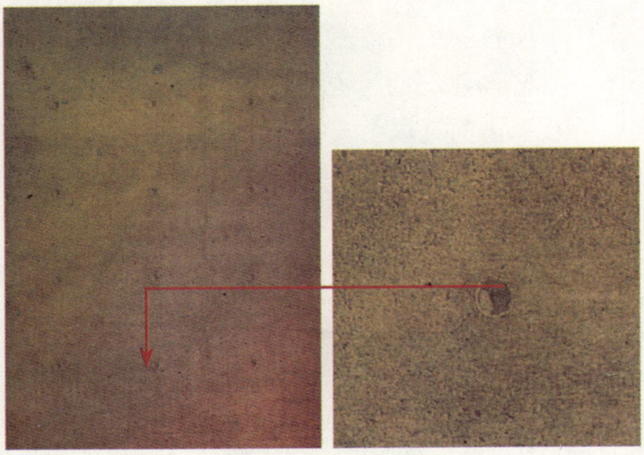

图9–140

09 打开随书光盘“素材文件\09\‘欧洲风情’壁画效果\素材3.psd”文件，使用“移动工具”将图像拖动至步骤01打开的文件当中，得到“图层 3”，如图9–141所示。

图9–141

10 按Ctrl+T键调出自由变换控制框，按住Shift键成比例缩放图像，将其摆放在画布的中间，最后按Enter键确认变换操作，效果如图9–142所示。

图9–142

11 下面利用混合模式和混和选项增强花朵的立体感。设置“图层 3”的混合模式为“正片叠底”，得到花朵的暗面，效果如图9–143所示。

图9–143

12 复制“图层 3”，得到“图层 3 副本”，设置“图层 3 副本”的混合模式为“滤色”，效果如图9–144所示。

图9–144

13 双击“图层 3 副本”的图层名称以调出“混和选项”参数设置，在“混和颜色带”区域按住Alt键分别向左拖动“本图层”和“下一图层”滑条的黑色三角滑块，使本图层的亮色隐藏，下面的图层暗面显示，效果如图9–145所示。

图9–145

14 复制“图层 3 副本”，得到“图层 3 副本 2”，设置“图层 3 副本 2”的混合模式为“叠加”，使花朵的色彩更加艳丽，效果如图9-146所示。

图9-146

15 下面利用通道来增加花朵的高光，使其立体感更加强烈。按住Ctrl键单击“图层 3 副本 2”的图层缩览图以载入其选区，按Ctrl+C键执行“拷贝”命令，切换至“通道”调板，新建“Alpha 1”通道，按Ctrl+V键执行“粘贴”命令，按Ctrl+D键取消选区，如图9-147所示。

图9-147

16 下面用“色阶”命令将花朵的亮光截取出来。按Ctrl+L键调出“色阶”对话框，对话框参数设置及应用效果如图9-148所示。

图9-148

17 按住Ctrl键单击“Alpha 1”通道的缩览图以载入其选区，切换至“图层”调板，新建图层，得到“图层 4”，设置前景色为白色，按Alt+Delete键填充前景色，按Ctrl+D键取消选区，效果如图9-149所示。

图9-149

18 设置“图层 4”的“不透明度”为60%，使花朵的高光更加柔和，效果如图9-150所示。

图9-150

19 下面用通道增加花朵的最暗部位。选择“图层 3 副本 2”为当前操作图层，按住Ctrl键单击“图层 3 副本 2”的图层缩览图以载入其选区，按Ctrl+C键执行“拷贝”命令，切换至“通道”调板，新建“Alpha 2”通道，按Ctrl+V键执行“粘贴”命令，如图9−151所示。

图9−151

20 按Ctrl+I键执行“反相”命令，使其暗面的区域为白色，处于被载入选区的状态，再按Ctrl+D键取消选区，效果如图9−152所示。

图9−152

21 下面用“色阶”命令将花朵的最暗面截取出来。按Ctrl+L键调出“色阶”对话框，对话框参数设置及应用效果如图9−153所示。

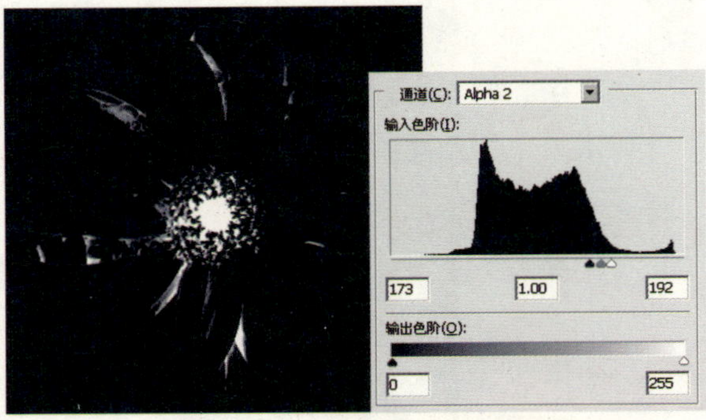

图9−153

22 按住Ctrl键单击“Alpha 2”通道的缩览图以载入其选区，切换至“图层”调板，新建图层，得到“图层 5”，将其放置在“图层 4”的上方，设置前景色为黑色，按Alt+Delete键填充前景色，按Ctrl+D键取消选区，效果如图9−154所示。

图9−154

23 设置“图层 5”的混合模式为“叠加”，“不透明度”为30%，使阴影与背景更加融合，效果如图9−155所示。

图9−155

24 选择“图层 5”为当前操作图层，按住Shift键单击“图层 3”的图层名称以将该图层以及两图层之间的所有图层选中，按Ctrl+T键自由变换控制框，按住Shift键适当缩小图像并适当旋转图像，使其看起来角度不一，最后按Enter键确认变换操作，效果如图9－156所示。

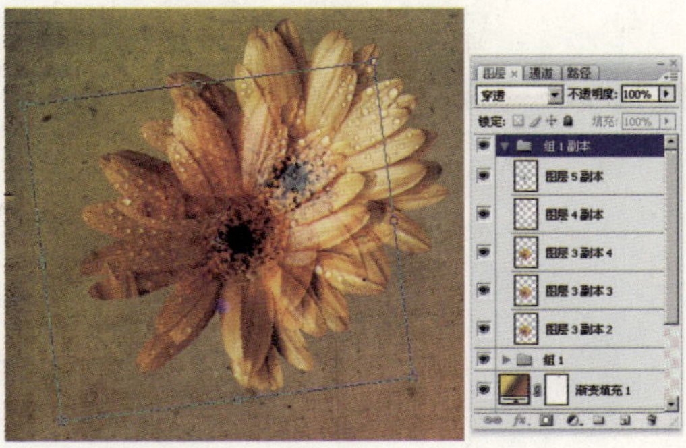

图9－156

技巧 ◦ 提示

把很多设置了不同混合模式的图层合并，这些混合模式的效果就不存在了，将其进行群组再复制并操作，虽然文件会很大，但不影响混合模式的效果。

25 按住Ctrl键单击“图层 3 副本 2”的图层缩览图以载入该图层的选区，选择“组 1”为当前操作状态，按住Alt键单击“添加图层蒙版”按钮，为“组 1”添加图层蒙版，从而将两朵花重叠的位置隐藏，效果如图9－157所示。

图9－157

26 新建图层，得到“图层 6”，将其拖动至“组 1”内的最上方，设置前景色为黑色，选择“画笔工具”，在其工具选项栏中设置适当的画笔大小与“不透明度”，在两花朵交接的位置进行涂抹，得到后者被前者遮挡的投影，效果如图9－158所示。

图9－158

27 下面通过设置混合模式将投影融合到花瓣当中。设置“图层 6”的“不透明度”为30%，效果如图9－159所示。

图9－159

28 设置“图层 6”，得到“图层 6 副本”，设置“图层 6 副本”的混合模式为“叠加”，“不透明度”为100%，效果如图9－160所示。

图9－160

29 复制“组 1 副本”，得到“组 1 副本 2”，重复步骤24的操作方法，变换图像并进行摆放，效果如图9-161所示。

图9-161

30 按住Ctrl键单击“图层 3 副本 2”的图层缩览图以载入该图层的选区，选择“组 1”的图层蒙版为当前操作状态，设置前景色为黑色，按Alt+Delete键填充前景色，将两朵花重叠的位置隐藏，效果如图9-162所示。

图9-162

31 选择“组 1 副本”为当前操作状态，按住Alt键单击“添加图层蒙版”按钮，为“组 1”添加图层蒙版，将两朵花重叠的位置隐藏，效果如图9-163所示。

图9-163

32 选择“组 1 副本 2”当中的“图层 4 副本 2”（即高光图层），设置“图层 4 副本 2”的“不透明度”为80%，从而提高高光的不透明度以得到近实远虚的效果，效果如图9-164所示。

图9-164

33 重复步骤29~步骤32的操作方法，在“组 1 副本”当中对被小花瓣挡住的位置绘制投影，效果如图9-165所示。

图9-165

34 重复步骤29~步骤33的操作方法，制作其他的花朵组合，效果如图9-166所示。

图9-166

35 下面利用调整图层来调整花瓣的颜色。单击“图层 3 副本 11”的缩览图以载入其选区，按住Ctrl键分别单击其他花瓣所在图层的缩览图，得到组合起来的选区，效果如图9-167所示。

图9-167

36 单击“创建新的填充或调整图层”按钮，在弹出的菜单中选择“通道混合器”命令，对话框参数设置及应用效果如图9-168所示。

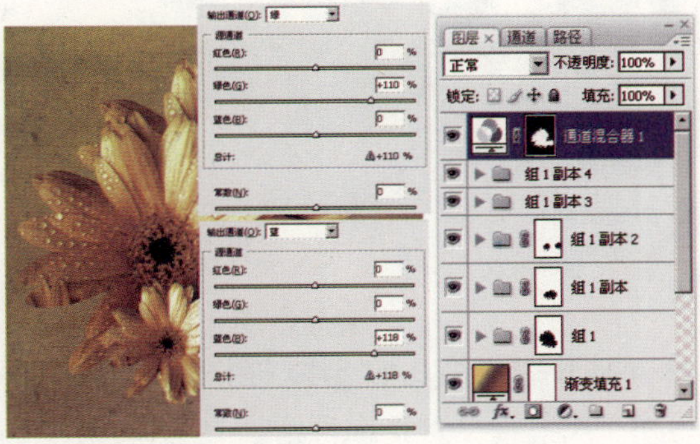

图9-168

37 打开随书光盘“素材文件\09\‘欧洲风情’壁画效果\素材4.psd”文件，使用“移动工具”将图像拖动至步骤01打开的文件当中，得到“图层 9”，如图9-169所示。

图9-169

38 按Ctrl+T键调出自由变换控制框，按住Shift键缩放图像并将其摆放在花蕊上，最后按Enter键确认变换操作，效果如图9-170所示。

图9-170

39 下面用混合模式将蝴蝶融合到下面的纹理当中。设置“图层 9”的混合模式为“正片叠底”，效果如图9-171所示。

图9-171

40 复制“图层 9”，得到“图层 9 副本”，设置“图层 9 副本”的混合模式为“滤色”，效果如图9-172所示。

图9-172

41 双击“图层 9 副本”的图层名称以调出“混和选项”参数设置，在“混和颜色带”区域按住Alt向左拖动“下一图层”滑条的黑色三角滑块，使下面的图层暗面显示，效果如图9-173所示。

图9-173

42 选择“图层 9 副本”为当前操作图层，按住Ctrl键单击“图层 9”的图层名称以将其选中，按住Alt键向上拖动图层，得到“图层 9 副本 2”和“图层 9 副本 3”，按Ctrl+T键调出自由变换控制框，在控制框中单击鼠标右键，在弹出的菜单中选择“水平翻转”命令，将图像移动至右侧，最后按Enter键确认变换操作，如图9-174所示。

图9-174

43 设置“图层 9 副本 2”的“不透明度”为60%，从而得到近实远虚的效果，如图9-175所示。

图9-175

44 重复步骤42的操作方法，复制图像并进行变换，将复制得到的蝴蝶图像摆放在其他位置以丰富画面，效果如图9-176所示。

图9-176

45 打开随书光盘“素材文件\09\‘欧洲风情’壁画效果\素材5.psd”文件，使用“移动工具” 将图像拖动至步骤01打开的文件当中，得到“图层 10”，将其拖动至“图层 1”的下方，如图9-177所示。

图9-177

46 按Ctrl+T键调出自由变换控制框，按住Shift键缩放图像并将其摆放在花朵的下方，最后按Enter键确认变换操作，效果如图9-178所示。

图9—178

47 按住Ctrl键单击“通道混合器 1”图层的图层蒙版缩览图以载入其选区，按住Alt键单击“添加图层蒙版”按钮，为“图层10”添加图层蒙版，效果如图9—179所示。

图9—179

48 新建图层，得到“图层 11”，设置前景色为白色，选择“画笔工具”，在其工具选项栏中设置适当的画笔大小及“不透明度”并设置“硬度”为0%，在画面的左上角和右下角进行涂抹，效果如图9—180所示。

图9—180

49 设置“图层 11”的混合模式为“叠加”，使画面中的光与背景的颜色融合，效果如图9—181所示。

图9—181

50 新建图层，得到“图层 12”，设置前景色为黑色，重复步骤48的操作方法，用“画笔工具”在画面中涂抹，涂抹的主要作用在于制作“花朵”的投影以及画面的光束效果，如图9—182所示。

图9—182

51 按住Ctrl键单击“通道混合器 1”图层的图层蒙版缩览图以载入其选区，按住Alt键单击“添加图层蒙版”按钮，为“图层12”添加图层蒙版，效果如图9—183所示。

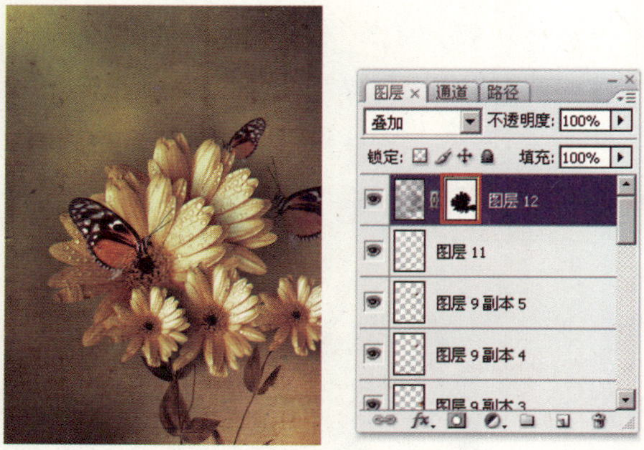

图9–183

52 设置“图层 12”的混合模式为“叠加”，从而将颜色融合到背景当中，效果如图9–184所示。

图9–184

53 新建图层，得到“图层 13”，设置前景色为黑色，按Alt+Delete键填充前景色，执行“滤镜｜渲染｜镜头光晕”命令，对话框参数设置以及应用效果如图9–185所示。

图9–185

54 设置“图层 13”的混合模式为“线性减淡”，将颜色融合到背景画面当中，效果如图9–186所示。

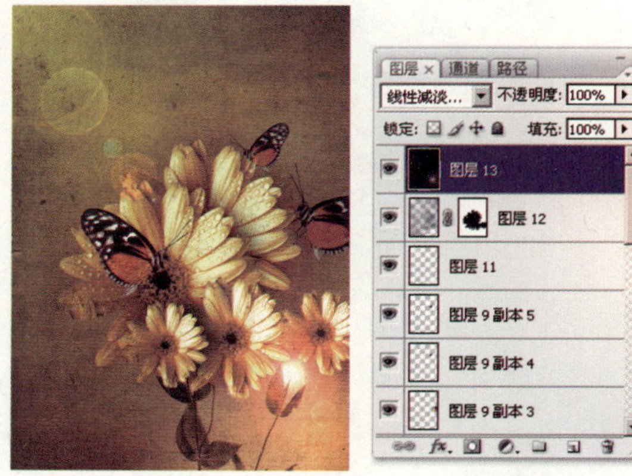

图9–186

55 使用“移动工具”将光束向右上方拖动，将其摆放在一个令人满意的位置上，效果如图9–187所示。

图9–187

56 执行菜单“图像｜调整｜去色”命令，将光束的颜色去掉，使画面色调统一，效果如图9–188所示。

图9–188

57 单击“添加图层蒙版”按钮，为“图层13”添加图层蒙版，设置前景色为黑色，选择“画笔工具”，在光束所在图层中进行涂抹，效果如图9-189所示。

图9-189

58 打开随书光盘“素材文件\09\‘欧洲风情’壁画效果\素材6.tif”文件，下面将用这一素材给整幅画面添加纹理。使用“移动工具”将其拖动至步骤01打开的素材文件中，得到“图层 14”，效果如图9-190所示。

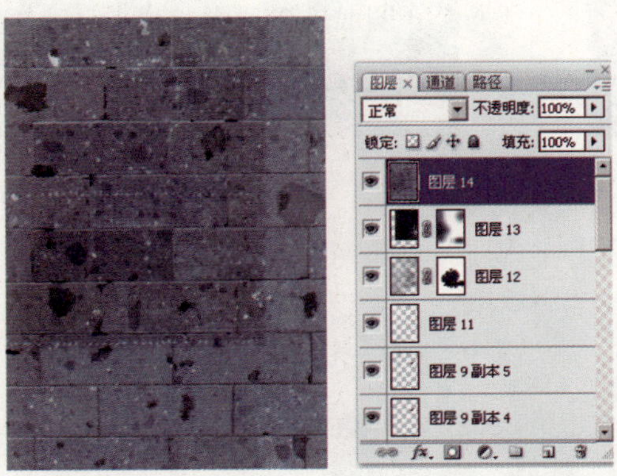

图9-190

59 按Ctrl+T键调出自由变换控制框，按住Shift键成比例缩放图像并使其填满整个画布，按Enter键确认变换操作，效果如图9-191 所示。

60 设置“图层 14”的混合模式为“叠加”，“不透明度”为40%，从而将纹理叠加到下面的图像当中，效果如图9-192所示。

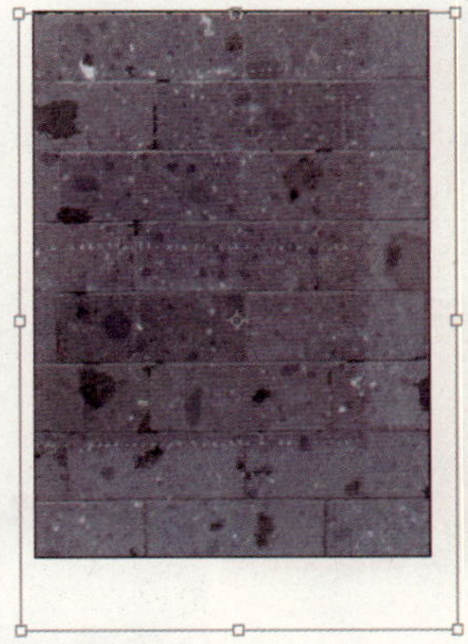

图9-191

图9-192

61 新建图层，得到“图层 15”，设置前景色为白色，选择“画笔工具”，在画布中单击鼠标右键，单击弹出的“画笔预设选取器”调板右上角的小三角按钮，在弹出的菜单中选择“干介质”画笔，在画笔组中选择“重抹蜡笔”画笔，设置适当的“不透明度”以及“主直径”后对画面四周进行涂抹以得到边框，最终效果如图9-193所示。

图9-193

9.4 魔幻场景

本例中将人物融合到一幅风景照片中，并利用画笔、通道等命令将图片处理成为一幅具有视觉冲击力的海报，希望读者通过本例有所收获。

原始图片

最终效果

制作步骤

01 按Ctrl+N键新建文件，设置打开的对话框中的参数，如图9-194所示，单击“确定”按钮。设置前景色为黑色，按Alt+Delete键填充前景色。

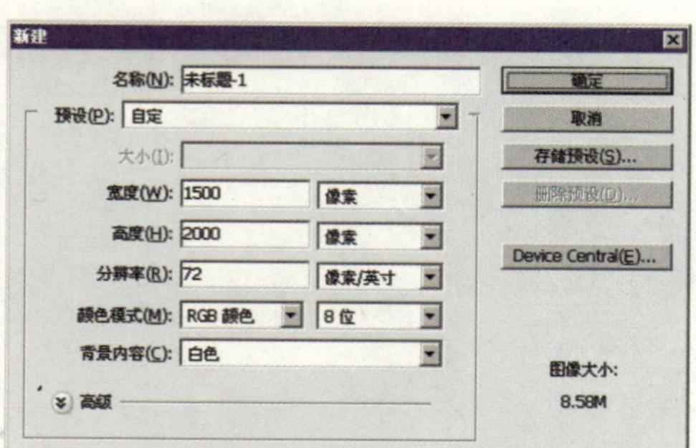

图9-194

02 打开随书光盘“素材文件\09\魔幻场景制作\素材1.tif”文件，使用“移动工具” 将其拖动至上一步新建的文件当中，得到“图层 1”，如图9-195所示。

图9-195

03 按Ctrl+T键调出自由变换控制框，按住Shift键成比例缩放图像并摆放图像，使其填满画布，按Enter键确认变换操作，效果如图9-196所示。

图9-196

04 为了使图像具有聚光效果，下面添加图层蒙版。单击“添加图层蒙版”按钮，为“图层 1”添加图层蒙版，设置前景色为黑色，选择“画笔工具”，在其工具选项栏中设置适当的画笔大小及不透明度，对画面的四周进行涂抹以将其隐藏，从而露出背景的黑色，应用效果及图层蒙版状态如图9-197所示。

图9-197

05 打开随书光盘“素材文件\09\魔幻场景制作\素材2.psd”文件，使用“移动工具”将其拖动至步骤01新建的文件当中，得到“图层 2”，如图9-198所示。

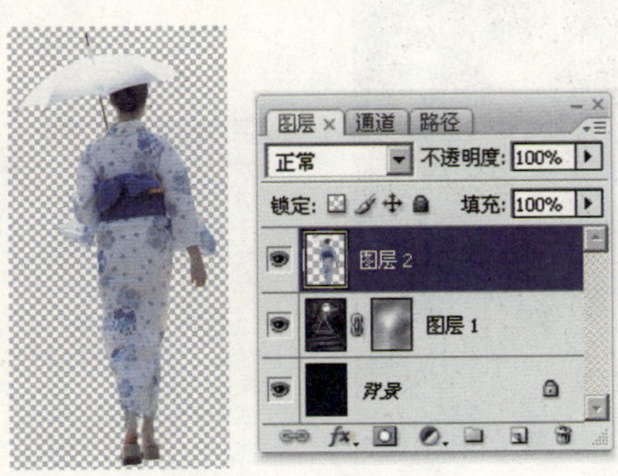

图9-198

06 按Ctrl+T键调出自由变换控制框，按住Shift键成比例缩放图像并摆放图像以使其处在石头台阶上，按Enter键确认变换操作，效果如图9-199所示。

图9-199

07 本例制作的作品是人物处在背光效果下，下面用“画笔工具”制作背光的光照效果。新建图层，得到“图层 3”，设置前景色的颜色为黑色，在其工具选项栏中设置适当的画笔大小，设置“硬度”为0%，“不透明度”为10%~15%，对人物的背部进行涂抹，效果如图9-200所示。

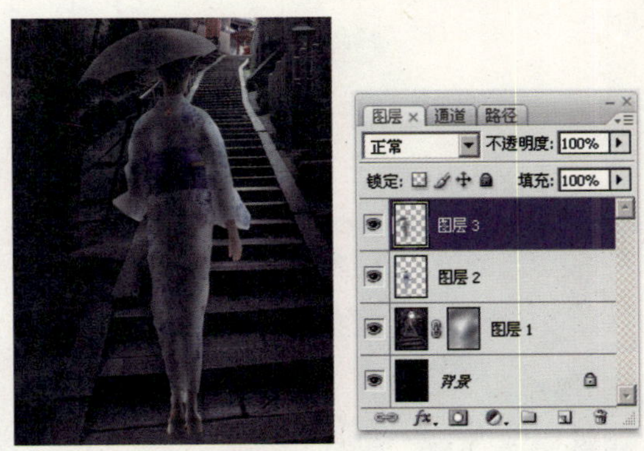

图9-200

08 按Ctrl+Alt+G键执行“创建剪贴蒙版”命令，将背光效果图层叠加到人物的身上，效果如图9-201所示。

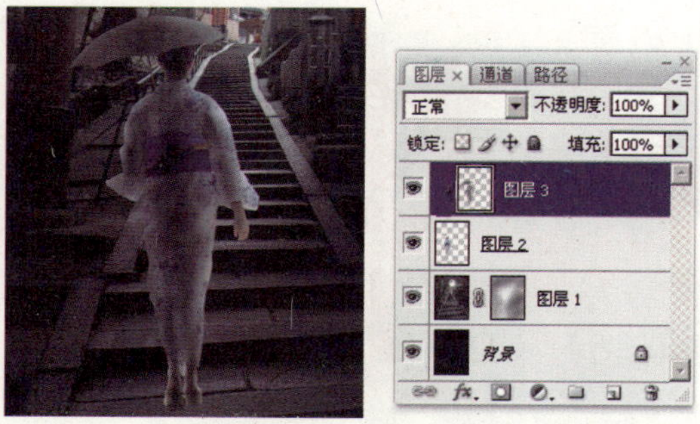

图9-201

09 下面用通道提高光的亮度。切换至“通道”调板，“绿”通道的颜色对比较好，复制“绿”通道，得到“绿 副本”通道，效果如图9-202所示。

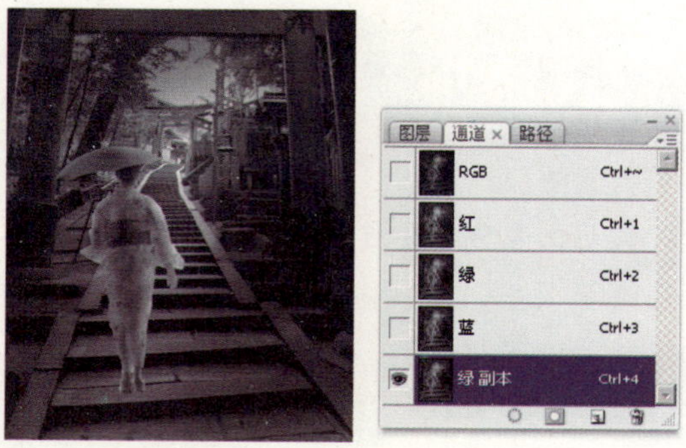

图9-202

10 按Ctrl+L键调出“色阶”对话框，对话框参数设置及应用效果如图9-203所示。

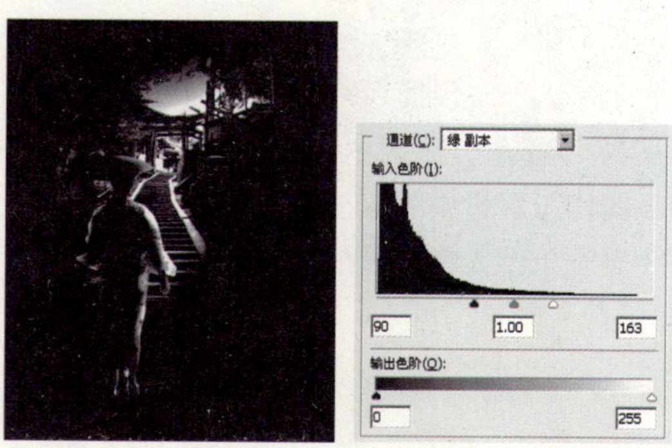

图9-203

11 按住Ctrl键单击图层“绿 副本”的缩览图以载入其选区，切换至“图层”调板，新建图层，得到“图层 4”，设置前景色为白色，按Alt+Delete键填充前景色，按Ctrl+D键取消选区，效果如图9-204所示。

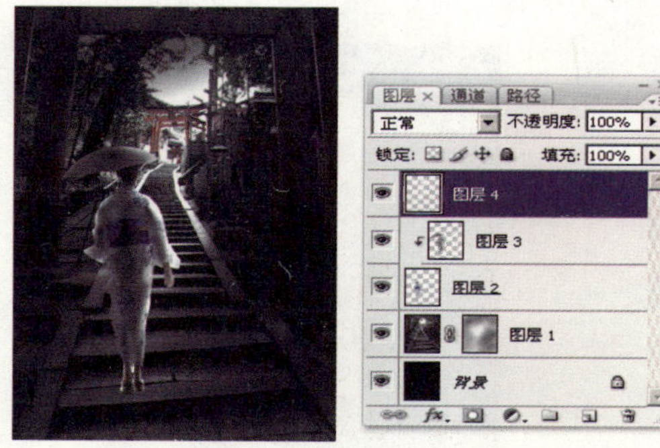

图9-204

12 下面利用图层蒙版将过亮的部位隐藏。重复步骤04的操作方法给“图层 4”添加图层蒙版，对天空、人物的右手和左脚过亮的部位进行涂抹以将其减淡，应用效果及图层蒙版状态如图9-205所示。

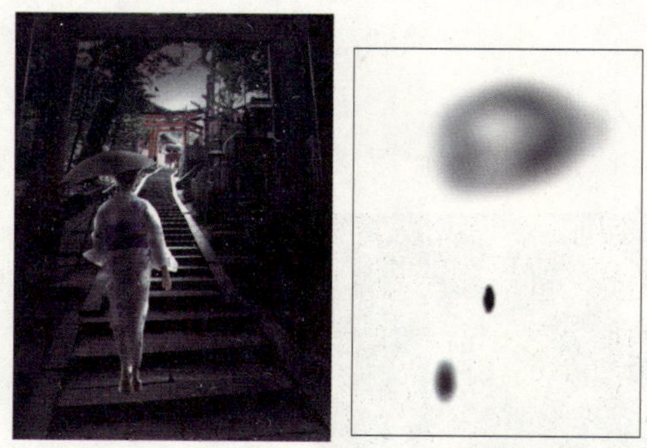

图9-205

13 下面用通道制作出放射光芒的效果。切换至“通道”调板，复制“绿 副本”通道，得到“绿 副本 2”通道，执行菜单“滤镜|模糊|径向模糊”命令，在设置完对话框参数后用鼠标在“中心模糊”区域进行设置，将中心模糊点向上拖动，对话框参数及应用效果如图9-206所示。

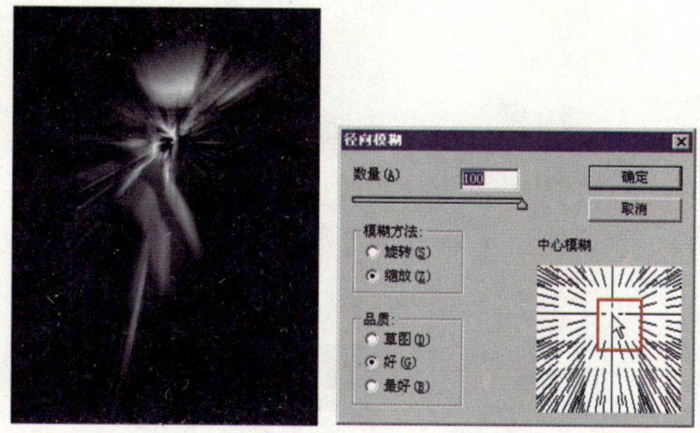

图9-206

14 连续按5次Ctrl+F键重复上一步的滤镜操作，使光芒更加细腻，效果如图9-207所示。

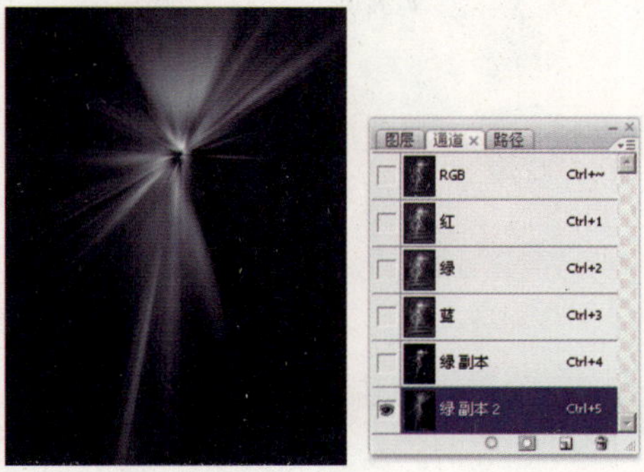

图9-207

15 按住Ctrl键单击“绿 副本 2”通道的缩览图以载入其选区，切换至“图层”调板，新建图层，得到“图层 5”，将其拖动至“图层 1”的上方，设置前景色为白色，按Alt+Delete键填充前景色，按Ctrl+D键取消选区，效果如图9-208所示。

图9-208

16 为了使光芒的效果更加明显，复制两次“图层 5”，得到“图层 5 副本”和“图层 5 副本 2”，其应用效果如图9-209所示。

图9-209

17 下面用“画笔工具”制作在光束照射下人物的投影。新建图层，得到“图层 6”，设置前景色为黑色，选择“画笔工具”，在其工具选项栏中设置适当的画笔大小及“不透明度”，在人物的脚下绘制投影，效果如图9-210所示。

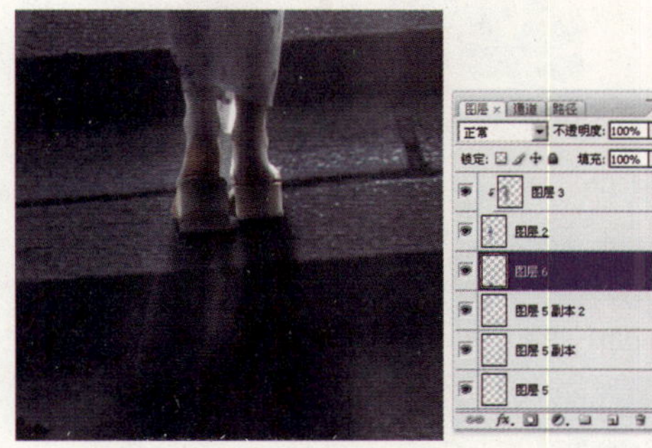

图9-210

18 下面利用调整图层调整整体图像的颜色。选择“图层 3”为当前操作图层，单击“创建新的填充或调整图层”按钮，在弹出的菜单中选择“通道混合器”命令，设置打开的对话框中的“红”和“蓝”选项，如图9-211所示。

图9-211

19 下面用白色色块隐藏顶部牌楼门内的景色。选择“椭圆选框工具”，按住Shift键在牌楼的门内绘制一个正圆选区，效果如图9-212 所示。

图9–212

20 按Ctrl+Alt+D键应用“羽化”命令，在打开的对话框中设置“羽化半径”为10像素，选区的状态如图9–213所示。

图9–213

21 新建图层，得到“图层 7”，将其拖动至所有图层的上方，设置前景色为白色，按Alt+Delete键填充前景色，按Ctrl+D键取消选区，效果如图9–214所示。

图9–214

22 设置“图层 7”的“不透明度”为70%，使光的感觉更自然，效果如图9–215所示。

图9–215

23 按Ctrl+Alt+Shift+E键执行盖印操作，得到“图层 8”，设置“图层 8”的“不透明度”为60%，混合模式为“叠加”，效果如图9–216所示。

图9–216

24 下面通过“添加杂色”命令使画面具有照片质感。按Ctrl+Alt+Shift+E键执行盖印操作，得到“图层 9”，执行菜单“滤镜 | 杂色 | 添加杂色”命令，设置打开的对话框中的参数，如图9–217所示。

图9–217

25 下面减淡杂点的不透明度，使杂点更加真实。设置“图层 9”的“不透明度”为60%，效果如图9-218所示。

图9-218

26 设置前景色的颜色值为（R：255、G：212、B：97），选择“横排文字工具”T，在其工具选项栏中设置适当的字体与字号。在画布的右侧输入文字，得到相应的文字图层，效果如图9-219所示。

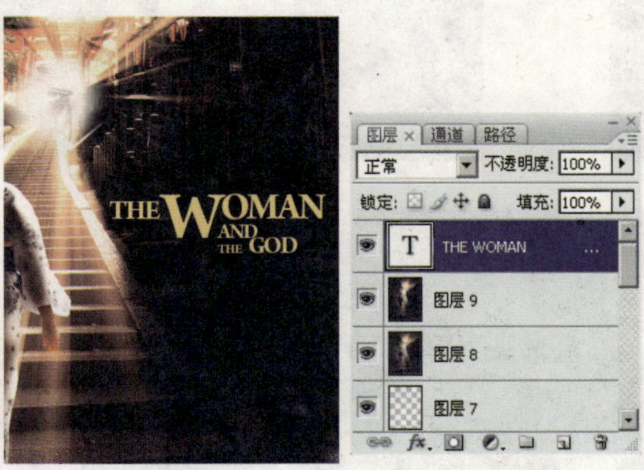

图9-219

技巧 ◦ 提示

文字的摆放在“字符”调板中可以进行仔细的调整，调出“字符”调板的方法为在文字编辑状态下按Ctrl+T键，如图9-220所示。

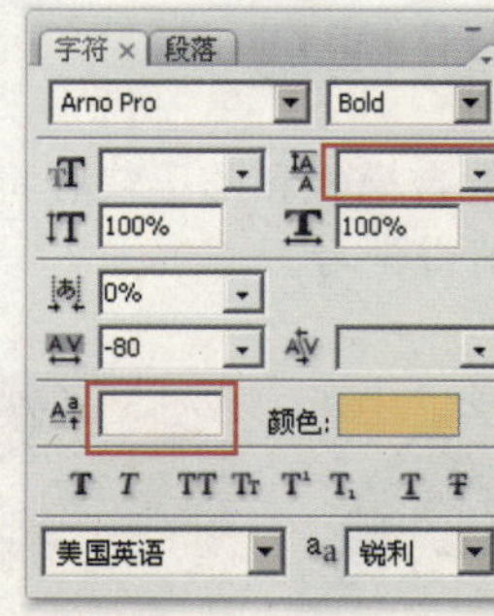

图9-220

27 单击“添加图层样式”按钮，在弹出的菜单中选择“斜面和浮雕”命令，设置完对话框参数后在“样式”栏中选择“光泽”选项，对话框参数设置及应用效果如图9-221所示。

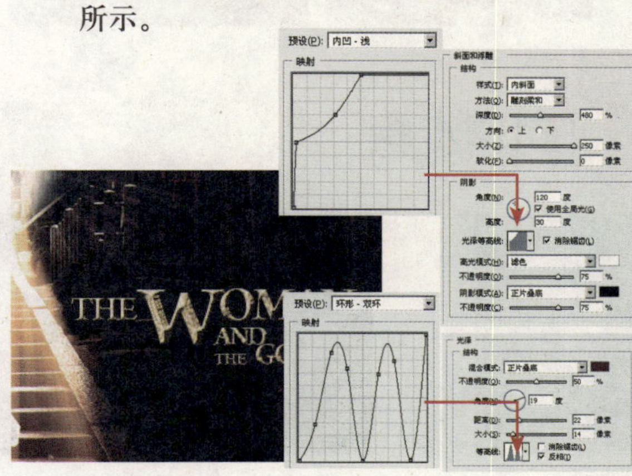

图9-221

28 这张海报制作完成了，整体效果如图9-222所示。这张海报有着电影海报的特点，在构图以及颜色等方面都很具有视觉冲击力。

图9-222

9.5 机械鱼

本例通过混合模式和图层蒙版将多幅素材图像融合到一起，制作出一幅风格另类的作品，其中对质感的调整最值得学习。

原始图片

最终效果

制作步骤

01 打开随书光盘“素材文件\09\机械鱼制作效果\素材1.psd”文件，效果如图9-223所示，下面用这幅图像制作主体图像效果。

图9-223

02 打开随书光盘“素材文件\09\机械鱼制作效果\素材2.tif”文件，效果如图9-224所示，使用“移动工具”将图像拖动至上一步骤新建的文件当中，得到“图层 2”，下面用这幅图像制作鱼体内的机械效果。

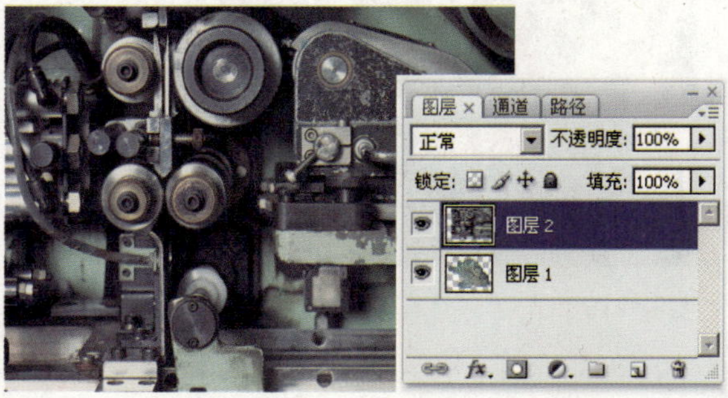

图9-224

03 为了方便观察机械图像和鱼图像之间的位置，适当降低“图层 2”的不透明度，调整完后再恢复其“不透明度”为100%。按Ctrl+T键调出自由变换控制框，按住Shift键成比例缩放图像并使铁轮处在鱼的腹部，然后按Enter键确认变换操作，效果如图9-225所示。

图9-225

04 按Ctrl+Alt+G键执行“创建剪贴蒙版”命令，从而将机械图像剪贴到鱼的形状当中，效果如图9-226所示。

图9-226

05 设置“图层 2”的混合模式为“强光”，从而将机械图像与鱼图像相融合，效果如图9-227所示。

图9-227

06 单击“添加图层蒙版”按钮，为“图层 2”添加图层蒙版，设置前景色为黑色。选择“画笔工具”，在其工具选项栏中设置适当的画笔大小与“不透明度”，对画面进行适当的涂抹以将机械图像和鱼的身体进行融合，应用效果及图层蒙版状态如图9-228所示。

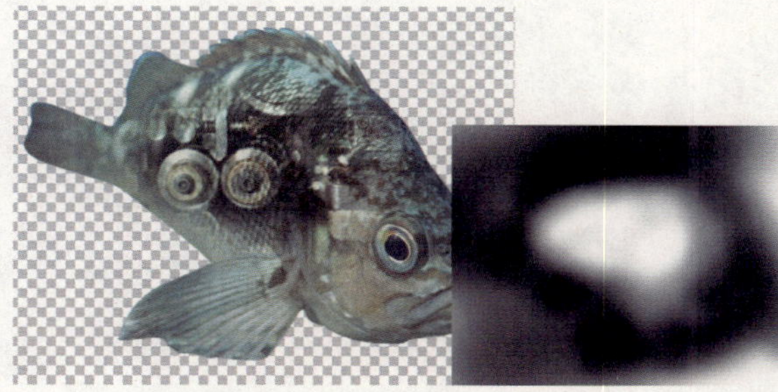

图9-228

07 在“图层”调板中，按住Alt键拖动“图层 1”的图层名称至“图层 2”的上方，得到“图层 2 副本”，设置“图层 2 副本”的混合模式为“正片叠底”，“不透明度”为10%，效果如图9-229所示。

图9-229

08 复制“图层 2 副本”，得到“图层 2 副本 2”，设置“图层 2 副本”的“不透明度”为50%，混合模式为“滤色”，效果如图9-230所示。

图9-230

09 按Ctrl+Alt+Shift+E键执行盖印操作，得到“图层 3”，按Ctrl+U键调出“色相/饱和度”对话框，对话框参数设置及应用效果如图9-231所示。

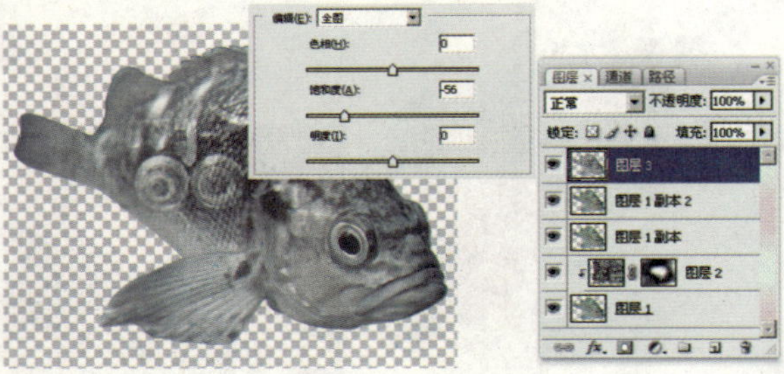

图9-231

(10) 打开随书光盘“素材文件\09\机械鱼制作效果\素材3.tif”文件，效果如图9-232所示，下面用这幅图像制作作品的底纹。

图9-232

(11) 返回步骤01打开的文件中，使用“移动工具”将“图层 3”拖动到步骤10打开的文件中，得到“图层 1”，按Ctrl+T键调出自由变换控制框，顺时针旋转17°并放置在画布的中间，按Enter键确认变换操作，效果如图9-233所示。

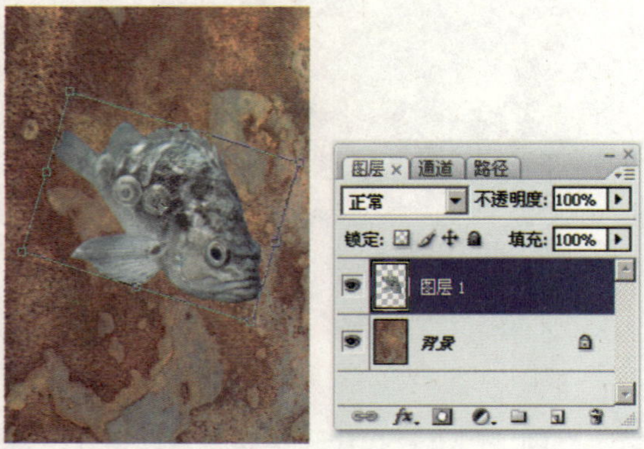

图9-233

(12) 调整背景图片的颜色，使其与鱼的颜色相协调。选择“背景”图层为当前操作图层，按Ctrl+U键调出“色相/饱和度”对话框，对话框参数设置及应用效果如图9-234所示。

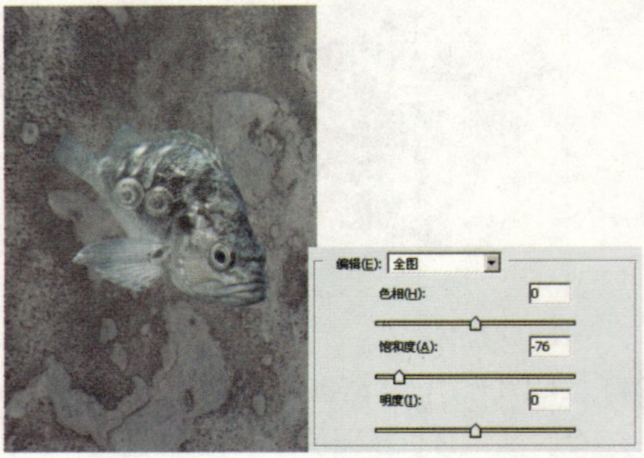

图9-234

(13) 按Ctrl+M键调出“曲线”对话框，对话框参数设置及应用效果如图9-235所示。

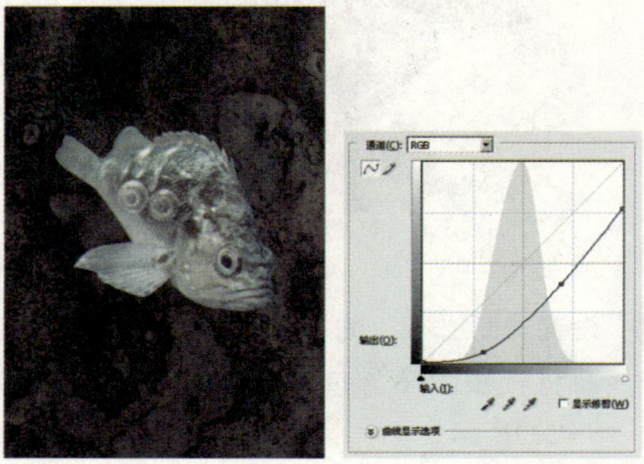

图9-235

(14) 下面利用调整图层来制作聚光效果。单击“创建新的填充或调整图层”按钮，在弹出的菜单中选择“色阶”命令，对话框参数设置及应用效果如图9-236所示，得到图层“色阶 1”。

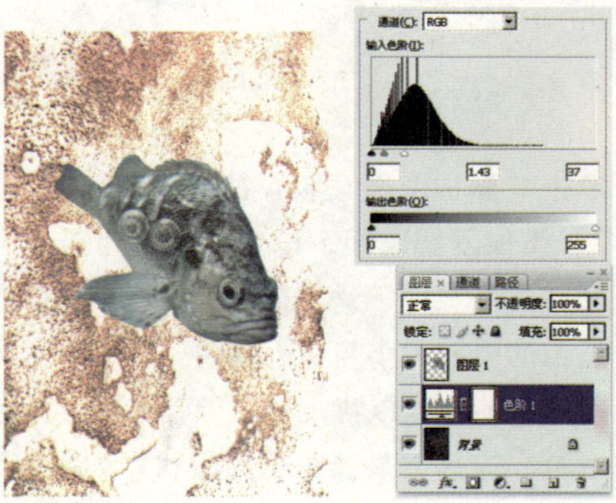

图9-236

15 选择图层“色阶 1”的图层蒙版为当前操作图层，设置前景色为黑色，选择“画笔工具”，在其工具选项栏中设置适当的画笔大小及“不透明度”，对鱼以外的区域进行涂抹以将其隐藏，应用效果及图层蒙版状态如图9-237所示。

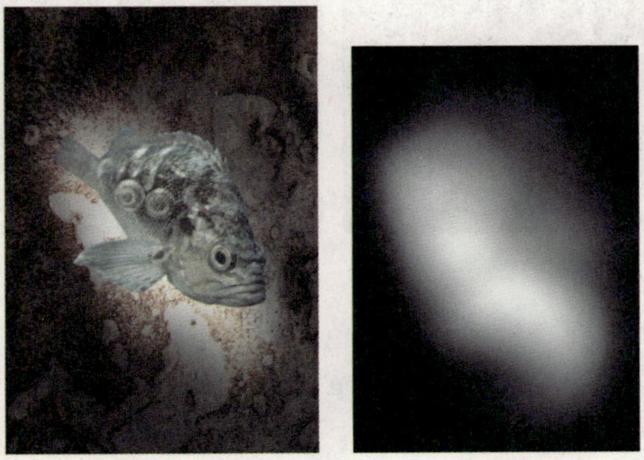

图9-237

16 下面再来适当地调整鱼的颜色。选择“图层1”为当前操作图层，按Ctrl+M键调出“曲线”对话框，对话框参数设置及应用效果如图9-238所示。

图9-238

17 新建图层，得到“图层 2”，按Ctrl+Alt+G键执行“创建剪贴蒙版”命令，设置前景色为黑色，选择“画笔工具”，在其工具选项栏中设置适当的画笔大小及“不透明度”，对鱼的底部等暗部进行涂抹以使其立体感更强，效果如图9-239所示。

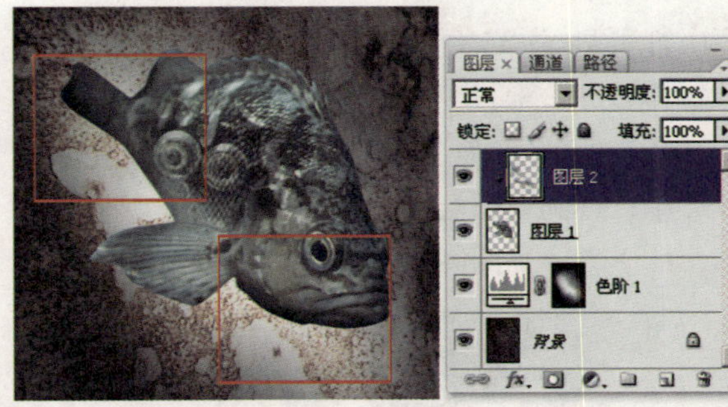

图9-239

18 新建图层，得到“图层 3”，将其拖动至“图层 1”的下方，设置前景色为黑色，选择“画笔工具”，在其工具选项栏中设置适当的画笔大小与“不透明度”，在鱼的下方进行涂抹以制作出鱼的投影，效果如图9-240所示。

图9-240

19 复制“图层 3”，得到“图层 3 副本”，将其拖动至“图层 3”的下方，设置“图层 3 副本”的混合模式为“叠加”，从而使影子与周围环境更加融合，效果如图9-241所示。

图9-241

20 打开随书光盘“素材文件\09\机械鱼制作效果\素材4.tif”文件，使用“移动工具”将图像拖动至步骤10打开的文件当中，得到“图层 4”，将其拖动至所有图层的上方，如图9-242所示。

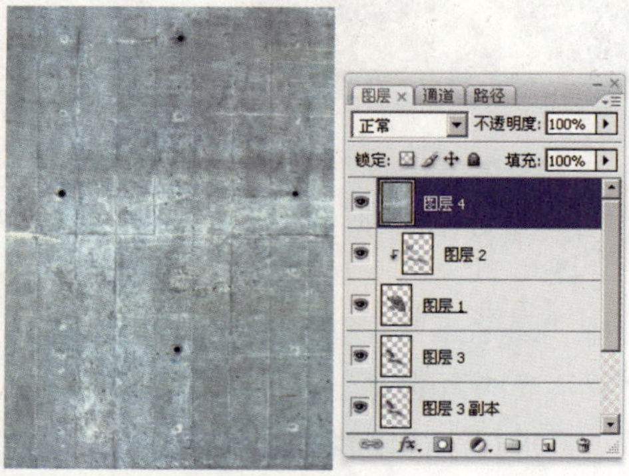

图9-242

21 按Ctrl+T键调出自由变换控制框，按住Shift键成比例缩放图像并使其将整幅画面充满，按Enter键确认变换操作，效果如图9-243所示。

图9-243

22 设置“图层 4”的混合模式为“叠加”，使该图像的纹理与下面的图像相融合，效果如图9-244所示。

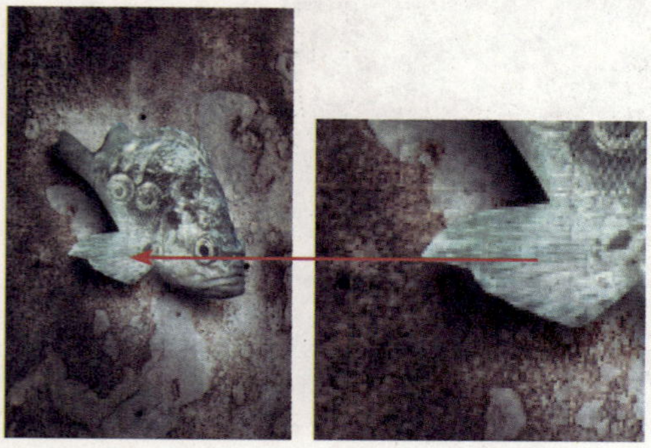

图9-244

23 按Ctrl+I键执行“反相”命令，使颜色变深，效果如图9-245所示。

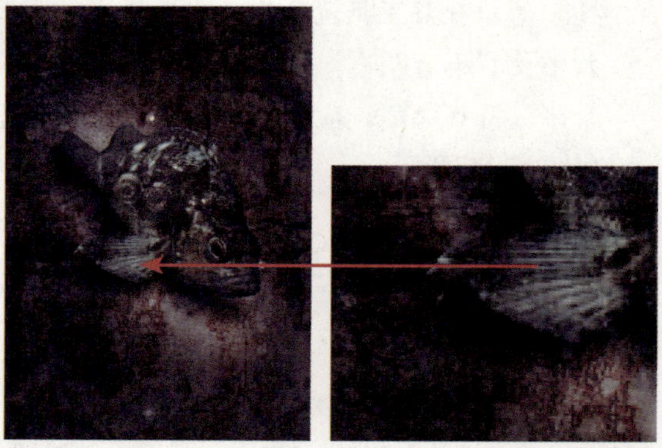

图9-245

24 观察发现鱼的颜色过黑，下面通过添加图层蒙版来解决。单击“添加图层蒙版”按钮，为“图层 4”添加图层蒙版，设置前景色为黑色，选择“画笔工具”，在其工具选项栏中设置适当的画笔大小及“不透明度”，对鱼的身体处进行涂抹以减淡其颜色，应用效果及图层蒙版状态如图9-246所示。

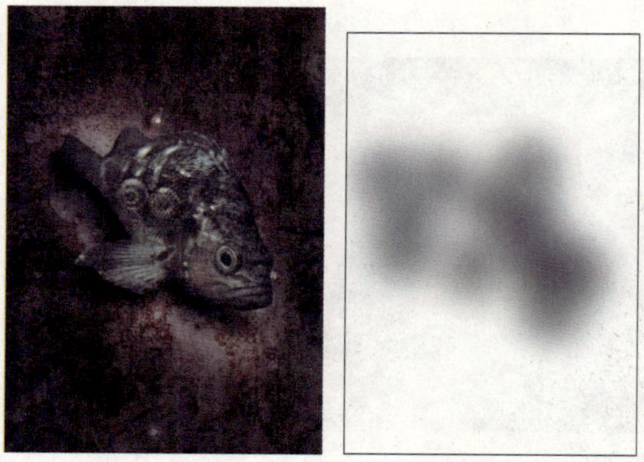

图9-246

25 下面通过调整图像的亮度来提高整幅画面的明度。按Ctrl+M键调出“曲线”对话框，对话框参数设置及应用效果如图9-247所示。

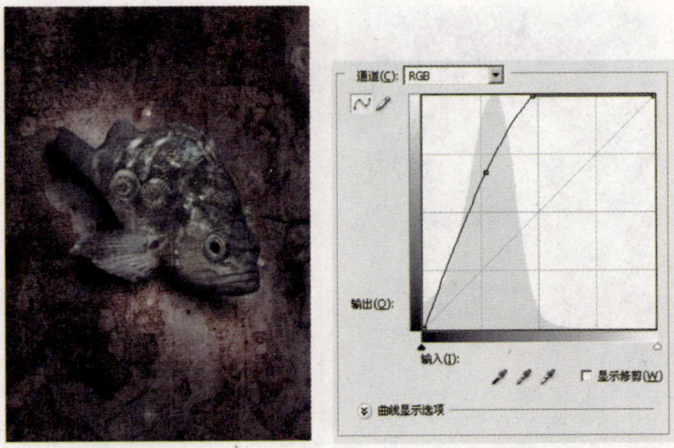

图9-247

26 打开随书光盘“素材文件\09\机械鱼制作效果\素材5.tif”文件，使用“移动工具”将图像拖动至步骤10打开的文件当中，得到“图层 5”，如图9-248所示。

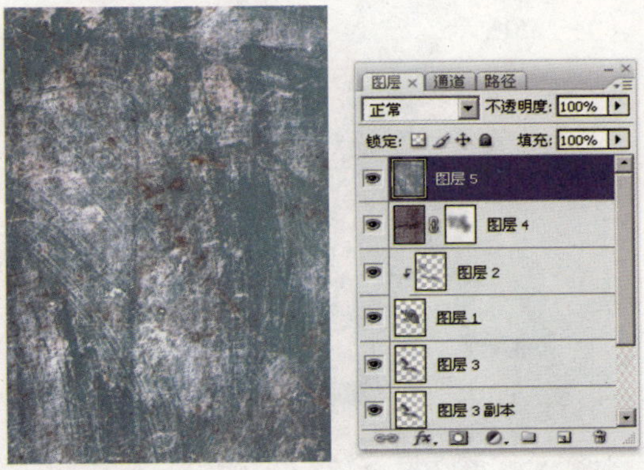

图9-248

27 按Ctrl+T键调出自由变换控制框，按住Shift键成比例缩放图像并使其将整幅画面充满，按Enter键确认变换操作，效果如图9-249所示。

图9-249

28 设置“图层 5”的混合模式为“强光”，“不透明度”为30%，使其纹理叠加到图像当中，效果如图9-250所示。

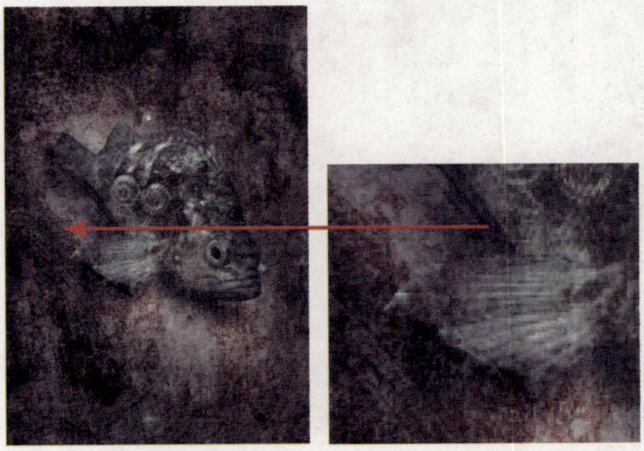

图9-250

29 单击“添加图层蒙版”按钮，为“图层 5”添加图层蒙版，设置前景色为黑色。选择“画笔工具”，在其工具选项栏中设置适当的画笔大小及“不透明度”，对鱼的身体进行涂抹，将鱼身上的纹理去除，使鱼更加突出，应用效果及图层蒙版状态如图9-251所示。

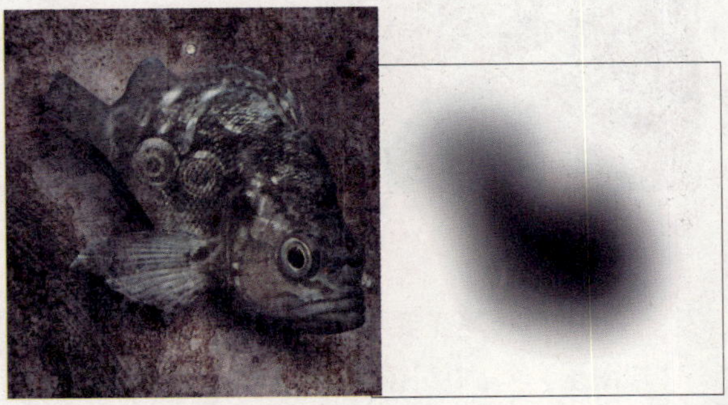

图9-251

30 下面利用调整图层加强聚光效果。单击“创建新的填充或调整图层”按钮，在弹出的菜单中选择“色阶”命令，其对话框参数设置及应用效果如图9-252所示，得到“色阶 2”图层。

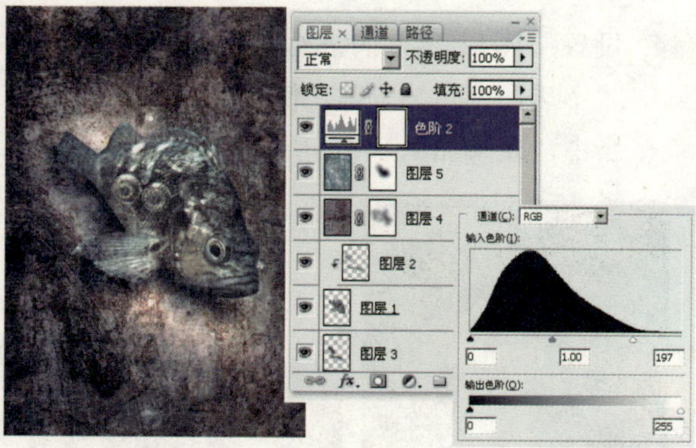

图9–252

31 选择“色阶 2”图层的图层蒙版为当前操作状态，设置前景色为黑色，选择“画笔工具”，在其工具选项栏中设置适当的画笔大小及“不透明度”，对鱼以外的区域进行涂抹以将其隐藏，应用效果及图层蒙版状态如图9–253所示。

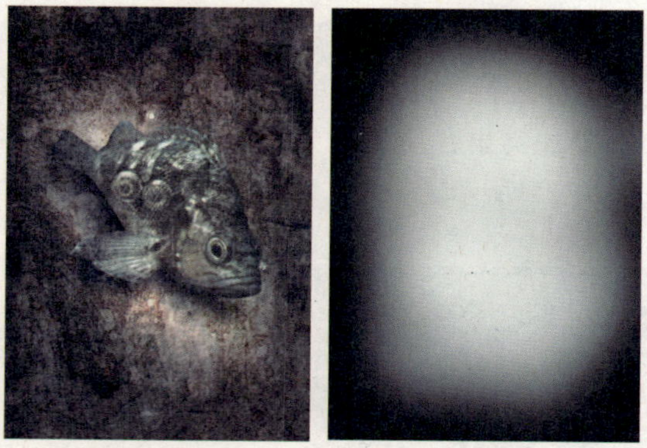

图9–253

32 下面用“画笔工具”绘制画面的边框。新建图层，得到“图层 6”，将其拖动至所有图层的上方，设置前景色为白色，选择“画笔工具”，在画布中单击鼠标右键，在弹出的“画笔预设选取器”调板中选择“干介质画笔”，在该画布组中选择“炭纸画笔”，设置不同的不透明度绘制边框，效果如图9–254所示。

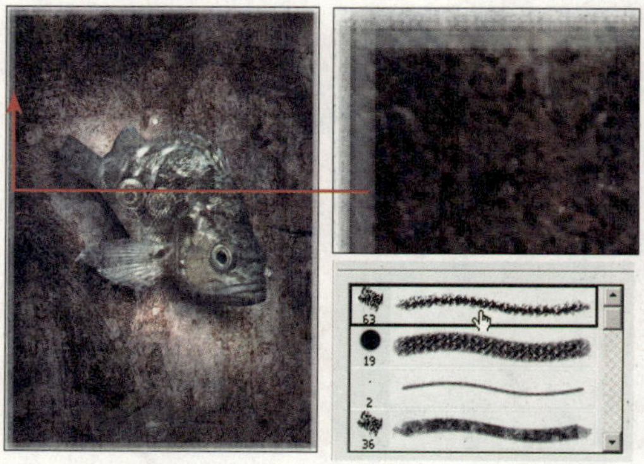

图9–254

33 按Ctrl+Shift+Alt+E键执行“盖印”操作，得到“图层 7”，设置“图层 7”的混合模式为“叠加”，“不透明度”为40%，从而加强画面的颜色对比，效果如图9–255所示。

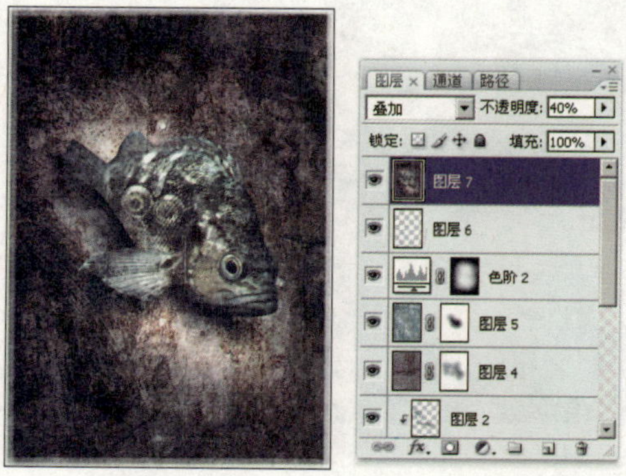

图9–255

34 选择“横排文字工具”，在其工具选项栏中设置适当的字体与字号，在画布的右下角分别输入颜色为白色和黄色的文字，并得到相应的文字图层，效果如图9–256所示。

图9–256

(35) 设置前景色为黄色，选择“自定形状工具”，在其工具选项栏中单击“形状图层”按钮，在画布中单击鼠标右键，在弹出的“自定形状拾色器”调板中选择“圆形画框”形状，在字母上绘制几个圆环装饰，得到“形状 1”图层，效果如图9-257所示。

图9-257

(36) 设置前景色的颜色值为(R：129、G：125、B：128)，选择“横排文字工具”，在其工具选项栏中输入适当的字体与字号，在主题文字下方输入说明性文字，最终效果如图9-258所示。

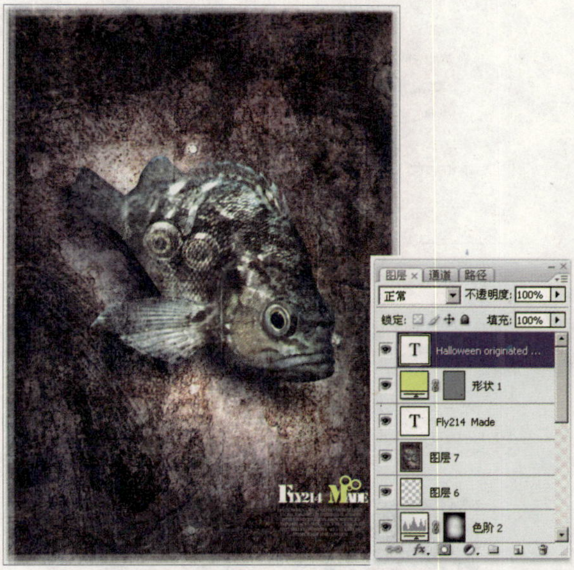

图9-258

9.6 散点人像效果

本例通过“画笔工具”和图层蒙版，将一张女士的脸制作为散点效果。本作品风格独特，质感强烈。

原始图片

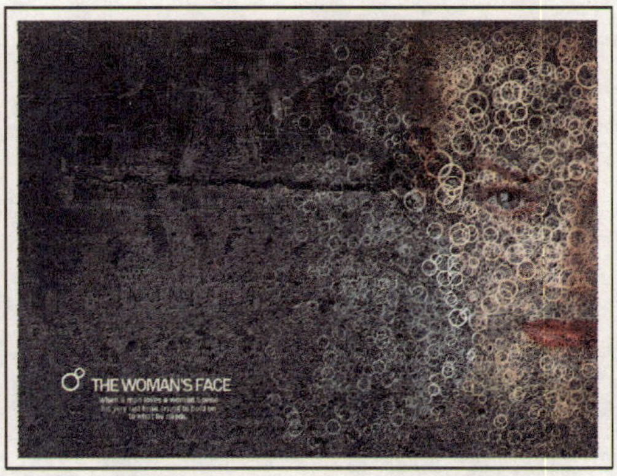

最终效果

制作步骤

01 按Ctrl+N键新建文件，设置打开的对话框中的参数，如图9-259所示，单击“确定”按钮。

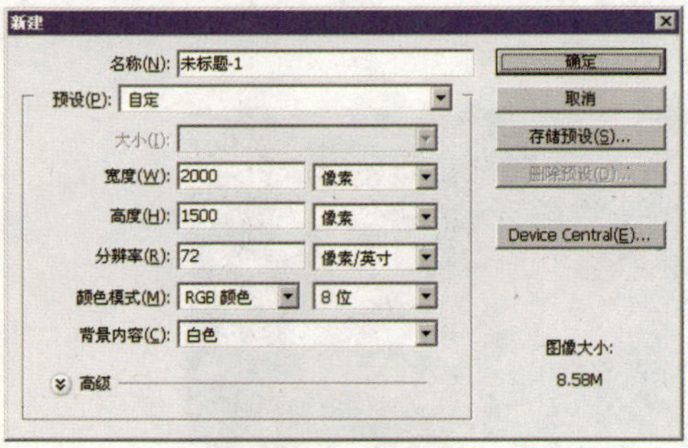

图9-259

02 设置前景色的颜色值为（R：81、G：72、B：72），按Alt+Delete键填充前景色，效果如图9-260所示。

图9-260

03 打开随书光盘“素材文件\09\散点人像效果\素材1.tif”文件，使用“移动工具”将其拖动至步骤01新建的文件当中，得到“图层 1”，如图9-261所示。

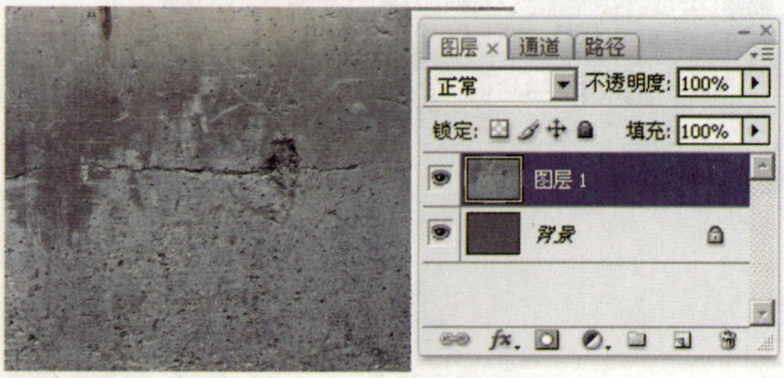

图9-261

04 按Ctrl+T键调出自由变换控制框，按住Shift键成比例缩放图像并使图像充满整个画布，按Enter键确认变换操作，效果如图9-262所示。

图9-262

05 设置“图层 1”的“不透明度”为20%，从而使画面与背景的颜色相融合，效果如图9-263所示。

图9-263

06 打开随书光盘“素材文件\09\散点人像效果\素材2.tif”文件，使用“移动工具”将图像拖动至步骤01新建的文件当中，得到“图层 2”，如图9-264所示。

图9-264

07 按Ctrl+T键调出自由变换控制框，按住Shift键成比例缩放图像并将其摆放在画布的右侧，使人物的脸部只有一半被显示，按Enter键确认变换操作，效果如图9-265所示。

图9–265

08 下面用“画笔工具”制作人物脸部的散点效果。选择“画笔工具”，按F5键调出“画笔”调板，单击调板右上角的小三角按钮，在弹出的菜单中选择“载入画笔”命令，选择“素材文件\09\散点人像效果\素材3.abr”素材画笔，按住Alt键单击“添加图层蒙版”按钮，为“图层2”添加图层蒙版，设置前景色为白色，在“画笔”调板内设置适当的画笔大小与“不透明度”，在画面中进行涂抹，应用效果及图层蒙版状态如图9–266所示。

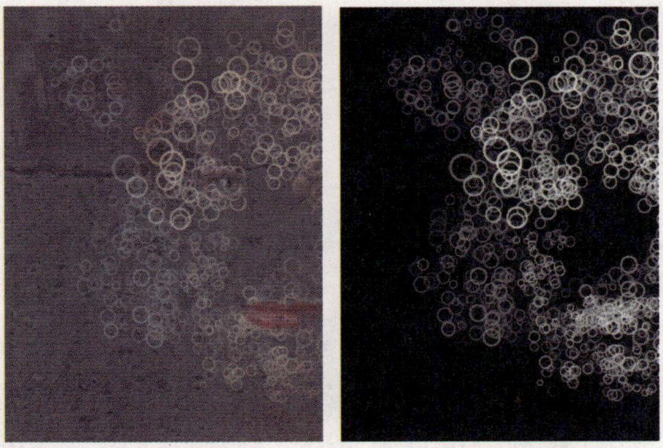

图9–266

09 复制“图层 2”，得到“图层 2 副本”，选择该图层的图层蒙版为当前操作状态，设置前景色为黑色，按Alt+Delete键填充前景色，重复上一步骤的操作方法选择素材画笔，设置不同的“不透明度”与画笔大小，对人物脸部的其他部位进行涂抹，从而增强层次感，效果如图9–267所示。

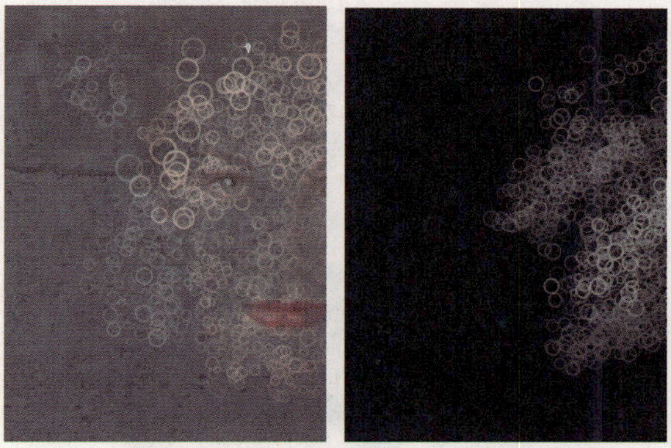

图9–267

10 连续重复步骤08~步骤09的操作方法，复制人物图像所在的图层，并使用素材画笔调整图层的图层蒙版，效果如图9–268所示。

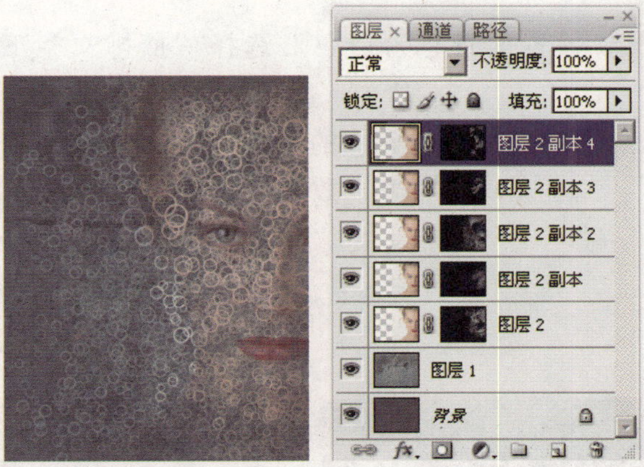

图9–268

11 复制“图层 1”，得到“图层 1 副本”，将其拖动至所有图层的上方，设置“图层 1 副本”的混合模式为“叠加”，“不透明度”为50%，使图像与纹理更加融合，效果如图9–269所示。

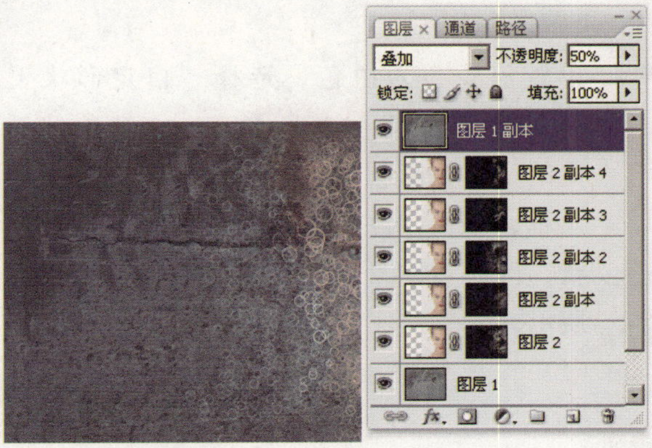

图9–269

12 按Ctrl+Alt+Shift+E键执行盖印操作，得到“图层 3”，设置“图层 3”的混合模式为“叠加”，从而加强颜色对比效果，效果如图9−270所示。

图9−270

13 设置前景色为白色，选择“横排文字工具”T，在其工具选项栏中设置适当的字体与字号，在画布的左下角输入文字并得到相应的文字图层，效果如图9−271所示。

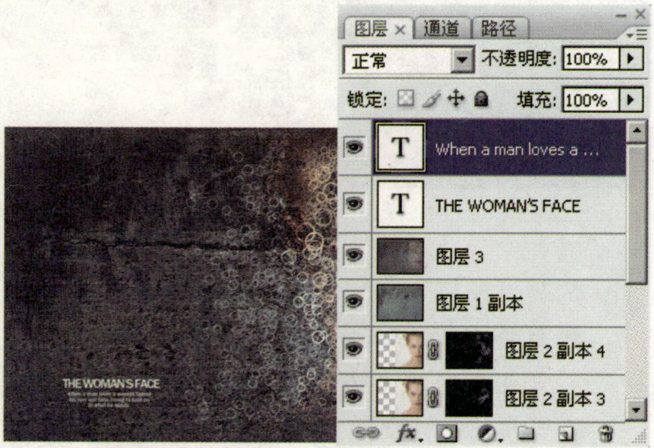

图9−271

14 设置前景色为白色，选择“自定形状工具”，在画布中单击鼠标右键，在弹出的“自定形状拾色器”调板中选择圆形画框，在文字左侧绘制几个圆环的装饰形状，得到“形状 1”图层，效果如图9−272所示。

图9−272

技巧·提示

绘制完一个形状之后需要按住Shift键绘制其他的形状，这样才能在一个形状图层内完成。

15 用“路径选择工具”选中上一步骤绘制的形状，单击“从形状区域减去”按钮，得到白色的边框，效果如图9−273所示。

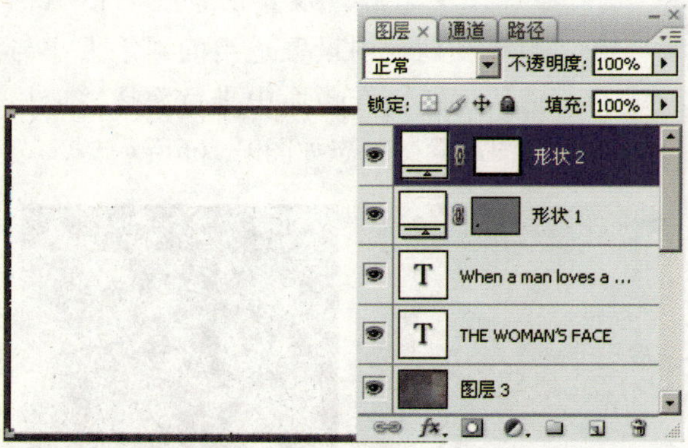

图9−273

16 选择“矩形工具”，在其工具选项栏中单击“形状图层”按钮，按照画布的边缘绘制一白色的矩形，得到“形状 2”图层，效果如图9−274所示。

图9−274

9.7 “香车美女”时尚海报

本例主要利用“画笔工具”制作了一个虚拟的场景与主题图像相结合，从而得到了一个梦幻感觉的视觉作品。制作过程中不乏图层样式、混和模式等命令的操作，希望读者通过本例有所收获。

原始图片

最终效果

制作步骤

01 按Ctrl+N新建文件，设置打开的对话框中的参数如图9-275所示，单击“确定”按钮。设置前景色为黑色，按Alt+Delete键填充前景色。

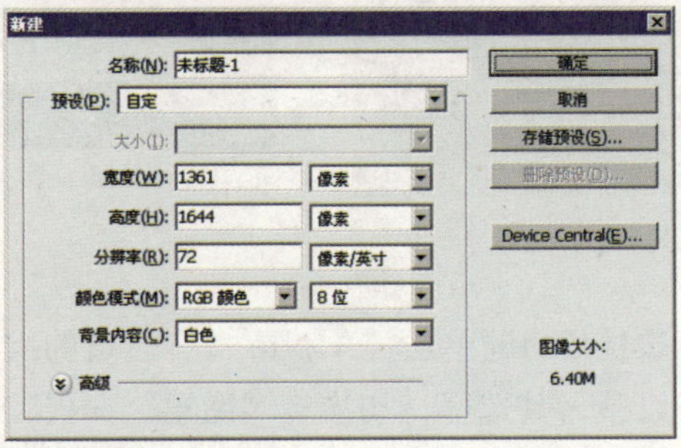

图9-275

02 打开随书光盘“素材文件\09\‘香车美女’时尚海报\素材1.psd”文件，使用“移动工具”将其拖动至上一步新建的文件当中，得到“图层 1”，效果如图9-276所示。

图9-276

03 按Ctrl+T键调出自由变换控制框，按住Shift键成比例缩放图像并将其摆放在画面的中间，按Enter键确认变换操作，效果如图9-277所示。

04 执行菜单“图像|调整|去色”命令，从而将人物身上的颜色信息去除，效果如图9-278所示。

图9–277

图9–278

05 单击“创建新的填充或调整图层”按钮，在弹出的菜单中选择“色阶”命令，设置完成对话框参数后单击“确定”按钮，得到“色阶 1”图层，按Ctrl+Alt+G键执行“创建剪贴蒙版”命令，对话框参数设置及应用效果如图9–279所示。

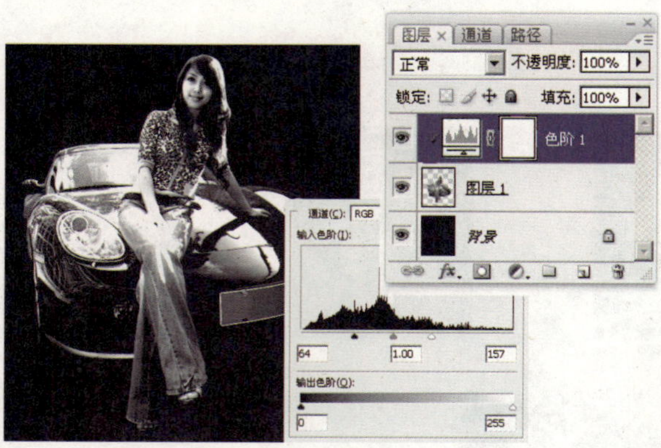

图9–279

06 选择“色阶 1”图层的图层蒙版为当前操作图层，设置前景色为黑色，选择“画笔工具”，在其工具选项栏中设置适当的画笔大小，对汽车进行涂抹以将人物单独提亮，效果及图层蒙版状态如图9–280所示。

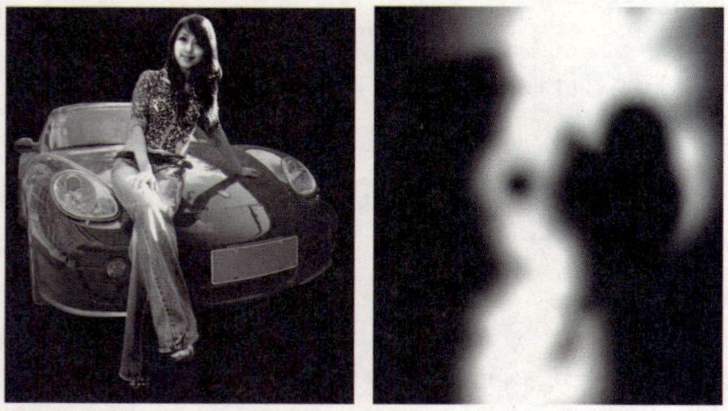

图9–280

07 新建图层，得到“图层 2”，将其拖动至“图层 1”的下方，设置前景色为白色，选择“画笔工具”，在其工具选项栏中设置画笔大小在400~800px之间，“不透明度”在10%左右，对背景进行涂抹，从而得到一个虚拟的空间，效果如图9–281所示。

图9–281

08 下面用通道制作背景的烟雾效果。切换至“通道”调板，新建“Alpha 1”通道，按D键恢复前景色与背景色为黑白色，执行菜单“滤镜｜渲染｜云彩”命令，效果如图9–282所示。

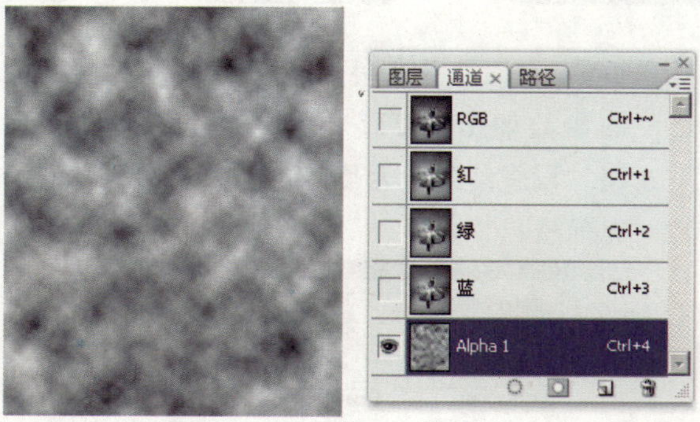

图9–282

09 按住Ctrl键单击“Alpha 1”通道的缩览图以载入其选区，切换至“图层”调板，新建图层，得到“图层 3”，设置前景色为黑色，按Alt+Delete键填充前景色，按Ctrl+D键取消选区，按Ctrl+Alt+G键执行“创建剪贴蒙版”命令，效果如图9–283所示。

图9-283

10 设置“图层 3”的“不透明度”为20%，从而使得雾气更加柔和，效果如图9-284所示。

图9-284

11 单击“添加图层蒙版”按钮，为“图层3”添加图层蒙版，设置前景色为黑色，选择“画笔工具”，对地面部分进行涂抹，只保留上面的雾气效果，效果及图层蒙版状态如图9-285所示。

图9-285

12 下面用“钢笔工具”绘制汽车以及图像的投影。选择“钢笔工具”，在其工具选项栏中单击“路径”按钮，在汽车的底部绘制一条汽车投影的路径，效果如图9-286所示。

图9-.286

13 按Ctrl+Enter键将路径转换为选区，按Ctrl+Alt+D键应用“羽化”命令，在对话框中设置“羽化半径”为15像素，选区的状态如图9-287所示。

图9-287

14 新建图层，得到“图层 4”，设置前景色为黑色，选择“渐变工具”，在其工具选项栏中单击“线性渐变”按钮，设置渐变的方式为从前景色到透明色，从选区的右侧向左侧拖动渐变，按Ctrl+D键取消选区，效果如图9-288所示。

图9-288

15 新建图层，得到“图层 5”，设置前景色为黑色，选择“画笔工具”，在其工具选项栏中设置适当的画笔大小及“不透明度”，并设置“硬度”为0%，在车的底部与人物脚部的下面进行涂抹以补充投影，使效果更加逼真，如图9-289所示。

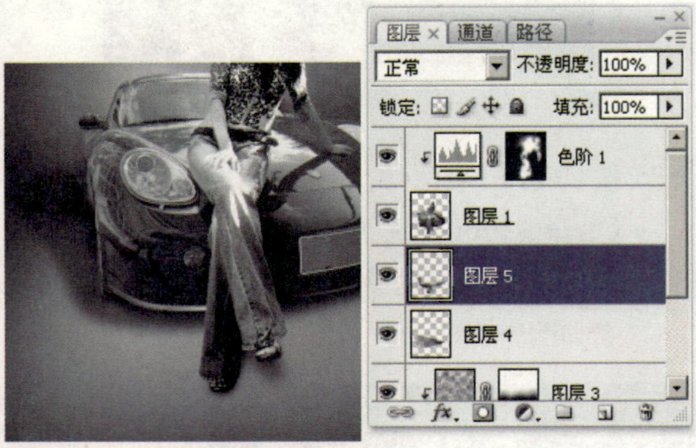

图9-289

16 下面给图像添加颜色的基调。新建图层，得到“图层 6”，将其拖动至“色阶 1”图层的上方，设置前景色的颜色值为（R：51、G：156、B：165），选择“画笔工具”，在其工具选项栏中设置适当的画笔大小及“不透明度”，对画面的右侧进行涂抹，效果如图9-290所示。

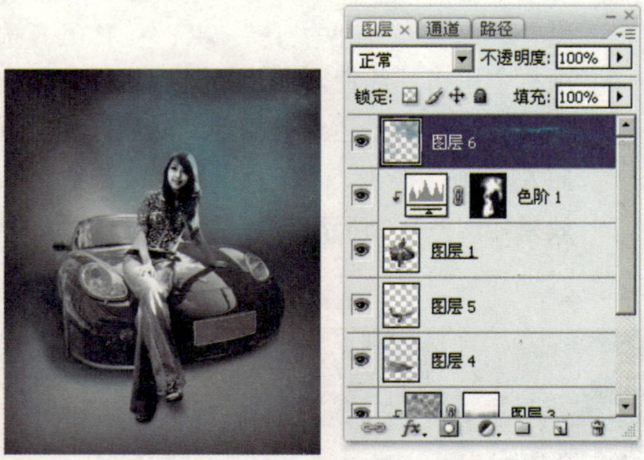

图9-290

17 设置“图层 6”的混合模式为“叠加”，使颜色充分融合到画面当中，效果如图9-291所示。

图9-291

18 新建图层，得到“图层 7”，设置前景色的颜色值为（R：217、G：66、B：130），重复步骤16的操作方法，用“画笔工具”进行涂抹，效果如图9-292所示。

图9-292

19 设置“图层 7”的混合模式为“颜色”，使颜色充分融合到画面当中，效果如图9-293所示。

图9-293

20 新建图层，得到“图层 8”，设置前景色为白色，选择“画笔工具”，在其工具选项栏中设置画笔大小在300px~100px之间，设置“硬度”为0%，“不透明度”为100%，在车顶、人物的腿上以及车头处单击鼠标左键，得到几个光球，效果如图9–294所示。

图9–294

21 单击“添加图层样式”按钮，在弹出的菜单中选择“外发光”命令，对话框参数设置及应用效果如图9–295所示。

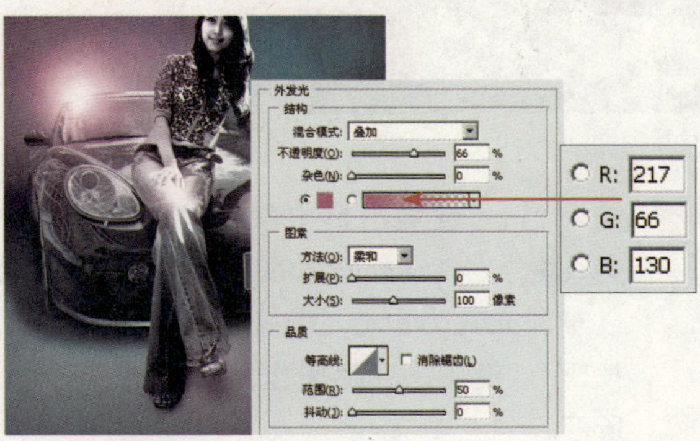

图9–295

22 新建图层，得到“图层 9”，重复步骤20的操作方法，用“画笔工具”绘制光球，效果如图9–296所示。

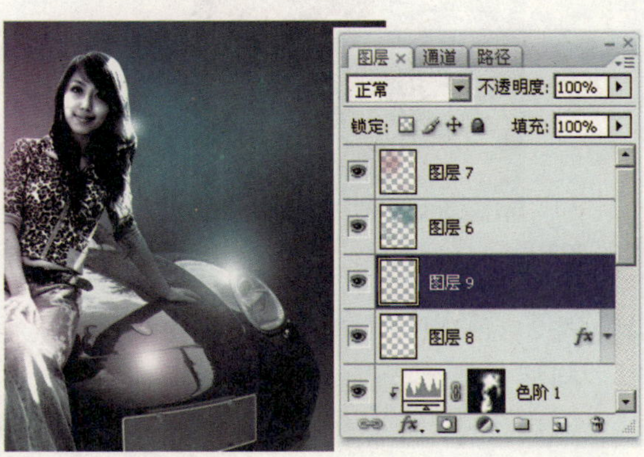

图9–296

23 单击“添加图层样式”按钮，在弹出的菜单中选择“外发光”命令，对话框参数设置及应用效果如图9–297所示。

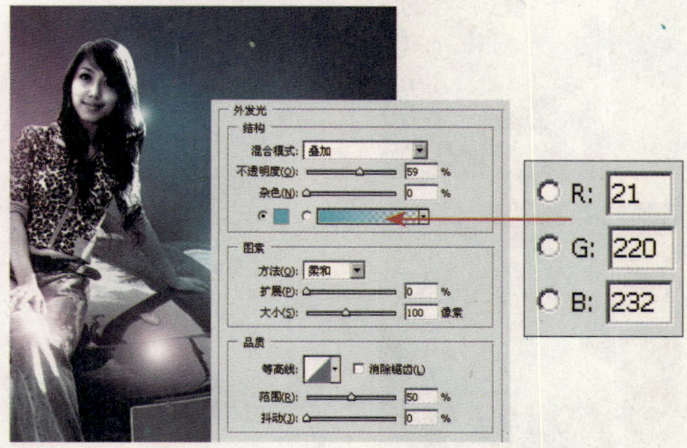

图9–297

24 下面用“画笔工具”制作水泡效果。新建图层，得到“图层 10”，选择“画笔工具”，按F5键调出“画笔”调板，设置“画笔”调板参数如图9–298所示。

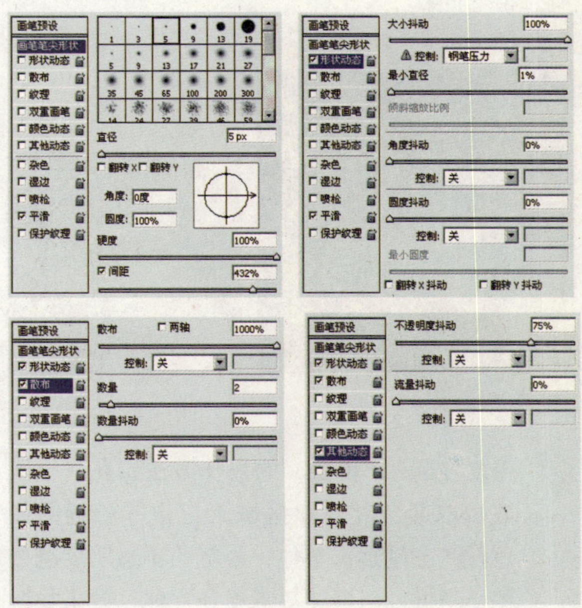

图9–298

25 在选择“画笔工具”的情况下，按住Alt键单击车灯的亮光处以吸取颜色，再在车灯的亮光处进行涂抹，效果如图9–299所示。

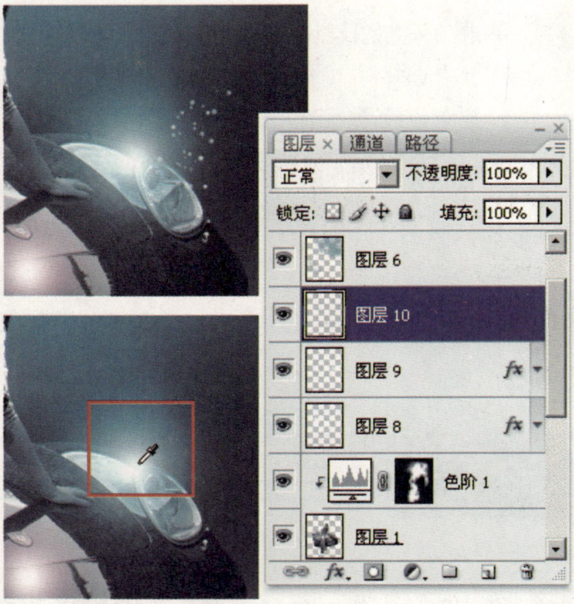

图9-299

26 再按住Alt键单击车灯稍暗的部位以吸取颜色，在该区域附近进行涂抹，效果如图9-300所示。

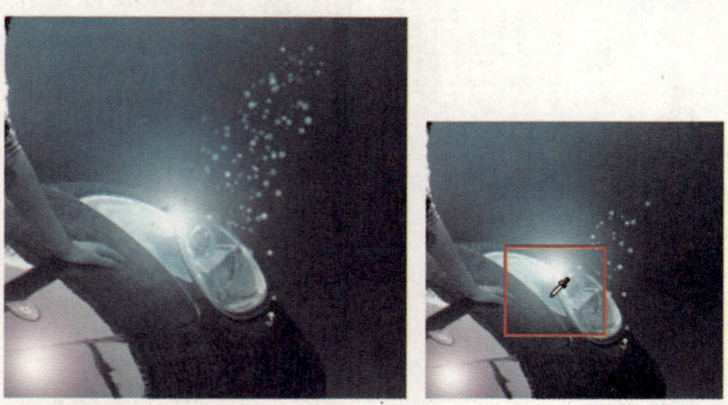

图9-300

27 重复步骤25~步骤26的操作方法，在一个区域吸取颜色并在该区域附近涂抹相近的颜色，注意越远离车体，画笔的不透明度越要稍稍降低，从而使散点更加立体，效果如图9-301所示。

28 新建图层，得到“图层 11”，设置前景色为白色，选择“画笔工具”，保持步骤24对画笔的设置，设置画笔大小为30px，在画布的左侧绘制几个散点，效果如图9-302所示。

图9-301

图9-302

29 按Ctrl+T键调出自由变换控制框，按住Ctrl键分别拖动控制框的各个节点，使其为以车顶光点为中心的散射光点效果，最后按Enter键确认变换操作，效果如图9-303所示。

图9-303

30 按Ctrl+Alt+T键调出自由变换并复制控制框，顺时针旋转20°左右并向右移动，最后按Enter键确认变换操作，效果如图9-304所示。

图9—304

31 设置“图层 11 副本”的混和模式为“叠加”，“不透明度”为60%，从而使画面更有层次感，效果如图9—305所示。

图9—305

32 重复步骤30的操作方法，再复制一个散射光点图像，使画面更加丰富，效果如图9—306所示。

图9—306

33 下面用“矩形工具”和图层蒙版制作一些小的装饰。设置前景色为白色，选择“矩形工具”，在其工具选项栏中单击“形状图层”按钮，在汽车的上面绘制一个矩形，得到“形状 1”图层，效果如图9—307所示。

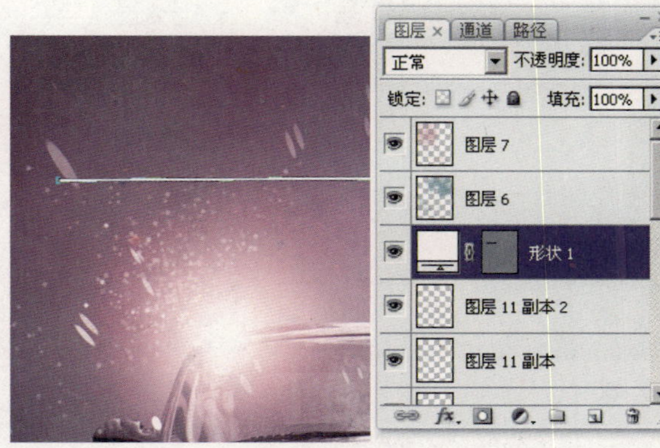

图9—307

34 单击“添加图层蒙版”按钮，为“形状 1”图层添加图层蒙版，设置前景色为黑色，选择“渐变工具”，在工具选项栏中单击“线性渐变”按钮，设置渐变的方式为从前景色到透明色，分别从矩形的左侧向右和从右侧向左拖动渐变，应用效果以及图层蒙版的状态如图9—308所示。

图9—308

35 使用“矩形工具”在步骤33绘制的矩形的下面绘制一个长方形形状，得到“形状 2”图层，效果如图9—309所示。

36 单击“添加图层蒙版”按钮，为“形状 2”图层添加图层蒙版，设置前景色为黑色，选择“画笔工具”，在画布中单击鼠标右键，在弹出的“画笔预设选取器”调板中选择一个普通的“硬度”为0%的画笔，并设置适当的画笔大小，对矩形进行涂抹，效果如图9-310所示。

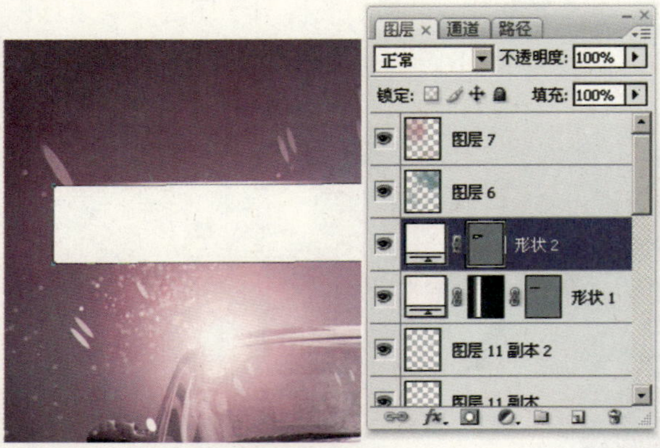

图9-309

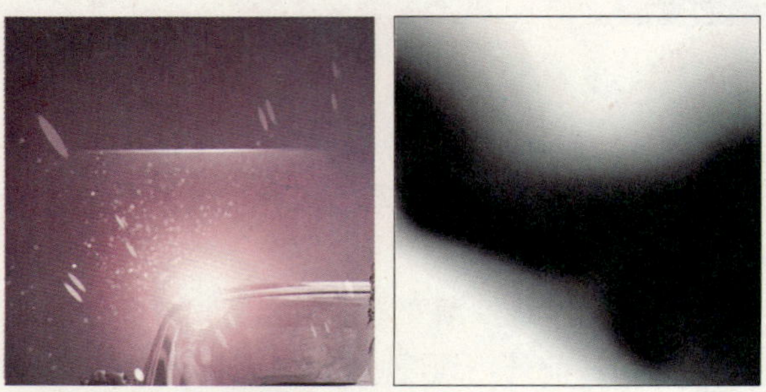

图9-310

37 选择“形状 2”图层为当前操作图层，按住Ctrl键单击“形状 1”图层的图层名称以将其选中，按Ctrl+E键执行“合并图层”命令，得到“形状 2”图层，按Ctrl+T键调出自由变换控制框，顺时针旋转50°，效果如图9-311所示。

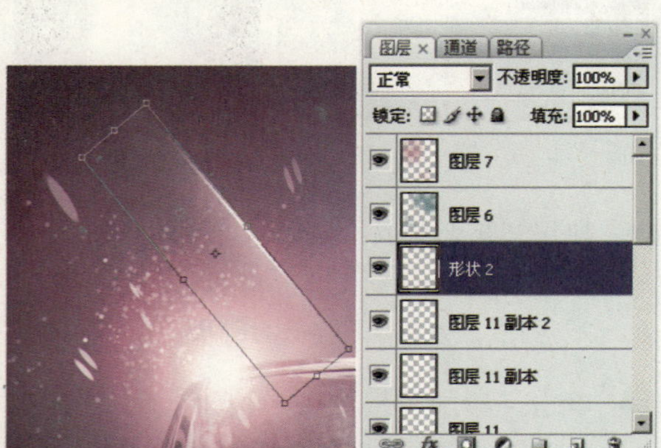

图9-311

38 按Ctrl+Alt+T键调出自由变换并复制控制框，按Shift键成比例缩放图像并将其向右下方移动，最后按Enter键确认变换操作，得到“形状 2 副本”图层，效果如图9-312所示。

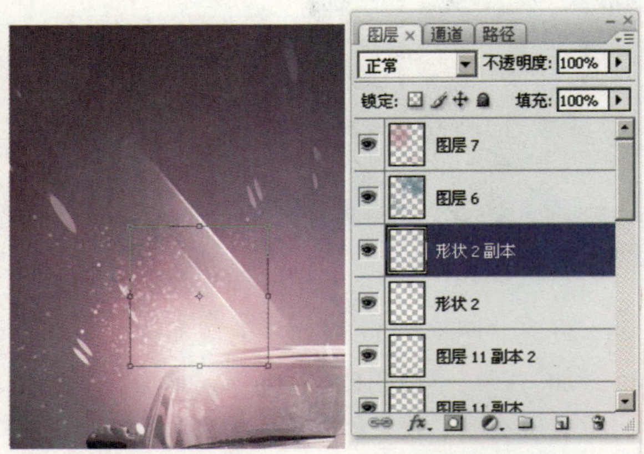

图9-312

39 重复步骤37的操作方法，将“形状 2”图层和“形状 2 副本”图层合并，得到“形状 2 副本 2”图层，按Ctrl+T键调出自由变换控制框，顺时针旋转50°，效果如图9-313所示。

图9-313

40 选择“图层 3”为当前操作图层，设置前景色的颜色值为（R：213、G：0、B：75），选择“椭圆工具”，在其工具选项栏中单击“形状图层”按钮，按住Shift键在人物的后面绘制一个正圆形状，得到“形状 1”图层，效果如图9-314所示。

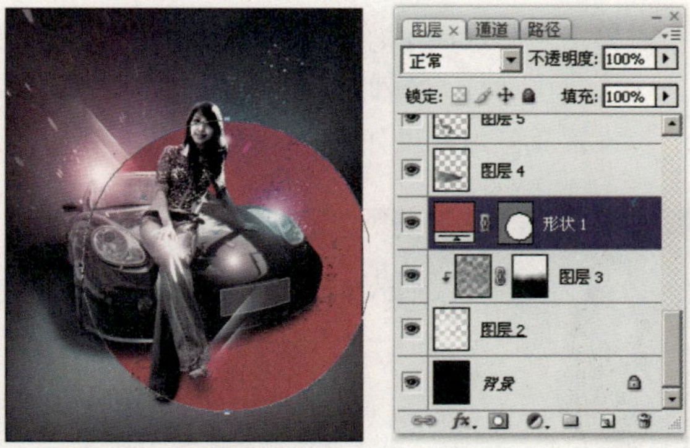

图9-314

41 复制“形状 1”图层，得到“形状 1 副本”图层，按Ctrl+T键调出自由变换控制框，按住Shift+Alt键拖动控制框的节点，从而以圆心为旋转中心点进行成比例缩放，最后按Enter键确认变换操作，效果如图9-315所示。

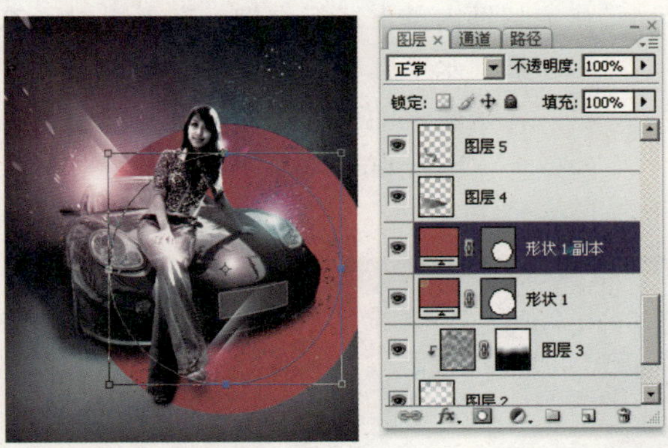

图9-315

42 双击“形状 1 副本”图层的图层缩览图，调出“拾取实色”对话框，设置“形状 1 副本”图层的颜色值为（R：243、G：154、B：74），效果如图9-316所示。

图9-316

43 重复步骤41~步骤42的操作方法，再制作几个圆圈，从而得到一个花色的圆环，效果如图9-317所示。

图9-317

44 选择“形状 1 副本 3”图层，按住Shift键单击“形状 1”图层的图层名称，将该图层以及两图层之间的图层选中，按Ctrl+E键执行“合并图层”命令，得到“形状 1 副本 3”图层，按Ctrl+T键调出自由变换控制框，按住Ctrl键拖动控制框的各个句柄，使其具有透视效果并铺在地面上，最后按Enter键确认变换操作，效果如图9-318所示。

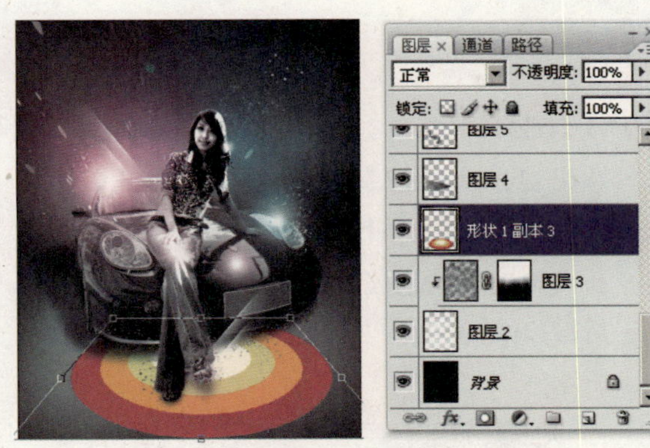

图9-318

45 设置“形状 1 副本 3”图层的混合模式为“叠加”，“不透明度”为10%，从而使圆环融合到图像当中，效果如图9-319所示。

图9-319

46 打开随书光盘“素材文件\09\‘香车美女’时尚海报\素材2.psd”文件，使用“移动工具”将图像拖动至步骤01新建的文件当中，得到“图层 12”，将其拖动至“图层 2”的下方，如图9-320所示。

图9-320

47 按Ctrl+I键执行“反相”命令，按Ctrl+T键调出自由变换控制框，按住Shift键成比例缩放图像并顺时针旋转25°左右，将其摆放在人物右侧的肩膀后面，充当天使翅膀，最后按Enter键确认变换操作，效果如图9-321所示。

图9-321

48 单击“添加图层样式”按钮，在弹出的菜单中选择“渐变叠加”命令，对话框参数设置及应用效果如图9-322所示。

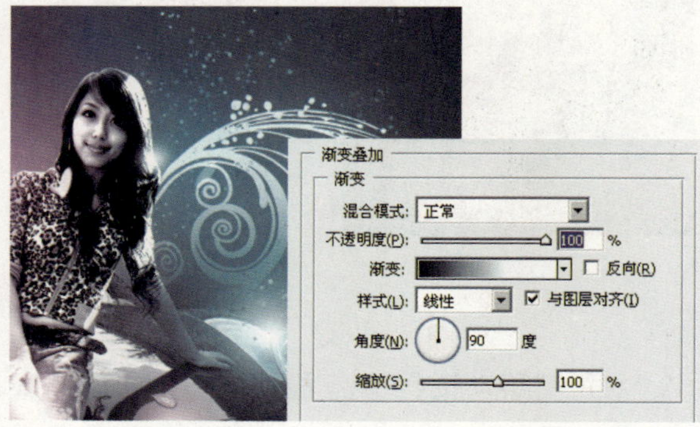

图9-322

49 复制“图层 12”，得到“图层 12 副本”，按Ctrl+T键调出自由变换控制框，在控制框内单击鼠标右键，在弹出的菜单中选择“水平翻转”命令，再旋转25°左右，将翅膀移动到人物左侧肩膀后面对应的位置，按Enter键确认变换操作，效果如图9-323所示。

图9-323

50 打开随书光盘“素材文件\09\‘香车美女’时尚海报\素材3.tif”文件，使用“移动工具”将图像拖动至步骤01新建的文件当中，得到“图层 13”，将其拖动至所有图层的上方，效果如图9-324所示。

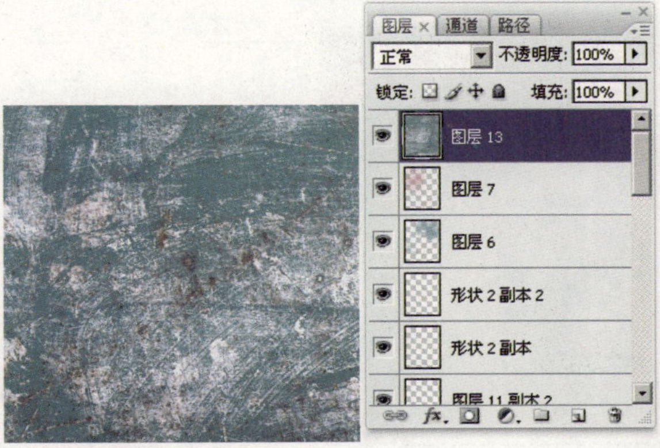

图9–324

51 使用“移动工具”移动图像，使图像充满整个画布，效果如图9–325所示。

图9–325

52 双击“图层 13”的缩览图以调出“混和选项”参数设置，按住Alt键分别拖动“混和颜色带”区域“本图层”的黑色三角滑块和“下一图层”的白色三角滑块，使图像与下面的图像相融合，对话框参数设置与应用效果如图9–326所示。

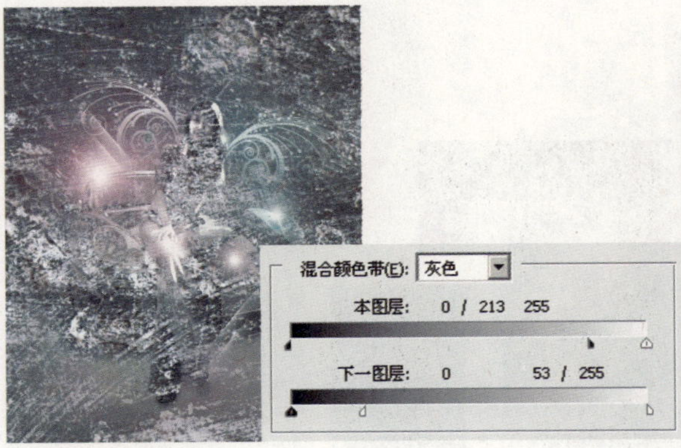

图9–326

53 设置“图层 13”的混合模式为“颜色加深”，“不透明度”为80%，使纹理与画面融合得更加逼真，效果如图9–327所示。

图9–327

54 按Ctrl+I键执行“反相”命令，使画面的颜色更为协调，效果如图9–328所示。

图9–328

55 单击“添加图层蒙版”按钮，为“图层 13”添加图层蒙版，设置前景色为黑色，选择“画笔工具”，在其工具选项栏中设置适当的画笔大小及“不透明度”，对画面的上半部分进行涂抹，从而使纹理只覆盖地面，应用效果及图层蒙版的状态如图9–329所示。

图9–329

56 下面用调整图层加强画面上方的色彩对比。单击“创建新的填充或调整图层”按钮，在弹出的菜单中选择“色阶”命令，对话框参数设置及应用效果如图9-330所示，得到“色阶 2”图层。

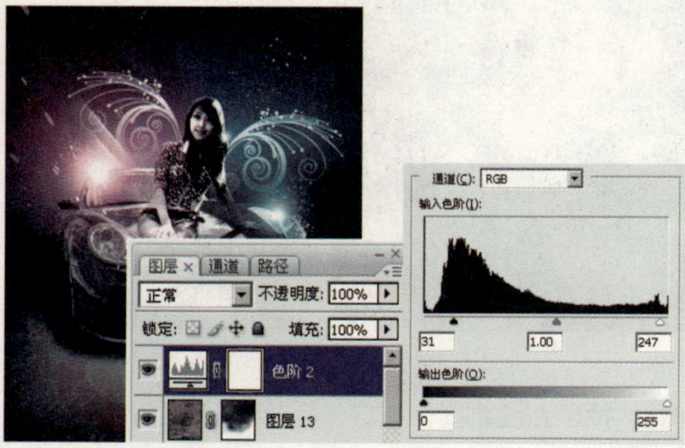

图9-330

57 选择“色阶 2”图层的图层蒙版为当前操作图层，设置前景色为黑色，选择“画笔工具”，在其工具选项栏中设置适当的画笔大小及“不透明度”，对画面的下半部分进行涂抹，从而将对比度只调整到车体以上的部分，应用效果及图层蒙版状态如图9-331所示。

图9-331

58 下面用混合模式加强整幅画面的对比度。按Ctrl+Alt+Shift+E键执行盖印操作，得到“图层 14”，执行菜单“滤镜 | 模糊 | 高斯模糊”命令，对话框参数设置及应用效果如图9-332所示。

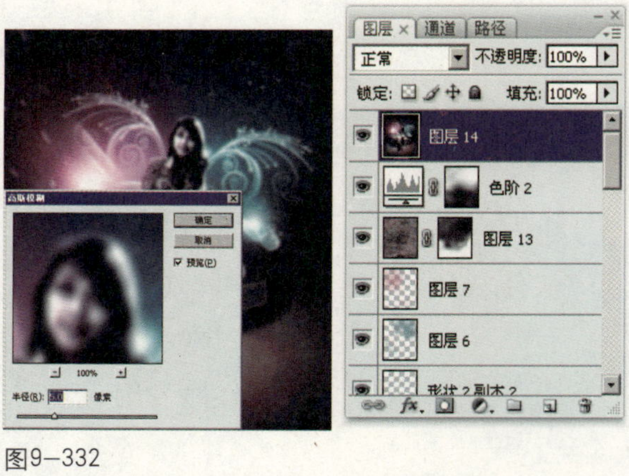

图9-332

59 设置“图层 14”的混合模式为“叠加”，“不透明度”为40%，使其在增强整幅画面对比度的同时多了一点柔光镜效果，如图9-333所示。

图9-333

60 设置前景色为白色，选择“直线工具”，在其工具选项栏中单击“形状图层”按钮，设置“粗细”为8px，在画面的上方绘制一条斜线，效果如图9-334所示。

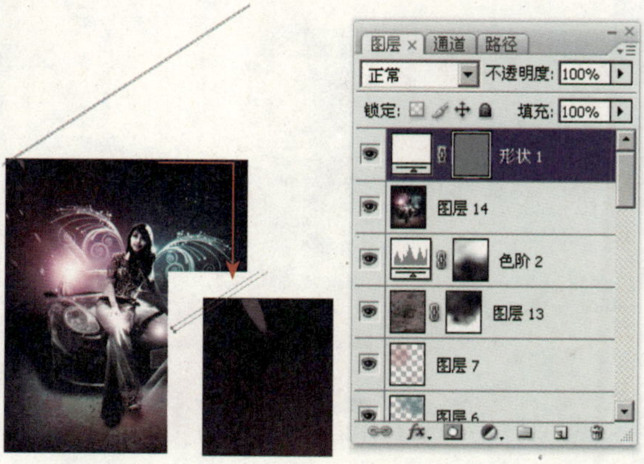

图9-334

61 按Ctrl+Alt+T键调出自由变换并复制控制框，将斜线向下移动少许，按Enter键确认变换操作，效果如图9-335所示。

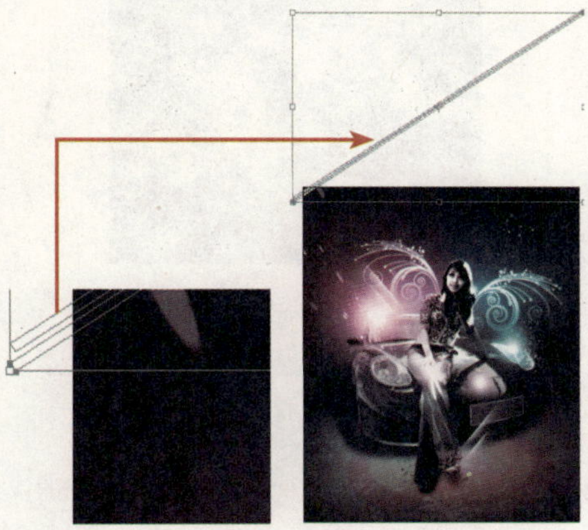

图9-335

62 连续按Ctrl+Alt+Shift+T键执行连续变换并复制操作，使斜线充满整幅画面，效果如图9-336所示。

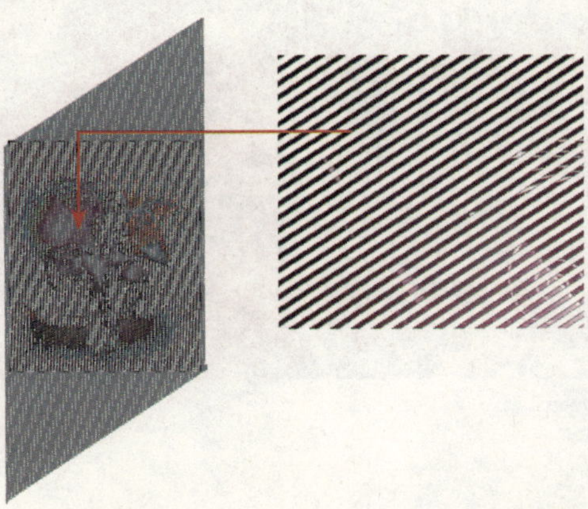

图9-336

63 设置“形状 1”图层的“不透明度”为10%，混合模式为“叠加”，将斜线融合到作品当中，效果如图9-337所示。

图9-337

64 打开随书光盘“素材文件\09\‘香车美女’时尚海报\素材4.psd”文件，使用“移动工具”将图像拖动至步骤01新建的文件当中，得到“图层 15”，将其拖动至“图层 6”的下方，如图9-338所示。

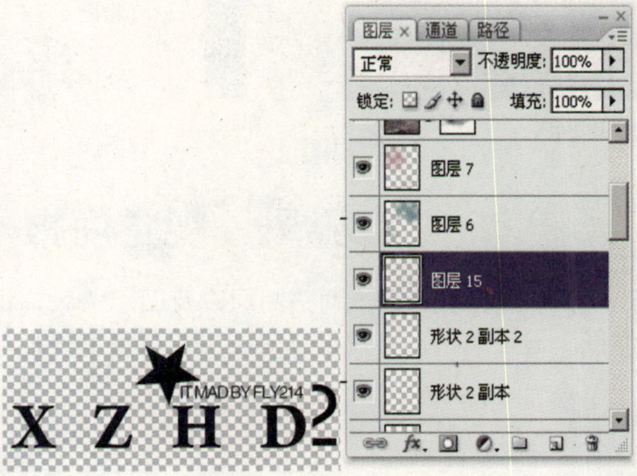

图9-338

65 按Ctrl+I键执行“反相”命令，从而方便观察。按Ctrl+T键调出自由变换控制框，按住Shift键成比例缩放图像并摆放在画布的下方，按Enter键确认变换操作，效果如图9-339所示。

图9-339

66 单击“添加图层样式”按钮，在弹出的菜单中选择“渐变叠加”命令，对话框参数设置及应用效果如图9-340所示。

67 整幅作品制作完成了，最终效果如图9-341所示。这幅作品的整体色调颇具梦幻色彩。

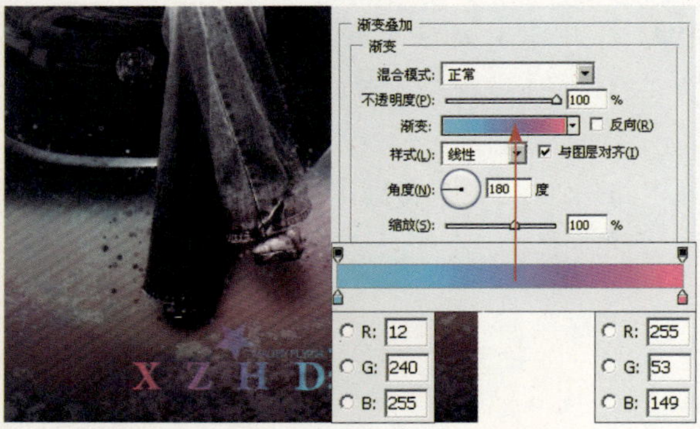

图9—340

图9—341

9.8 “世界风”视觉海报

本实例利用通道、调整图层以及图层蒙版，将多幅建筑元素素材图像组成一幅具有冲击力的视觉海报。通过本例，不仅可以对图层蒙版理解透彻，还可以更好地掌握素材图像的拼合。

原始图片

最终效果

制作步骤

01 按Ctrl+N键新建文件，设置打开的对话框中的参数，如图9—342所示，单击“确定”按钮。

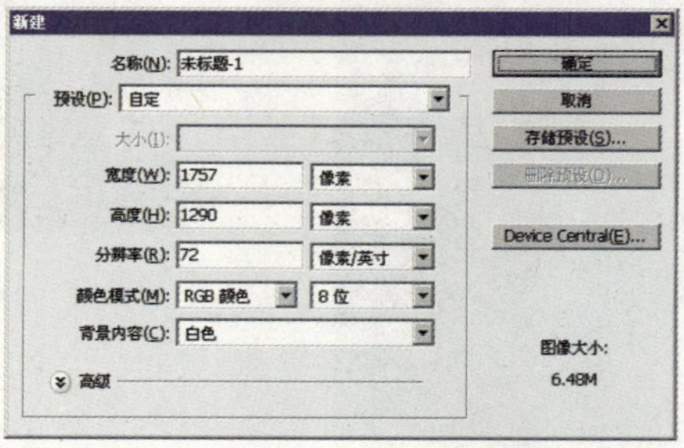

图9—342

02 下面用“渐变填充”图层制作底色。单击“创建新的填充或调整图层”按钮，在弹出的菜单中选择“渐变”命令，对话框参数设置及应用效果如图9-343所示。

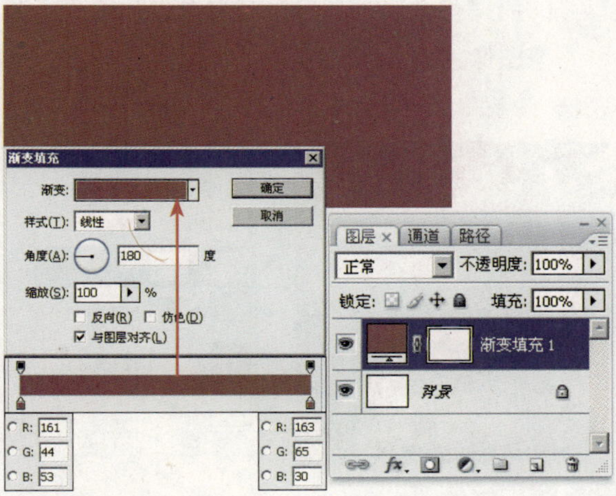

图9-343

03 设置前景色的颜色值为（R：148、G：31、B：60），选择“钢笔工具”，在其工具选项栏中单击“形状图层”按钮，在画布的下方绘制一个弧形充当地平面，得到“形状 1”图层，效果如图9-344所示。

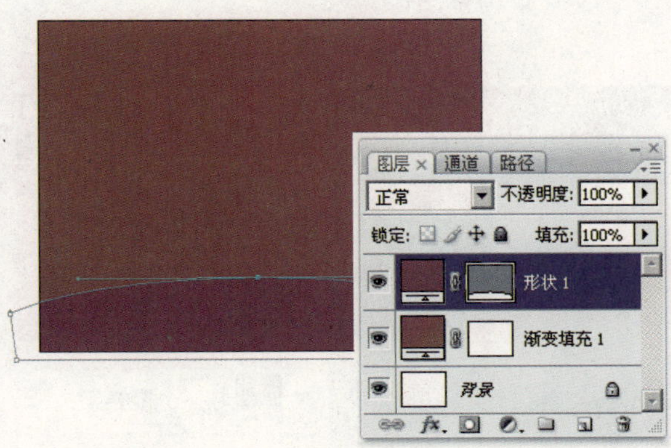

图9-344

04 打开随书光盘“素材文件\09\‘世界风’视觉海报\素材1.psd”文件，使用“移动工具”将图像拖动至步骤01新建的文件当中，得到“图层 1”，效果如图9-345所示。

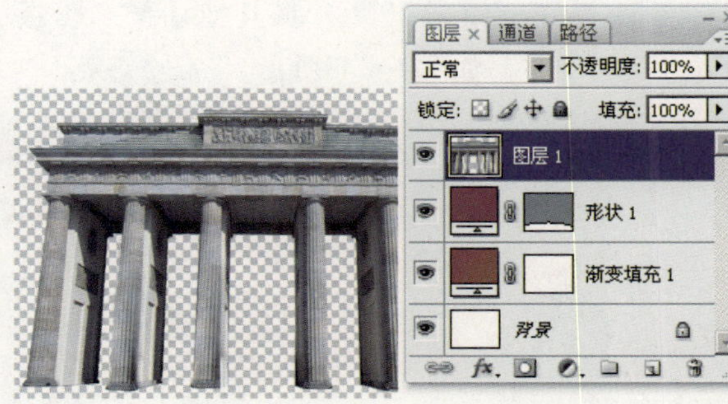

图9-345

05 按Ctrl+T键调出自由变换控制框，按住Shift键成比例缩放图像，并将其放置在地平面的正中间，最后按Enter键确认变换操作，效果如图9-346所示。

图9-346

06 单击“添加图层蒙版”按钮，为“图层 1”添加图层蒙版，选择“画笔工具”，在其工具选项栏中设置适当的画笔大小及“不透明度”，对其底部进行涂抹以使其虚化，效果如图9-347所示。

图9-347

07 打开随书光盘“素材文件\09\‘世界风’视觉海报\素材2.psd”文件，使用“移动工具”将图像拖动至步骤01新建的文件当中，得到“图层 2”，将其拖动至“图层 1”的下方，如图9-348所示。

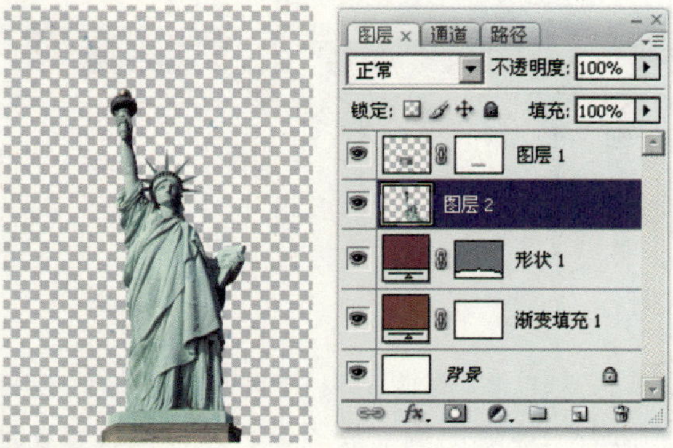

图9-348

08 按Ctrl+T键调出自由变换控制框，按住Shift键成比例缩放图像，顺时针旋转15°左右并将其放置在罗马柱的上方，最后按Enter键确认变换操作，效果如图9-349所示。

图9-349

09 单击“添加图层蒙版”按钮，为“图层 1”添加图层蒙版，选择“画笔工具”，在其工具选项栏中设置适当的画笔大小，对罗马柱下面的图像进行涂抹以使其隐藏，效果如图9-350所示。

图9-350

10 打开随书光盘“素材文件\09\‘世界风’视觉海报\素材3.psd”，使用“移动工具”将图像拖动至步骤01新建的文件当中，得到“图层 3”，将其拖动至“图层 2”的下方，效果如图9-351所示，重复步骤08~步骤09的操作方法，利用自由变换和图层蒙版调整图像。

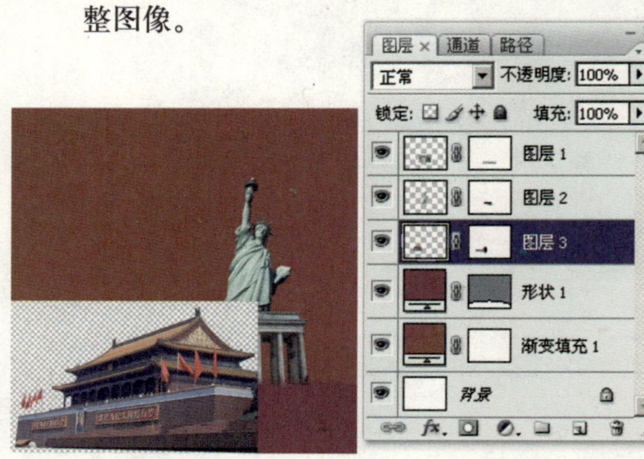

图9-351

11 打开随书光盘“素材文件\09\‘世界风’视觉海报\素材4.psd”文件，使用“移动工具”将图像拖动至步骤01新建的文件当中，得到“图层 4”，将其拖动至“图层 3”的下方，效果如图9-352所示，重复步骤08~步骤09的操作方法，利用自由变换和图层蒙版调整图像。

图9-352

12 打开随书光盘“素材文件\09\‘世界风’视觉海报\素材5.psd”文件，使用“移动工具”将图像拖动至步骤01新建的文件当中，得到“图层 5”，将其拖动至“图层 4”的下方，效果如图9-353所示，重复步骤08~步骤09的操作方法，利用自由变换和图层蒙版调整图像。

图9-353

13 打开随书光盘“素材文件\09\‘世界风’视觉海报\素材6.psd”文件，使用“移动工具”将图像拖动至步骤01新建的文件当中，得到“图层 6”，将其拖动至“图层 3”的上方，效果如图9-354所示，重复步骤08~步骤09的操作方法，利用自由变换和图层蒙版调整图像。

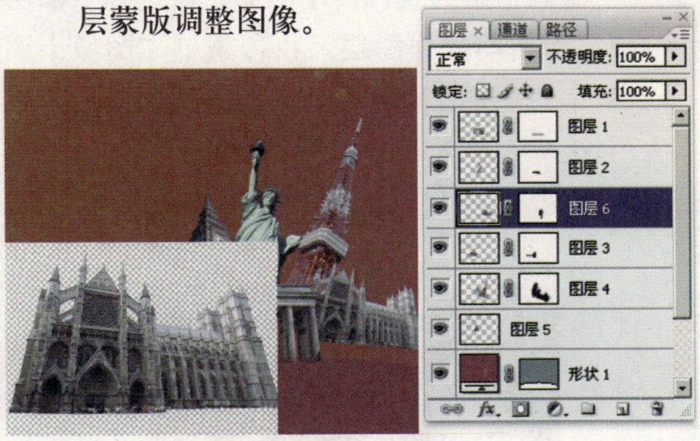

图9-354

14 打开随书光盘“素材文件\09\‘世界风’视觉海报\素材7.psd”文件，使用“移动工具”将图像拖动至步骤01新建的文件当中，得到“图层 7”，将其拖动至“图层 1”的上方，效果如图9-355所示，重复步骤08~步骤09的操作方法，利用自由变换和图层蒙版调整图像。

图9-355

15 下面调整各个建筑物的颜色，使画面整体颜色协调。首先调整罗马柱的颜色，选择“图层 1”为当前操作图层，执行菜单“图像 | 调整 | 通道混合器”命令，对话框参数设置及应用效果如图9-356所示。

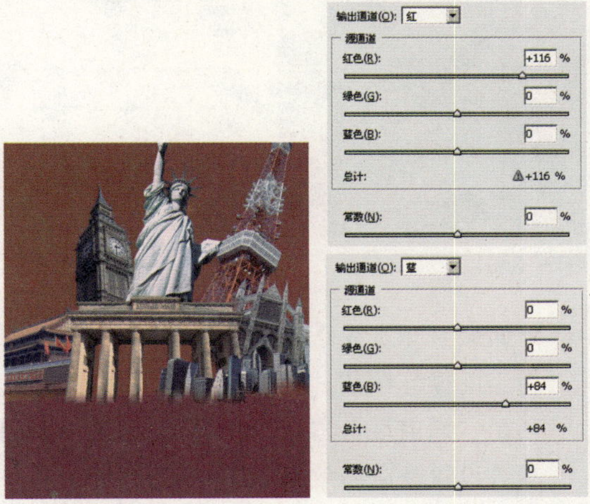

图9-356

16 下面调整自由女神像的颜色。选择“图层 2”为当前操作图层，重复步骤15的操作方法，利用“通道混和器”命令调整颜色，对话框参数设置及应用效果如图9-357所示。

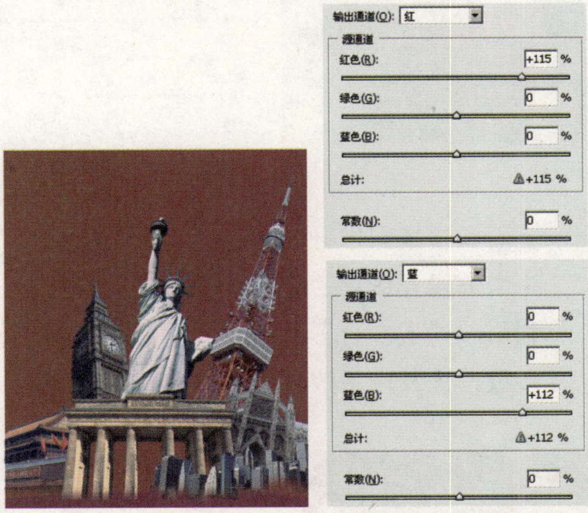

图9-357

17 下面调整天安门的颜色。选择“图层 3”为当前操作图层，重复步骤15的操作方法，利用“通道混合器”命令来调整颜色，对话框参数设置及应用效果如图9-358所示。

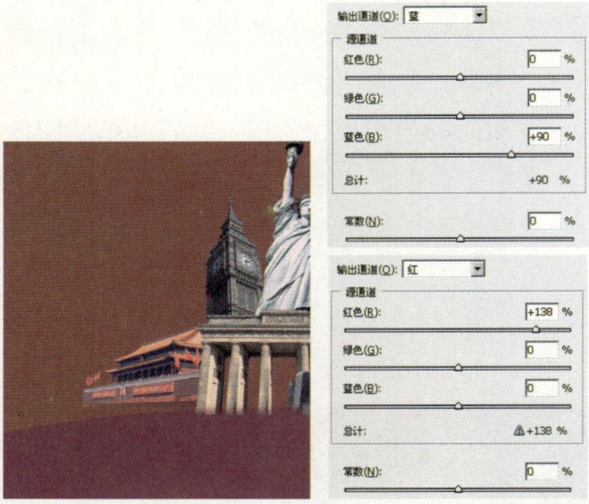

图9-358

18 下面调整东京铁塔的颜色。选择“图层 4”为当前操作图层，重复步骤15的操作方法，利用“通道混合器”命令调整颜色，对话框参数设置及应用效果如图9-359所示。

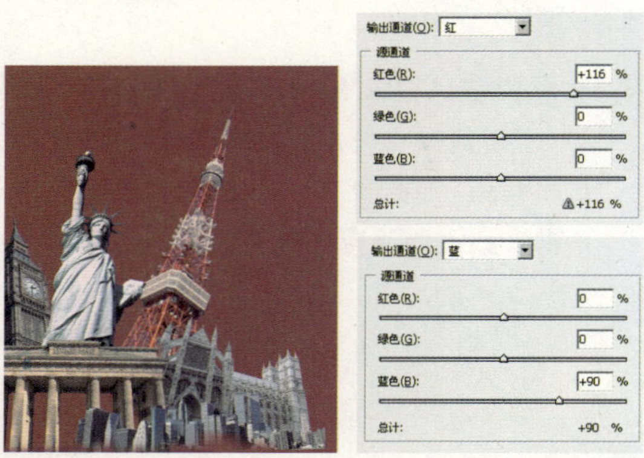

图9-359

19 下面调整德国古钟的颜色。选择“图层 5”为当前操作图层，重复步骤15的操作方法，利用“通道混合器”命令调整颜色，对话框参数设置及应用效果如图9-360所示。

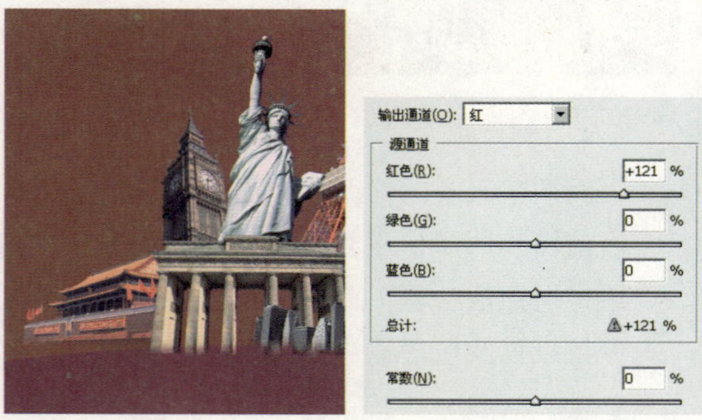

图9-360

20 下面调整欧式古建筑的颜色。选择“图层 6”为当前操作图层，重复步骤15的操作方法，利用“通道混合器”命令调整颜色，对话框参数设置及应用效果如图9-361所示。

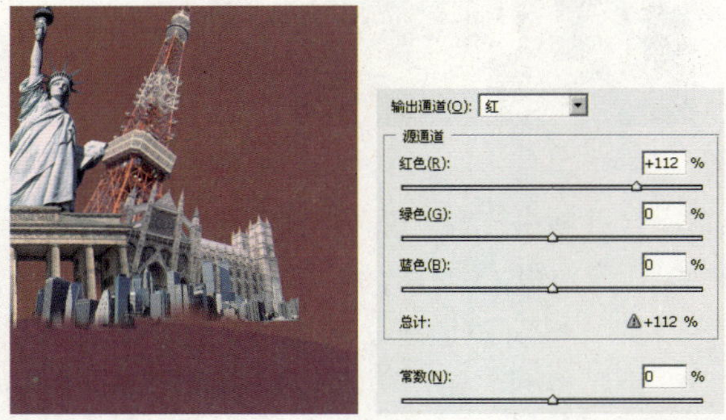

图9-361

21 下面调整纽约现代楼宇的颜色。选择“图层 7”为当前操作图层，执行菜单“图像 | 调整 | 色相/饱和度”命令，将各种花哨的色彩统一，效果如图9-362所示。

图9-362

22 重复步骤15的操作方法，利用“通道混合器”命令调整颜色，对话框参数设置及应用效果如图9-363所示。

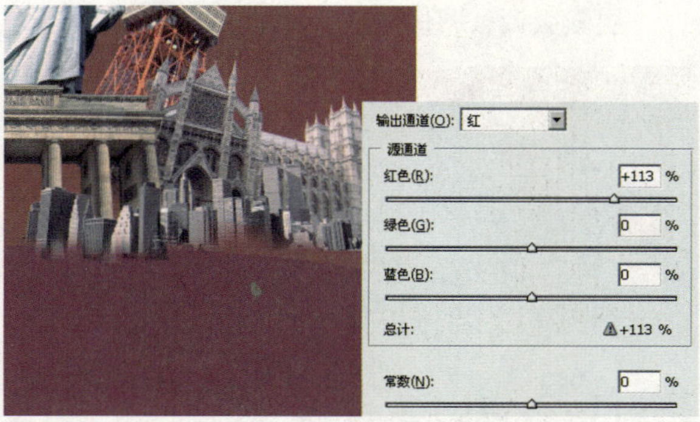

图9-363

23 下面为图像添加云彩。打开随书光盘“素材文件\09\‘世界风’视觉海报\素材8.psd”文件，如图9-364所示，下面将云彩截取出来，应用于作品当中。

图9-364

24 利用通道将云彩截取出来。切换至“通道”调板，“红”通道的对比颜色较好，复制“红”通道，得到“红 副本”通道，如图9-365所示。

图9-365

25 利用“色阶”命令调整图像的对比度。按Ctrl+L键调出“色阶”对话框，对话框参数设置及应用效果如图9-366所示。

图9-366

26 按住Ctrl键单击“绿 副本”通道的缩览图以载入其选区，切换至“图层”调板，设置前景色为白色，按Alt+Delete键填充前景色，按Ctrl+D键取消选区，当“背景”图层隐藏时，效果如图9-367所示。

图9-367

27 使用“移动工具”将“图层 1”拖动至步骤01新建的文件当中，得到“图层8”，按Ctrl+T键调出自由变换控制框，并顺时针旋转10°左右，拖动控制框两侧的节点拉长云彩，将云彩摆放在罗马柱的下侧，最后按Enter键确定变换操作，效果如图9-368所示。

图9-368

28 单击“添加图层蒙版”按钮，为“图层8”添加图层蒙版，设置前景色为黑色，选择“画笔工具”，在其工具选项栏中设置适当的画笔大小，对挡住的建筑物以及细碎的云彩进行涂抹以将其隐藏，应用效果以及图层蒙版的状态如图9-369所示。

图9–369

29 打开随书光盘“素材文件\09\‘世界风’视觉海报\素材9.psd”文件，将图像水平翻转，如图9–370所示，下面将云彩截取出来，应用于作品当中。

图9–370

30 重复步骤24~步骤26的操作方法，利用“红”通道，在通道中应用“色阶”命令，将云彩选出至“图层”调板，得到“图层1”，“色阶”对话框参数设置以及当“背景”图层为黑色时的效果如图9–371所示。

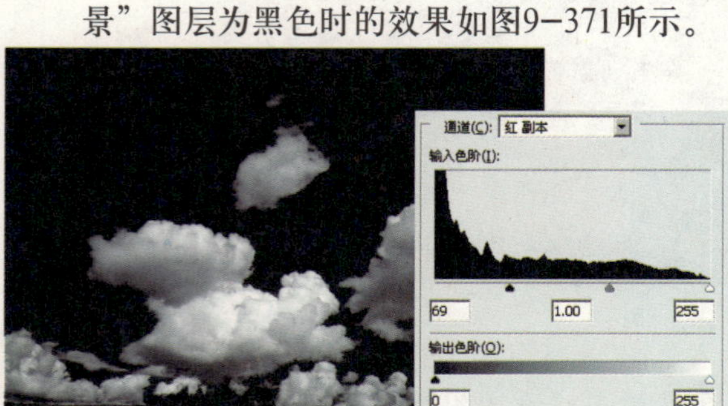

图9–371

31 使用“移动工具”将“图层 1”拖动至步骤01新建的文件当中，得到“图层 9”，按Ctrl+T键调出自由变换控制框，按住Shift键成比例缩放图像，将其摆放在欧式建筑的上面，最后按Enter键确定变换操作，效果如图9–372所示。

图9–372

32 单击“添加图层蒙版”按钮，为“图层9”添加图层蒙版，设置前景色为黑色，选择“画笔工具”，在其工具选项栏中设置适当的画笔大小，对体积较大的云块、挡住建筑物的云块、散碎的云块和草坪进行涂抹以将其隐藏，应用效果及图层蒙版的状态如图9–373所示。

图9–373

33 复制“图层 9”，得到“图层 9 副本”，按Ctrl+T键调出自由变换控制框，在控制框内单击鼠标右键，在弹出的菜单中选择“水平翻转”命令，将其向左移动，最后按Enter键确认变换操作，效果如图9–374所示。

图9–374

34 复制“图层 9 副本”，得到“图层 9 副本 2”，设置“图层 9 副本 2”的“不透明度”为40%，使云彩的颜色更浓，效果如图9-375所示。

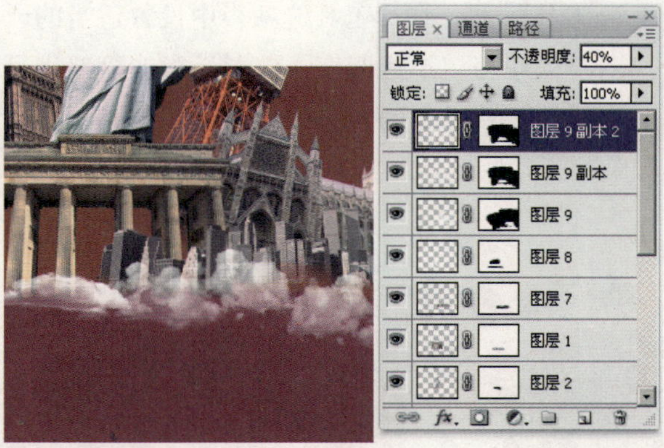

图9-375

35 复制“图层 9 副本 2”，得到“图层 9 副本 3”，在其图层蒙版缩览图中单击鼠标右键，在弹出的菜单中选择“删除图层蒙版”命令，从而更容易观察。按Ctrl+T键调出自由变换控制框，按住Shift键缩放图像并使图中部分云彩与底下的云彩融合以丰富云彩效果，按Enter键确认变换操作，效果如图9-376所示。

图9-376

36 单击“添加图层蒙版”按钮，为“图层 9 副本 3”添加图层蒙版，设置前景色为黑色，选择“画笔工具”，在其工具选项栏中设置适当的画笔大小，对体积较大的云块、挡住建筑物的云块、散碎的云块和草坪进行涂抹以将其隐藏，应用效果及图层蒙版的状态如图9-377所示。

图9-377

37 打开随书光盘“素材文件\09\‘世界风’视觉海报\素材10.tif”，如图9-378所示，下面将云彩截取出来，应用于作品中。

图9-378

38 重复步骤24~步骤26的操作方法，利用“红”通道，在通道中执行“色阶”命令，将云彩选出至“图层”调板，得到“图层 1”，“色阶”对话框参数设置以及当“背景”图层为黑色时的效果如图9-379所示。

图9-379

39 使用“移动工具”将“图层 1”拖动至步骤01新建的文件当中，得到“图层 10”，按Ctrl+T键调出自由变换控制框，按住Shift键成比例缩放图像，并将最完整的云彩摆放在天安门的下面，按Enter键确定变换操作，效果如图9–380所示。

图9–380

40 单击“添加图层蒙版”按钮，为“图层10”添加图层蒙版，设置前景色为黑色，将除中间质量最好的云彩以外的图像涂抹掉，应用效果和图层蒙版的状态如图9–381所示。

图9–381

41 复制“图层 9 副本 3”，得到“图层 9 副本 4”，将其拖动至“图层 1”的下方，使用“移动工具”将其中的图像摆放在罗马柱的柱子之间，使画面更真实，效果如图9–382所示。

图9–382

42 下面用“画笔工具”制作云彩的暗部。新建图层，得到“图层 11”，将其拖动至“图层 7”的上方，设置前景色的颜色值为（R：140、G：56、B：95），选择“画笔工具”，在其工具选项栏中设置适当的画笔大小与“不透明度”，对云彩的暗部进行涂抹，效果如图9–383所示。

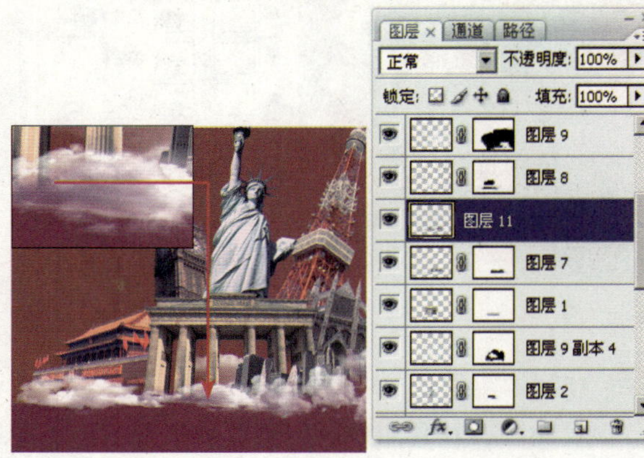

图9–383

43 下面利用“椭圆工具”制作云彩的雏形。设置前景色为白色，选择“椭圆工具”，在其工具选项栏中单击“形状图层”按钮，在德国古钟的左上方绘制一个椭圆形状，得到“形状 2”图层，如图9–384所示。

图9–384

44 仍然选择“椭圆工具”，在其工具选项栏中单击“添加到形状区域”按钮，依次绘制几个椭圆形状，从而得到类似云朵的形状，效果如图9–385所示。

图9-385

45 单击“添加图层样式”按钮，在弹出的菜单中选择“描边”命令，对话框参数设置以及应用效果如图9-386所示。

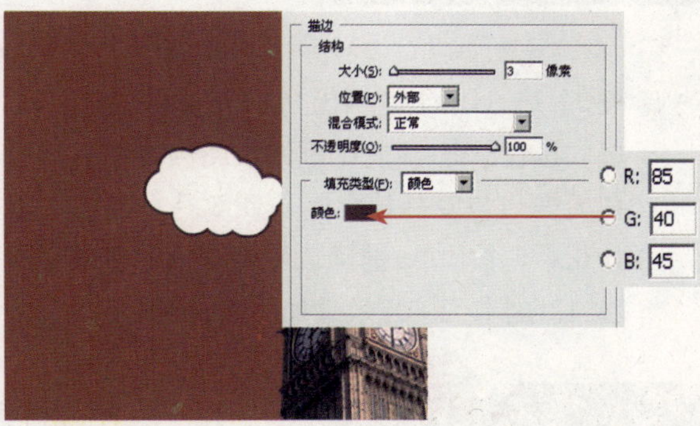

图9-386

46 下面用“钢笔工具”制作云彩的厚度。设置前景色的颜色值为（R：85、G：40、B：45），选择“钢笔工具”，在云彩两个圆球的交接处绘制一个敞开的形状，按Esc键退出对该段路径的编辑，得到“形状3”图层，效果如图9-387所示。

图9-387

47 仍然选择“钢笔工具”，在其工具选项栏中单击“添加到形状区域”按钮，依次绘制几个敞开的形状，使云朵得到厚度，效果如图9-388所示。

图9-388

48 选中“形状 3”图层为当前操作图层，按住Ctrl键将“形状 2”图层选中，按Ctrl+E键执行“合并图层”命令，得到“形状 3”图层，复制“形状 3”图层，得到“形状 3 副本”图层，使用“移动工具”将其中的图像向右下方移动少许，效果如图9-389所示。

图9-389

49 重复上一步骤的操作方法，对“形状 3”图层和“形状 3 副本”图层执行“合并图层”命令，得到“形状 3 副本”图层，复制“形状 3 副本”图层，得到“形状 3 副本 2”图层，将其拖动至“图层 4”即东京铁塔所在图层的下方，按Ctrl+T键调出自由变换控制框，按住Shift键成比例缩放图像并将其放置在东京铁塔的下方，最后按Enter键确认变换操作，效果如图9-390所示。

图9-390

50 打开随书光盘“素材文件\09\‘世界风’视觉海报\素材11.psd”文件，使用“移动工具”将图像拖动至步骤01新建的文件当中，得到“图层 12”，将其拖动至“图层 3”即天安门所在图层的上方，效果如图9-391所示。

图9-391

51 按Ctrl+T键调出自由变换控制框，按住Shift键成比例缩放图像，并将其摆放在东京铁塔的上方，最后按Enter键确认变换操作，效果如图9-392所示。

图9-392

52 复制“图层 12”，得到“图层 12 副本”，使用“移动工具”将其拖动至欧式古建筑的上方，使建筑挡住一半花朵，效果如图9-393所示。

图9-393

53 按Ctrl+Alt+T键调出自由变换并复制控制框，按住Shift键成比例缩放图像，将其摆放在天安门与罗马柱之间，使罗马柱挡住一部分花朵，按Enter键确认变换操作，得到“图层 12 副本 2”，效果如图9-394所示。

图9-394

54 打开随书光盘“素材文件\09\‘世界风’视觉海报\素材12.psd”，如图9-395所示，使用“移动工具”将图像拖动至步骤01新建的文件当中，得到“图层 13”，将其拖动至“图层 5”即德国古钟所在的图层的下方。

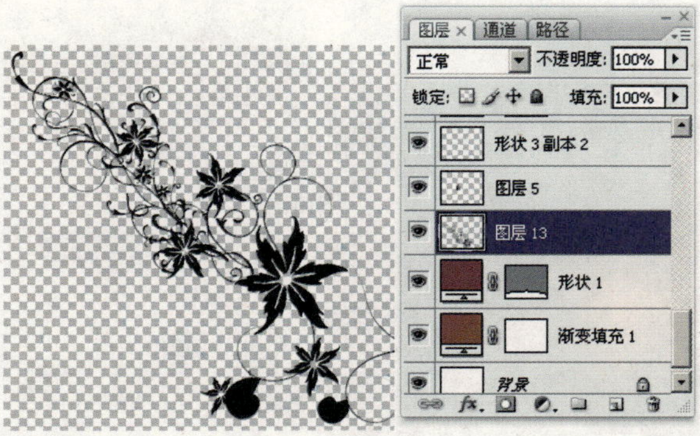

图9—395

55 按Ctrl+T键调出自由变换控制框，按住Shift键成比例缩放图像，顺时针旋转6°，将其摆放在德国古钟的后面，按Enter键确认变换操作，效果如图9—396所示。

56 单击“图层”调板中的“锁定透明像素”按钮，设置前景色的颜色值为（R：245、G：215、B：119），按Alt+Delete键填充前景色，效果如图9—397所示。

图9—396

图9—397

57 按Ctrl+Alt+T键调出自由变换并复制控制框，在控制框中单击鼠标右键，在弹出的快捷菜单中选择“水平翻转”命令，再将其移动至建筑群右侧欧式古建筑的后面，按Enter键确认变换操作，得到“图层 13 副本”，效果如图9—398所示。

图9—398

58 新建图层，得到“图层 14”，将其拖动至所有图层的上方，设置前景色的颜色值为（R：250、G：219、B：125），选择“画笔工具”，在其工具选项栏中设置“硬度”为0%，画笔大小在400px~200px之间，分别设置不同的“不透明度”，在建筑物上绘制3个大小不同的圆点，效果如图9—399所示。

图9—399

59 设置“图层 14”的混合模式为“叠加”，“不透明度”为60%，从而将颜色融合到建筑物当中，效果如图9—400所示。

图9—400

60 按住Ctrl键单击“图层 14”的缩览图以载入其选区，执行菜单“选择|修改|收缩”命令，在对话框中设置“收缩量”为80像素，选区的状态如图9-401所示。

图9-401

61 新建图层，得到“图层 15”，将其拖动至“形状 1”图层的上方，设置前景色的颜色值为（R：250、G：219、B：125），按Alt+Delete键填充前景色，按Ctrl+D键取消选区，效果如图9-402所示。

图9-402

62 新建图层，得到“图层 16”，设置前景色的颜色值为（R：254、G：197、B：92），选择“画笔工具”，按F5键调出“画笔”调板，单击调板右上角的小三角按钮，在弹出的菜单中选择“载入画笔”命令，选择随书光盘“素材文件\09\‘世界风’视觉海报\素材13.abr”画笔，先在罗马柱下面的光球上绘制散点，效果如图9-403所示。

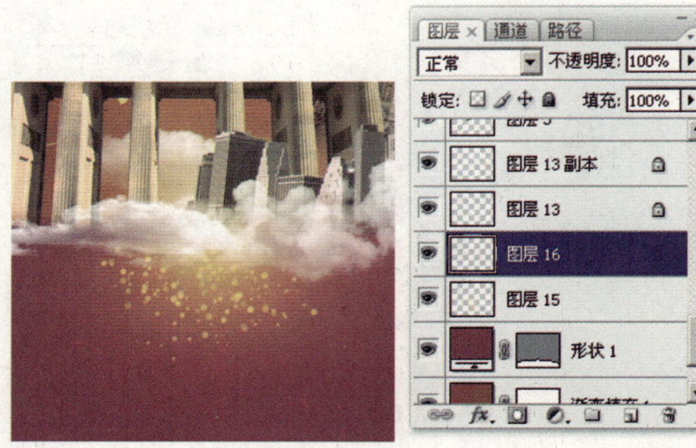

图9-403

63 继续选择“画笔工具”，将画笔的“主直径”适当缩小，并降低画笔不透明度，再在光球处周围进行涂抹，效果如图9-404所示。

图9-404

64 重复步骤62~步骤63绘制散点的方法，在其他两个光球处也绘制散点，效果如图9-405所示。

图9-405

65 新建图层，得到“图层 17”，设置前景色的颜色值为（R：113、G：15、B：16），重复步骤62~步骤63的操作方法，用素材画笔绘制一些深色的散点，从而使画面更加丰富，效果如图9-406所示。

图9–406

66 新建图层，得到“图层 18”，将其摆放在“图层 5”即德国古钟所在图层的上方，设置前景色的颜色值为（R：240、G：206、B：44），选择“画笔工具”，在“画笔预设选取器”调板中选择一个普通的“硬度”为0%的画笔，设置画笔大小为250px，在德国古钟的上方单击以得到光团，效果如图9–407所示。

图9–407

67 下面设置不透明度和混合模式以增强光团的色彩。设置“图层 18”的“不透明度”为40%，效果如图9–408所示。

图9–408

68 复制“图层 18”，得到“图层 18 副本”，设置“图层 18 副本”的混合模式为“叠加”，“不透明度”为100%，使光团更加艳丽，效果如图9–409所示。

图9–409

69 复制“图层 7”（即纽约现代建筑所在的图层），得到“图层 7 副本”，将其拖动至“图层 18”的下方，按Ctrl+T键调出自由变换控制框，按住Shift键成比例缩放图像，顺时针旋转3°并移动至光团的下方，按Enter键确认变换操作，效果如图9–410所示。

图9–410

70 单击“锁定透明像素”按钮，设置前景色的颜色值为（R：7、G：2、B：3），按Alt+Delete键填充前景色，形成背光剪影效果，效果如图9–411所示。

71 下面用“矩形工具”制作放射光效果。选择“渐变填充 1”图层为当前操作图层，选择“矩形工具”，在其工具选项栏中单击“形状图层”按钮，在画布的中间绘制一个垂直的长方形形状，得到“形状 3”图层，效果如图9-412所示。

图9-411

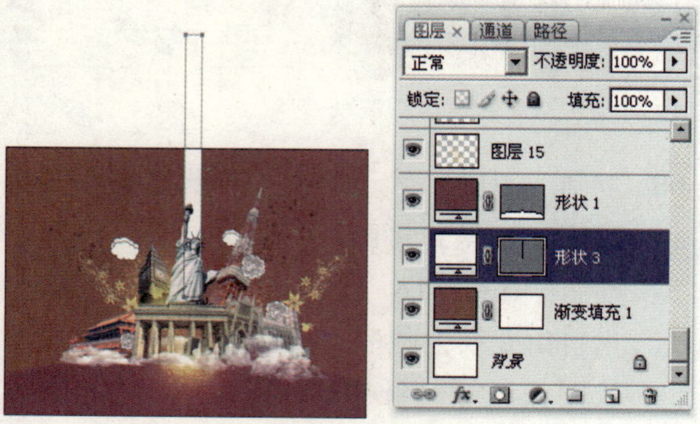

图9-412

72 按Ctrl+T键调出自由变换控制框，按住Ctrl+Alt+Shift键向左拖动控制框右下角的节点，使长方形变为接近三角形的状态，按Enter键确认变换操作，效果如图9-413所示。

图9-413

73 按Ctrl+Alt+T键调出自由变换并复制控制框，用鼠标将旋转中心点拖动至控制框的正下方并旋转10°，按Enter键确认变换操作，效果如图9-414所示。

图9-414

74 连续按Ctrl+Shift+Alt+T键执行连续变换并复制操作，直至形状围绕画面旋转一周，效果如图9-415所示。

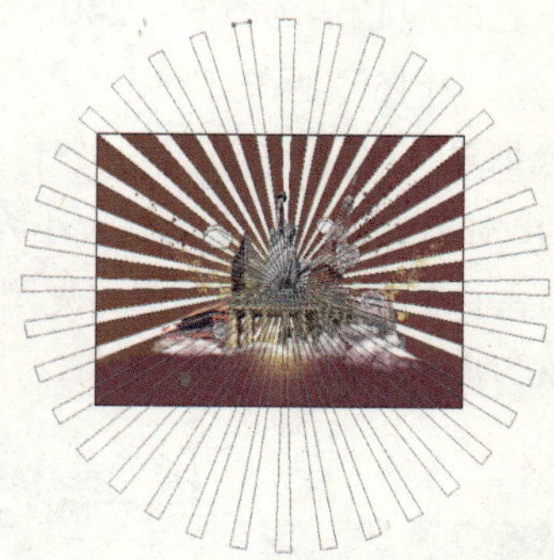

图9-415

75 设置“形状 3”图层的混合模式为“叠加”，“不透明度”为10%，将放射光融合到底图当中，效果如图9-416所示。

图9-416

76 下面用直线给整幅画面添加纹理。选择所有图层上方的图层为当前操作图层，设置前景色的颜色值为（R：255、G：198、B：28），选择“直线工具”，在其工具选项栏中单击“形状图层”按钮，在画面的上方绘制一条斜线，得到“形状 4”图层，效果如图9-417所示。

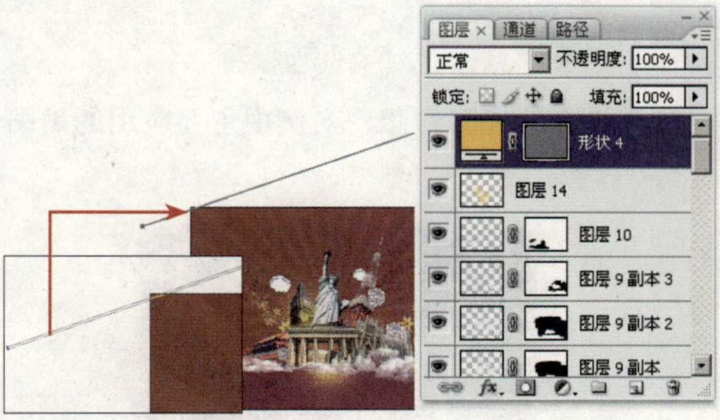

图9-417

77 按Ctrl+Alt+T键调出自由变换并复制控制框，向下拖动直线少许，按Enter键确认变换操作，效果如图9-418所示。

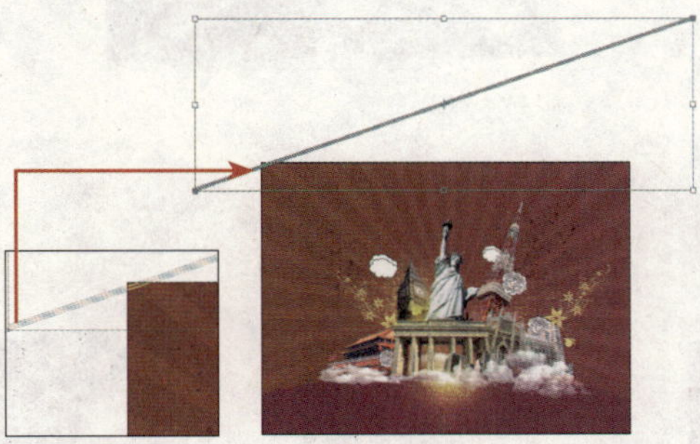

图9-418

78 连续按Ctrl+Shift+Alt+T键执行连续变换并复制操作，直至直线覆盖整个画面，效果如图9-419所示。

图9-419

79 设置“形状 3”图层的混合模式为“叠加”，“不透明度”为20%，使直线叠加到画面当中，效果如图9-420所示。

图9-420

80 整体色调还是偏灰，下面用“色阶”调整图层对整体进行调整。单击“创建新的填充或调整图层”按钮，在弹出的菜单中选择“色阶”命令，对话框参数设置及应用效果如图9-421所示，得到“色阶 1”图层。

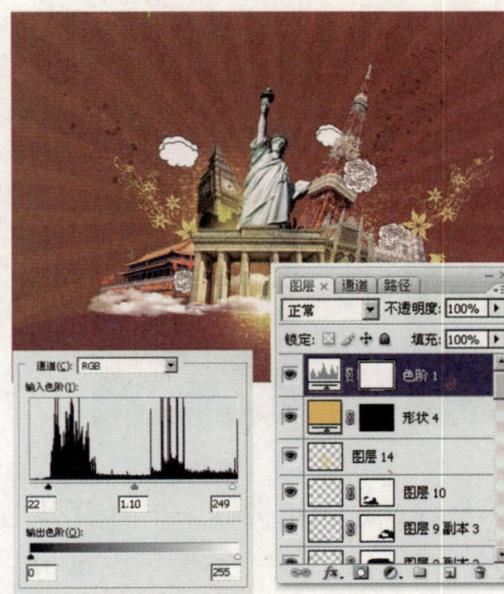

图9-421

81 下面利用“添加杂色”命令增强整体图像质感。按Ctrl+Shift+Alt+E键执行盖印操作，得到“图层 19”，执行菜单“滤镜 | 杂色 | 添加杂色”命令，对话框参数设置及应用效果如图9-422所示。

图9-422

9.9 机械梦幻合成

本例将机械图像与人物的脸融合在一起，表达了对未来世界的无限幻想。实例中主要应用的是图层蒙版以及混合模式等操作命令，技术含量很高。

原始图片

最终效果

制作步骤

01 按Ctrl+N键新建文件，设置打开的对话框中的参数，如图9-423所示，单击“确定”按钮。

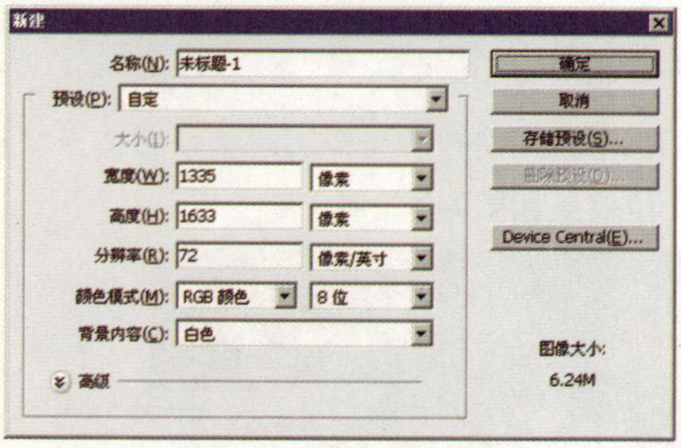

图9-423

02 打开随书光盘“素材文件\09\机械梦幻合成\素材1.tif”文件，下面用这幅图像来作为作品的底纹。使用“移动工具”将其拖动至上一步骤新建的文件当中，得到“图层 1”，效果如图9-424所示。

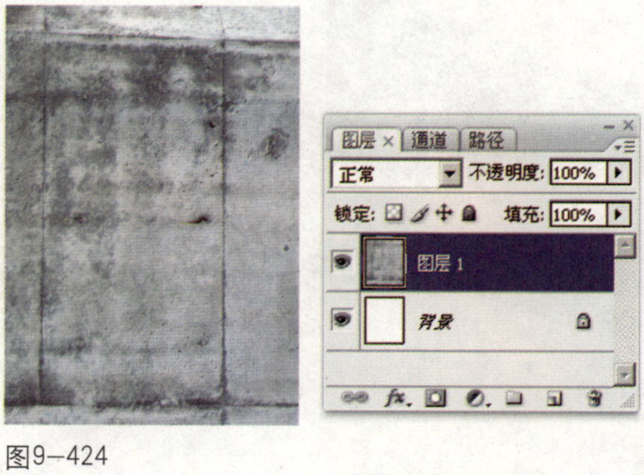

图9-424

03 按Ctrl+T键调出自由变换控制框，按住Ctrl键拖动控制框的各个节点，得到透视的效果后按Enter键确认变换操作，效果如图9-425所示。

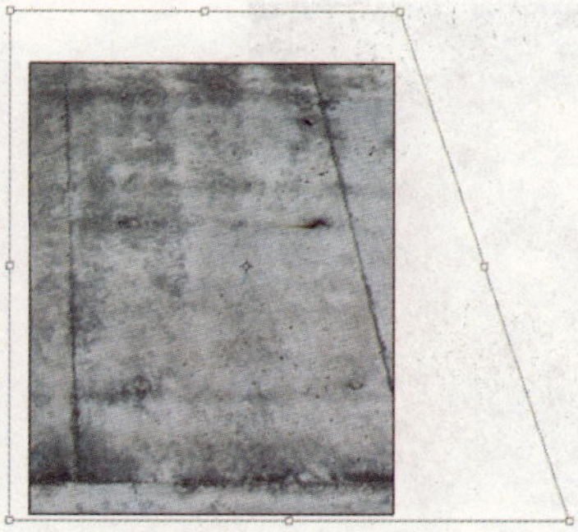

图9-425

04 下面通过使用填充图层制作聚光效果。单击“创建新的填充或调整图层”按钮，在弹出的菜单中选择“渐变”命令，对话框参数设置及应用效果如图9-426所示。

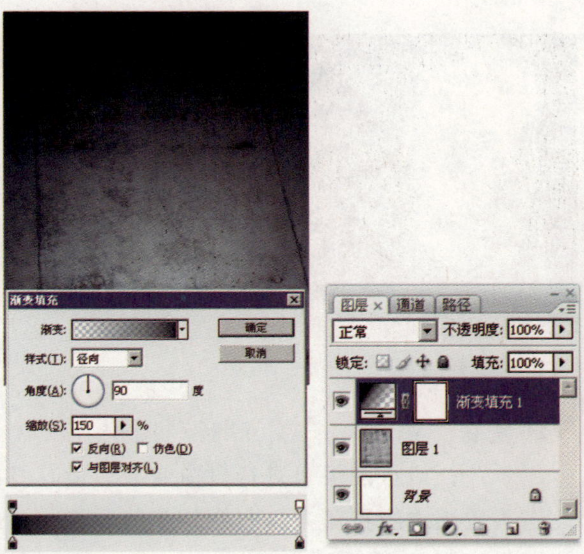

图9-426

> **技巧○提示**
>
> 在没有退出“渐变填充”对话框前，将鼠标放在画面中，可以拖动渐变的位置。

05 打开随书光盘“素材文件\09\机械梦幻合成\素材2.tif”文件，如图9-427所示，下面用这幅图像来作为作品的主体图像。

06 选择“钢笔工具”，在其工具选项栏中单击“路径”按钮，沿着人物的脸绘制路径，按Ctrl+Enter键将路径转换为选区，如图9-428所示。

图9-427

图9-428

07 使用“移动工具”将选区内的图像拖动至步骤01新建的文件当中，得到“图层 2”，按Ctrl+T键调出自由变换控制框，按住Shift键缩放图像，顺时针旋转图像15°左右并将其放置在画布的中间位置，然后按Enter键确认变换操作，效果如图9-429所示。

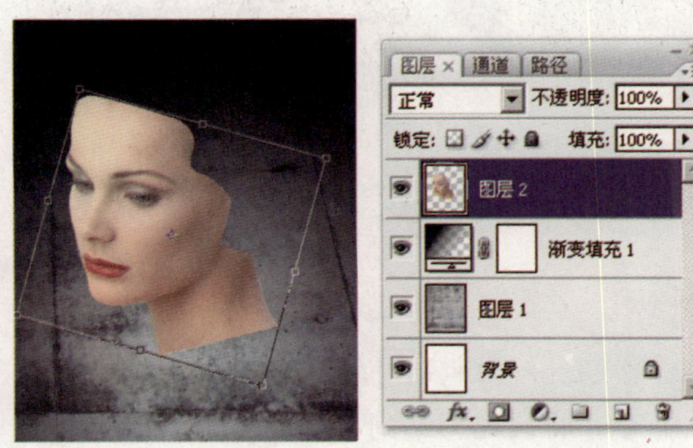

图9-429

08 下面通过素材文件为脸部添加石头质感边缘。打开随书光盘“素材文件\09\机械梦幻合成\素材3.tif”文件，将这幅图像的破损部位作为人物边缘的纹理。使用“移动工具”将图像拖动至步骤01新建的文件当中，得到“图层 3”，效果如图9-430所示。

图9–430

09 为了方便观察纹理与人物图像的位置关系，适当降低“图层 3”的“不透明度”，在变换位置后再将“不透明度”复原为100%。按Ctrl+T键调出自由变换控制框，按住Shift键成比例缩放图像并顺时针旋转图像125°左右，按Enter键确认变换操作，效果如图9–431所示。

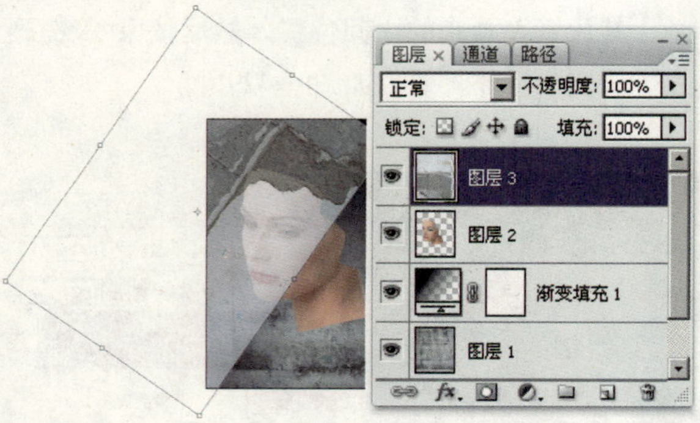

图9–431

10 按Ctrl+Alt+G键执行“创建剪贴蒙版”命令，将纹理剪贴到人物的脸上，效果如图9–432所示。

图9–432

11 设置“图层 3”的混合模式为“深色”，使纹理融合到人物的脸上，效果如图9–433所示。

图9–433

12 单击“添加图层蒙版”按钮，为“图层 3”添加图层蒙版，设置前景色为黑色，选择“画笔工具”，在其工具选项栏中设置适当的画笔大小，对人物脸上多余的杂色块进行涂抹以将其隐藏，效果如图9–434所示。

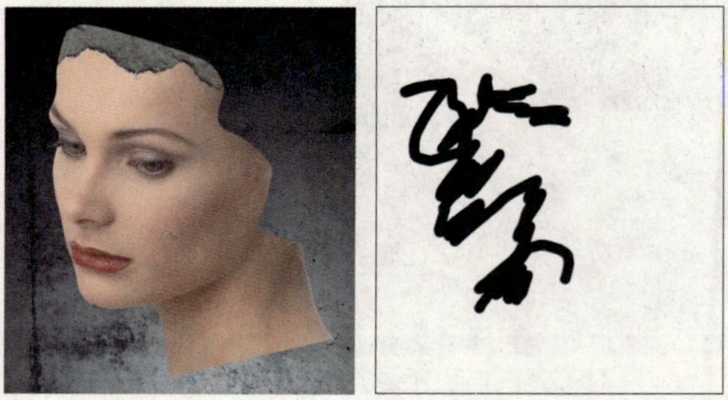

图9–434

13 复制“图层 3”，得到“图层 3 副本”，对该图像也进行自由变换，使其石头质感边缘覆盖人物右侧脸部的边缘，效果如图9–435所示。

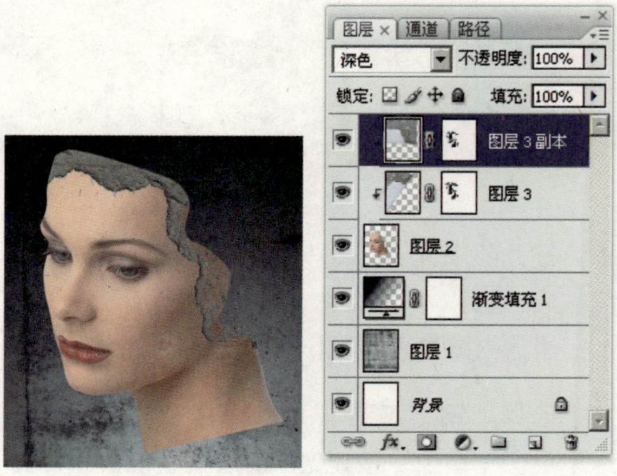

图9–435

14 选择“图层 3 副本”的图层蒙版为当前操作状态，选择“画笔工具”，在其工具选项栏中设置适当的画笔大小，对人物脸上多余的杂色块进行涂抹以将其隐藏，效果如图9-436所示。

图9-436

15 再复制“图层 3 副本”，得到“图层 3 副本 2”，重复步骤13~步骤14的操作方法，变换图像，使人物颈部的边缘为石头质感并减去其脸上的杂边，效果如图9-437所示。

图9-437

16 选择“图层 2”为当前操作图层，单击“添加图层蒙版”按钮，为“图层 2”添加图层蒙版，设置前景色为黑色，选择“画笔工具”，在其工具选项栏中设置适当的画笔大小，沿着石头的边缘进行涂抹以将其隐藏，应用效果及图层蒙版的状态如图9-438所示。

17 打开随书光盘“素材文件\09\机械梦幻合成\素材4.tif”文件，这幅图像的纹理将覆盖人物脸部的皮肤。使用“移动工具”将其拖动至步骤01新建的文件当中，得到“图层 4”，效果如图9-439所示。

图9-438

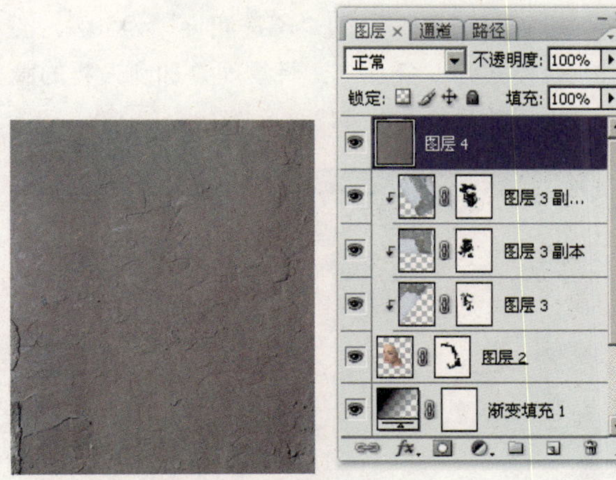

图9-439

18 按Ctrl+T键调出自由变换控制框，按住Shift键成比例缩放图像，并将其摆放在人物脸部位置，按Enter键确认变换操作，效果如图9-440所示。

图9-440

19 按Ctrl+Alt+G键执行“创建剪贴蒙版”命令，将纹理剪贴到人物的脸部位置，效果如图9-441所示。

图9-441

20 设置“图层 4”的“不透明度”为50%，混合模式为“叠加”，将纹理叠加到人物的脸上，效果如图9-442所示。

图9-442

21 执行菜单“图像｜调整｜去色”命令，将纹理的颜色信息去掉，效果如图9-443所示。

图9-443

22 单击“创建新的填充或调整图层”按钮，在弹出的菜单中选择“色阶”命令，参数设置完毕后退出对话框，从而得到“色阶 1”调整图层，对话框参数设置及应用效果如图9-444所示，按Ctrl+Alt+G键执行“创建剪贴蒙版”命令。

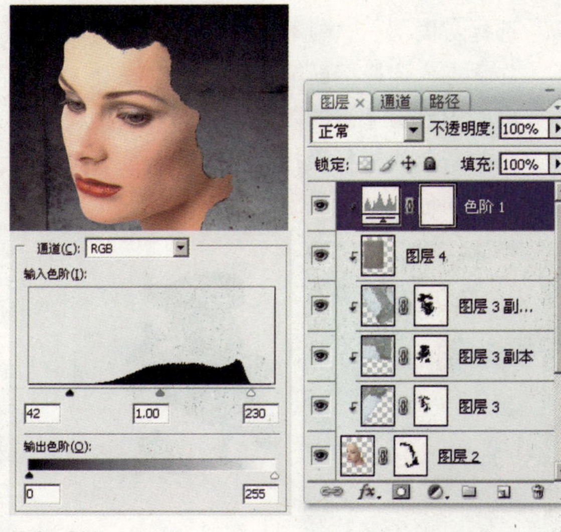

图9-444

23 选择“图层 2”为当前操作图层，执行菜单“图像｜调整｜去色”命令，将人物脸部的颜色信息去掉，效果如图9-445所示。

图9-445

24 新建图层，得到“图层 5”，设置前景色为黑色，选择“画笔工具”，在其工具选项栏中设置适当的画笔大小及“不透明度”，对人物脸部的暗部进行涂抹，从而使其暗部加强，效果如图9-446所示。

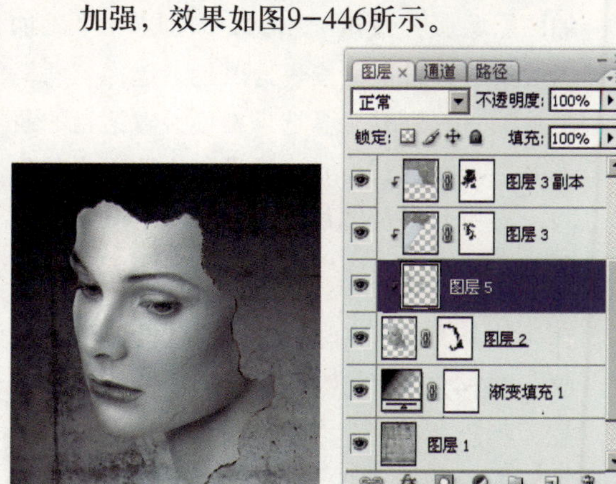

图9-446

25 新建图层，得到“图层 6”，设置前景色为白色，选择“画笔工具”，对眼睛以及鼻梁等亮部进行涂抹以加强其明暗对比，效果如图9-447所示。

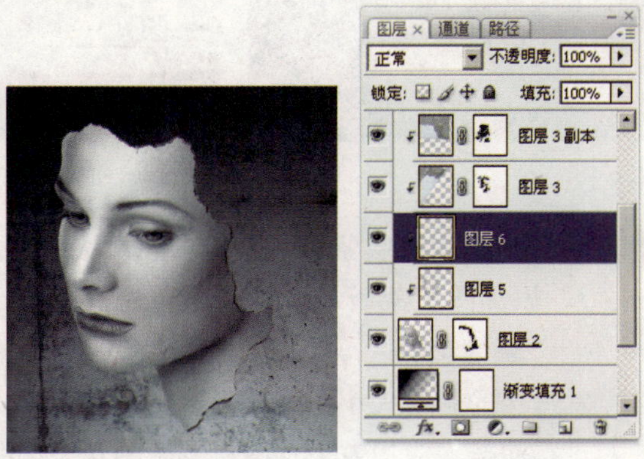

图9-447

26 继续使用“画笔工具”，设置画笔大小为10px左右，对人物额头上的皮肤与石头质感边缘交接的位置进行涂抹，使其有立体感，效果如图9-448所示。选择“色阶 1”图层为当前操作图层。

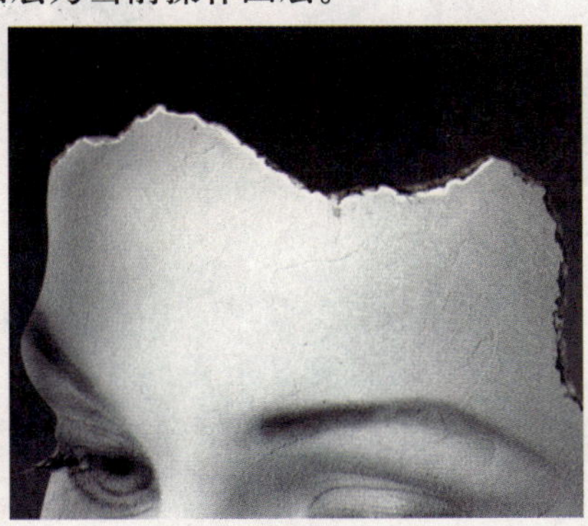

图9-448

> **技巧・提示**
>
> 之所以选择“色阶 1”图层为当前操作图层，是因为在下面置入图像时，如果选择有剪贴蒙版关系的处于下方的图层为当前操作图层，置入图片后处于上方的图层的剪贴蒙版关系将被取消。

27 打开随书光盘“素材文件\09\机械梦幻合成\素材5.tif”文件，如图9-449所示，下面用通道选取出这幅图像的裂纹叠加到人物的脸部。

图9-449

28 切换至“通道”调板，“红”通道的明暗对比较好，复制“红”通道，得到“红 副本”通道，效果如图9-450所示。

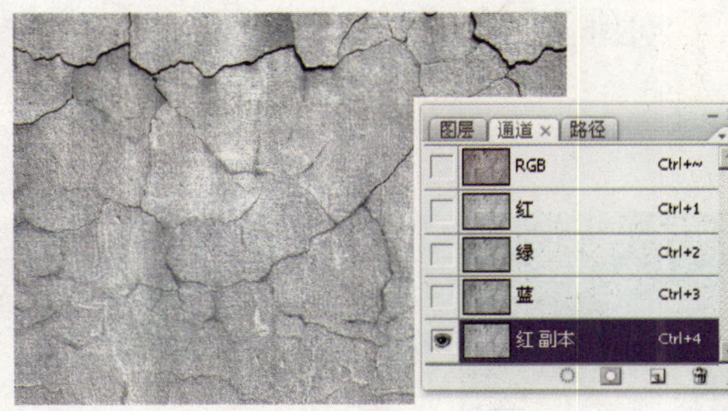

图9-450

29 按Ctrl+L键调出“色阶”对话框，对话框参数设置以及应用效果如图9-451所示。

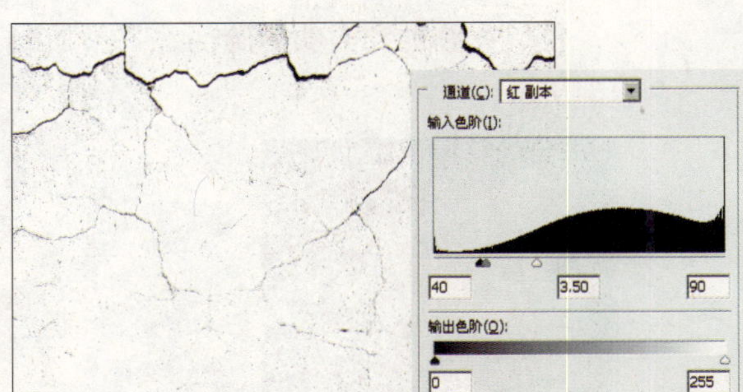

图9-451

30 按住Ctrl键单击“红 副本”通道的缩览图以载入其选区，切换至“图层”调板，新建图层，得到“图层 1”，设置前景色为黑色，按Alt+Delete键填充前景色，按Ctrl+D键取消选区，在“背景”图层隐藏状态下，效果如图9-452所示。

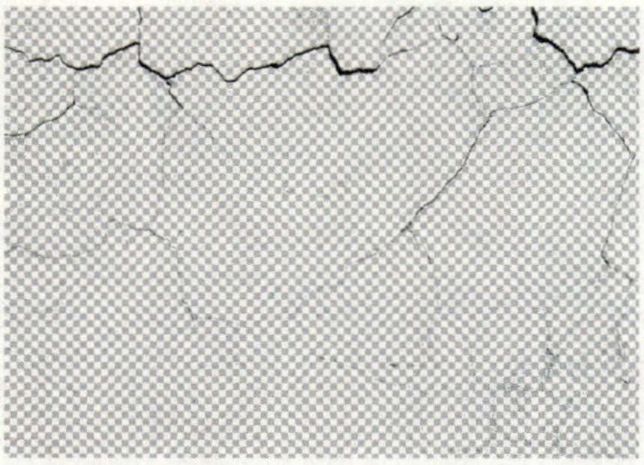

图9—452

31 使用“移动工具”将其拖动至步骤01新建的文件中，得到“图层 7”。按Ctrl+T键调出自由变换控制框，逆时针旋转50°左右并将其摆放在人物的脸上，如图9—453所示，按Enter键确认变换操作。

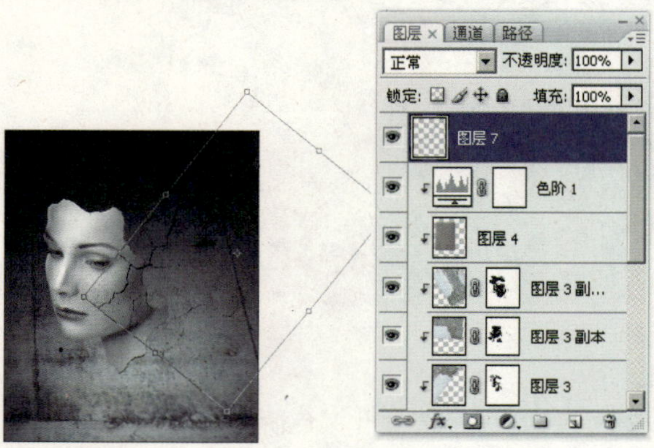

图9—453

32 按Ctrl+Alt+G键执行“创建剪贴蒙版”命令，将裂纹叠加到人物的脸部，效果如图9—454所示。

图9—454

33 单击“添加图层样式”按钮，在弹出的菜单中选择“斜面和浮雕”命令，对话框参数设置及应用效果如图9—455所示。

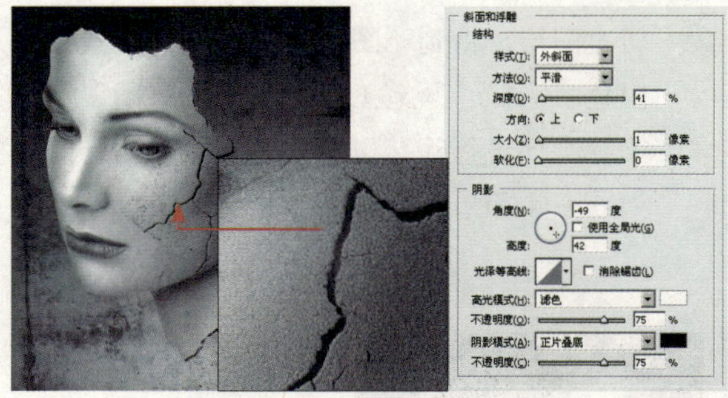

图9—455

34 单击“添加图层蒙版”按钮，为“图层 7”添加图层蒙版，设置前景色为黑色，选择“画笔工具”，在其工具选项栏中设置适当的画笔大小，对裂纹以外的多余杂点进行涂抹，应用效果及图层蒙版的状态如图9—456所示。

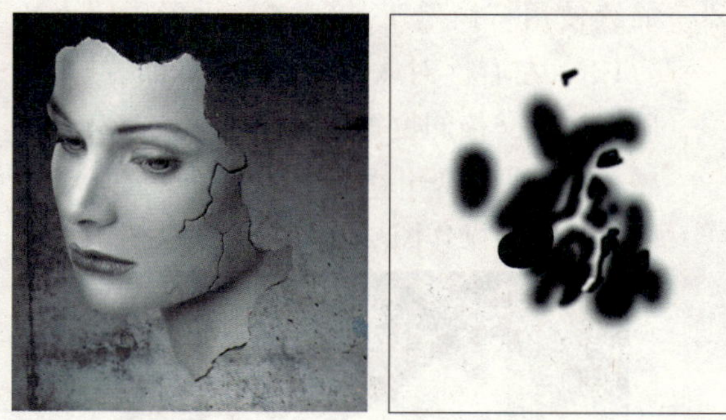

图9—456

35 复制“图层 7”，得到“图层 7 副本”，按Ctrl+T键调出自由变换控制框，按住Shift键成比例缩放图像并顺时针旋转55°，效果如图9—457所示。

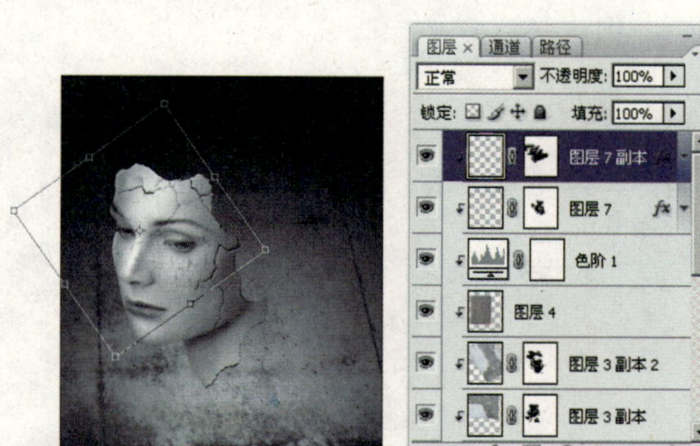

图9—457

36 单击“添加图层蒙版”按钮，为“图层7 副本”添加图层蒙版，设置前景色为黑色，选择“画笔工具”，在其工具选项栏中设置适当的画笔大小，对多余的杂边进行涂抹以将其隐藏，应用效果及图层蒙版的状态如图9-458所示。

图9-458

37 打开随书光盘“素材文件\09\机械梦幻合成\素材6.psd”文件，将图像进行自由变换，如图9-459所示，使用“移动工具”将图像拖动至步骤01新建的文件当中，得到“图层 8”。

图9-459

38 将“图层 8”拖动至“图层 2”的下方，按Ctrl+T键调出自由变换控制框，按住Shift键成比例缩放图像并将其摆放在人物头部的右侧，按Enter键确认变换操作，效果如图9-460所示。

39 执行菜单“图像 | 调整 | 去色”命令，将螺母的颜色信息去掉，效果如图9-461所示。

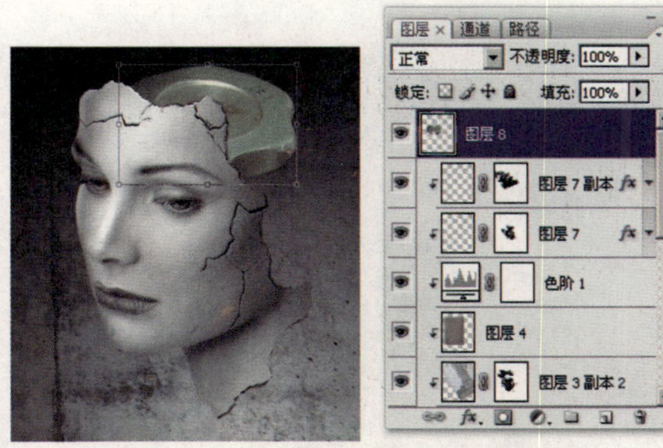

图9-460

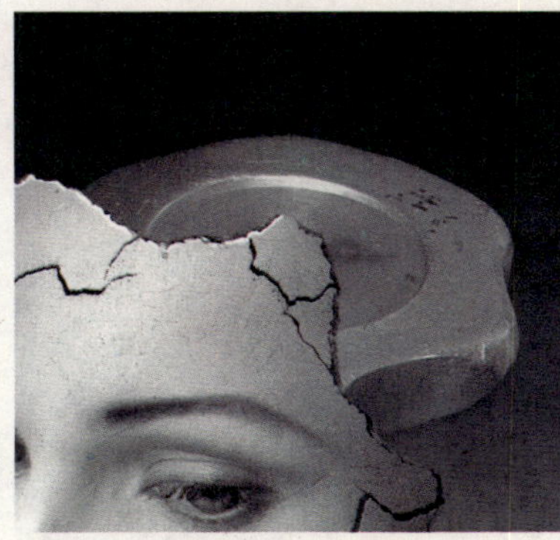

图9-461

40 下面通过“色阶”命令使图像的颜色对比更加强烈。按Ctrl+L键调出“色阶”对话框，对话框参数设置及应用效果如图9-462所示。

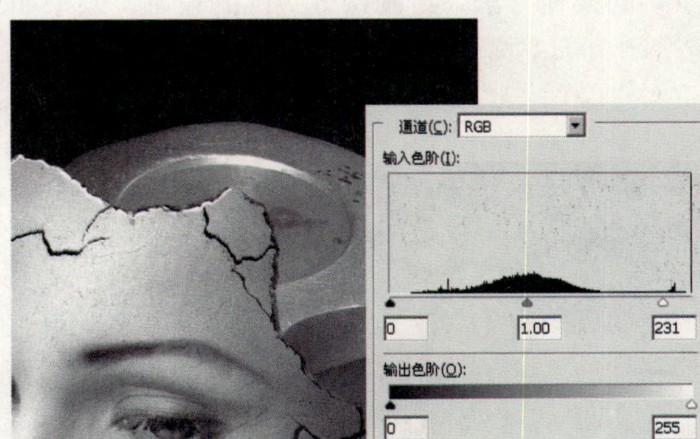

图9-462

41 下面通过“画笔工具”绘制投影。新建图层，得到“图层 9”，设置前景色为黑色，在螺母上进行涂抹，绘制出被人物头部挡住的投影，效果如图9-463所示。

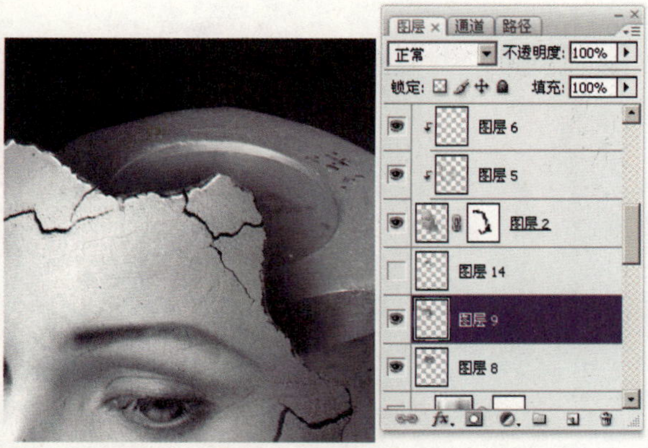

图9-463

42 设置“图层 9”的混合模式为“叠加”，将投影的颜色与螺母融合，效果如图9-464所示。

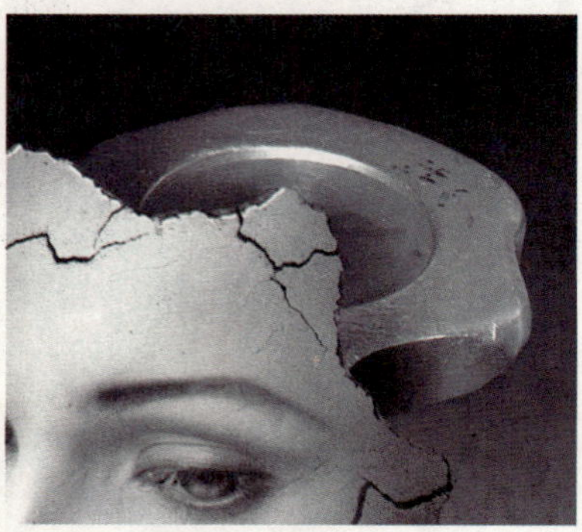

图9-464

43 新建图层，得到“图层 10”，重复步骤41的操作方法，绘制接近头部的投影，效果如图9-465所示。

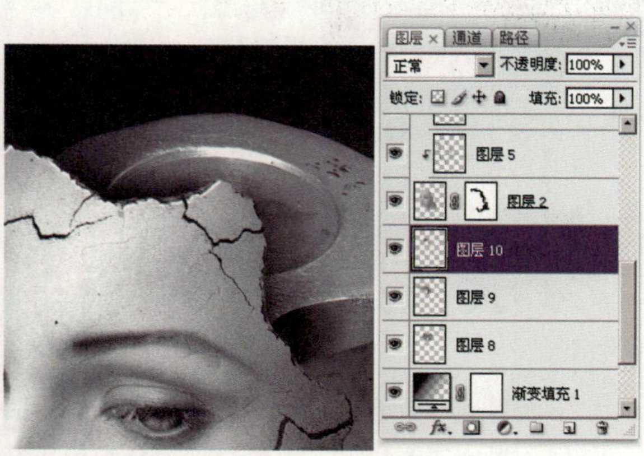

图9-465

44 打开随书光盘“素材文件\09\机械梦幻合成\素材7.psd”文件，如图9-466（左）所示，使用“移动工具”将图像拖动至步骤01新建的文件当中，得到“图层 11”，如图9-466（右）所示。

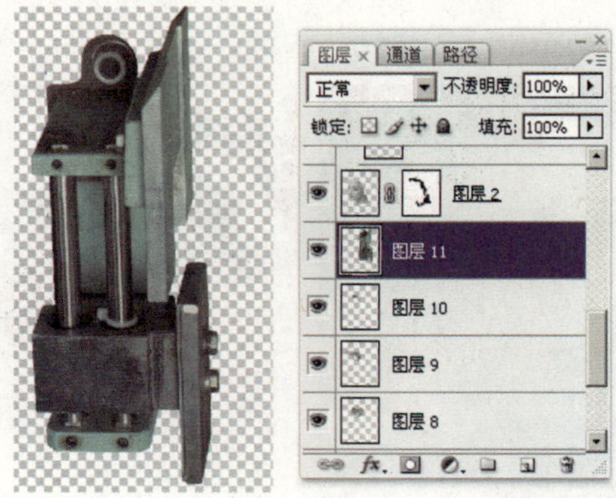

图9-466

45 将“图层 11”拖动至“图层 8”的下方，按Ctrl+T键调出自由变换控制框，按住Shift键成比例缩放图像，将其摆放在人物头像的右侧，按Enter键确认变换操作，效果如图9-467所示。

图9-467

46 执行菜单“图像 | 调整 | 去色”命令，将螺母的颜色信息去掉，效果如图9-468所示。

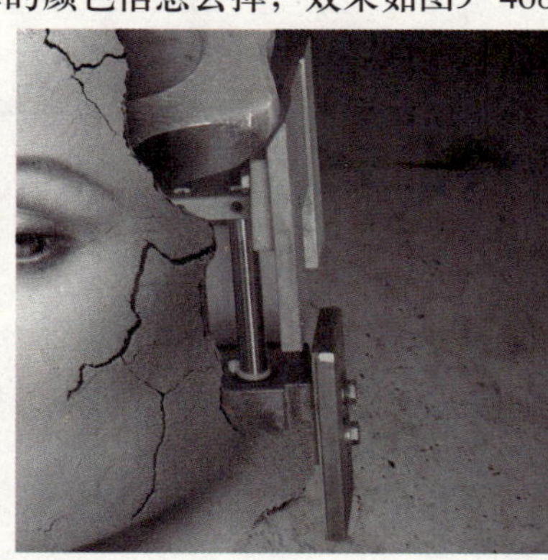

图9-468

47 下面通过“色阶”命令使图像的颜色对比更加强烈。按Ctrl+L键调出“色阶”对话框，对话框参数设置及应用效果如图9-469所示。

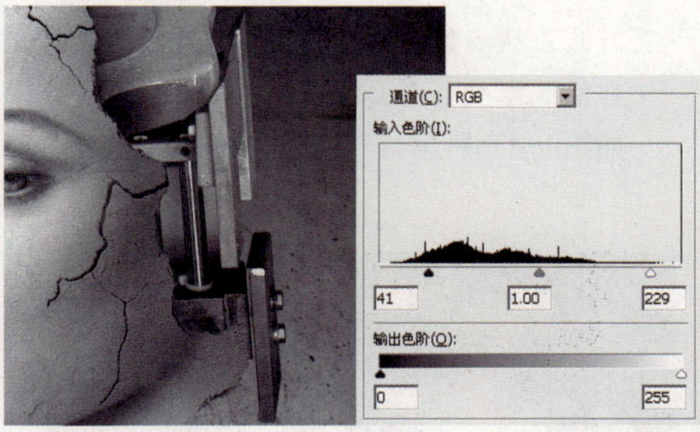

图9-469

48 新建图层，得到“图层 12”，重复步骤41的操作方法，利用“画笔工具”来绘制头部的投影，效果如图9-470所示。

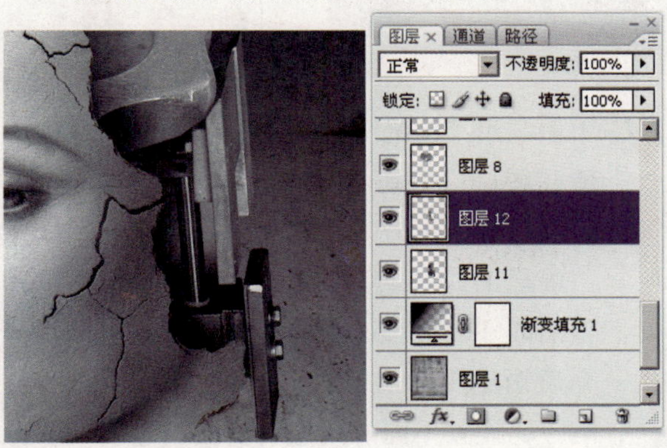

图9-470

49 打开随书光盘“素材文件\09\机械梦幻合成\素材8.psd”文件，如图9-471（左）所示，使用“移动工具”将其拖动至步骤01新建的文件当中，得到“图层 13”，如图9-471（右）所示。

图9-471

50 将“图层 13”拖动至“图层 11”的下方，按Ctrl+T键调出自由变换控制框，按住Shift键成比例缩放图像，将其摆放在人物头像的右侧，按Enter键确认变换操作，效果如图9-472所示。

51 执行菜单“图像 | 调整 | 去色”命令，将齿轮的颜色信息去掉，效果如图9-473所示。

图9-472

图9-473

52 下面通过“色阶”命令来使图像的颜色对比更加强烈。按Ctrl+L键调出“色阶”对话框，对话框参数设置及应用效果如图9-474所示。

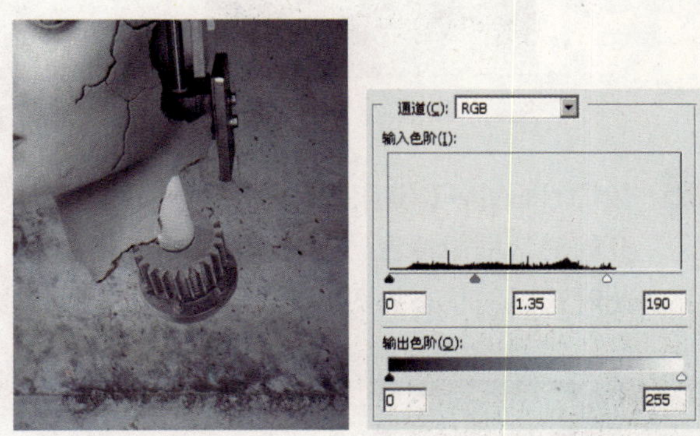

图9-474

53 新建图层，得到“图层 14”，按Ctrl+Alt+G键执行“创建剪贴蒙版”命令，重复步骤41的操作方法，利用“画笔工具”绘制头部的投影，效果如图9-475所示。

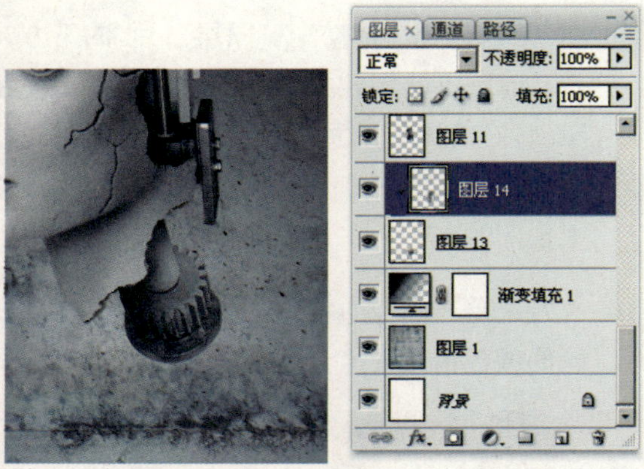

图9-475

54 下面利用路径制作投影。选择“钢笔工具”，在其工具选项栏中单击“路径”按钮，在人像的下方绘制一条投影的路径，按Ctrl+Enter键将路径转换为选区，效果如图9-476所示。

图9-476

55 按Ctrl+Alt+D键应用“羽化”命令，在打开的对话框中设置“羽化半径”为10像素，此时选区的状态如图9-477所示。

图9-477

56 新建图层，得到“图层 14”，将其拖动至“图层 13”的下方，设置前景色为黑色，选择“渐变工具”，在其工具选项栏中单击“线性渐变”按钮，并设置渐变的方式为从前景色到投影色，从选区的左侧向右绘制渐变，按Ctrl+D键取消选区，效果如图9-478所示。

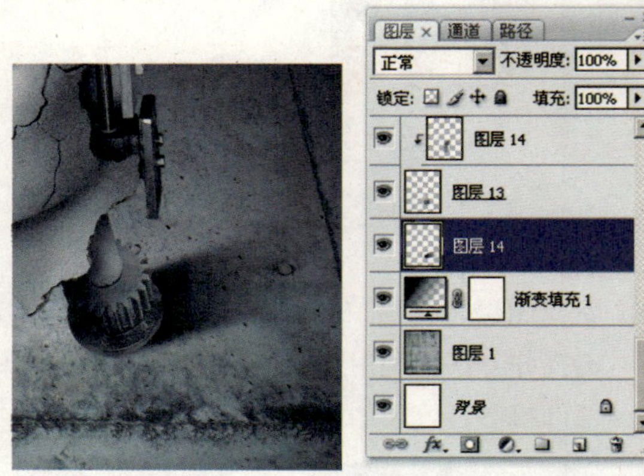

图9-478

57 下面利用“画笔工具”绘制画面的边框。新建图层，得到“图层 15”，将其拖动至所有图层的上方，设置前景色为白色，选择“画笔工具”，在画布中单击鼠标右键，弹出的“画笔预设选取器”调板中选择“干介质画笔”，在该画笔组中选择“炭纸画笔”，设置不同的不透明度绘制边框，最终效果如图9-479所示。

图9-479

第10章　平面创意设计

本章主要通过6个精彩的平面创意设计实例，将图层通道蒙版的应用技法在平面创意设计中完美呈现。其中,实例包括“炫屏”手机广告、立体文字效果，“音乐狂潮”视觉海报，“SUPER BOY”海报、岩石质感效果海报、“罪恶城市”电影海报。

10.1　“炫屏”手机广告

本例利用图像与矢量形状以及图形相融合，制作一幅色彩艳丽的手机商业广告，其中对颜色的把握是本例值得读者掌握的重点。

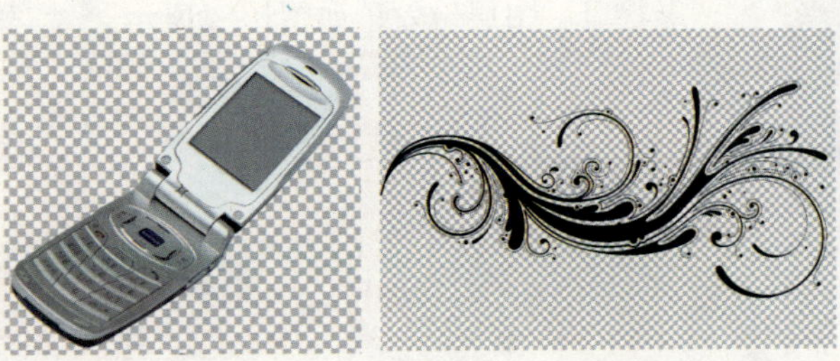

原始图片

最终效果

制作步骤

01 按Ctrl+N键新建文件，设置打开的对话框中的参数，如图10-1所示，单击“确定”按钮。

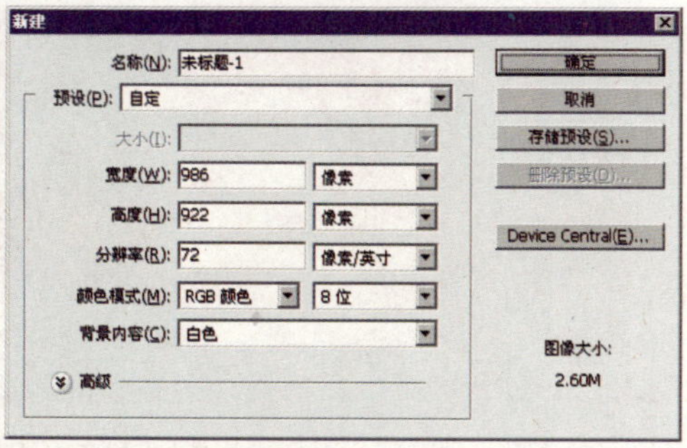

图10-1

02 打开随书光盘“素材文件\10\‘炫屏’手机广告\素材1.psd”文件，如图10-2（左）所示，使用“移动工具”将其拖动至上一步新建的文件当中，得到“图层 1”，效果如图10-2（右）所示。

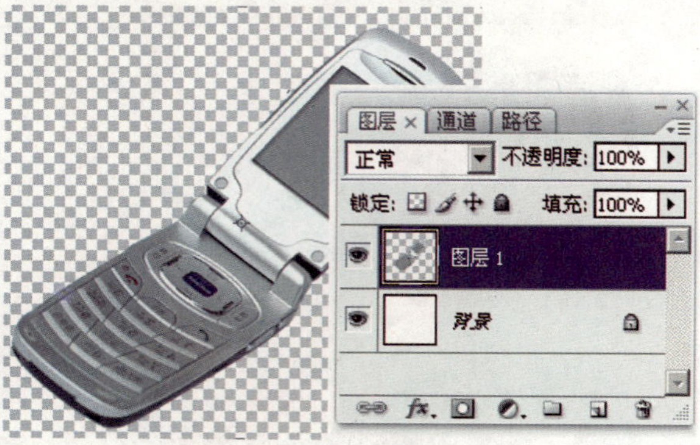

图10-2

03 按Ctrl+T键调出自由变换控制框，按住Shift键成比例缩放图像并将其摆放在画布的中间位置，最后按Enter键确认变换操作，效果如图10-3所示。

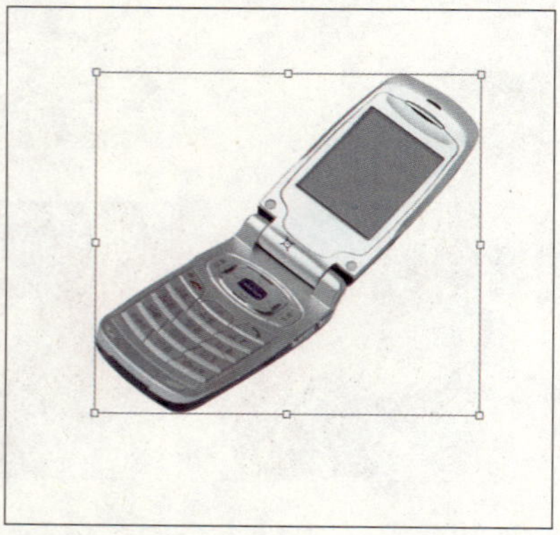

图10-3

04 下面用“画笔工具”绘制底色色块。新建图层，得到“图层 2”，将其拖动至“图层 1”的下方，设置前景色的颜色值为（R：19、G：178、B：233），选择“画笔工具”，在其工具选项栏中设置适当的画笔大小及“不透明度”，设置“硬度”为0%，在手机的下方进行涂抹，效果如图10-4所示。

图10-4

05 设置前景色的颜色值为（R：217、G：66、B：130），选择“椭圆工具”，在其工具选项栏中单击“形状图层”按钮，按住Shift键在手机的上方绘制一个正圆形，得到“形状 1”图层，效果如图10-5所示。

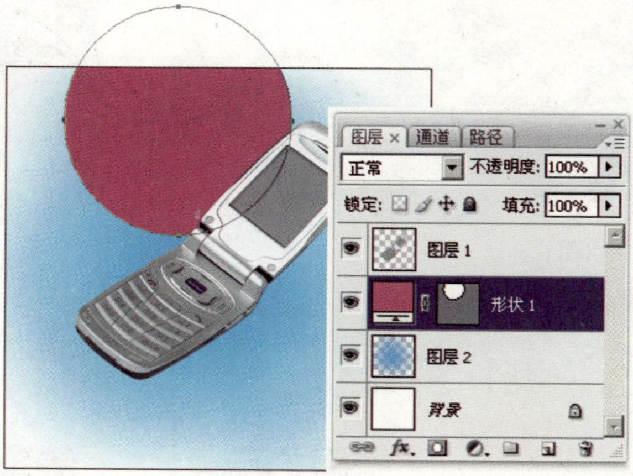

图10-5

06 按住Ctrl键单击“形状 1”图层的图层名称以载入其选区，按Ctrl+Alt+D键应用“羽化”命令，在对话框中设置“羽化半径”为15像素，单击“确定”按钮退出对话框，选择“矩形选框工具”，将鼠标放在选框内向左上方拖动选区，选区的效果如图10-6所示。

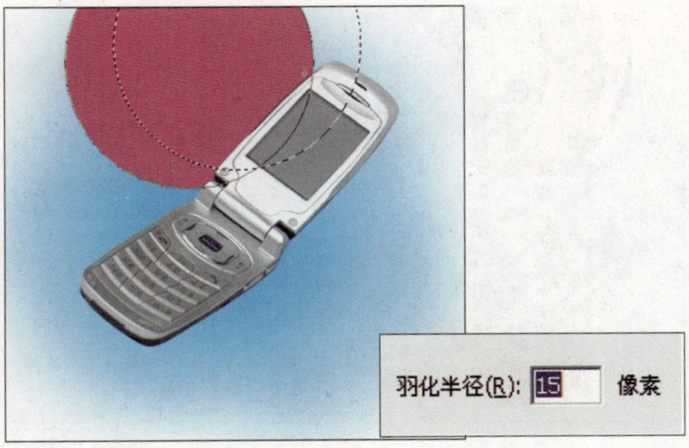

图10-6

07 单击“添加图层蒙版”按钮，为“形状1”图层添加图层蒙版，应用效果与图层蒙版的状态如图10-7所示。

图10-7

08 单击“添加图层样式”按钮，在弹出的菜单中选择“内阴影”命令，对话框参数设置及应用效果如图10-8所示。

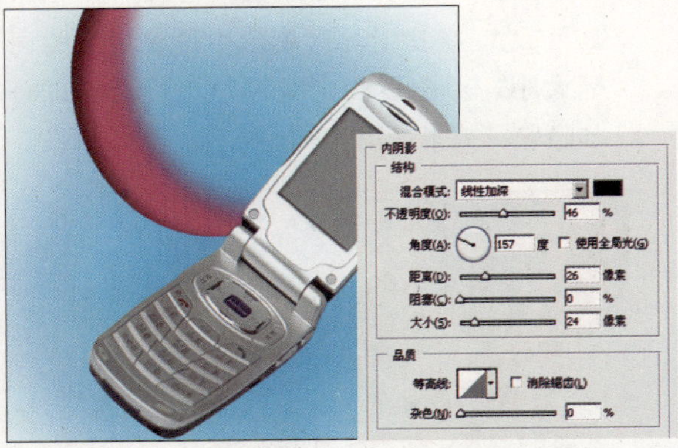

图10-8

09 复制“形状 1”图层，得到“形状 1 副本”图层， 使用“移动工具”向右移动少许，效果如图10-9所示。

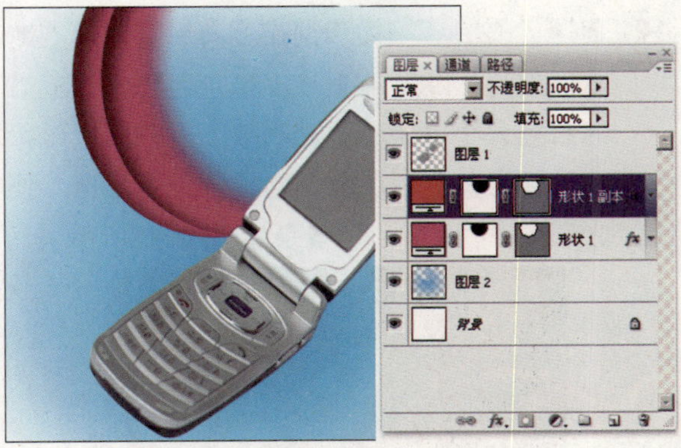

图10-9

10 双击“形状 1 副本”图层的图层缩览图，调出“拾取实色”对话框，设置颜色值为（R：219、G：56、B：47），效果如图10-10所示。

图10-10

11 重复步骤09~步骤10的操作方法，复制圆形形状并更改其颜色值，使其组成一个彩虹桥的效果，如图10-11所示。

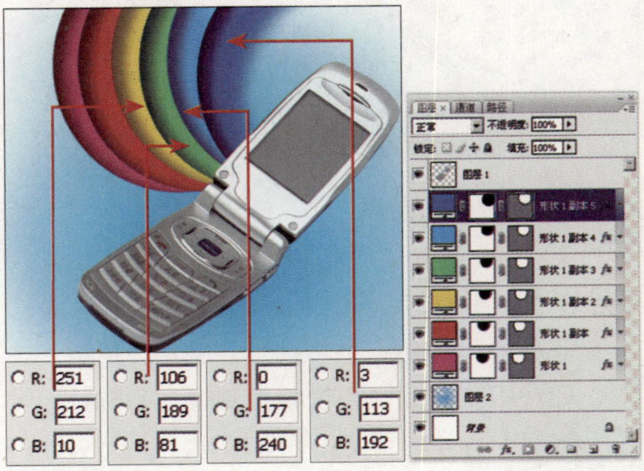

图10-11

12 选择“图层 2”为当前操作图层，选择“橡皮擦工具”□，在其工具选项栏中设置适当的画笔大小以及“不透明度”，在圆形形状的边缘与蓝色色块融合的位置进行涂抹，使之产生一些立体感，效果如图10-12所示。

图10-12

13 选择“形状 1”图层为当前操作图层，按住Shift键单击“形状 1 副本 5”图层的图层名称以将其选中，按Ctrl+Alt+E键执行盖印操作，得到“形状 1 副本 5（ 合并）”图层，按Ctrl+T键调出自由变换控制框，在控制框中单击鼠标右键，在弹出的菜单中选择“水平翻转”命令，再用同样的方法执行“垂直翻转”命令，向下移动图像至手机的下方，最后按Enter键确认变换操作，效果如图10-13所示。

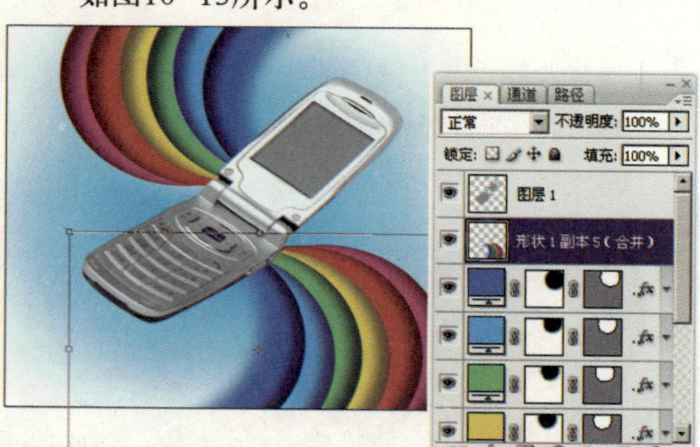

图10-13

14 复制“形状 1 副本 5（合并）”图层，得到“形状 1 副本 5（合并） 副本”图层，按Ctrl+T键调出自由变换控制框，顺时针旋转80°左右并将其向左上方移动，最后按Enter键确认变换操作，效果如图10-14所示。

图10-14

15 设置“形状 1 副本 5（合并）副本”图层的混合模式为“叠加”，“不透明度”为50%，从而使其颜色与背景融合，效果如图10-15所示。

图10-15

16 单击“添加图层蒙版”按钮□，为“形状 1 副本 5（合并） 副本”图层添加图层蒙版，设置前景色为黑色，选择“画笔工具”□，在其工具选项栏中设置适当的画笔大小，对图像的尖锐部位进行涂抹以将其隐藏，效果如图10-16所示。

图10-16

17 下面用素材图像为作品添加底色花纹。打开随书光盘“素材文件\10\‘炫屏’手机广告\素材2.psd”文件，使用“移动工具”将图像拖动至步骤01新建的文件当中，得到“图层 3”，效果如图10-17所示。

图10-17

18 按Ctrl+T键调出自由变换控制框，按住Shift键成比例缩放图像并使其充满整个画面，最后按Enter键确认变换操作，效果如图10-18所示。

图10-18

19 按Ctrl+I键执行“反相”命令，设置“图层 3”的“不透明度”为10%，混合模式为“叠加”，将花纹与背景融合，效果如图10-19所示。

图10-19

20 打开随书光盘“素材文件\10\‘炫屏’手机广告\素材3.psd”文件，如图10-20所示，使用“移动工具”将图像拖动至步骤01新建的文件当中，得到“图层 4”。

图10-20

21 按Ctrl+T键调出自由变换控制框，按住Shift键成比例缩放图像并顺时针旋转20°左右，按Enter键确认变换操作，效果如图10-21所示。

图10-21

22 按Ctrl+I键执行“反相”命令，设置“图层 4”的“不透明度”为10%，混合模式为“叠加”，将花纹与背景融合，效果如图10-22所示。

图10-22

23 复制“图层 4”，得到“图层 4 副本”，设置“图层 4 副本”的混合模式为“正常”，“不透明度”为70%，效果如图10-23所示。

图10-23

24 下面制作手机的投影以增强画面的立体感。按住Ctrl键单击“图层 1”的缩览图以载入其选区，按Ctrl+Alt+D键执行“羽化”命令键，在对话框中设置“羽化半径”为15像素，单击“确定”按钮退出对话框，选区状态如图10-24所示。

图10-24

25 新建图层，得到“图层 5”，设置前景色为黑色，按Alt+Delete键填充前景色，按Ctrl+D键取消选区，效果如图10-25所示。

图10-25

26 使用“移动工具”将其向下拖动，使手机距离地面较远，效果如图10-26所示。

图10-26

27 单击“添加图层蒙版”按钮，为“图层 5”添加图层蒙版，设置前景色为黑色，选择“画笔工具”，在其工具选项栏中设置适当的画笔大小，将手机翻盖下面的投影隐藏，应用效果及图层蒙版的状态如图10-27所示。

图10-27

28 设置“图层 5”的混合模式为“叠加”，从而将投影与背景相融合，效果如图10-28所示。

图10-28

29 复制“图层 5”，得到“图层 5 副本”，将其拖动至“图层 5”的下方，设置“不透明度”为40%，混合模式为“正常”，使投影颜色加深，效果如图10-29所示。

图10-29

30 使用“移动工具”将投影向左上的手机下方移动少许，从而得到更强的立体感，效果如图10-30所示。

图10-30

31 设置前景色为白色，选择“自定形状工具”，在画布中单击鼠标右键，在弹出的菜单中选择音符标识，在画布的左上方绘制一个音符形状，得到“形状 2”图层，效果如图10-31所示。

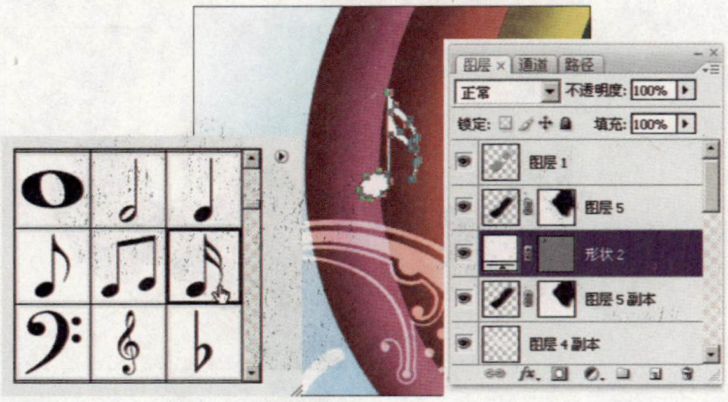

图10-31

32 按Ctrl+T键调出自由变换控制框，顺时针旋转40°左右，从而使音符效果更加活泼，最后按Enter键确认变换操作，效果如图10-32所示。

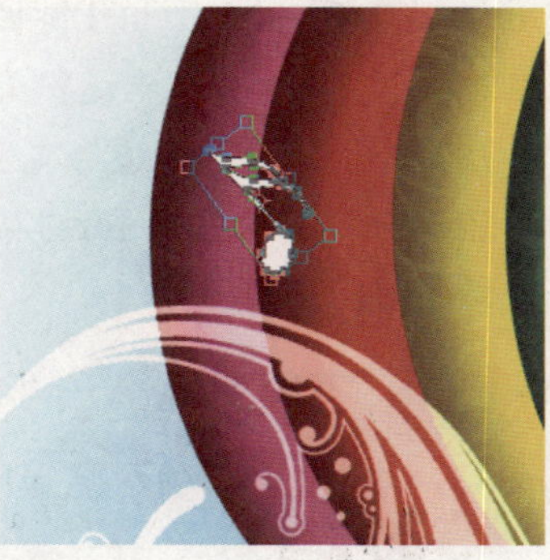

图10-32

33 继续使用“自定形状工具”，在其工具选项栏中单击“添加到形状区域”按钮，重复步骤31~步骤32的操作方法，选择一些其他类型的音符绘制并变换，效果如图10-33所示。

图10-33

34 选择“横排文字工具”，在其工具选项栏中设置适当的字体与字号，在画布的左下方输入文字，得到相应的“炫屏”文字图层，效果如图10-34所示。

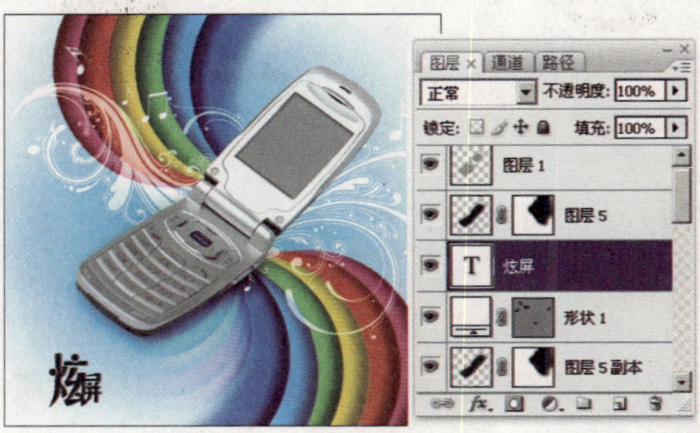

图10-34

35 复制“图层 4 副本”，得到“图层 4 副本 2”，将其拖动至“炫屏”图层的上方，设置“图层 4 副本 2”的“不透明度”为100%，并按Ctrl+I键执行“反相”命令，从而使其便于观看。按Ctrl+T键调出自由变换控制框，按住Shift键成比例缩放图像并顺时针旋转85°，使其花边与文字“炫”的“丿”相组合，最后按Enter键确认变换操作，效果如图10-35所示。

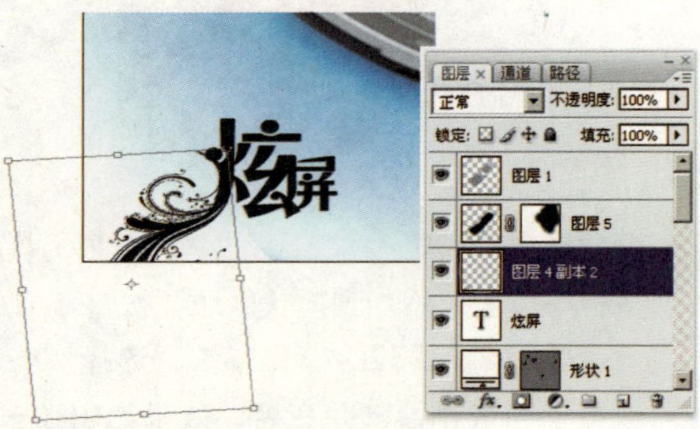

图10-35

36 单击“添加图层蒙版”按钮，为“图层4”添加图层蒙版，设置前景色为黑色，选择“画笔工具”，在其工具选项栏中设置适当的画笔大小，对花边进行调整，使其与文字融合，应用效果及图层蒙版的状态如图10-36所示。

图10-36

37 下面用花边的一个点取代文字“炫”中“玄”上面的点。选择“炫屏”图层为当前操作图层，重复上一步的操作方法，利用图层蒙版将点去掉，应用效果及图层蒙版的状态如图10-37所示。

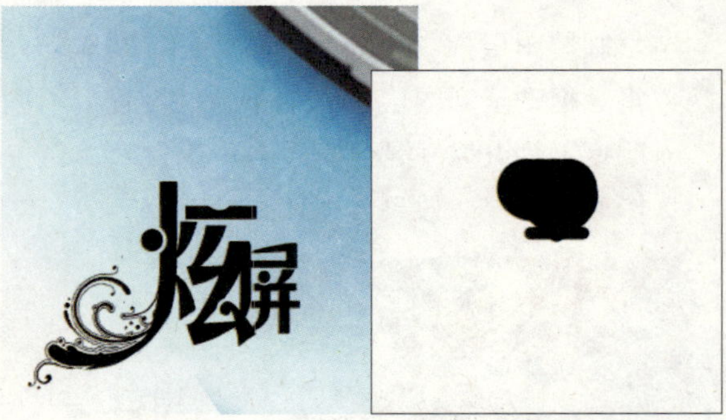

图10-37

38 复制“图层 4 副本 2”，得到“图层 4 副本 3”，在该图层的图层蒙版缩览图上单击鼠标右键，在弹出的快捷菜单中选择“删除图层蒙版”命令，按Ctrl+T键调出自由变换控制框，顺时针旋转70°左右，使一个花点位于“炫”字上的点的空缺位置，最后按Enter键确认变换操作，效果如图10-38所示。

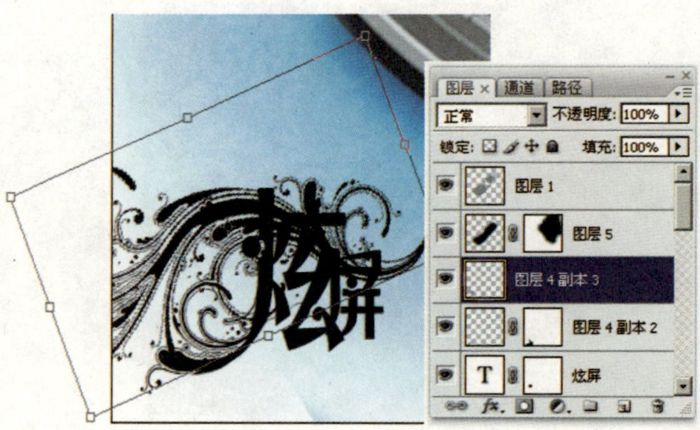

图10-38

39 重复步骤36的操作方法，利用图层蒙版将多余的图像隐藏，应用效果及图层蒙版的状态如图10-39所示。

图10-39

40 重复步骤35~步骤39的操作方法，给文字“屏”也添加艺术笔划，得到“图层 4 副本 4”，应用效果如图10–40所示。

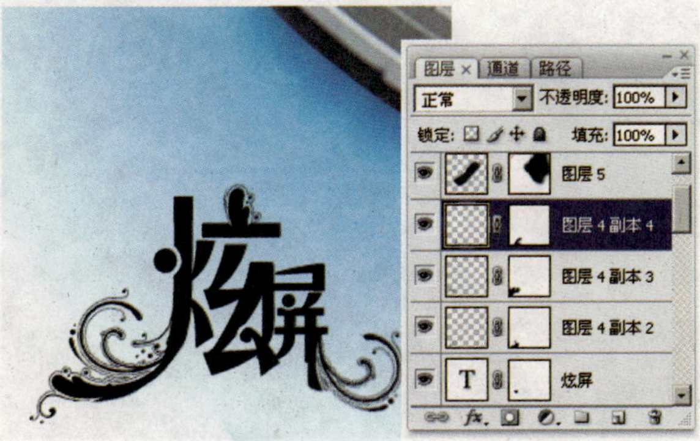

图10–40

41 在选择“图层 4 副本 4”的同时单击“炫屏”文字图层的图层名称以将其选中，按Ctrl+E键执行“合并图层”命令，将合并后的图层命名为“炫屏”，单击“添加图层样式”按钮，在弹出的菜单中选择“渐变叠加”命令，对话框参数设置及应用效果如图10–41所示。

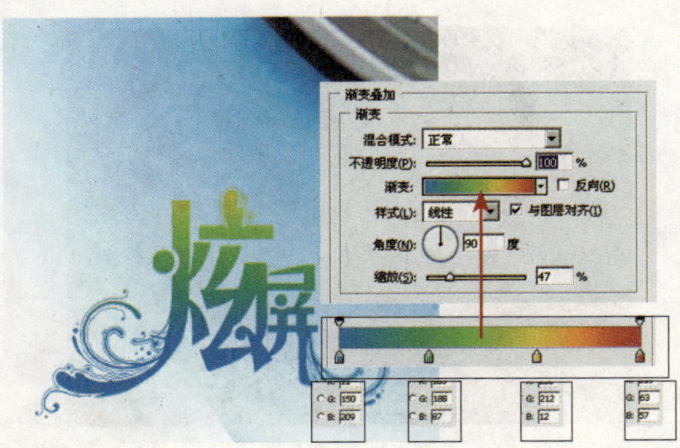

图10–41

42 设置前景色的颜色值为（R：12、G：161、B：214），选择“横排文字工具”，在其工具选项栏中设置适当的字体与字号，在“炫屏”的下方输入汉语拼音，得到相应的文字图层，效果如图10–42所示。

图10–42

43 作品制作完成，其艳丽的色彩与花纹使这幅广告具有强烈的时尚感，最终效果如图10–43所示。

图10–43

10.2 立体文字效果

本例制作了4个用形状以及纹理图层合成的立体文字，其质感以及颜色具有鲜明的特色。

原始图片

最终效果

制作步骤

01 按Ctrl+N键新建文件，设置打开的对话框中的参数，如图10-44所示，单击“确定”按钮。

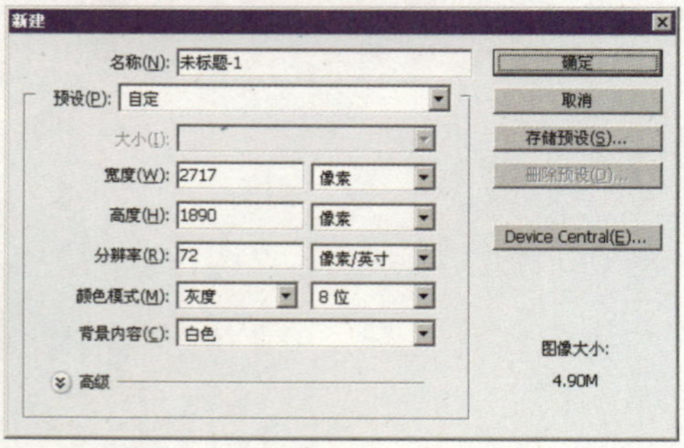

图10-44

02 设置前景色的颜色值为（R：56、G：56、B：56），背景色为黑色，选择“渐变工具”，在其工具选项栏中单击“径向渐变”按钮，从画布的中间向下绘制渐变，效果如图10-45所示。

图10-45

03 打开随书光盘“10\立体文字效果\素材1.tif”文件，使用“移动工具”将图像拖动至步骤01新建的文件当中，得到“图层 1”，效果如图10-46所示。

图10-46

04 按Ctrl+T键调出自由变换控制框，按住Shift键成比例缩放图像并使其充满整个画布，最后按Enter键确认变换操作，效果如图10-47所示。

图10-47

05 设置“图层 1”的混合模式为“叠加”，将纹理融入到背景的渐变中，效果如图10-48所示。

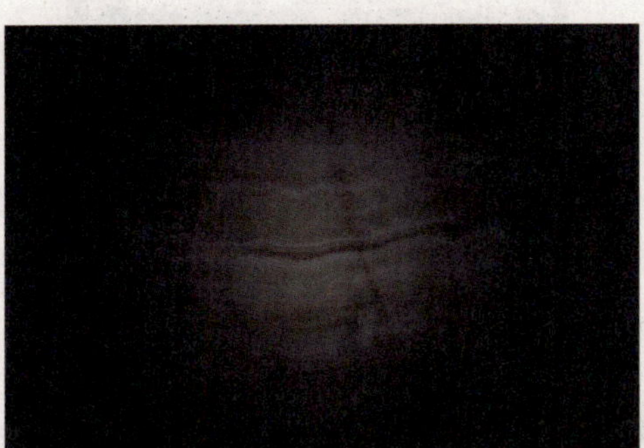

图10-48

06 执行菜单“图像｜调整｜去色”命令，将图像的颜色信息删除，效果如图10-49所示。

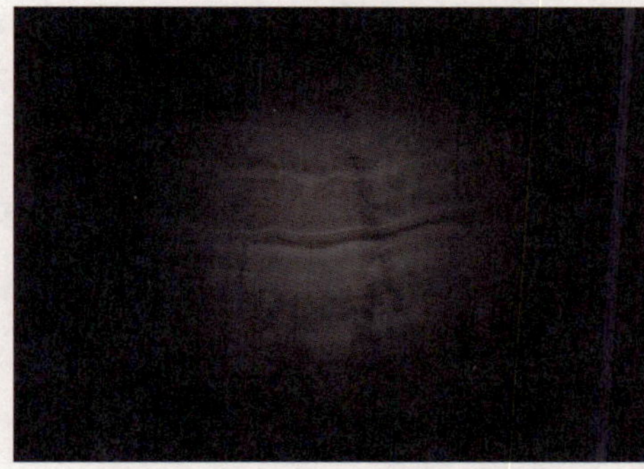

图10-49

07 设置前景色为白色，选择“横排文字工具” T，在其工具选项栏中设置适当的字体与字号。在画布的左侧输入字母“X”，得到相应的文字图层，效果如图10-50所示。

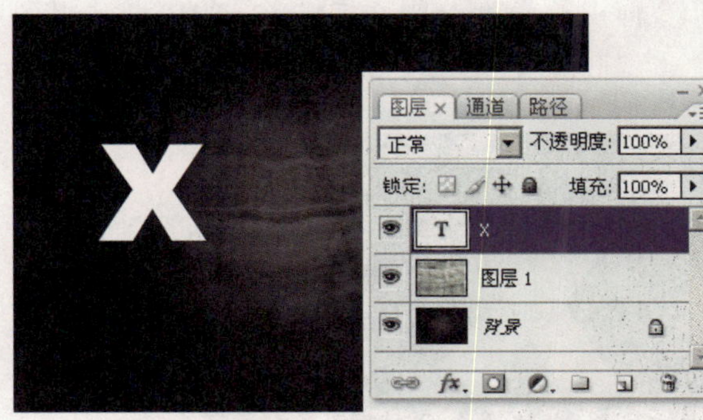

图10-50

08 在“X”文字图层的图层名称上单击鼠标右键，在弹出的菜单中选择“转换为形状”命令，将文字图层转换为形状图层，如图10-51所示。

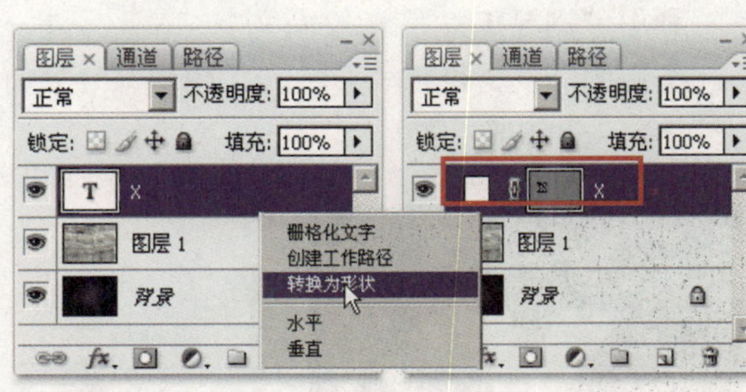

图10-51

09 选择“直接选择工具”，利用该工具拖动文字“X”的节点，使其具有透视效果，如图10-52所示。

图10-52

10 下面用“钢笔工具”制作文字“X”的厚度。选择“图层 1”为当前操作图层，设置前景色的颜色值为（R：173、G：173、B：173），选择“钢笔工具”，在其工具选项栏中单击“形状图层”按钮，以仰视的角度绘制文字“X”的厚度，得到“形状 1”图层，效果如图10-53所示。

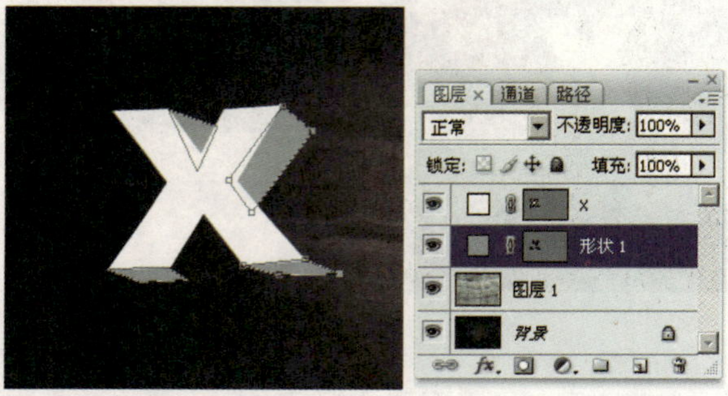

图10-53

11 设置前景色的颜色值为（R：199、G：199、B：199），重复上一步的操作方法，利用“钢笔工具”绘制文字“X”另外一个面的形状，得到“形状 2”图层，效果如图10-54所示。

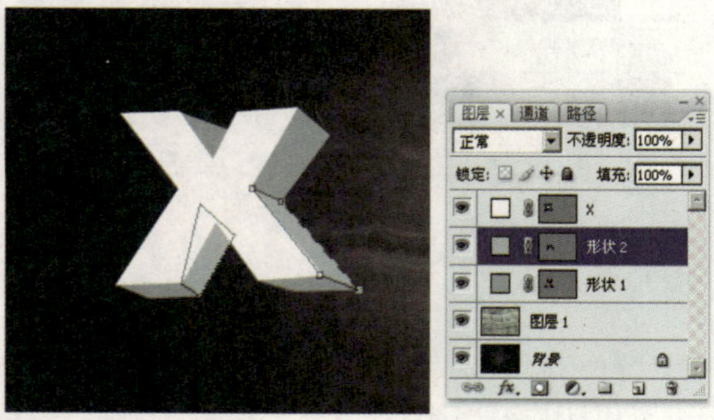

图10-54

12 打开随书光盘“素材文件\10\立体文字效果\素材2.tif”文件，使用“移动工具”将其拖动至步骤01新建的文件当中，得到“图层 2”，将其拖动至“X”文字图层的上方，效果如图10-55所示。

图10-55

13 为了方便观察纹理与文字的位置关系，可以适当降低纹理图层的不透明度，调整完后再恢复其不透明度。按Ctrl+T键调出自由变换控制框，按住Shift键成比例缩放图像并将其摆放在“X”文字图层的上方，效果如图10-56所示。

图10-56

14 按Ctrl+Alt+G键执行“创建剪贴蒙版”命令，将纹理剪切到文字当中，效果如图10-57所示。

图10-57

15 按Ctrl+U键调出“色相/饱和度”对话框，对话框参数设置以及应用效果如图10-58所示。

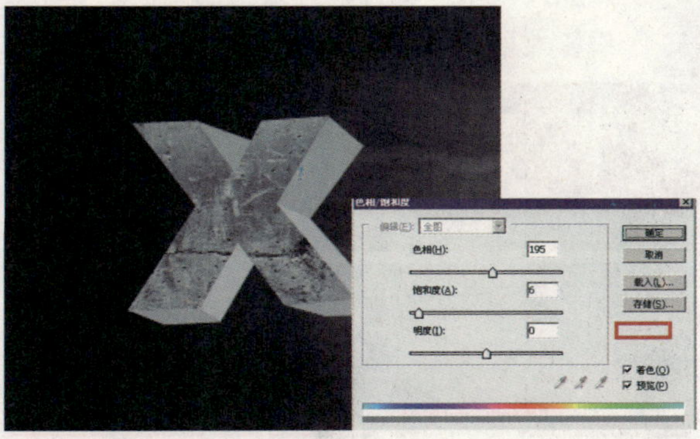

图10-58

16 新建图层，得到“图层 3”，按Ctrl+Alt+G键执行“创建剪贴蒙版”命令，设置前景色为黑色，选择“画笔工具”，在其工具选项栏中设置适当的画笔大小及“不透明度”，在文字“X”的左侧进行涂抹，使之产生阴影效果，效果如图10-59所示。

图10-59

17 按住Alt键拖动“图层 2”的图层名称至“形状 2”图层的上方，重复步骤13的操作方法，为了方便观察纹理与文字的关系，先设置其不透明度，再进行变换，注意正面右下方石头纹理有一个凹坑，文字侧面的凹坑需要与其吻合，如图10-60所示。

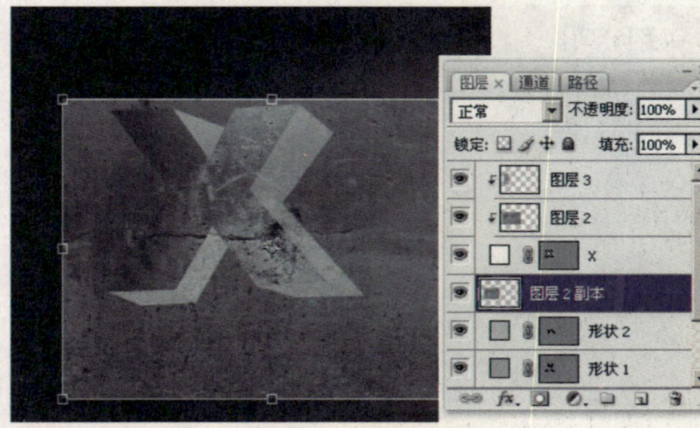

图10-60

18 按Ctrl+Alt+G键执行“创建剪贴蒙版”命令，将纹理剪切到文字的厚度当中，效果如图10-61所示。

图10-61

19 新建图层，得到“图层 4”，重复步骤16的操作方法，先执行“创建剪贴蒙版”命令，再用画笔绘制阴影，效果如图10-62所示。

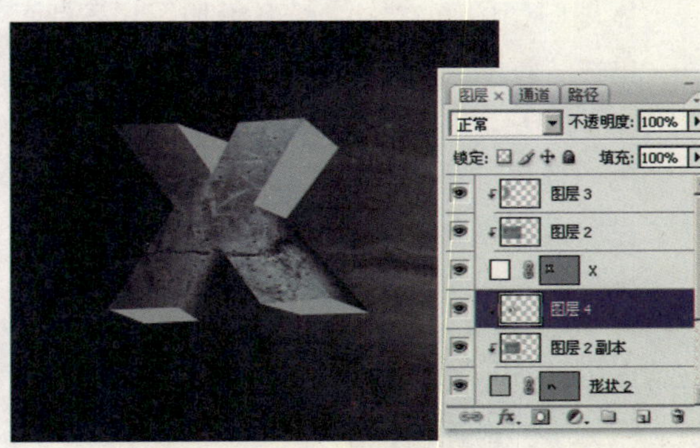

图10-62

20 重复步骤17~步骤19的操作方法，利用纹理图像以及“画笔工具”制作石头文字的立体效果，如图10-63所示。

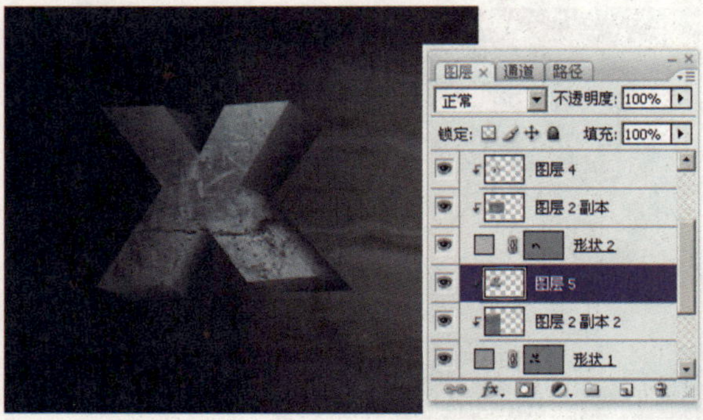

图10–63

21 按住Alt键拖动“X”图层的图层名称至所有图层的上方，得到“X 副本”图层，设置“X 副本”图层的“填充”值为0%，单击“添加图层样式”按钮，在弹出的菜单中选择“斜面和浮雕”命令，对话框参数设置及应用效果如图10–64所示。

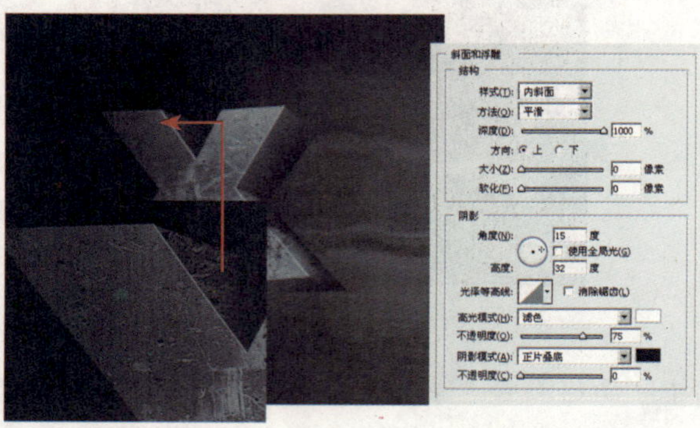

图10–64

22 文字“X”的正面和侧面有一个凹坑，为了体现图像的真实性，下面添加图层蒙版。单击“添加图层蒙版”按钮，为“X 副本”图层添加图层蒙版，设置前景色为黑色，选择“画笔工具”，在其工具选项栏中设置适当的画笔大小，将正面与背面凹坑处的立体线去除，效果如图10–65所示。

图10–65

23 其余字母的立体效果与前面步骤07~步骤21的操作方法类同，只要将文字的立体透视关系找出来，再通过叠加纹理以及添加投影和立体效果，就可以得到其他文字的立体效果，效果如图10–66所示。

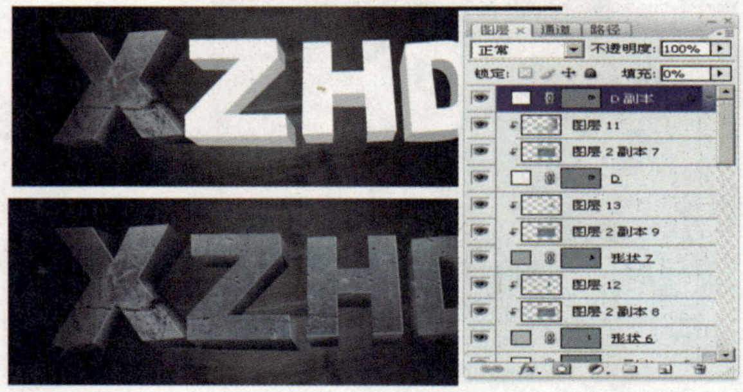

图10–66

24 下面用“钢笔工具”制作立体文字的投影。选择“钢笔工具”，在其工具选项栏中单击“路径”按钮，按照文字轮廓以及光照方向绘制文字的投影路径，效果如图10–67所示。

图10–67

25 按Ctrl+Enter键将路径转换为选区，按Ctrl+Alt+D键应用“羽化”命令，在对话框中设置“羽化半径”为5像素，单击“确定”按钮退出对话框，选区的状态如图10–68所示。

图10–68

26 新建图层，得到“图层 14”，将其拖动至“图层 1”的上方，设置前景色为黑色，按Alt+Delete键填充前景色，按快捷键Ctrl+D取消选区，效果如图10-69所示。

图10-69

27 设置“图层 14”的“不透明度”为50%，使其投影融合到背景当中，效果如图10-70所示。

图10-70

28 新建图层，得到“图层 15”，设置前景色为黑色，选择“画笔工具”，在其工具选项栏中设置画笔大小为50px，“硬度”为0%，首先在文字“X”的右上方笔划处单击，再按住Shift键沿着笔划向下单击，从而得到投影的深色，效果如图10-71所示。

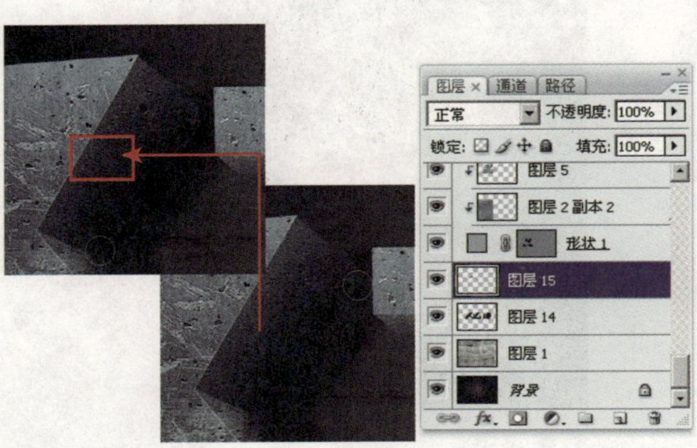

图10-71

29 重复上一步骤的操作方法，给4个字母全部添加投影的深色，效果如图10-72所示。

图10-72

30 打开随书光盘“素材文件\10\立体文字效果\素材3.psd”文件，如图10-73（左）所示，使用“移动工具”将图像拖动至步骤01新建的文件当中，得到“图层 16”，如图10-73（右）所示。

图10-73

31 按Ctrl+T键调出自由变换控制框，按住Shift键成比例缩放图像并将其拖动至文字“Z”的上方，最后按Enter键确认变换操作，效果如图10-74所示。

图10-74

32 变色龙的颜色有些灰暗，下面用“色阶”命令进行调整。按Ctrl+L键调出“色阶”对话框，对话框参数设置及应用效果如图10-75所示。

图10—75

33 新建图层，得到“图层 17”，将其拖动至“图层 16”的下方，设置前景色为黑色，选择“画笔工具”，在其工具选项栏中设置适当的画笔大小及“不透明度”，在变色龙后面进行涂抹，得到变色龙的投影，效果如图10−76所示。

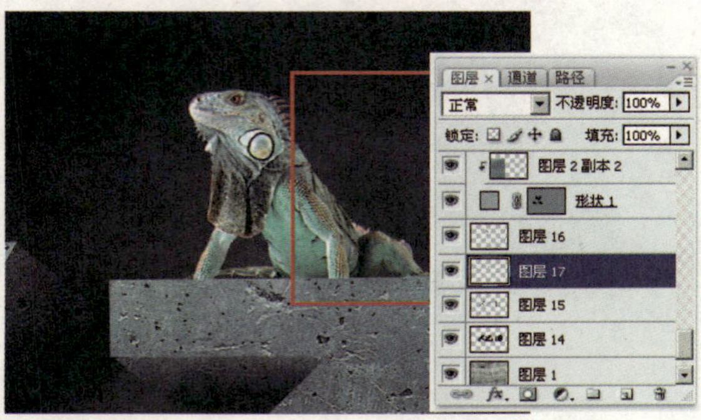

图10—76

34 设置前景色的颜色值为（R：120、G：130、B：134），选择“横排文字工具”T，在其工具选项栏中设置适当的字体与字号，在变色龙的两侧输入文字，最终效果如图10−77所示。

图10—77

10.3 “音乐狂潮”视觉海报

本例主要利用通道将多幅图片进行合成，制作出一张时尚感很强的海报。其中通道和图层蒙版等技术都很值得学习，画面的颜色也是需要读者掌握的重点之一。

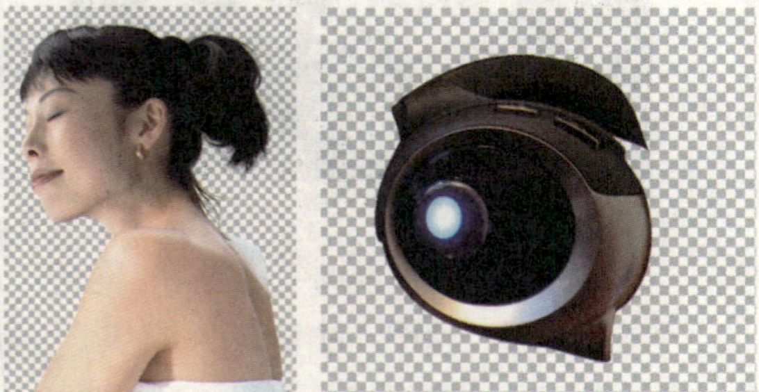

原始图片

最终效果

制作步骤

01 按Ctrl+N键新建文件，设置打开的对话框中的参数，如图10-78所示，单击“确定”按钮。

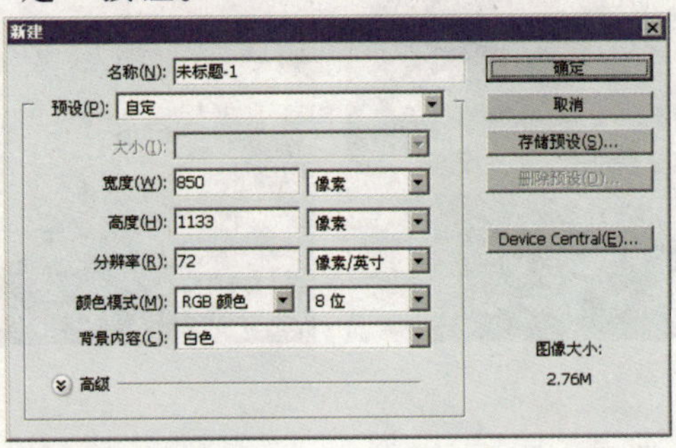

图10-78

02 选择“渐变工具”，在其工具选项栏中单击“径向渐变”按钮，单击工具栏左侧的渐变条，设置弹出的“渐变编辑器”对话框中的参数，从画面的中间向任何一个边角拖动渐变，效果如图10-79所示。

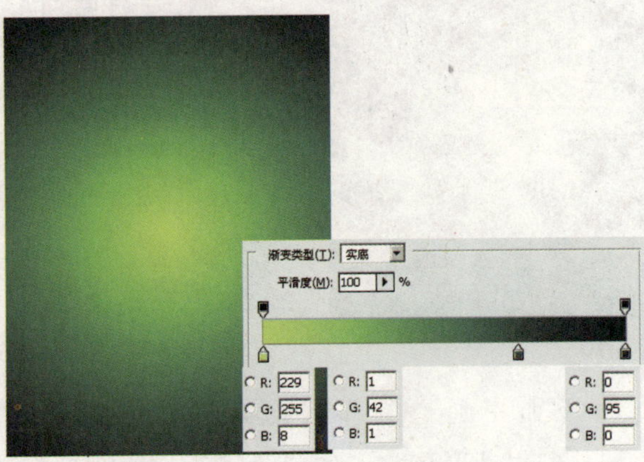

图10-79

03 打开随书光盘“素材文件\10\‘音乐狂潮’视觉海报\素材1.psd”文件，如图10-80（左）所示，使用“移动工具”将图像拖动至步骤01新建的文件当中，得到“图层 1”，如图10-80（右）所示。

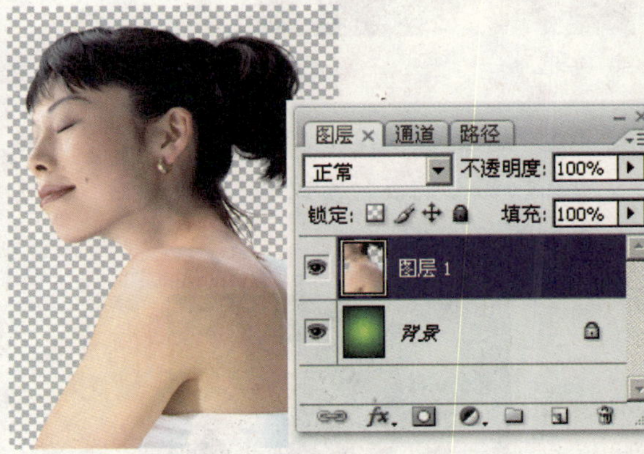

图10-80

04 按Ctrl+T键调出自由变换控制框，按住Shift键成比例缩放图像，再顺时针旋转图像25°左右，将其放置在画布的中间，最后按Enter键确认变换操作，效果如图10-81所示。

图10-81

05 单击“添加图层蒙版”按钮，为“图层1”添加图层蒙版，设置前景色为黑色，选择“画笔工具”，在其工具选项栏中设置适当的画笔大小及“不透明度”，对人物左下方胳膊的切面进行涂抹以使其柔和，效果如图10-82所示。

图10-82

06 下面利用混合模式将人物与背景融合。设置“图层 1”的混合模式为“正片叠底”，效果如图10-83所示。

图10-83

07 复制“图层 1”，得到“图层 1 副本”，设置其混合模式为“滤色”，“不透明度”为50%，得到人物的亮面，效果如图10-84所示。

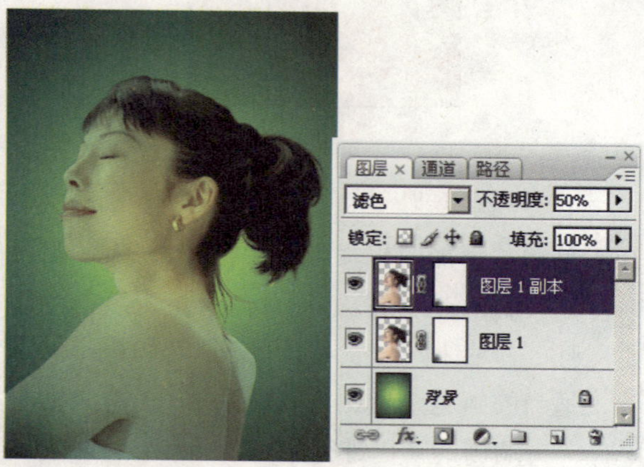

图10-84

08 选择“图层 1 副本”的图层蒙版为当前操作状态，设置前景色为黑色，选择“渐变工具”，在其工具选项栏中单击“线性渐变”按钮，设置渐变的方式为从前景色到透明色，设置“不透明度”为80%，从图像的下方向上绘制渐变，效果及图层蒙版状态如图10-85所示。

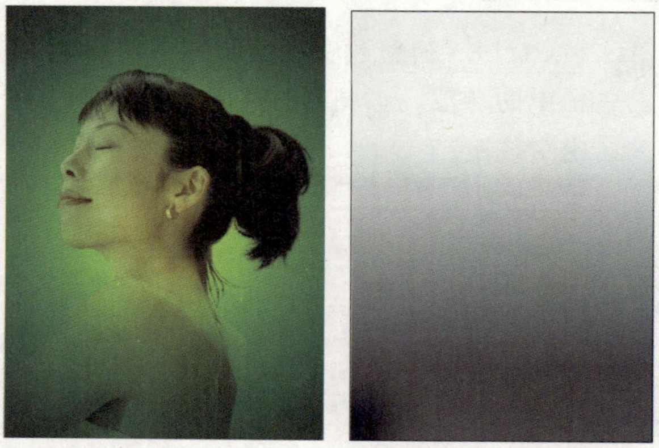

图10-85

09 复制“图层 1 副本”，得到“图层 1 副本 2”，设置其混合模式为“叠加”，使人物图像的对比更加明显，效果如图10-86所示。

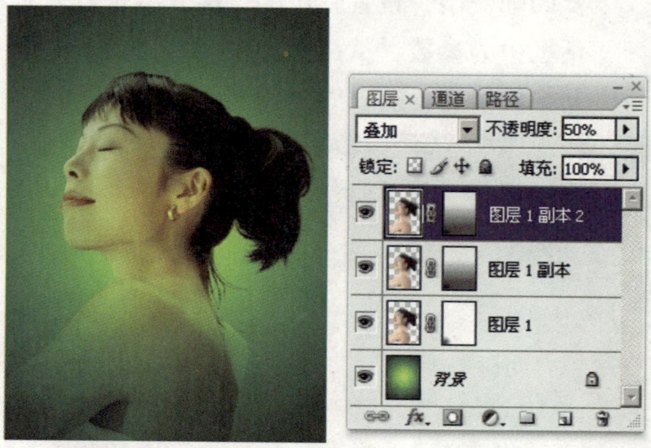

图10-86

10 下面用通道制作人物亮部的高光。按Ctrl+A键执行“全选”命令，按Ctrl+C键执行“拷贝”命令，切换至“通道”调板，新建通道，得到“Alpha 1”通道，按Ctrl+V键执行“粘贴”命令，使用“移动工具”使复制图像边缘对齐画面左下侧，按Ctrl+D键取消选区，效果如图10-87所示。

图10-87

11 按Ctrl+L键调出“色阶”对话框，对话框参数设置及应用效果如图10-88所示。

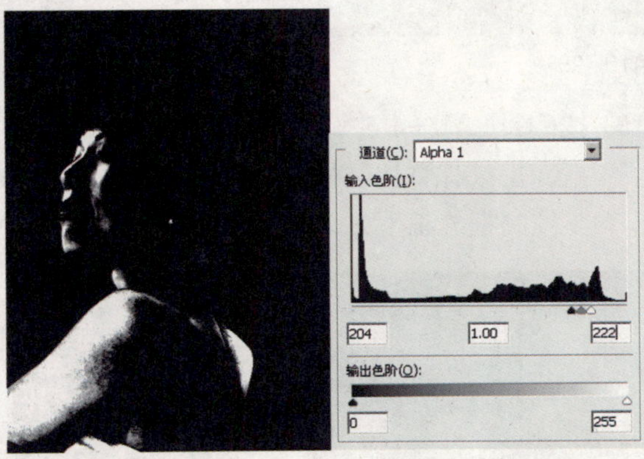

图10-88

12 按Ctrl键单击“Alpha 1”通道的缩览图以载入其选区，返回“图层”调板，新建图层，得到“图层 2”，设置前景色为白色，按Alt+Delete键填充前景色，按Ctrl+D键取消选区，效果如图10-89所示。

图10-89

13 单击“添加图层蒙版”按钮，为“图层 2”添加图层蒙版，设置前景色为黑色，选择“画笔工具”，在其工具选项栏中设置适当的画笔大小及“不透明度”，对除人物脸部以外的其他高光进行涂抹以将其隐藏，效果及图层蒙版状态如图10-90所示。

图10-90

14 设置“图层 2”的混合模式为“叠加”，“不透明度”为50%，使高光与人物的脸部相融合，应用效果如图10-91所示。

图10-91

15 打开随书光盘“素材文件\10\‘音乐狂潮’视觉海报\素材2.psd”文件，效果如图10-92所示，使用“移动工具”将图像拖动至步骤01新建的文件当中，得到“图层 3”。

图10−92

16 按Ctrl+T键调出自由变换控制框，按住Shift键成比例缩放图像，顺时针旋转图像40° 左右，并将其放置在人物耳朵的上面，最后按Enter键确认变换操作，效果如图10−93所示。

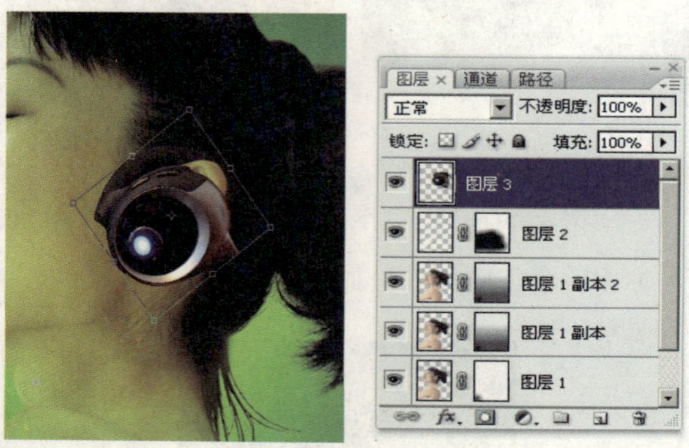

图10−93

17 按Ctrl+U键调出“色相/饱和度”对话框，设置参数后单击“确定”按钮，使耳机的颜色与整体的色调相谐调，效果如图10−94所示。

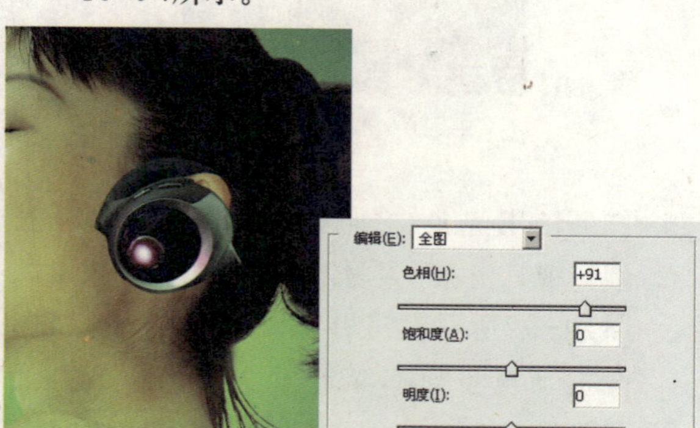

图10−94

18 下面用“钢笔工具” 制作耳机后面的旋风效果。选择“图层 2”为当前操作图层，设置前景色的颜色值为（R：249、G：255、B：203），选择“钢笔工具” ，在其工具选项栏中单击“形状图层”按钮，在耳机的上方绘制一个月牙形状，得到“形状 1”图层，如图10−95所示。

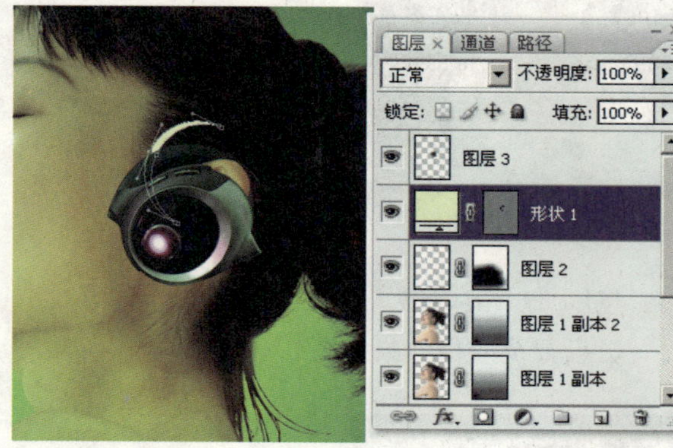

图10−95

19 按Ctrl+Alt+T键调出自由变换并复制控制框，用鼠标将控制框的旋转中心点向下拖动至控制框的正下方，效果如图10−96所示。

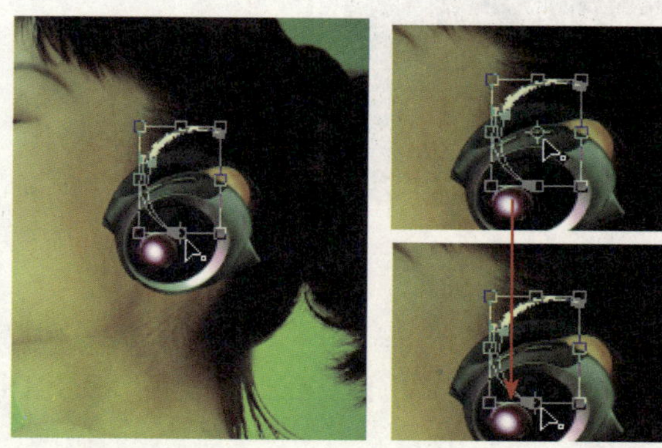

图10−96

20 顺时针旋转图像30° ，按Enter键确认变换操作，效果如图10−97所示。

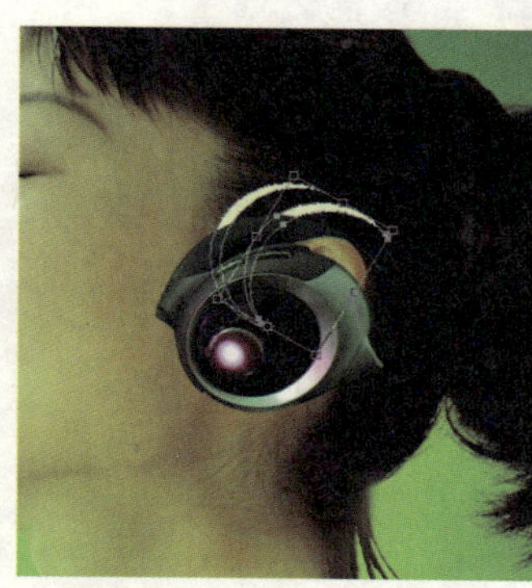

图10−97

21 连续按10次Ctrl+Alt+Shift+T键执行连续自由变换并复制操作，得到旋风的形状，效果如图10-98所示。

图10-98

22 单击“添加图层样式”按钮，在弹出的菜单中选择“外发光”命令，对话框参数设置及应用效果如图10-99所示。

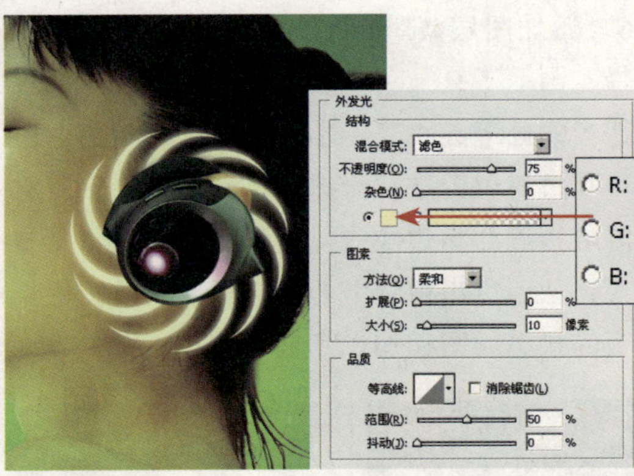

图10-99

23 新建图层，得到“图层 4”，设置前景色为黑色，选择“画笔工具”，在其工具选项栏中设置适当的画笔大小及“不透明度”，在耳机的下方进行涂抹，从而得到耳机的投影，效果如图10-100所示。

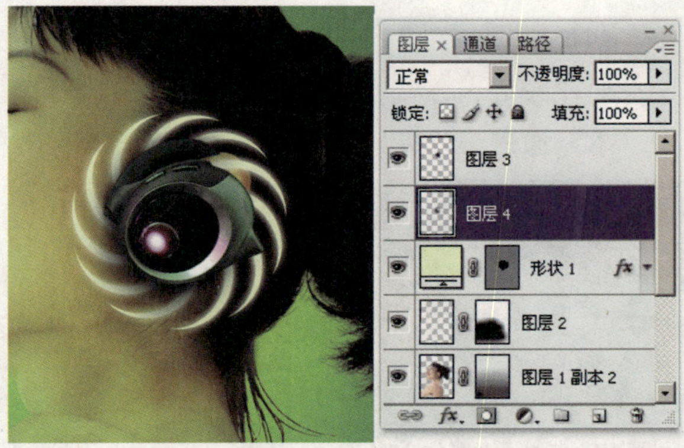

图10-100

24 新建图层，得到“图层 5”，将其拖动至“形状 1”图层的下方，设置前景色的颜色值为（R：221、G：249、B：8），选择“画笔工具”，在其工具选项栏中设置适当的画笔大小及“不透明度”，在耳机的下方进行涂抹，得到耳机内泛出的彩光，效果如图10-101所示。

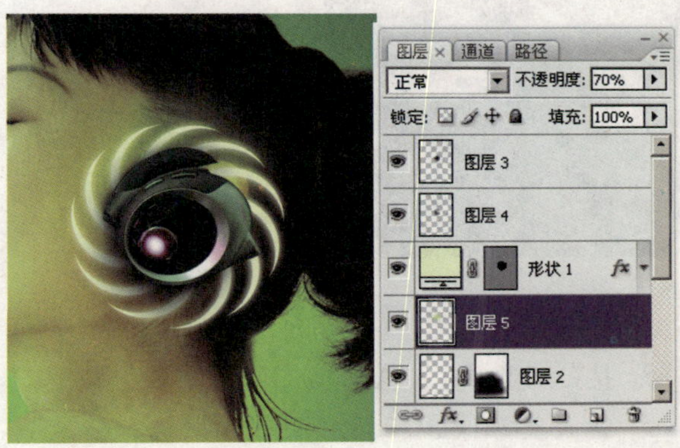

图10-101

25 打开随书光盘“素材文件\10\‘音乐狂潮’视觉海报\素材3.tif”文件，如图10-102所示，下面用通道将图像中的闪电选取出来。

图10-102

26 切换至“通道”调板，“绿”通道的颜色对比较好，复制“绿”通道，得到“绿 副本”通道，效果如图10-103所示。

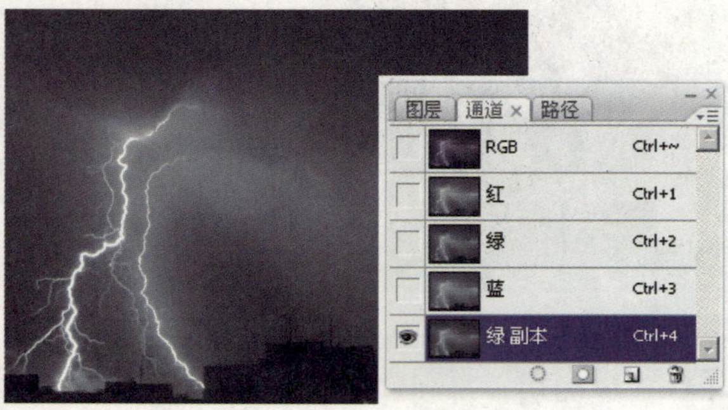

图10-103

27 按Ctrl+L键调出“色阶”对话框，对话框参数设置及应用效果如图10-104所示。

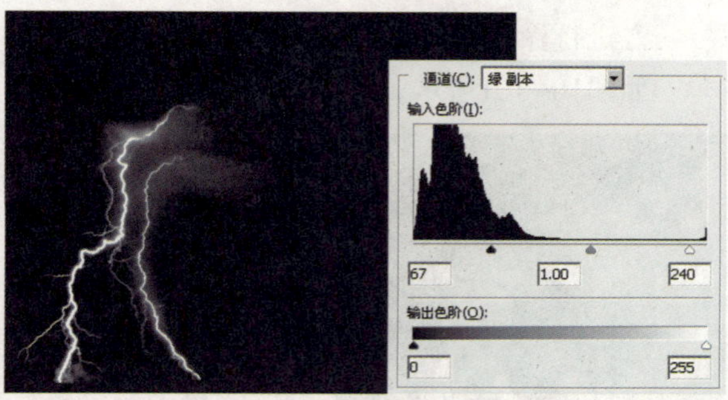

图10-104

28 按Ctrl键单击“Alpha 1”通道的缩览图以载入其选区，返回“图层”调板，新建图层，得到“图层 1”，设置前景色的颜色值为（R：246、G：255、B：177），按Alt+Delete键填充前景色，按Ctrl+D键取消选区，假设背景色为黑色，效果如图10-105所示。

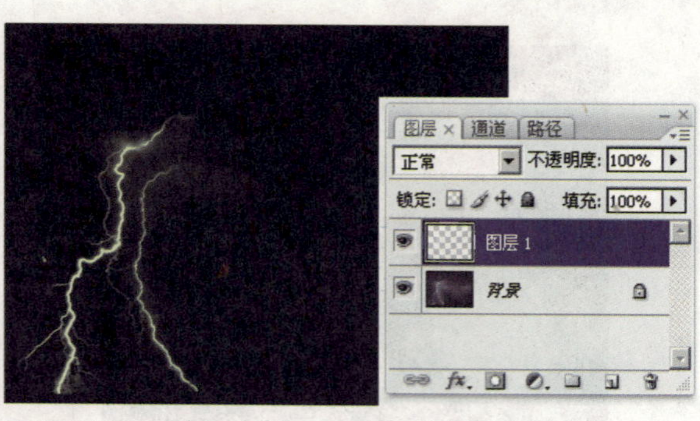

图10-105

29 使用“移动工具”将其拖动至步骤01新建的文件中，得到“图层 6”，将其拖动至“图层 5”的下方，按Ctrl+T键调出自由变换控制框，按住Shift键缩放图像并逆时针旋转170°左右，将图像放在耳机的下方，最后按Enter键确认变换操作，效果如图10-106所示。

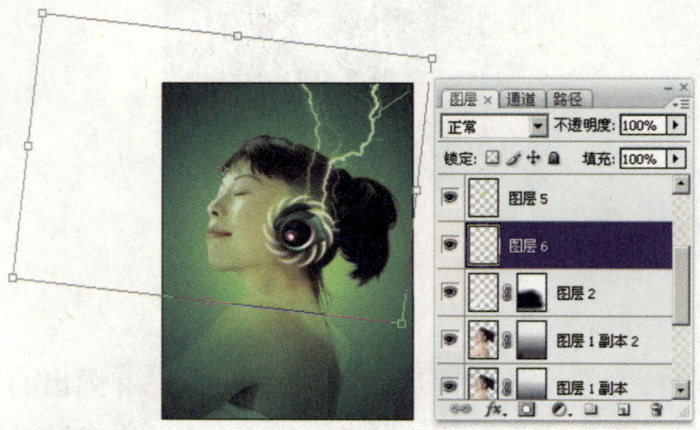

图10-106

30 单击“添加图层蒙版”按钮，为“图层 6”添加图层蒙版，设置前景色为黑色，选择“画笔工具”，在其工具选项栏中设置适当的画笔大小及“不透明度”，对闪电穿过耳机的位置进行涂抹以将其隐藏，然后对闪电接近画布边缘的位置进行涂抹以将其减淡，从而突出视觉中心，应用效果及图层蒙版的状态如图10-107所示。

图10-107

31 下面通过添加图层样式加强闪电的发光效果。单击“添加图层样式”按钮，在弹出的菜单中选择“外发光”命令，对话框参数设置及应用效果如图10-108所示。

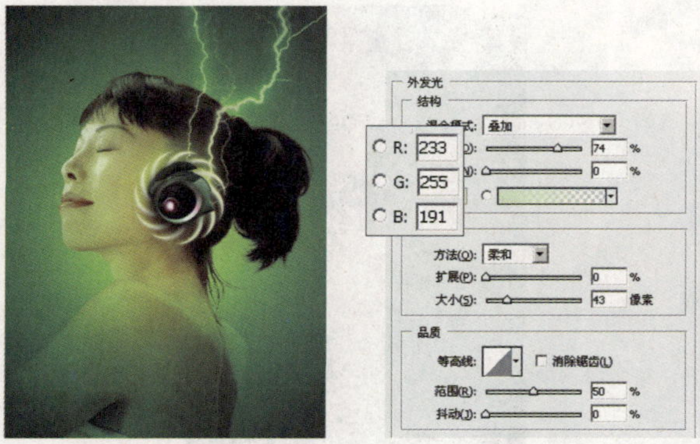

图10–108

32 复制“形状 6”图层，得到“形状 6 副本”图层，按Ctrl+T键调出自由变换控制框，在控制框内单击鼠标右键，按住Shift键成比例缩放图像，在弹出的快捷菜单中选择“垂直翻转”命令，顺时针旋转110°左右后将其放置在耳机的左侧，按Enter键确认变换操作，效果如图10–109所示。

图10–109

33 打开随书光盘“素材文件\10\‘音乐狂潮’视觉海报\素材4.tif”文件，效果如图10–110所示，下面用前面所讲的步骤将闪电选取出来。

图10–110

34 重复步骤25~步骤28的操作方法，利用通道将闪电截取出来，假设背景色为黑色，效果如图10–111所示。

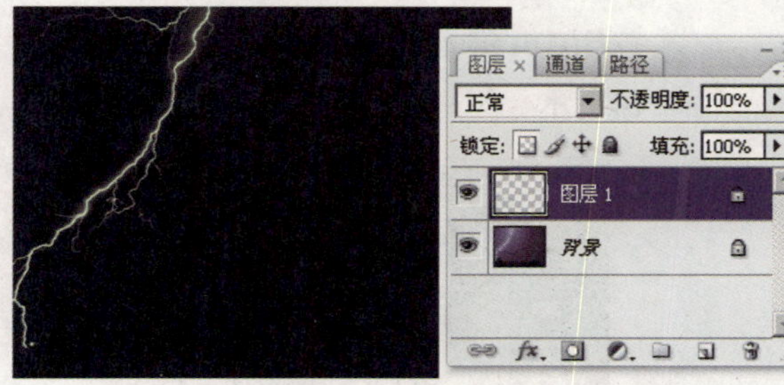

图10–111

35 使用“移动工具”将“图层 1”拖动至步骤01新建的文件中，得到“图层 7”，重复步骤29~步骤32的操作方法，然后变换图像、添加图层样式、复制图像以及添加图层蒙版，从而将闪电与画面融合，效果如图10–112所示。

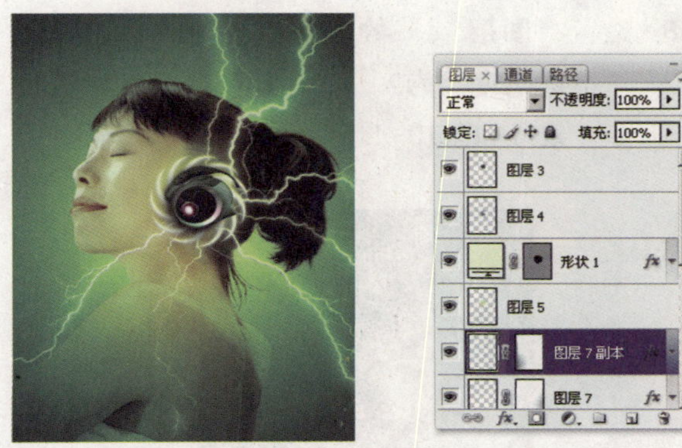

图10–112

36 下面利用素材图像添加花纹。打开随书光盘“素材文件\10\‘音乐狂潮’视觉海报\素材5.psd”文件，使用“移动工具”将图像拖动至步骤01新建的文件当中，得到“图层 8”，将其拖动至除“背景”图层外所有图层的下方，如图10–113所示。

图10–113

37 按Ctrl+T键调出自由变换控制框，按住Shift键成比例缩放图像并使其充满整个画布，按Enter键确认变换操作，效果如图10-114所示。

图10-114

38 设置“图层 8”的混合模式为“柔光”，“不透明度”为20%，将其与整个色调相融合，效果如图10-115所示。

图10-115

39 按住Ctrl键单击“图层 1”的缩览图以载入其选区，再按住Ctrl+Shift+Alt键单击“图层 1”的图层蒙版缩览图，以得到相减的选区，选区的状态如图10-116所示。

图10-116

40 按住Alt键单击“添加图层蒙版”按钮，为“图层 8”添加图层蒙版，减去人身上的花纹，应用效果及图层蒙版的状态如图10-117所示。

图10-117

41 选择所有图层上方的图层为当前操作图层，设置前景色的颜色值为（R：182、G：204、B：0），选择“横排文字工具”，在其工具选项栏中设置适当的字体与字号，在画布的下方输入文字，得到相应的“PRIVIE EBAOE”文字图层，效果如图10-118所示。

图10-118

42 单击“添加图层样式”按钮，在弹出的菜单中选择“描边”命令，参数设置完成后再选择“斜面和浮雕”选项，对话框参数设置及应用效果如图10-119所示。

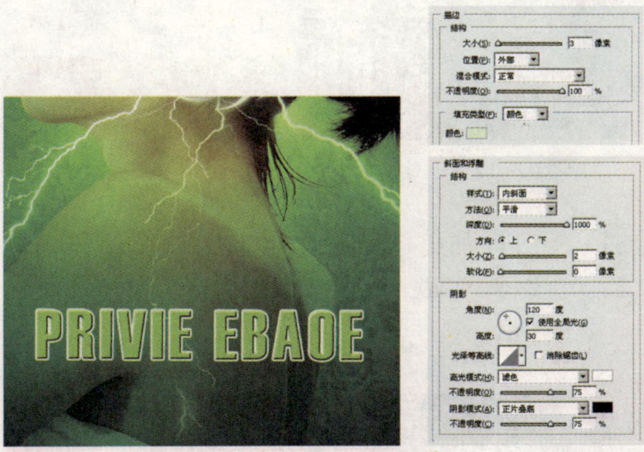

图10-119

43 复制“图层 8”，得到“图层 8 副本”，设置其“不透明度”为100%，将其拖动至“PRIVIE EBAOE”图层的上方，按Ctrl+T调出自由变换控制框，按住Shift键成比例缩放图像并将其放置在文字的上方，如图10-120所示，按Enter键确认变换操作。

图10-120

44 按Ctrl+Alt+G键执行“创建剪贴蒙版”命令，将花纹剪贴到文字中，效果如图10-121所示。

图10-121

45 下面利用“矩形工具”绘制音波。任意设置前景色，选择“矩形工具”，在文字的上方绘制一个小的长方体，得到“形状 2”图层，如图10-122所示。

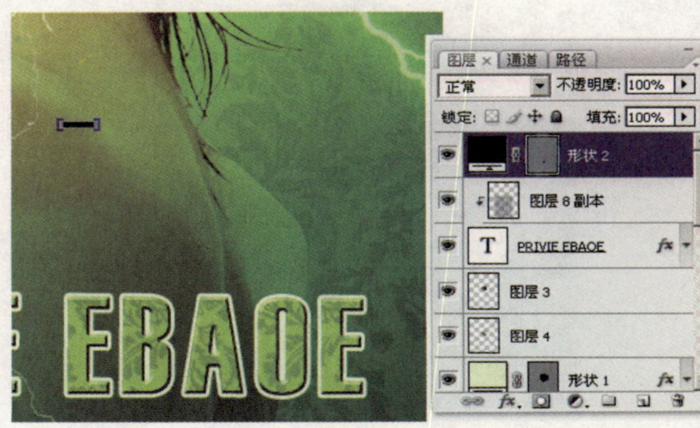

图10-122

46 按Ctrl+Alt+T键调出自由变换并复制控制框，按住Shift键垂直向下移动矩形形状，按Enter键确认变换操作，效果如图10-123所示。

图10-123

47 连续按Ctrl+Alt+Shift+T键执行连续变换并复制操作，直至得到一排矩形形状，效果如图10-124所示。

图10-124

48 使用"路径选择工具"选中这一排矩形形状，重复步骤45~步骤47的操作方法，复制横排形状，效果如图10-125所示。

图10-125

49 再利用"路径选择工具"选中一些矩形形状进行删除，得到音波的波动效果，如图10-126所示。

图10-126

50 单击"添加图层样式"按钮，在弹出的菜单中选择"渐变叠加"命令，对话框参数设置及应用效果如图10-127所示。

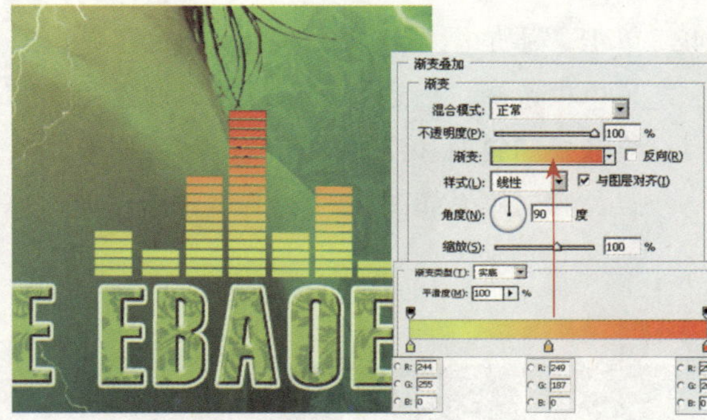

图10-127

51 最后再利用"横排文字工具"输入一些文字的细节，本作品制作完成，最终效果如图10-128所示。

图10-128

10.4 “SUPER BOY”海报

本例是一幅类似西部牛仔风格的海报，使用通道以及混合模式将其中的元素进行合成。

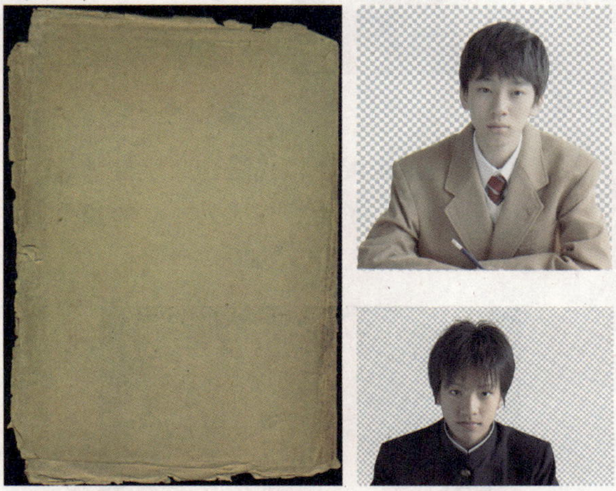

原始图片

最终效果

制作步骤

01 打开随书光盘“素材文件\10\SUPER BOY海报\素材1.tif”文件，下面用这幅图像作为作品的底图，如图10-129所示。

图10-129

02 下面用“色阶”命令调整图像的颜色对比。按Ctrl+L键调出“色阶”对话框，对话框参数设置及应用效果如图10-130所示。

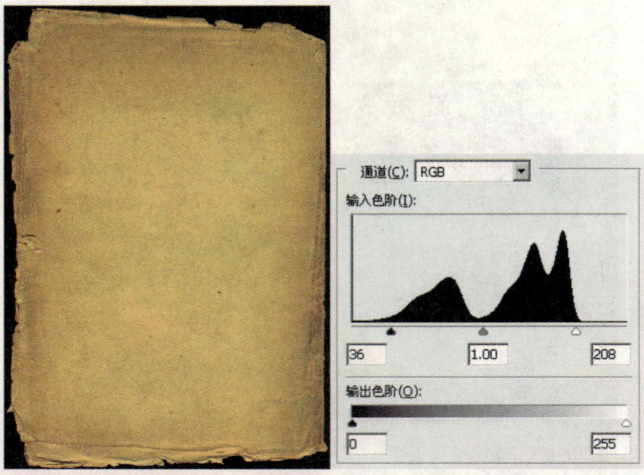

图10-130

03 打开随书光盘“素材文件\10\SUPER BOY海报\素材2.psd”文件，效果如图10-131所示，使用“移动工具”将图像拖动至步骤01打开的文件中，得到“图层 1”。

图10-131

04 按Ctrl+T键调出自由变换控制框，按住Shift键成比例放大图像并将其摆放在画布的左侧，按Enter键确认变换操作，效果如图10-132所示。

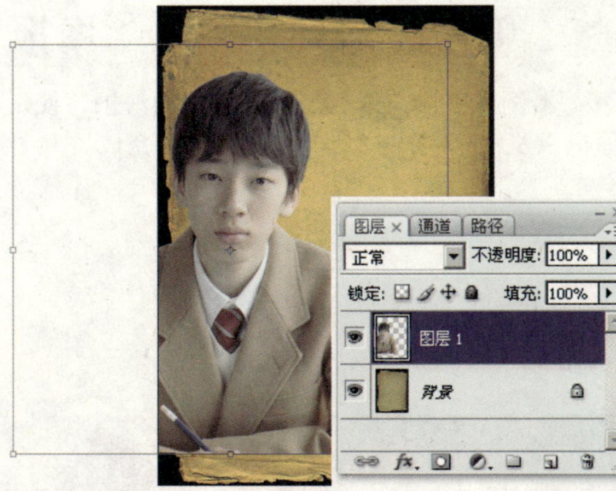

图10-132

05 下面通过设置混合模式融合照片与背景。设置“图层 1”的混合模式为“颜色加深”，效果如图10-133所示。

图10-133

06 复制“图层 1”，得到“图层 1 副本”，设置“图层 1 副本”的混合模式为“正常”，双击“图层 1 副本”的图层缩览图以调出其“混合选项”参数设置，按住Alt键拖动“混和颜色带”区域中“本图层”滑条的白色滑块，对话框参数设置与应用效果如图10-134所示。

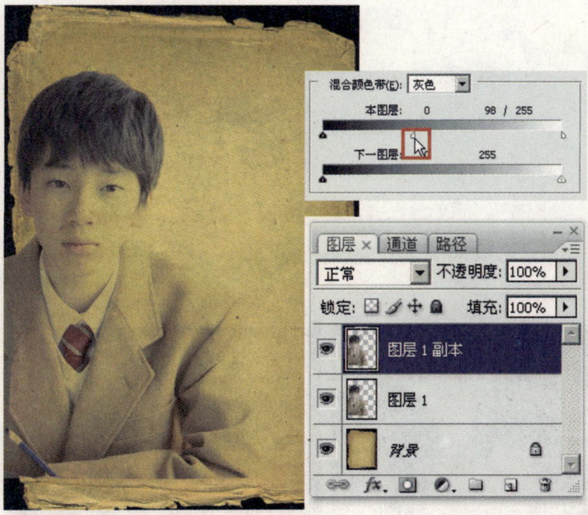

图10-134

07 按Ctrl+L键调出“色阶”对话框，对话框参数设置及应用效果如图10-135所示。

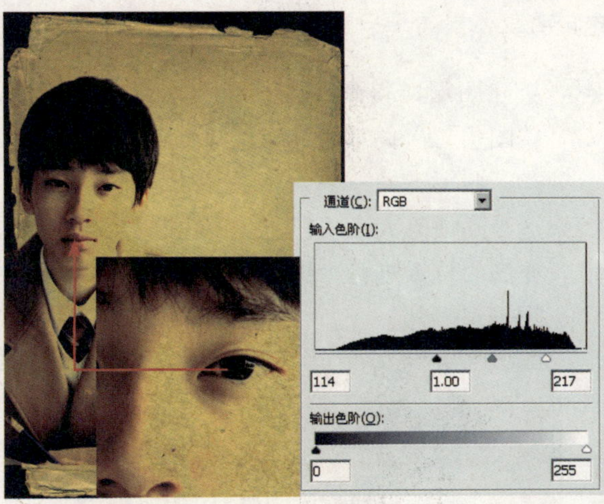

图10-135

08 打开随书光盘“素材文件\10\SUPER BOY海报\素材3.psd”文件，如图10-136所示，使用“移动工具”将其拖动至步骤01打开的文件中，得到“图层 2”。

图10-136

09 按Ctrl+T键调出自由变换控制框，按住Shift键成比例缩小图像并将其摆放在画布的右侧，如图10-137所示，最后按Enter键确认变换操作。

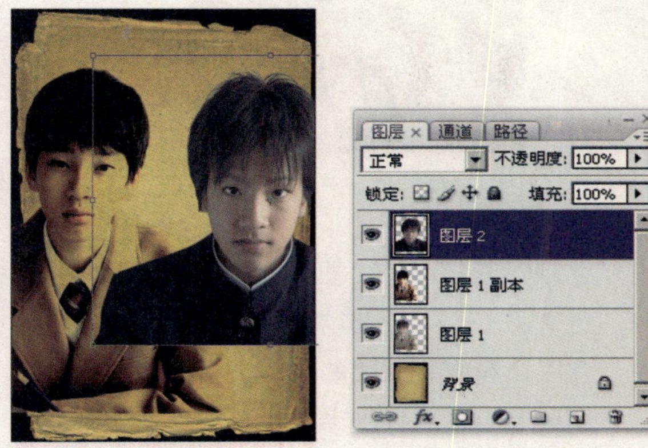

图10-137

10 单击“添加图层蒙版”按钮，为“图层2”添加图层蒙版。设置前景色为黑色，选择“画笔工具”，在其工具选项栏中设置适当的画笔大小，对人物进行涂抹，将左侧的人物显示出来，应用效果及图层蒙版的状态如图10-138所示。

图10-138

11 下面通过设置混合模式融合照片与背景。设置“图层 2”的混合模式为“正片叠底”，效果如图10-139所示。

图10－139

12 复制“图层 2”，得到“图层 2 副本”，设置“图层 2 副本”的混合模式为“正常”，重复步骤06的操作方法调整“混和选项”参数，对话框参数设置与应用效果如图10－140所示。

图10－140

13 按Ctrl+L键调出“色阶”对话框，对话框参数设置及应用效果如图10－141所示。

图10－141

14 按Ctrl+Alt+A键选中除“背景”图层以外的所有图层，按Ctrl+G键创建一个新的组，得到“组 1”，选择“矩形选框工具”，绘制一个矩形选区将两个男孩选中，单击“添加图层蒙版”按钮，为“组 1”添加图层蒙版，效果如图10－142所示。

图10－142

15 新建图层，得到“图层 3”，将其拖动至“图层 2”的下方，设置前景色为黑色，选择“画笔工具”，在其工具选项栏中设置适当的画笔大小，在黑色中山装男孩没有被充满的位置进行涂抹以充当衣服，效果如图10－143所示。

图10－143

16 新建图层，得到“图层 4”，将其拖动至“组 1”上方，设置前景色为黑色，选择“画笔工具”，在画布中单击鼠标右键，在弹出的“画笔预设选取器”调板中选择“干介质画笔”，在该画笔组中选择“炭纸画笔”，设置适当的画笔，先在男孩矩形框的左上角单击鼠标右键，再按住Shift键在右下角单击，效果如图10-144所示。

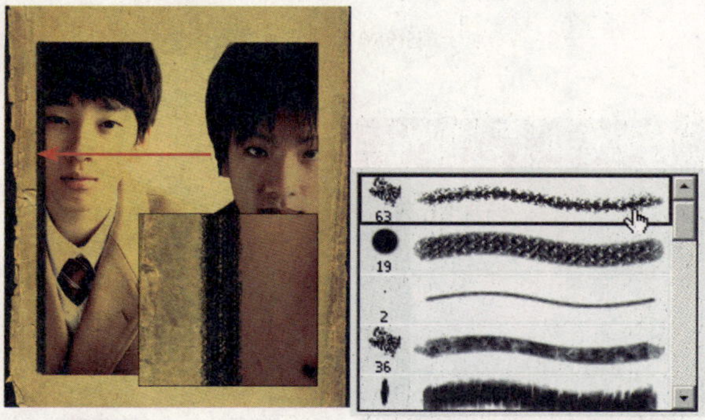

图10-144

17 重复上一步骤的操作方法，在人物矩形框的各个边都绘制边框，效果如图10-145所示。

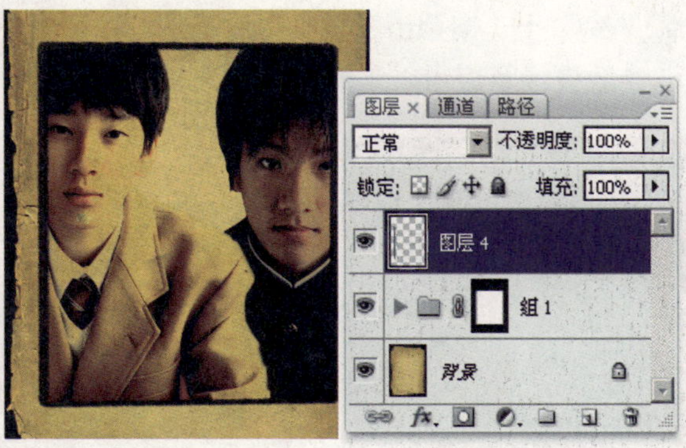

图10-145

18 选择“橡皮擦工具”，在其工具选项栏中设置适当的“不透明度”，在画布中单击鼠标右键，在弹出的“画笔预设选取器”调板中选择与步骤16相同的画笔，对边框进行涂抹，使边框更加具有破损感觉，效果如图10-146所示。

图10-146

19 下面通过设置混合模式和不透明度使边框与背景融合，设置“图层 4”的“不透明度”为50%，效果如图10-147所示。

图10-147

20 复制“图层 4”，得到“图层 4 副本”，设置“图层 4 副本”的“不透明度”为100%，混合模式为“叠加”，效果如图10-148所示。

图10-148

21 选择“背景”图层为当前操作图层，按Ctrl+A键执行“全选”命令，按Ctrl+C键执行“拷贝”命令，切换至“通道”调板，新建通道，得到“Alpha 1”通道，按Ctrl+V键执行“粘贴”命令，按Ctrl+D键取消选区，效果如图10-149所示。

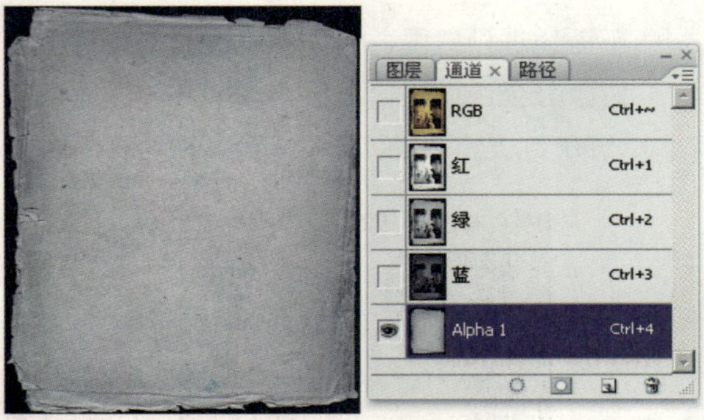

图10-149

22 按Ctrl+L键调出“色阶”对话框，对话框参数设置及应用效果如图10-150所示。

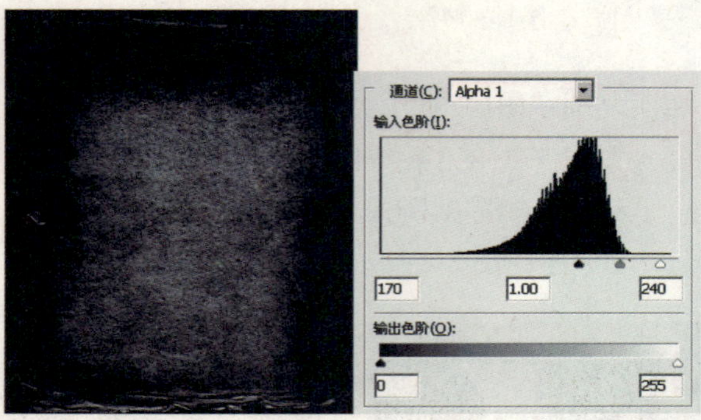

图10-150

23 按住Ctrl键单击“Alpha 1”通道的缩览图以载入其选区，返回“图层”调板，重复步骤14的操作方法，将除“背景”图层以外的所有层组成一个组，得到“组 2”，按住Alt键单击“添加图层蒙版”按钮，为“组 2”添加图层蒙版，应用效果如图10-151所示。

图10-151

24 下面用通道制作白色杂点。切换至“通道”调板，“蓝”通道的对比较好，复制“蓝”通道，得到“蓝 副本”通道，效果如图10-152所示。

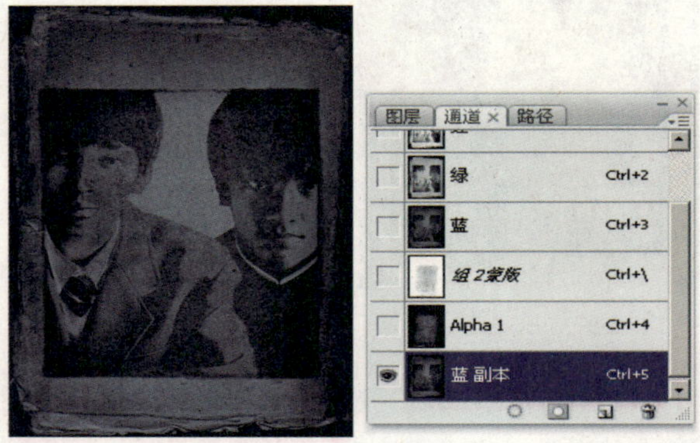

图10-152

25 按Ctrl+L键调出“色阶”对话框，对话框参数设置及应用效果如图10-153所示。

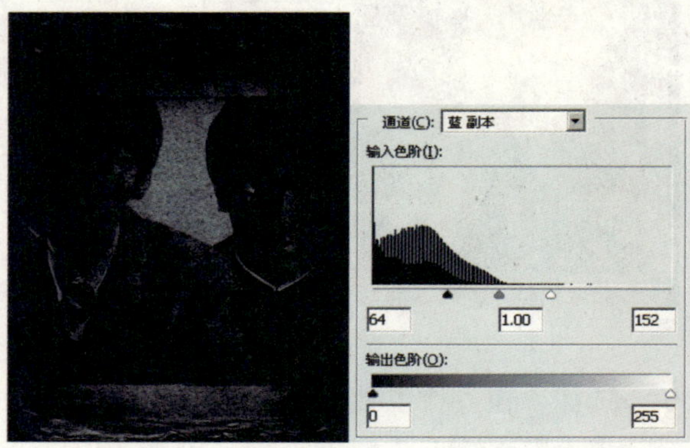

图10-153

26 按住Ctrl键单击“Alpha 1”通道的缩览图以载入其选区，返回“图层”调板，新建图层，得到“图层 5”，将其拖动至“组 2”的上方，设置前景色为白色，按Alt+Delete键填充前景色，按Ctrl+D键取消选区，效果如图10-154所示。

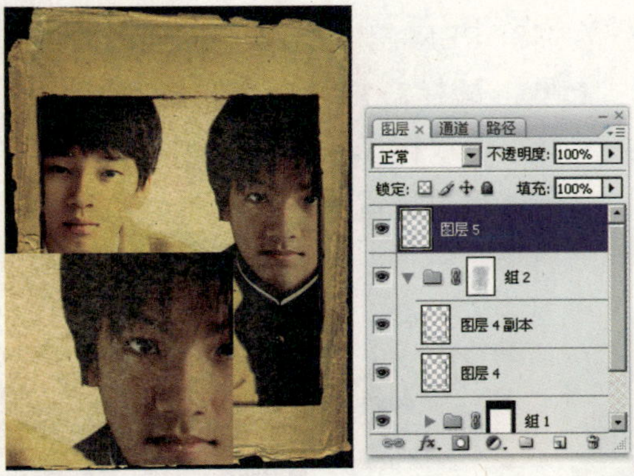

图10—154

27 打开随书光盘“素材文件\10\SUPER BOY海报\素材4.psd”文件，如图10—155所示，使用“移动工具”将图像拖动至步骤01打开的文件中，得到“图层 6”，将其拖动至“组 1”中“图层 4 副本”的上方。

图10—155

28 按Ctrl+T键调出自由变换控制框，按住Shift键成比例缩小图像并将其摆放在人物肩膀处的正中位置，按Enter键确认变换操作，效果如图10—156所示。

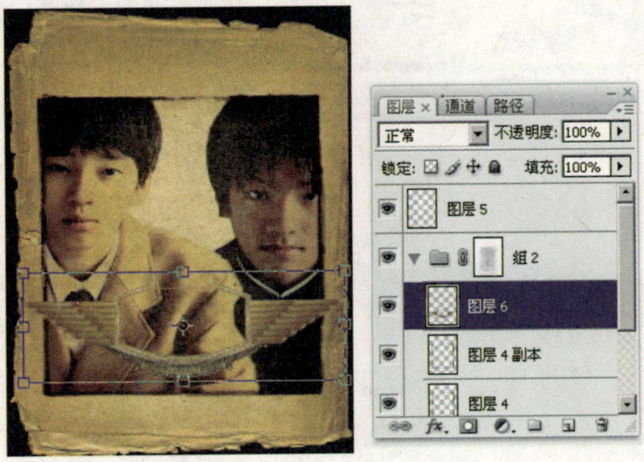

图10—156

29 为了使标题栏看起来更加丰满，下面添加“描边”样式。单击“添加图层样式”按钮，在弹出的菜单中选择“描边”命令，对话框参数设置及应用效果如图10—157所示。

图10—157

30 选择“图层 4 副本”为当前操作图层，设置前景色的颜色值为（R：117、G：74、B：5），选择“钢笔工具”，在其工具选项栏中单击“形状图层”按钮，绘制形状将标题栏的空缺充满，得到“形状 1”图层，效果如图10—158所示。

图10—158

31 设置前景色为白色，选择“横排文字工具”，在其工具选项栏中设置适当的字体与字号，在标题栏中输入文字并得到相应的文字图层，效果如图10—159所示。

图10—159

32 单击“添加图层样式”按钮，在弹出的菜单中选择“投影”命令，对话框参数设置及应用效果如图10-160所示。

图10-160

33 重复步骤30~步骤32的操作方法，输入其他文字并添加图层样式，效果如图10-161所示。

图10-161

34 新建图层，得到“图层 7”，设置前景色为白色，选择“画笔工具”，在画布中单击鼠标右键，在弹出的“画笔预设选取器”调板中选择“重抹画笔”，设置“主直径”为17px，按住Shift键在文字上方绘制一条水平的直线，效果如图10-162所示。

图10-162

35 在“SUPER BOY”文字图层的图层名称上单击鼠标右键，在弹出的菜单中选择“拷贝图层样式”命令，在“图层 7”的图层名称上单击鼠标右键，在弹出的菜单中选择“贴粘图层样式”命令，效果如图10-163所示。

图10-163

36 新建图层，得到“图层 8”，将其拖动至“组 2”的上方，设置前景色的颜色值为（R：199、G：194、B：175），选择“画笔工具”，继续使用“重抹画笔”，并设置“主直径”为30px，重复步骤34的操作方法，绘制色块，效果如图10-164所示。

图10-164

37 新建图层，得到“图层 9”，设置前景色为黑色，选择“画笔工具”，继续使用“重抹画笔”，并设置“主直径”为10px，重复步骤16绘制人像边框的方法，绘制色块的小边框，效果如图10-165所示。

图10–165

38 设置前景色为黑色，选择“横排文字工具”T，在其工具选项栏中设置适当的字体与字号，在其中输入网站信息，得到相应的文字图层，效果如图10–166所示。

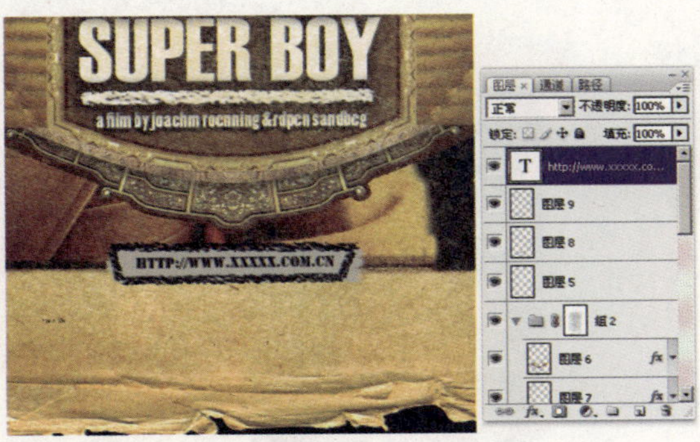

图10–166

39 最后，使用“横排文字工具”T在人物的顶端输入两组文字，得到相应的文字图层，本作品制作完成，最终效果如图10–167所示。

图10–167

10.5 岩石质感效果海报

本例利用通道以及混和选项制作了一幅质感很强的视觉海报。通道在本例中起到了很大的作用，希望读者通过本例能够对通道了解得更加透彻，同时用心体会作品的冷色调感觉。

原始图片

最终效果

制作步骤

01 按Ctrl+N键新建文件，设置打开的对话框中的参数，如图10–168所示，单击“确定”按钮。设置前景色的颜色值为（R：179、G：199、B：217），按Alt+Delete键填充前景色。

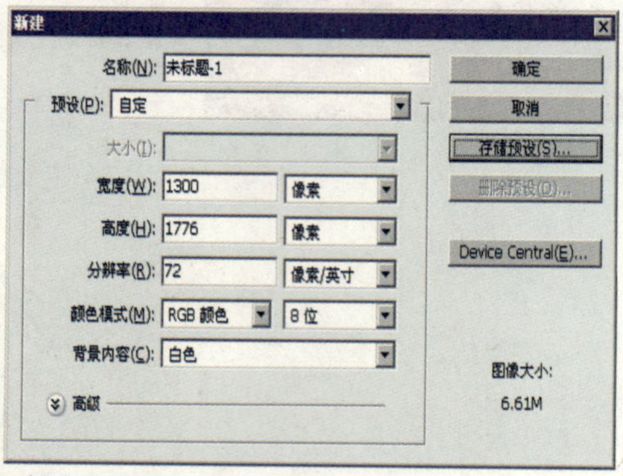

图10–168

02 打开随书光盘“素材文件\10\岩石质感效果海报\素材1.psd”文件，效果如图10–169所示，使用“移动工具” 将图像拖动至步骤01新建的文件中，得到“图层 1”。

图10–169

03 按Ctrl+T键调出自由变换控制框，按住Shift键适当放大图像并逆时针旋转图像7°，使人物有仰视的感觉，这样画面效果会更好。将图像摆放在画面的中间，最后按Enter键确认变换操作，效果如图10–170所示。

图10–170

04 下面用通道制作人物的色块感觉。按Ctrl+A键执行“全选”命令，按Ctrl+C键执行“拷贝”命令，切换至“通道”调板，新建通道，得到“Alpha 1”通道，按Ctrl+V键执行“粘贴”命令，使用“移动工具” 向右下角拖动图像，使其边缘与画面边缘吻合，效果如图10–171所示。

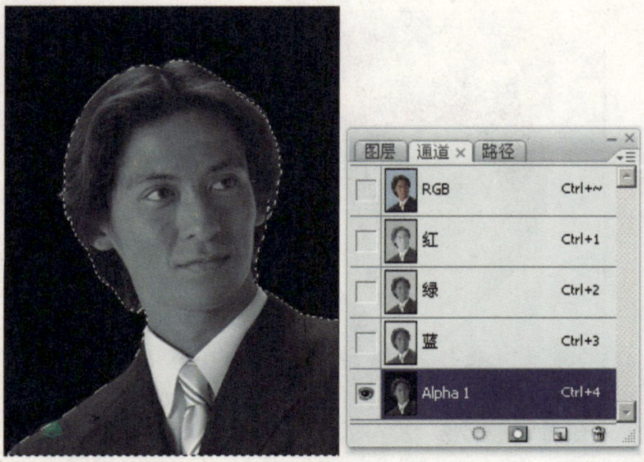

图10–171

05 下面用“撕边”命令将人物处理为色块。执行菜单“滤镜｜素描｜撕边”命令，对话框参数设置及应用效果如图10–172所示。

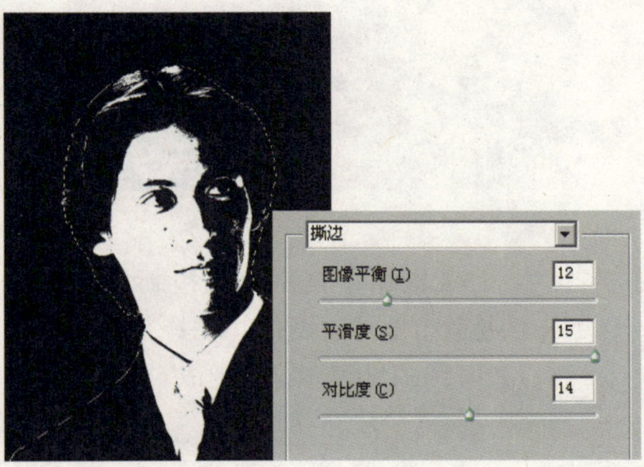

图10–172

06 下面用“高斯模糊”和“色阶”命令加强图像的对比度以及去除生硬感。执行菜单“滤镜｜素描｜高斯模糊”命令，对话框参数设置及应用效果如图10–173所示。

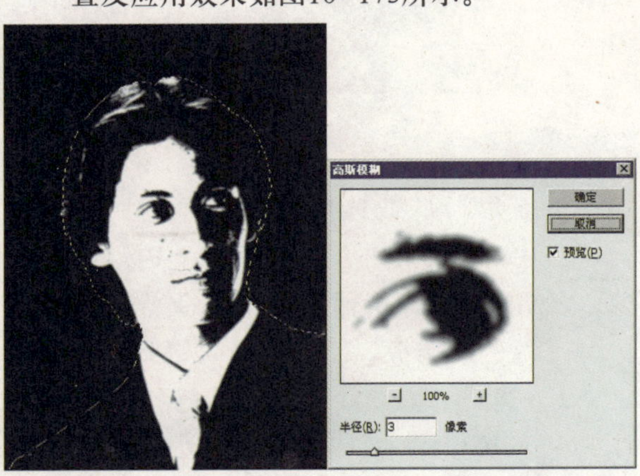

图10–173

07 按Ctrl+L键调出“色阶”对话框，对话框参数设置以及应用效果如图10–174所示。

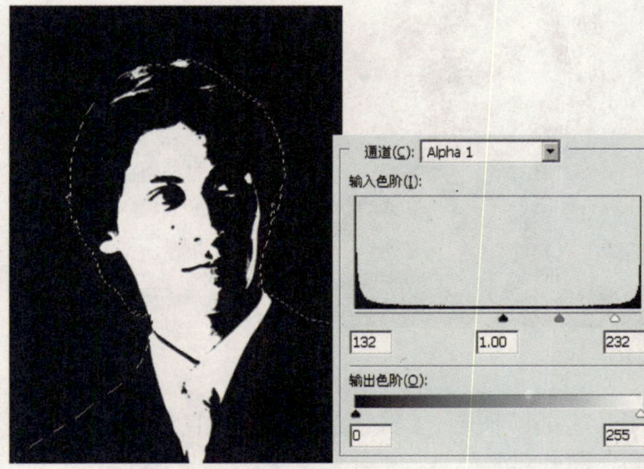

图10–174

08 按Ctrl+I键执行“反相”命令，使要被截选出来的区域变为白色，按Ctrl+D键取消选区，图像的状态如图10–175所示。

图10–175

技巧 ◦ 提示

当载入一个通道的选区时，通道内的白色区域被载入，而黑色区域不被载入。

09 按住Ctrl键载入“Alpha 1”通道的选区，切换至“图层”调板，新建图层，得到“图层 2”，设置前景色的颜色值为（R：88、G：27、B：27），按Alt+Delete键填充前景色，暂时将“图层 1”隐藏，效果如图10–176所示。

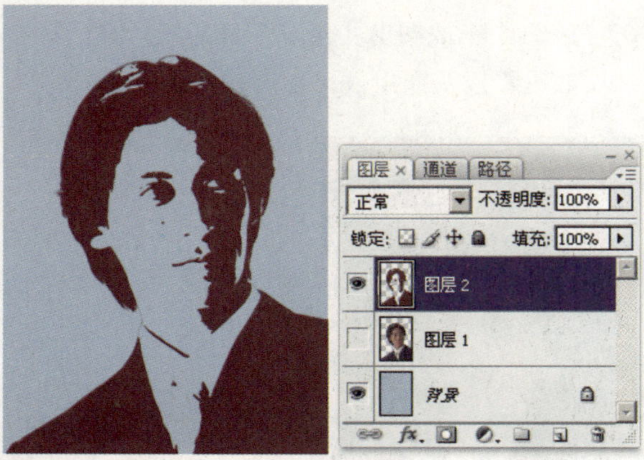

图10-176

⑩ 选择“图层 1”为当前操作图层，单击“图层”调板中的“锁定透明像素”按钮，设置前景色为白色，按Alt+Delete键填充前景色，效果如图10-177所示。

图10-177

⑪ 选择“多边形工具”，在其工具选项栏中单击“形状图层”按钮，设置“边”为5，单击“几何选项”按钮，在弹出的“多边形选项”调板中选择“星形”选项，在画面中绘制一个五角星，得到“形状 1”图层，如图10-178所示。

⑫ 下面用素材图像给画面添加纹理。打开随书光盘“素材文件\10\岩石质感效果海报\素材2.tif”文件，效果如图10-179所示，使用“移动工具”将图像拖动至步骤01新建的文件中，得到“图层 3”，将其拖动至所有图层的上方。

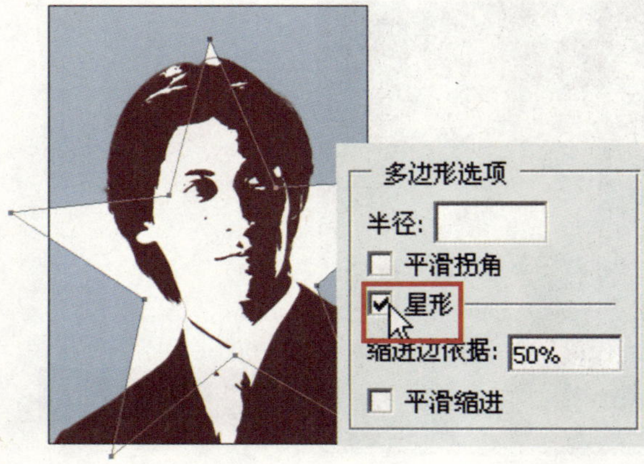

图10-178

图10-179

⑬ 按Ctrl+T键调出自由变换控制框，按住Shift键适当地缩放图像，使其充满整个画布，如图10-180所示，按Enter键确认变换操作。

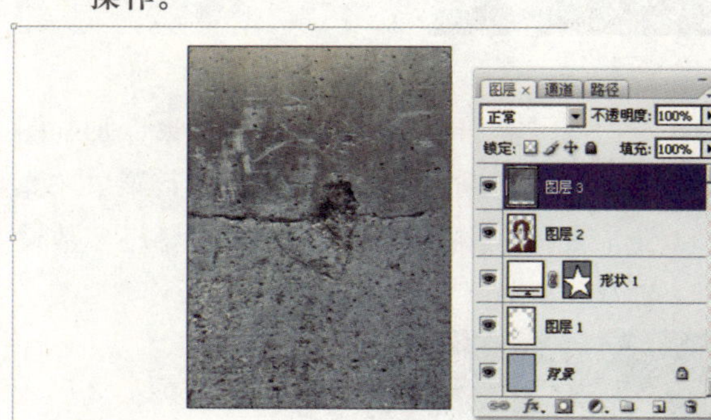

图10-180

⑭ 下面用通道截选出纹理，并叠加到图像当中。按Ctrl+A键执行“全选”命令，按Ctrl+C键执行“拷贝”命令，切换至“通道”调板，新建通道，得到“Alpha 2”通道，按Ctrl+V键执行“粘贴”命令，按Ctrl+D键取消选区，效果如图10-181所示。

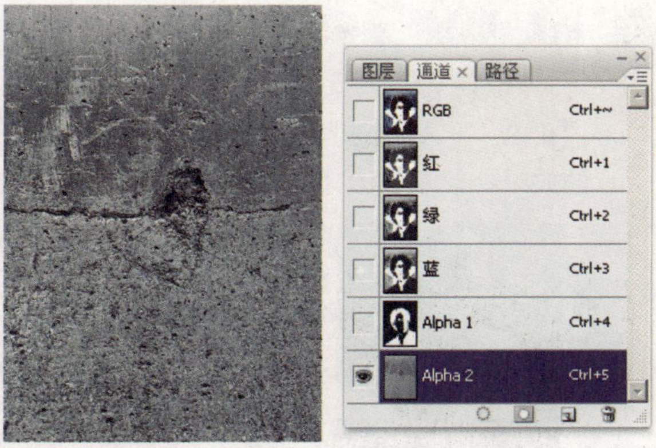

图10–181

15 按Ctrl+L键调出“色阶”对话框，对话框参数设置及应用效果如图10–182所示。

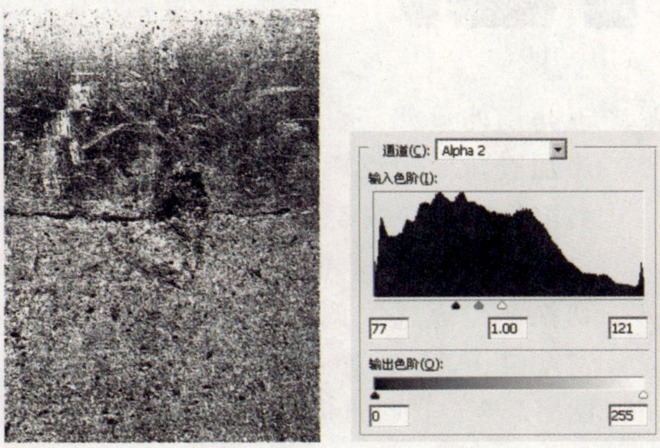

图10–182

16 按住Ctrl键载入“Alpha 1”通道的选区，按Ctrl+Shift+I键执行“反向”命令，按Ctrl+~键回到“RGB”通道，切换至“图层”调板，按Ctrl+J键执行“通过拷贝的图层”命令，得到“图层 4”，将其拖动至“图层 3”的下方，隐藏“图层 3”，效果如图10–183所示。

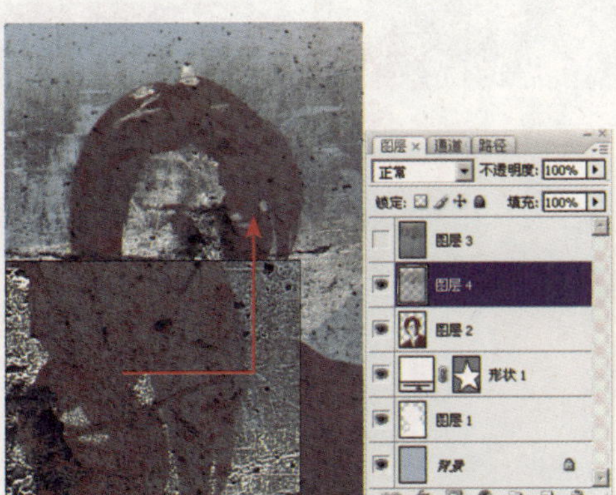

图10–183

17 设置“图层 4”的混合模式为“颜色加深”，将纹理融合到下面的图像中，效果如图10–184所示。

图10–184

18 显示“图层 3”，设置“图层 3”的混合模式为“颜色加深”，将其纹理叠加到下面的图像当中，效果如图10–185所示。

图10–185

19 为了减轻该纹理的浓度，下面通过“混和选项”进行调整。双击“图层 3”的缩览图，调出“混和选项”参数设置，按住Alt键分别向左和向右拖动“混和颜色带”区域“下一图层”滑条的黑色和白色小三角滑块，对话框参数设置及应用效果如图10–186所示。

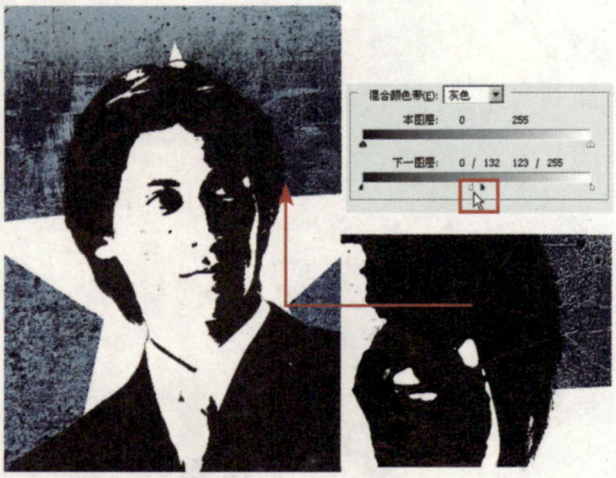

图10–186

20 岩石的孔洞现在只有深色调而没有浅色调，显得没有立体感。下面通过复制图层进行调整。复制“图层 3”，得到“图层 3 副本”，将其拖动至“图层 3”的下方，设置“图层 3 副本”的混合模式为“叠加”，效果如图10–187所示。

图10–187

21 重复步骤19的操作方法，调整“混和颜色带”，使其图像的亮光部分保留，对话框参数设置及应用效果如图10–188所示。

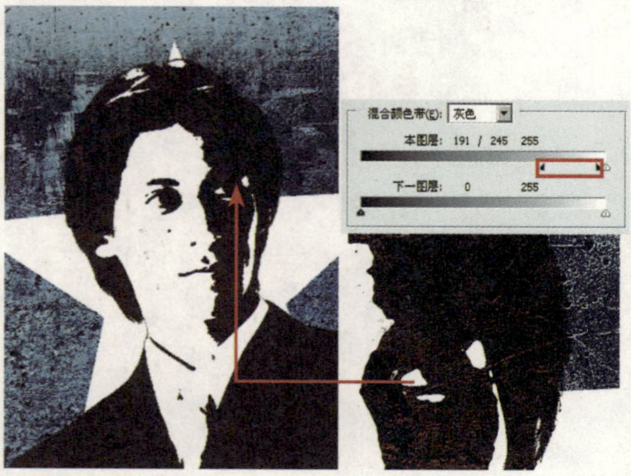

图10–188

22 复制“图层 3 副本”，得到“图层 3 副本 2”，设置“图层 3 副本 2”的混合模式为“正常”，“不透明度”为50%，加强高光的效果，效果如图10–189所示。

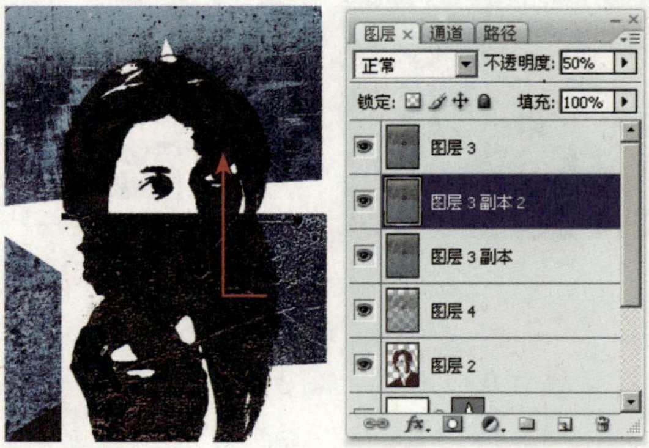

图10–189

23 五角星的质感还没有出来，下面用通道添加五角星的纹理。选择“图层 3”为当前操图层，按Ctrl+A键执行“全选”命令，按Ctrl+C键执行“拷贝”命令，切换至“通道”调板，新建通道，得到“Alpha 3”通道，按Ctrl+V键执行“粘贴”命令，按Ctrl+D键取消选区，效果如图10–190所示。

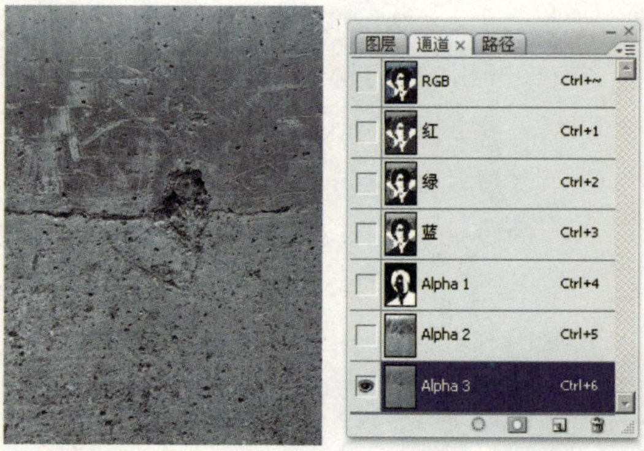

图10–190

24 按Ctrl+L键调出“色阶”对话框，对话框参数设置及应用效果如图10–191所示。

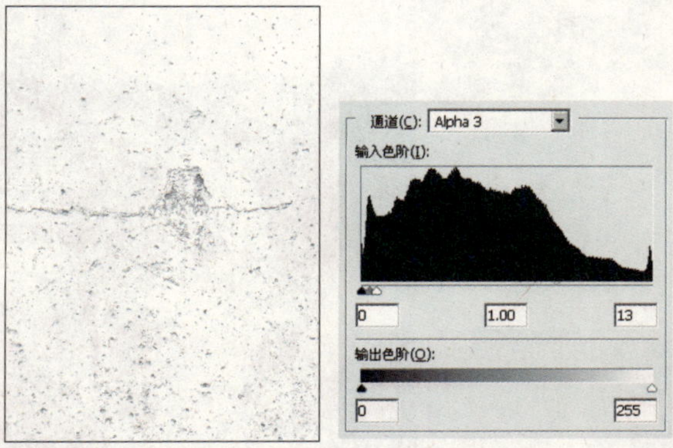

图10–191

25 按住Ctrl键单击“Alpha 1”通道的缩览图以载入其选区，返回“图层”调板，选择“形状 1”图层为当前操作图层，单击“添加图层蒙版”按钮，为“形状 1”图层添加图层蒙版，效果如图10–192所示。

图10–192

26 选择所有图层上方的图层为当前操作图层，设置前景色为白色，选择“横排文字工具”，在工具选项栏中设置适当的字体与字号，在图像的最上方输入文字并得到相应的文字图层，效果如图10–193所示。

图10–193

27 按住Alt键双击文字图层的图层名称，调出“混和选项”参数设置，重复步骤19的操作方法调整“混和颜色带”区域，使下面图层的深色调显示出来一部分，对话框参数设置及应用效果如图10–194所示。

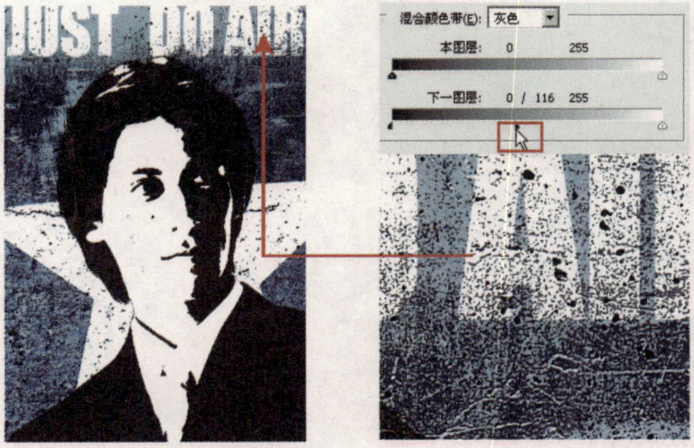

图10–194

28 打开随书光盘“素材文件\10\岩石质感效果海报\素材3.psd”文件，效果如图10–195所示，使用“移动工具”将其拖动至步骤01新建的文件中，得到“图层 5”。

图10–195

29 按Ctrl+T键调出自由变换控制框，按住Shift键适当地缩放图像，将图像摆放在画面的右下角，按Enter键确认变换操作，效果如图10–196所示。

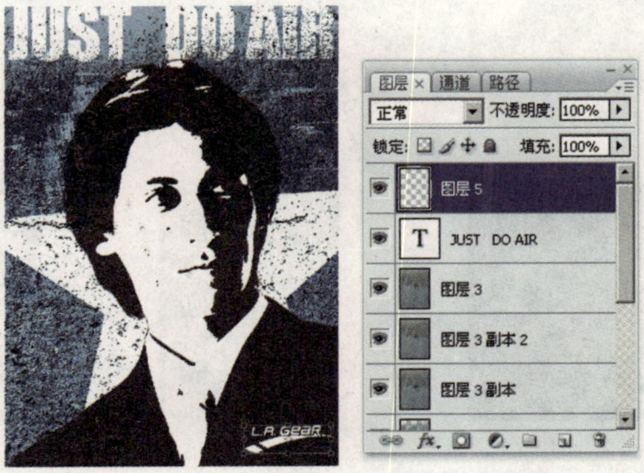

图10–196

30 调出另外两个标志素材，如图10-197（左）所示，摆放在画面当中，本作品制作完成，最终效果如图10-197（右）所示。

图10-197

10.6 “罪恶城市”电影海报

本例利用通道和蒙版等多个命令，使用多张素材制作了一幅精美的电影海报。通过本例，读者可以深刻体会到Photoshop软件的强大功能，图像的色调调和也是值得读者学习的重点之一。

原始图片

最终效果

制作步骤

01 按Ctrl+N键新建文件，设置打开的对话框中的参数，如图10–198所示，单击“确定”按钮。设置前景色的颜色值为（R：2、G：8、B：17），按Alt+Delete填充前景色。

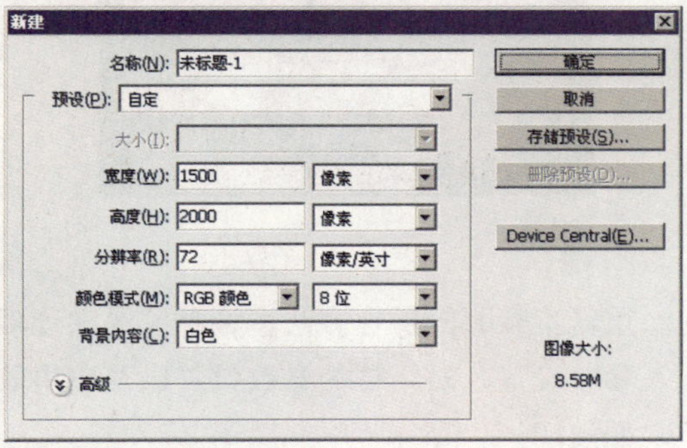

图10–198

02 打开随书光盘“素材文件\10\‘罪恶城市’电影海报\素材1.tif”文件，效果如图10–199所示，使用“移动工具” 将其拖动至步骤01新建的文件当中，得到“图层 1”。

图10–199

03 按Ctrl+T键调出自由变换控制框，按住Shift键成比例缩放图像，逆时针旋转图像15°左右，将其摆放在画布的右下侧，效果如图10–200所示，按Enter键确认变换操作。

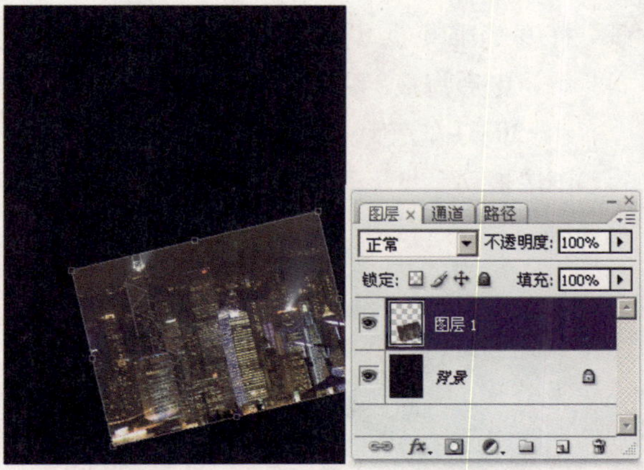

图10–200

04 设置“图层 1”的混合模式为“亮度”，将图像的颜色与背景色统一，效果如图10–201所示。

图10–201

05 图像的明暗对比太过柔和，使画面偏灰，下面通过“混和选项”参数进行调整。双击“图层 1”的图层缩览图调出“混和选项”参数设置，按住Alt键向右拖动“混和颜色带”区域“本图层”滑条中的黑色三角滑块，从而隐藏本图层的暗面图像，对话框参数设置及应用效果如图10–202所示。

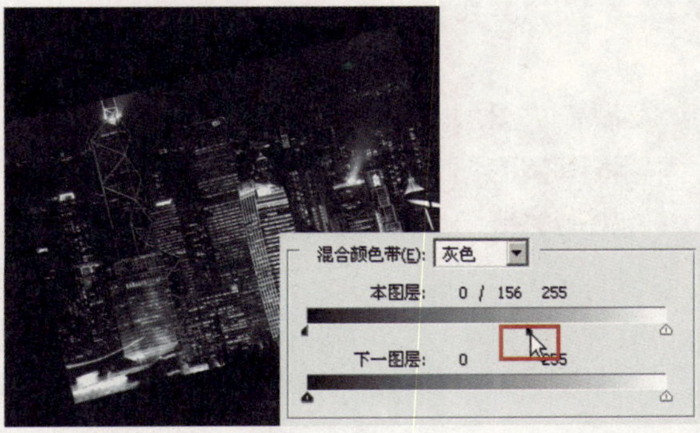

图10–202

06 打开随书光盘“素材文件\10\‘罪恶城市’电影海报\素材2.tif”文件，效果如图10-203（左）所示，使用“移动工具”将图像拖动至步骤01新建的文件中，得到“图层 2”，如图10-203（右）所示。

图10-203

07 按Ctrl+T键调出自由变换控制框，按住Shift键成比例缩放图像，逆时针旋转图像15°左右，将其摆放在画布的左下侧，如图10-204所示，按Enter键确认变换操作。

图10-204

08 设置“图层 1”的混合模式为“亮度”，将图像的颜色与背景色相统一，效果如图10-205所示。

图10-205

09 重复步骤05的操作方法，调整“混和选项”参数设置，对话框的参数设置以及应用效果如图10-206所示。

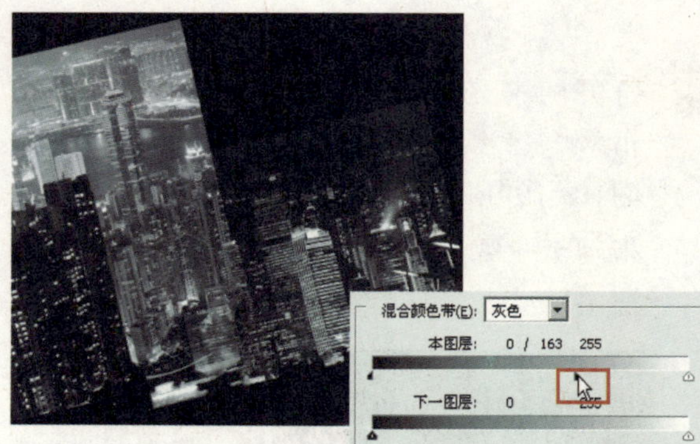

图10-206

10 下面用图层蒙版将两幅楼宇的图像融合起来。单击“添加图层蒙版”按钮，为“图层 2”添加图层蒙版，设置前景色为黑色，选择“画笔工具”，在其工具选项栏中设置适当的画笔大小与“不透明度”，对“图层 2”的边缘以及高亮部位进行涂抹以将其虚化，应用效果如图10-207所示。

图10-207

11 选择“图层 1”为当前操作图层，单击“添加图层蒙版”按钮，为“图层 1”添加图层蒙版，设置前景色为黑色，选择“画笔工具”，对“图层 1”进行涂抹，将其与另一楼宇融合，应用效果及图层蒙版状态如图10-208所示。

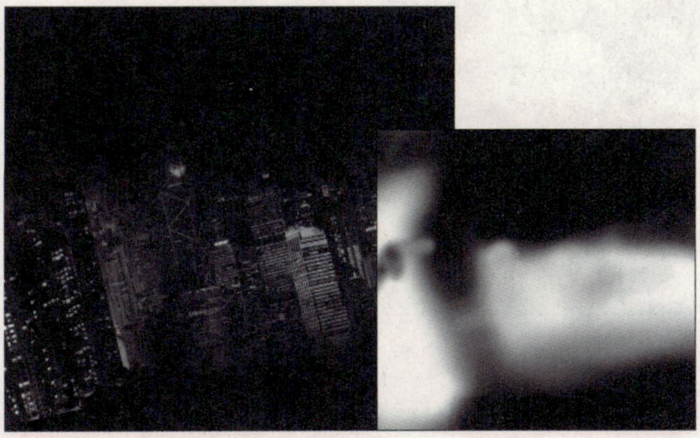

图10-208

12 新建图层，得到“图层 3”，将其拖动至“图层 1”的下方，设置前景色为白色，选择“画笔工具”，在其工具选项栏中设置适当的画笔大小，设置“硬度”为0%，在楼宇的后面涂抹以产生雾气效果，如图10-209所示。

图10-209

13 单击“添加图层蒙版”按钮，为“图层 3”添加图层蒙版，按D键恢复前景色与背景色为黑色和白色，执行菜单“滤镜 | 渲染 | 云彩”命令，使雾气更加逼真，效果及图层蒙版状态如图10-210所示。

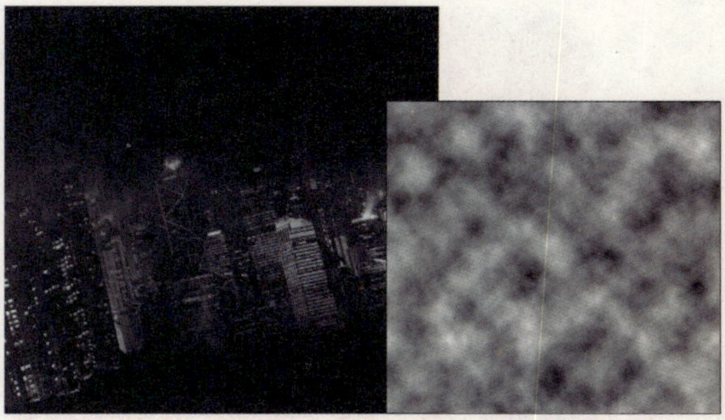

图10-210

14 下面通过调整图层调整整幅画面的色调。选择“图层 2”为当前操作图层，单击“创建新的填充或调整图层”按钮，在弹出的菜单中选择“通道混合器”命令，在弹出的对话框中设置“红”和“绿”选项的参数，如图10-211所示。

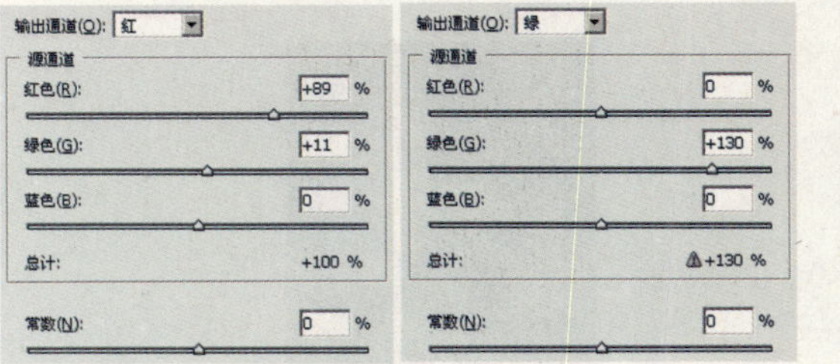

图10-211

15 在“通道混合器”对话框中再设置“蓝”选项的参数，对话框参数设置及应用效果如图10-212所示。

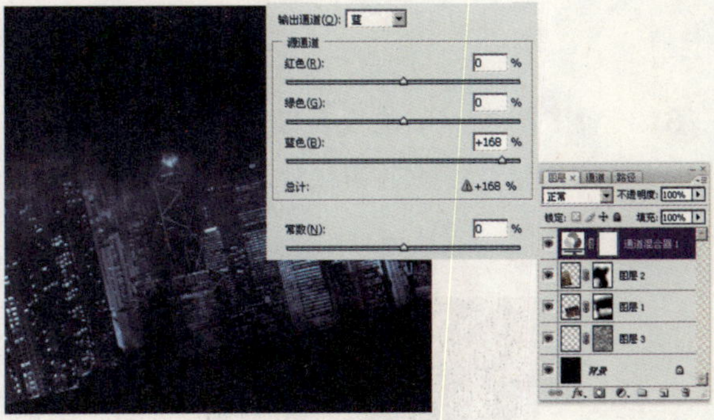

图10-212

16 打开随书光盘“素材文件\10\‘罪恶城市’电影海报\素材3.psd”文件，如图10-213（左）所示，使用“移动工具”将图像拖动至步骤01新建的文件中，得到“图层 4”，将其拖动至“通道混合器 1”图层的下方，如图10-213（右）所示。

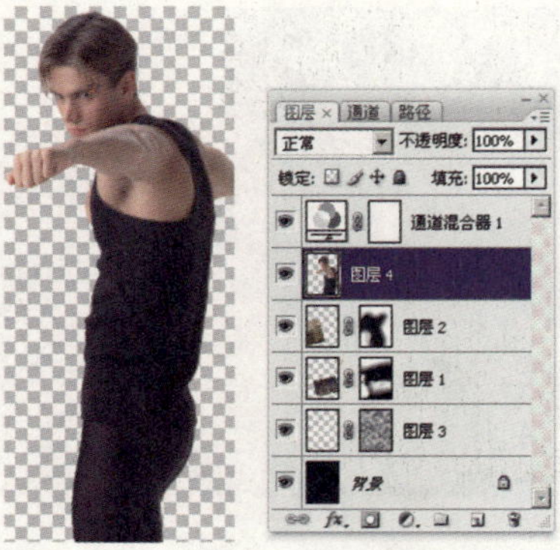

图10-213

17 按Ctrl+T键调出自由变换控制框，按住Shift键成比例缩放图像并顺时针旋转20°左右，摆放在画布的右侧，按Enter键确认变换操作，效果如图10-214所示。

图10-214

18 设置“图层 4”的混合模式为“亮度”，使其颜色与整体色调相融合，效果如图10-215所示。

图10-215

19 重复步骤05的操作方法，调整“图层 4”的“混和选项”参数设置，得到对比度更好的图像，对话框参数设置及应用效果如图10-216所示。

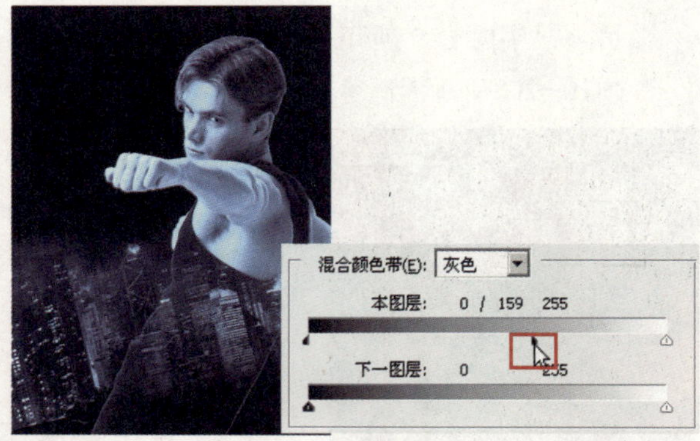

图10-216

20 单击“添加图层蒙版”按钮，为“图层 4”添加图层蒙版，设置前景色为黑色，选择“画笔工具”，在其工具选项栏中设置适当的画笔大小与“不透明度”，对“图层 4”的下半身进行涂抹以将其隐藏，并对其身体进行适当的涂抹以制作出对比强烈的明暗面，效果及图层蒙版状态如图10-217所示。

图10-217

21 下面通过调整图层制作在摄影中遇到的从背面打过来的光，使图像更具立体感。单击“创建新的填充或调整图层”按钮，在弹出的菜单中选择“色阶”命令，在对话框中完成参数设置后得到“色阶 1”图层，按Ctrl+Alt+G执行“创建剪贴蒙版”命令，“色阶”对话框参数设置及应用效果如图10-218所示。

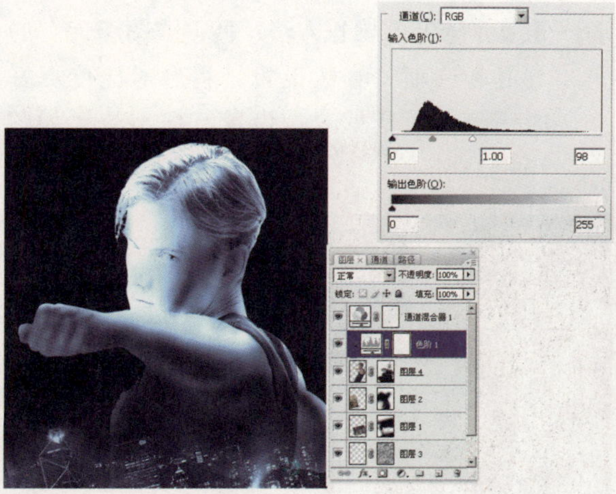

图10-218

22 选择“色阶 1”图层的图层蒙版为当前操作状态，按Ctrl+I键执行“反相”命令以隐藏调整效果，设置前景色为白色，选择“画笔工具”，在其工具选项栏中设置适当的画笔大小及“不透明度”，对人物后侧的头发以及脖子等进行涂抹以显示少许的背光，效果及图层蒙版状态如图10-219所示。

图10-219

23 重复步骤21的操作方法，利用“色阶”调整图层加强人物身体的对比，使画面效果更强烈，得到“色阶 2”图层，“色阶”对话框参数设置及应用效果如图10-220所示。

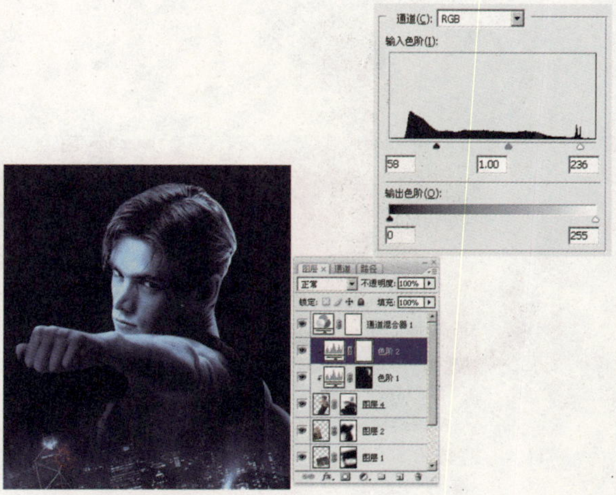

图10-220

24 按住Alt键拖动“图层 4”的图层名称至“色阶 2”图层的上方，得到“图层 4 副本”，设置“图层 4 副本”的混合模式为“叠加”，“不透明度”为40%，给人物添加少许的颜色，效果如图10-221所示。

图10-221

25 打开随书光盘“素材文件\10\‘罪恶城市’电影海报\素材4.psd”文件，如图10-222（左）所示，使用“移动工具”将图像拖动至步骤01新建的文件中，得到“图层 5”，将其拖动至“图层 4”的下方，如图10-222（右）所示。

图10-222

26 按Ctrl+T键调出自由变换控制框，按住Shift键成比例缩放图像，逆时针旋转图像20°左右并将其摆放在画面的中间，效果如图10-223所示，按Enter键确认变换操作。

图10-223

27 设置“图层 5”的混合模式为“亮度”，从而使其与整体色调相吻合，效果如图10-224所示。

图10-224

28 重复步骤05的操作方法，调整“图层 5”的“混和选项”参数设置，得到对比度更好的图像，对话框参数设置及应用效果如图10-225所示。

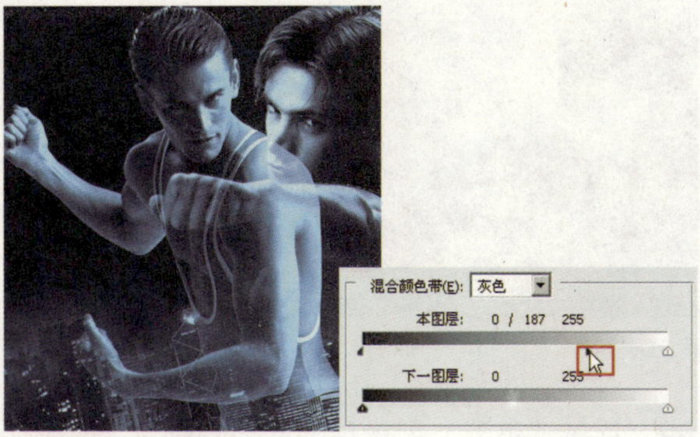

图10-225

29 单击“添加图层蒙版”按钮，为“图层 5”添加图层蒙版，设置前景色为黑色，选择“画笔工具”，对“图层 5”进行涂抹，以使其与右侧人物身体交叉的部位隐藏起来，并对其身体进行适当的涂抹，从而制作出对比强烈的明暗面，效果及图层蒙版状态如图10-226所示。

图10-226

30 下面将重复步骤21的操作方法，制作从背面打过来的光。应用“色阶”调整图层，得到“色阶 3”图层，执行“创建剪贴蒙版”命令，“色阶”对话框参数设置及应用效果如图10-227所示。

图10-227

31 重复步骤22的操作方法，调整“色阶 3”图层的图层蒙版，得到人物的背射光效果，应用效果及图层蒙版状态如图10-228所示。

图10-228

32 重复步骤21的操作方法，利用“色阶”调整图层加强人物身体的对比度，使画面效果更强烈，得到“色阶 4”图层，对话框参数设置及应用效果如图10-229所示。

图10-229

33 按住Alt键拖动“图层 5”的图层名称至“色阶 4”图层的上方，得到“图层 5 副本”。设置“图层 5 副本”的混合模式为“叠加”，“不透明度”为40%，给人物添加少许的颜色，效果如图10-230所示。

图10-230

34 打开随书光盘“素材文件\10\‘罪恶城市’电影海报\素材5.psd”文件，使用“移动工具”将其拖动至步骤01新建的文件中，得到“图层 6”，将其拖动至“图层 5”的下方，如图10-231所示。

图10-231

35 按Ctrl+T键调出自由变换控制框，按住Shift键成比例缩放图像，逆时针旋转图像20°左右并将其摆放在画面的左侧，效果如图10-232所示，按Enter键确认变换操作。

图10-232

36 设置“图层 6”的混合模式为“亮度”，使其与整体色调吻合，效果如图10-233所示。

图10-233

37 重复步骤05的操作方法，调整“图层 5”的“混和选项”参数设置，得到对比更好的图像，对话框参数设置及应用效果如图10-234所示。

图10-234

38 单击“添加图层蒙版”按钮，为“图层 6”添加图层蒙版，设置前景色为黑色，选择“画笔工具”，对图像的下半身进行涂抹以使其融合到画面中，效果及图层蒙版状态如图10-235所示。

图10-235

39 下面重复步骤21的操作方法，制作从背面打过来的光。应用“色阶”调整图层，得到“色阶 5”图层，执行“创建剪贴蒙版”命令，“色阶”对话框参数设置及应用效果如图10-236所示。

图10-236

40 重复步骤22的操作方法，调整“色阶 5”图层的图层蒙版，得到人物的背射光效果，应用效果及图层蒙版状态如图10-237所示。

图10—237

41 重复步骤21的操作方法，利用“色阶”调整图层加强人物身体的对比，使画面效果更强烈，得到“色阶 6”图层，“色阶”对话框参数设置及应用效果如图10—238所示。

图10—238

42 按住Alt键拖动“图层 6”的图层名称至“色阶 6”图层的上方，得到“图层 6 副本”，设置“图层 6 副本”的混合模式为“叠加”，“不透明度”为40%，给人物添加少许的颜色，效果如图10—239所示。

图10—239

43 打开随书光盘“素材文件\10\‘罪恶城市’电影海报\素材6.tif”文件，效果如图10—240所示，下面利用图中的火焰制作海报当中人物身体上的雾气。

图10—240

44 用通道选取出火焰。首先加强火焰的色阶对比度，按Ctrl+L键执行“色阶”命令，对话框参数设置以及应用效果如图10—241所示。

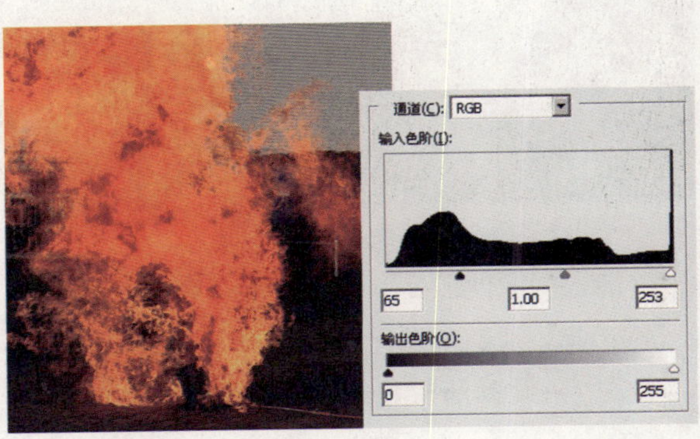

图10—241

45 下面通过通道将火焰选取出来。按Ctrl+Alt+1键载入“红”通道的选区，新建图层，得到“图层 1”，设置前景色的颜色值为（R：255、G：0、B：0），按Alt+Delete键用前景色填充图层，按Ctrl+D键取消选区，“红”通道中的图像效果（左）及填充图层后且“背景”图层被隐藏的效果（右）如图10-242所示。

图10-242

46 隐藏“图层 1”，按Ctrl+Alt+2键载入“绿”通道的选区，新建图层，得到“图层 2”，设置前景色的颜色值为（R：0、G：255、B：0），按Alt+Delete键用前景色填充图层，按Ctrl+D键取消选区，“绿”通道中的图像效果（左）及填充图层后且“背景”图层被隐藏的效果（右）如图10-243所示。

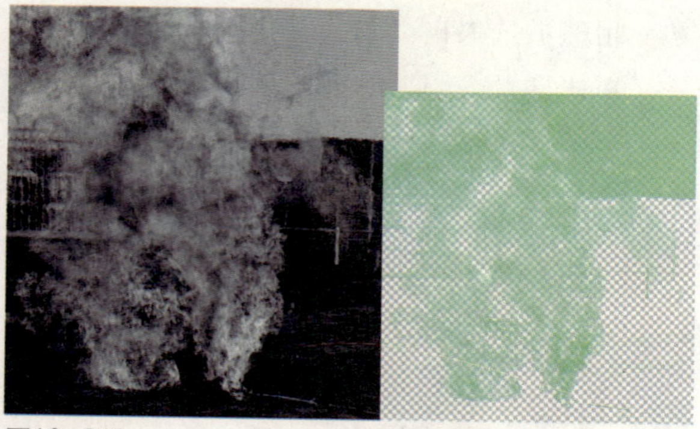

图10-343

47 隐藏“图层 2”，按Ctrl+Alt+3键载入“蓝”通道的选区，新建图层，得到“图层 3”，设置前景色的颜色值为（R：0、G：0、B：255），按Alt+Delete键用前景色填充图层，按Ctrl+D键取消选区，“蓝”通道中的图像效果（左）及填充图层后且“背景”图层被隐藏的效果（右）如图10-244所示。

图10-244

48 显示“图层 1”和“图层 2”并隐藏“背景”图层，效果如图10-245所示。

图10-245

49 分别将“图层 1”、“图层 2”和“图层 3”的混合模式设置为“滤色”，按Ctrl+Shift+E键执行“合并图层”命令，得到“图层 3”，这样火焰就被成功地截选出来了，效果如图10-246所示。

图10-246

50 使用“移动工具”将“图层 3”拖动至步骤01新建的文件当中，得到“图层 7”，将其拖动至“图层 6”的下方，按Ctrl+T键调出自由变换控制框，按住Shift键成比例缩放图像并逆时针旋转125°左右，将一束小火苗放在人物的头顶处，如图10-247所示，按Enter键确认变换操作。

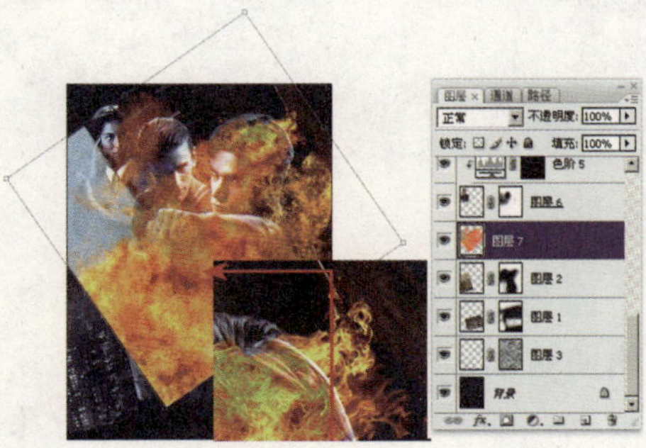

图10-247

51 单击“添加图层蒙版”按钮，为“图层 7”添加图层蒙版，设置前景色为黑色，选择“画笔工具”，在其工具选项栏中设置适当的画笔大小与“不透明度”，对头顶以外的火焰进行涂抹以将其隐藏，效果及图层蒙版的状态如图10-248所示。

图10-248

52 设置“图层 7”的混合模式为“亮度”，“不透明度”为80%，使火焰有雾气的效果，如图10-249所示。

图10-249

53 复制“图层 7”，得到“图层 7 副本”，在其图层蒙版缩览图上单击鼠标右键，在弹出的菜单中选择“删除图层蒙版”命令，从而方便观察。按Ctrl+T键调出自由变换控制框，顺时针旋转17°并将一束火焰放在中间人物的头顶，如图10-250所示，按Enter键确认变换操作。

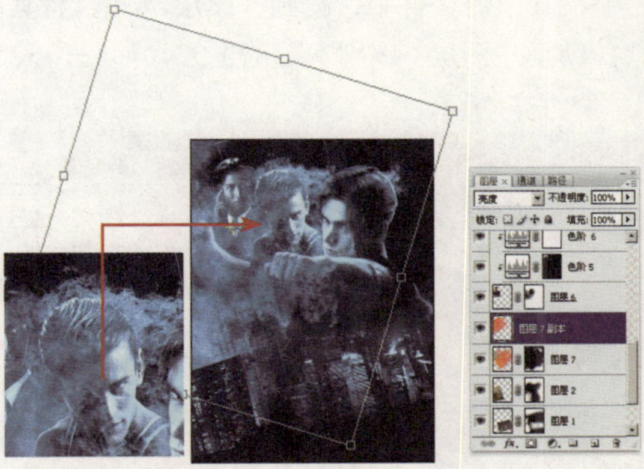

图10-250

54 重复步骤51的操作方法，使用图层蒙版将火焰截选出来，应用效果及图层蒙版状态如图10-251所示。

图10-251

55 重复步骤53~步骤54的操作方法，复制火焰并放至3个人物的身体上，应用效果如图10-252所示。

图10-252

56 打开随书光盘“素材文件\10\‘罪恶城市’电影海报\素材7.tif”文件，如图10-253（左）所示，下面利用这幅图像制作石头台阶。使用“移动工具”将图像拖动至步骤01新建的文件中，得到“图层 8”，将其拖动至“图层 4 副本”的上方，如图10-253（右）所示。

图10-253

57 按Ctrl+T键调出自由变换控制框，逆时针旋转15°并将其摆放在画布的右下角，如图10-254所示，按Enter键确认变换操作。

图10-254

58 复制“图层 8”，得到“图层 8 副本”，使用“移动工具”将其中的图像向左下方拖动少许，效果如图10-255所示。

图10-255

59 下面利用“色阶”命令制作出石头台阶的明暗面。按Ctrl+L键调出“色阶”对话框，对话框参数设置及应用效果如图10-256所示。

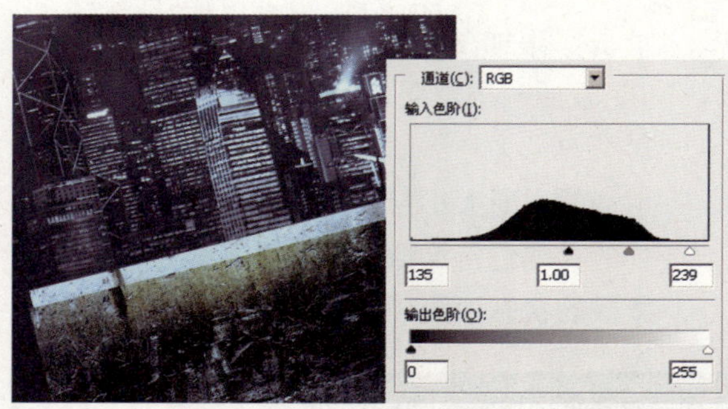

图10-256

60 选择“图层 8”为当前操作图层，按Ctrl+L键调出“色阶”对话框，对话框参数设置及应用效果如图10-257所示。

图10-257

61 打开随书光盘“素材文件\10\‘罪恶城市’电影海报\素材8.psd”文件，如图10-258（左）所示，下面利用这幅图像制作石头台阶上的人物。使用“移动工具”将图像拖动至步骤01新建的文件中，得到“图层9”，如图10-258（右）所示。

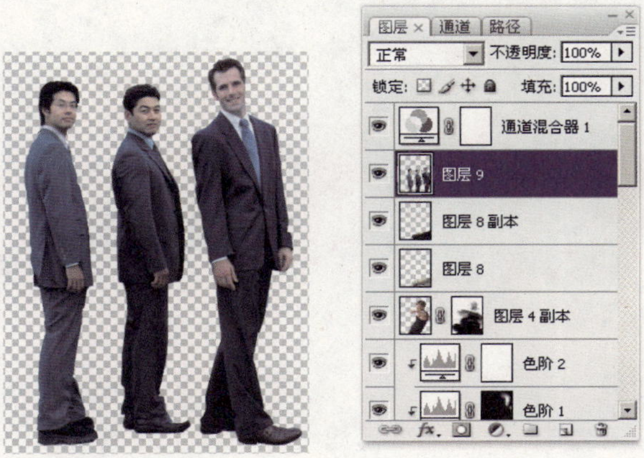

图10-258

62 按Ctrl+T键调出自由变换控制框，按住Shift键成比例缩放图像，逆时针旋转图像20°左右，摆放在石台的上方，如图10-259所示，按Enter键确认变换操作。

图10-259

63 设置“图层 9”的混合模式为“亮度”，将人物的颜色与整体颜色相融合，效果如图10-260所示。

图10-260

64 下面通过“色阶”命令调整图像的对比度。按Ctrl+L调出“色阶”对话框，对话框参数设置及应用效果如图10-261所示。

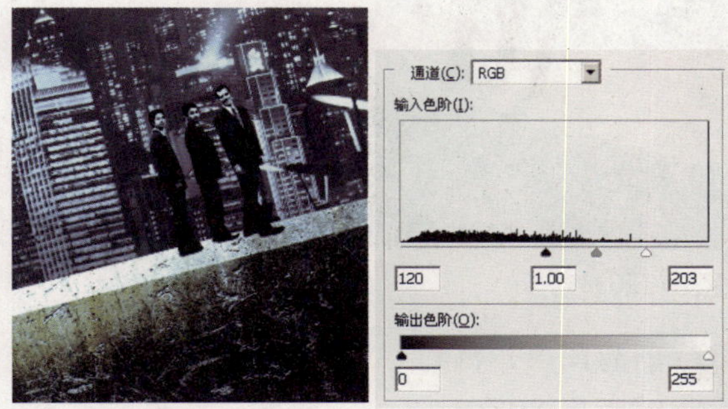

图10-261

65 新建图层，得到“图层 10”，设置前景色为黑色，选择“画笔工具”，在其工具选项栏中设置适当的画笔大小及“不透明度”，在人物的下方涂抹以绘制投影，效果如图10-262所示。

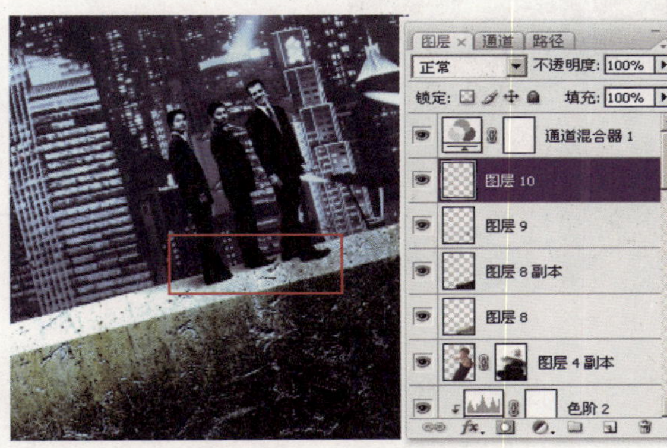

图10-262

66 新建图层，得到“图层 11”，将其拖动至“图层 8”的下方，设置前景色为白色，选择“画笔工具”，在其工具选项栏中设置适当的画笔大小及“不透明度”，在人物的后面进行涂抹从而突出主体人物，效果如图10-263所示。

图10-263

67 新建图层，得到“图层 12”，将其拖动至“图层 10”的上方，设置前景色为黑色，选择“画笔工具”，在其工具选项栏中设置适当的画笔大小及“不透明度”，在图像的下方进行涂抹，效果如图10-264所示。

图10-264

68 打开随书光盘中“素材文件\10\‘罪恶城市’电影海报\素材9.tif”文件，效果如图10-265所示，下面利用该图制作放射光效果。

图10-265

69 切换至“通道”调板，“绿”通道的对比度较好，复制“绿”通道，得到“绿 副本”通道，如图10-266所示。

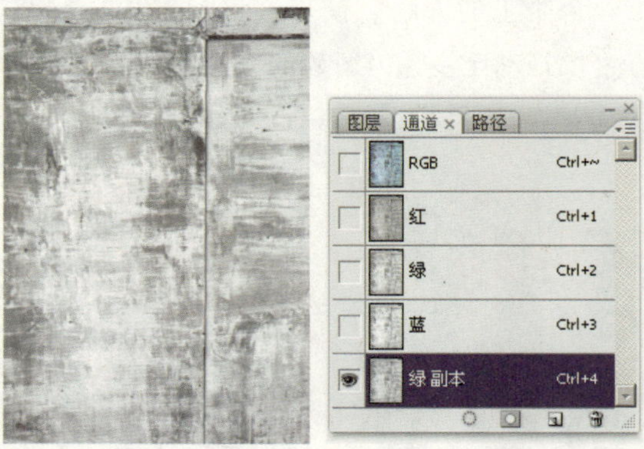

图10-266

70 下面通过“动感模糊”命令制作放射光线。执行菜单“滤镜 | 模糊 | 动感模糊”命令，对话框参数设置以及应用效果如图10-267所示。

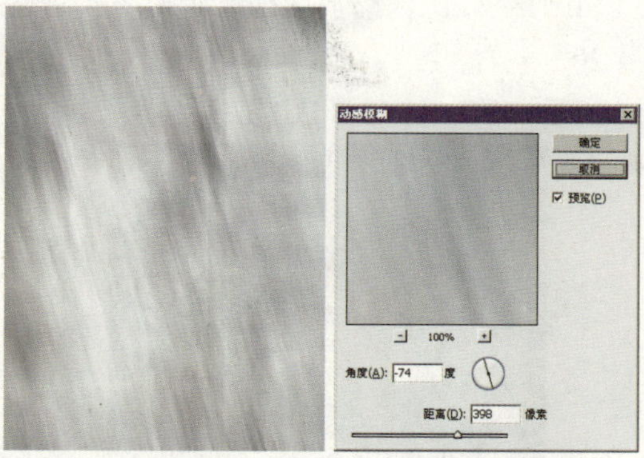

图10-267

71 按住Ctrl键单击“绿 副本”通道的缩览图以载入其选区，按Ctrl+Shift+I键执行“反向”命令，切换至“图层”调板，新建图层，得到“图层 1”，设置前景色的颜色值为（R：131、G：192、B：204），按Alt+Delete键填充前景色，按Ctrl+D键取消选区，“背景”图层被隐藏时的效果如图10-268所示。

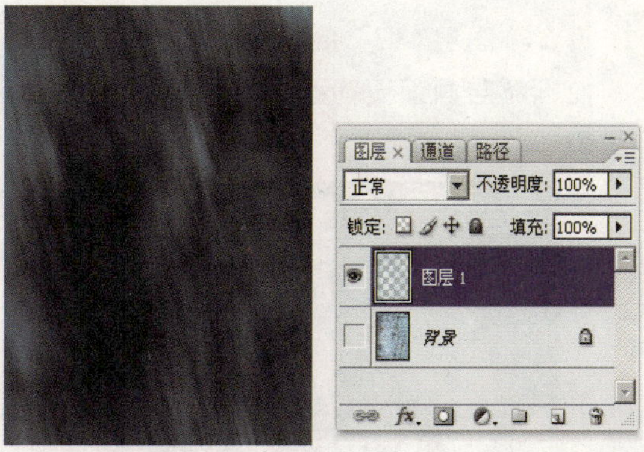

图10–268

72 使用“移动工具”将“图层 1”拖动至步骤01新建的文件当中，得到“图层 13”，使用“移动工具”将其中的图像摆放在合适的位置，使其充满整个画布，效果如图10–269所示。

图10–269

73 单击“添加图层蒙版”按钮，为“图层 13”添加图层蒙版，设置前景色为黑色，选择“画笔工具”，在其工具选项栏中设置适当的画笔大小及“不透明度”，对图像进行涂抹以突出主题，效果及图层蒙版状态如图10–270所示。

图10–270

74 复制“图层 13”，得到“图层 13 副本”，选择“图层 13 副本”的图层蒙版为当前操作状态，设置前景色为黑色，使用“画笔工具”对其蒙版进行调整，使放射光线更加有层次感，效果如图10–271所示。

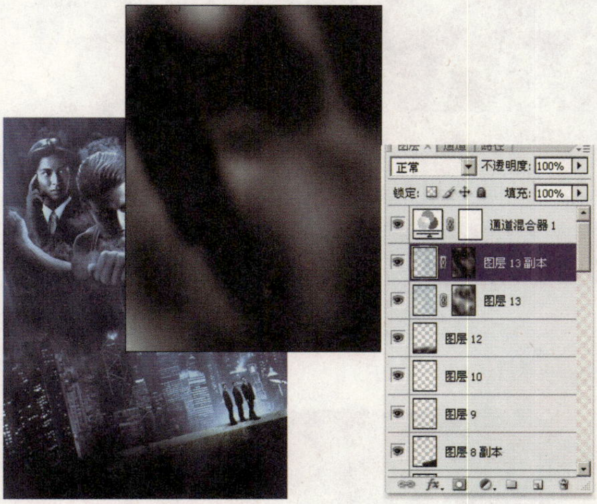

图10–271

75 下面用“画笔工具”制作放射光的光源。新建图层，得到“图层 14”，设置前景色的颜色为白色，选择“画笔工具”，在工具选项栏中设置适当的画笔大小及“不透明度”，在画布的左上角单击以得到放射光源效果，效果如图10–272所示。

图10–272

76 新建图层，得到“图层 15”，设置前景色为白色，将其拖动至“通道混合器 1”图层的上方，重复上一步骤的操作方法，用直径较小的画笔在上一步骤绘制的光源内单击鼠标左键，使光源更加真实，效果如图10–273所示。

图10-273

77 下面利用混合模式调整图像整体颜色。按Ctrl+Alt+Shift+E键执行盖印操作，得到“图层 16”，设置“图层 16”的混合模式为“叠加”，“不透明度”为40%，效果如图10-274所示。

图10-274

78 下面执行“添加杂色”命令使画面有照片效果。重复上一步骤的操作方法，执行盖印操作，得到“图层 17”，执行菜单“滤镜 | 杂色 | 添加杂色”命令，对话框参数设置及应用效果如图10-275所示。

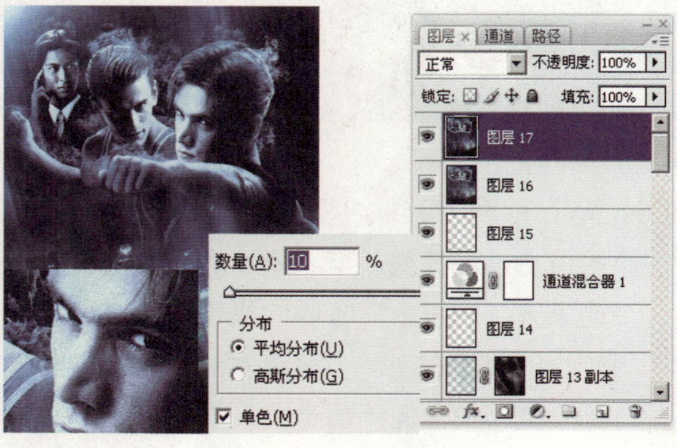

图10-275

79 设置“图层 17”的“不透明度”为60%，使颗粒与画面更为融合，效果如图10-276所示。

图10-276

80 设置前景色为白色，选择“横排文字工具” T，在其工具选项栏中设置适当的字体与字号，在画布的下方输入文字并得到相应的“zec”文字图层，效果如图10-277所示。

图10-277

81 单击“添加图层样式”按钮 fx，在弹出的菜单中选择“投影”命令，对话框参数设置及应用效果如图10-278所示。

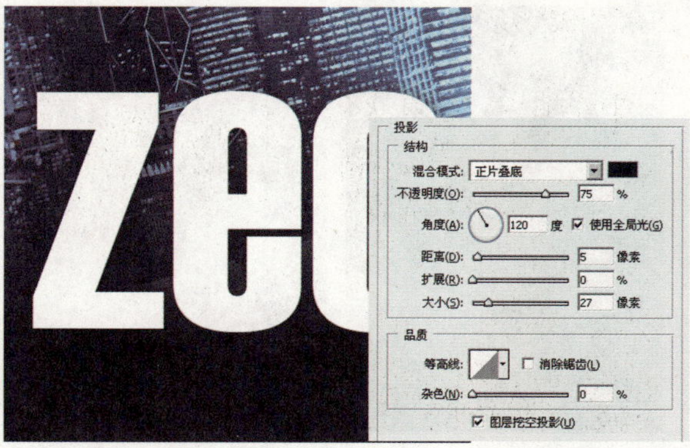

图10-278

82 下面利用素材图像给文字添加纹理。打开随书光盘“素材文件\10\‘罪恶城市’电影海报\素材10.tif”文件，效果如图10-279（左）所示，使用“移动工具”将图像拖动至步骤01新建的文件中，得到“图层18”，如图10-279（右）所示。

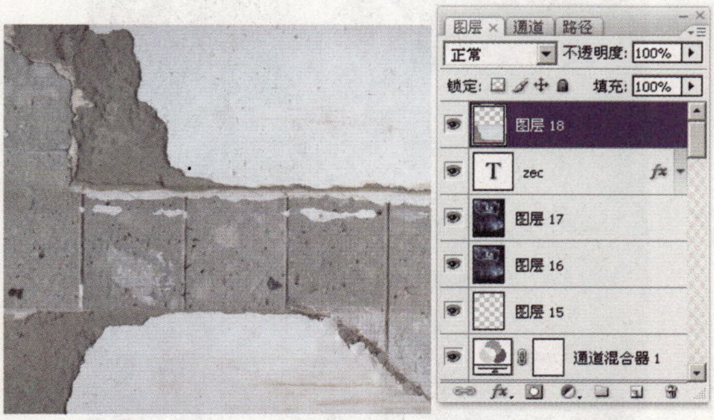

图10-279

83 为了方便观察图像与文字之间的位置关系，首先设置“图层 18”的“不透明度”为50%，使用“移动工具”移动图像，使白色质感部分位于文字的上方，如图10-280所示，确定位置后再设置“图层 18”的“不透明度”为100%。

图10-280

84 按Ctrl+Alt+G键执行“创建剪贴蒙版”命令，从而将纹理叠加到文字当中，应用效果如图10-281所示。

图10-281

85 新建图层，得到“图层 19”，重复上一步的操作方法，执行“创建剪贴蒙版”命令，设置前景色为黑色，选择“画笔工具”，在工具选项栏中设置适当的画笔大小及“不透明度”，在文字上进行涂抹，得到文字的阴影立体效果，如图10-282所示。

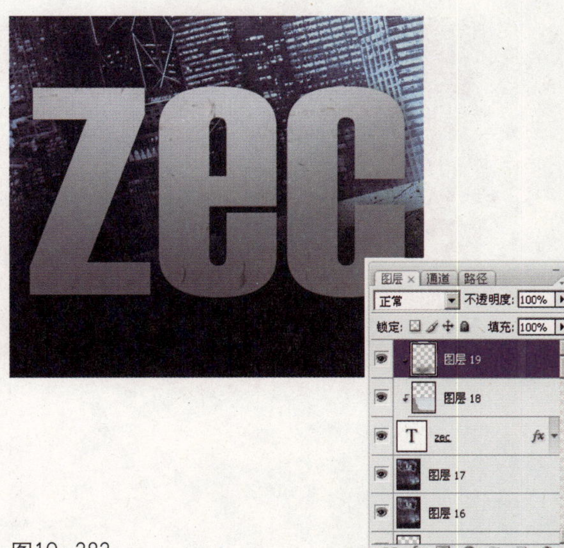

图10-282

86 复制“图层 19”，得到“图层 19 副本”，将其拖动至“图层 19”的下方，设置“图层 19 副本”的混合模式为“叠加”，从而使阴影更加逼真，效果如图10-283所示。

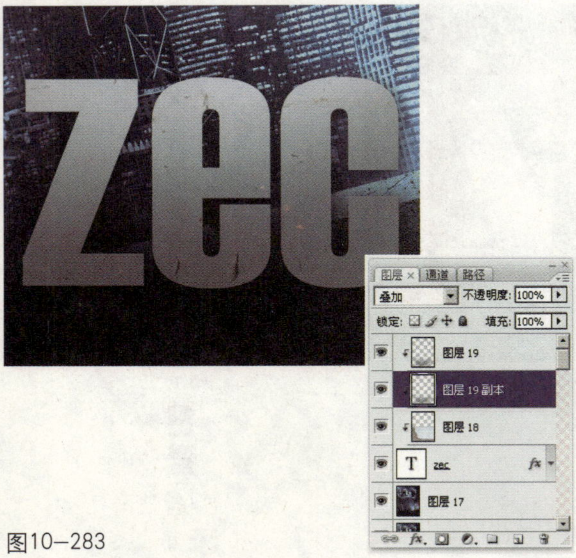

图10–283

87 重复步骤80~步骤85的操作方法，制作出海报上的其他文字，本作品制作完成，最终效果如图10–284所示。

图10–284